【配套资源使用说明】

观看二维码教学视频的操作方法

本套丛书提供书中实例操作的二维码教学视频，读者可以使用手机微信中的“扫一扫”功能，扫描本书前言中的“扫一扫，看视频”二维码图标，即可打开本书对应的同步教学视频界面。

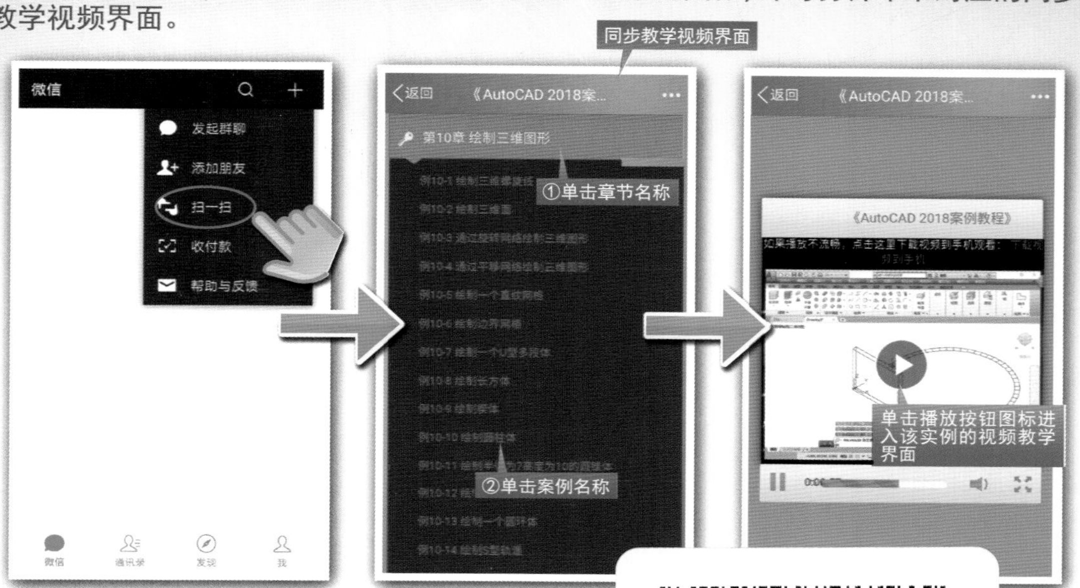

推送配套资源到邮箱的操作方法

本套丛书提供扫码推送配套资源到邮箱的功能，读者可以使用手机微信中的“扫一扫”功能，扫描本书前言中的“扫码推送配套资源到邮箱”二维码图标，即可快速下载图书配套的相关资源文件。

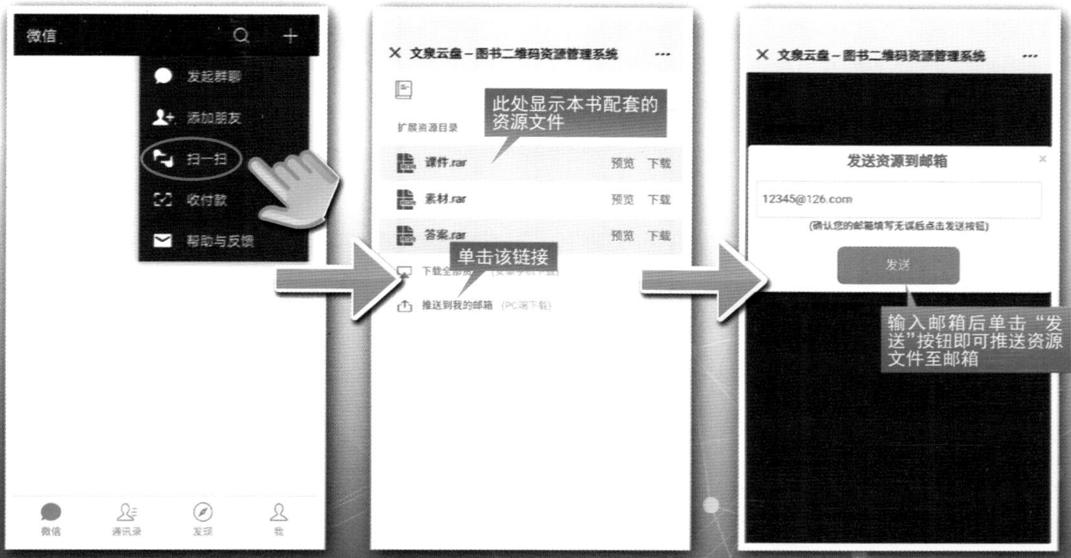

[配套资源使用说明]

电脑端资源使用方法

本套丛书配套的素材文件、电子课件、扩展教学视频以及云视频教学平台等资源，可通过在电脑端的浏览器中下载后使用。读者可以登录本丛书的信息支持网站(http://www.tupwk.com.cn/teaching)下载图书对应的相关资源。

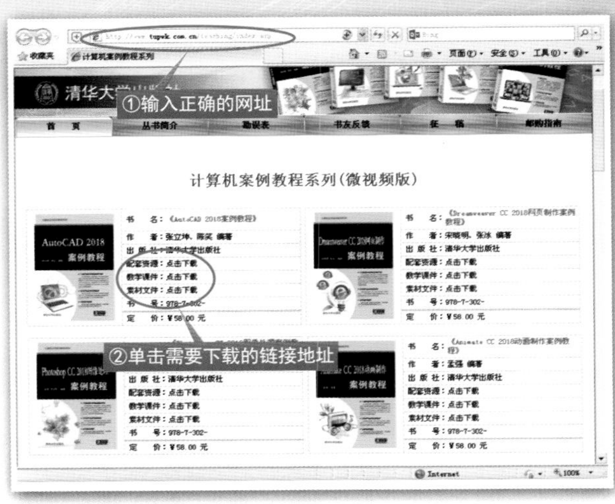

读者下载配套资源压缩包后，可在电脑中对该文件解压缩，然后双击名为 Play 的可执行文件进行播放。

扩展教学视频&素材文件

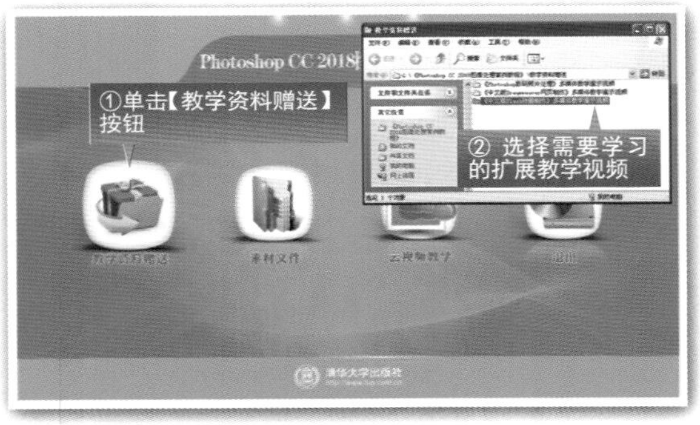

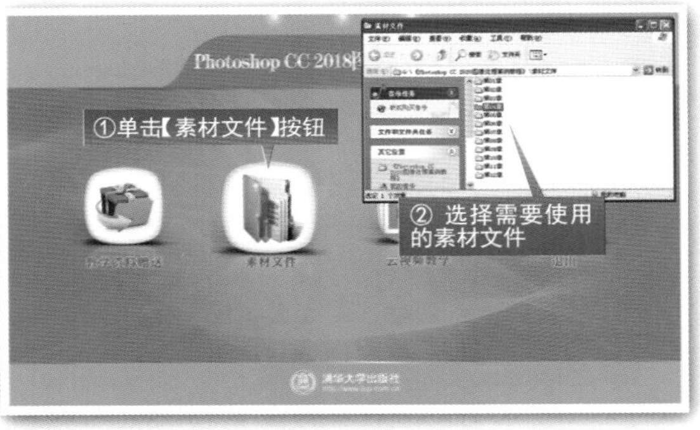

云视频教学平台

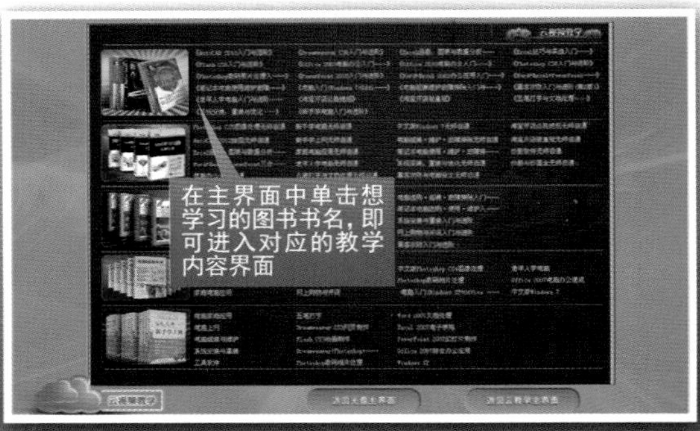

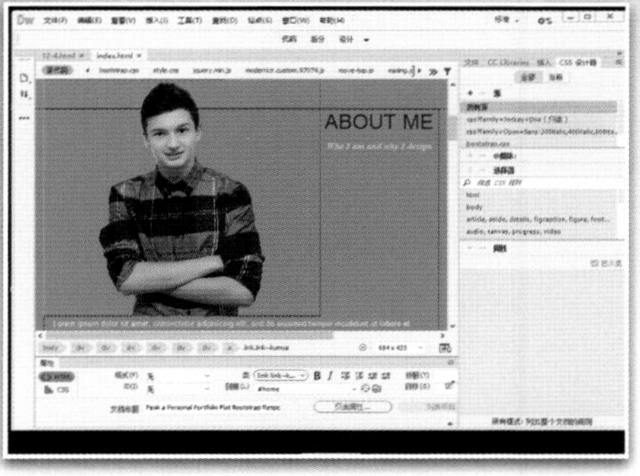

▶ Dreamweaver设计视图

▶ 设置图片链接

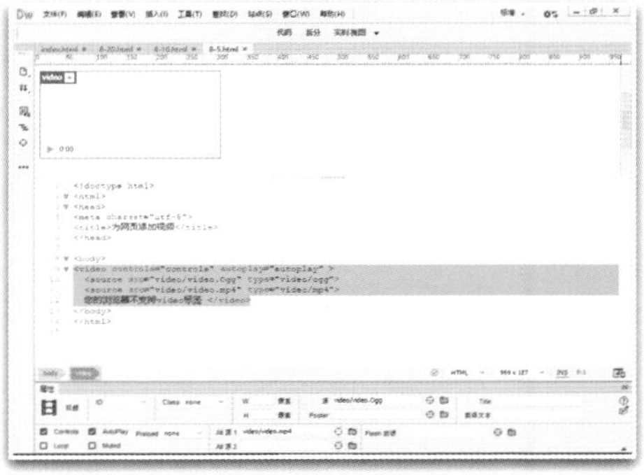

▶ 在网页中插入视频

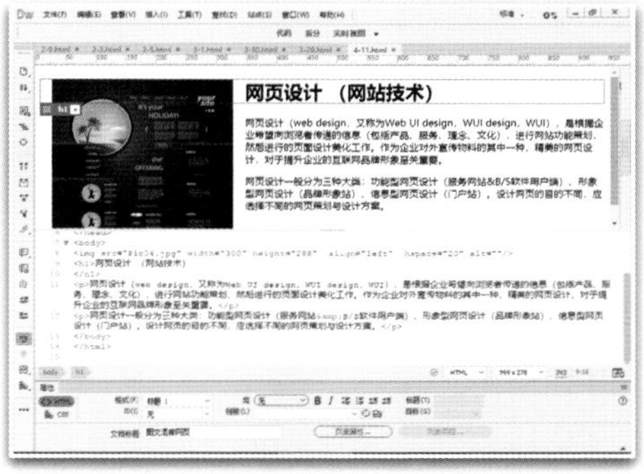

▶ 设计图文混排网页

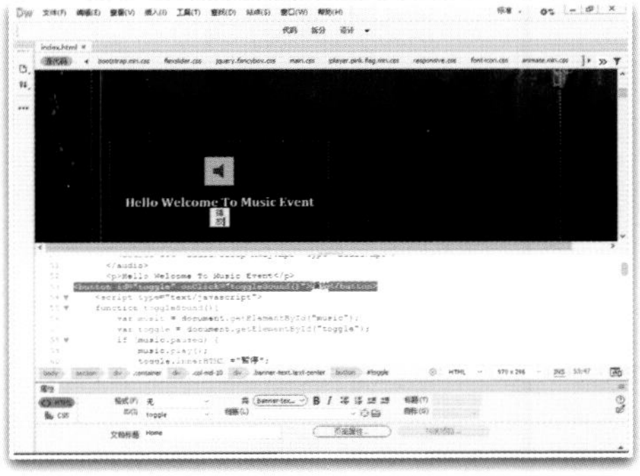

▶ 设置音乐播放按钮

▶ 在画布上绘制图片

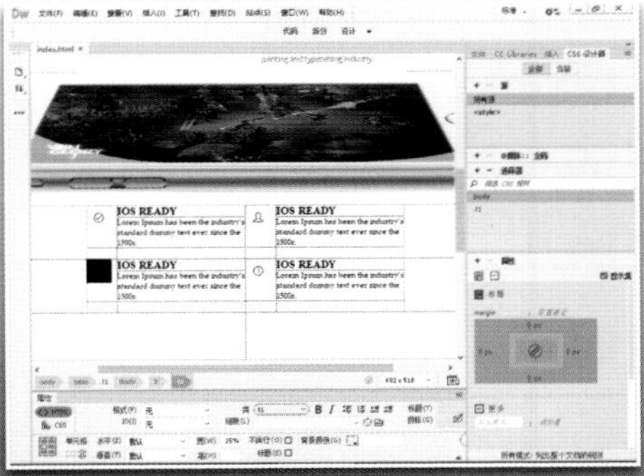

▶ 在网页中使用表格

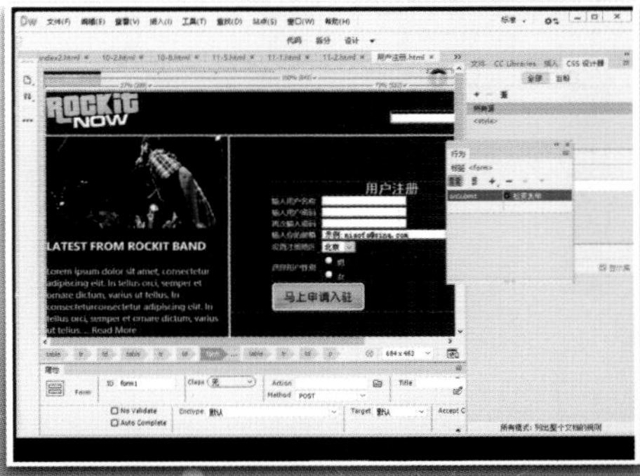

▶ 在网页中使用行为

[Dreamweaver CC 2019网页制作案例教程]

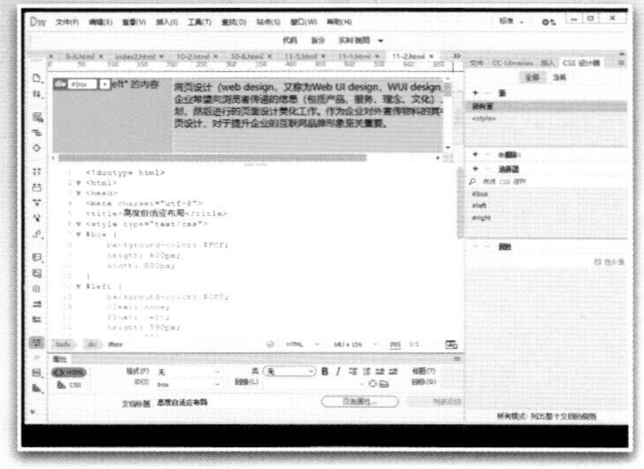

▶ 制作高度自适应布局

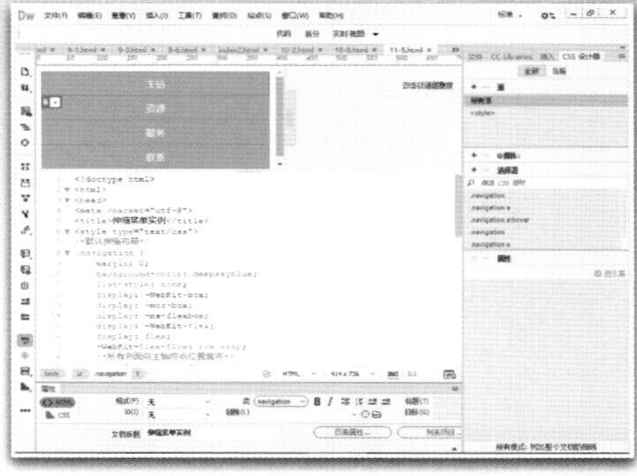

▶ 制作伸缩菜单

▶ 制作图像热点链接

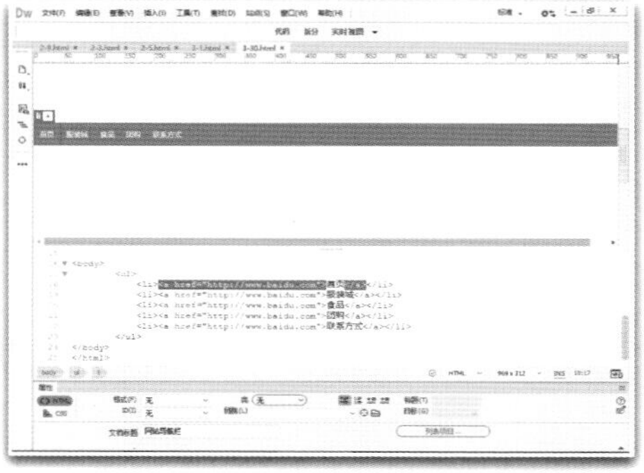

▶ 制作网页导航栏

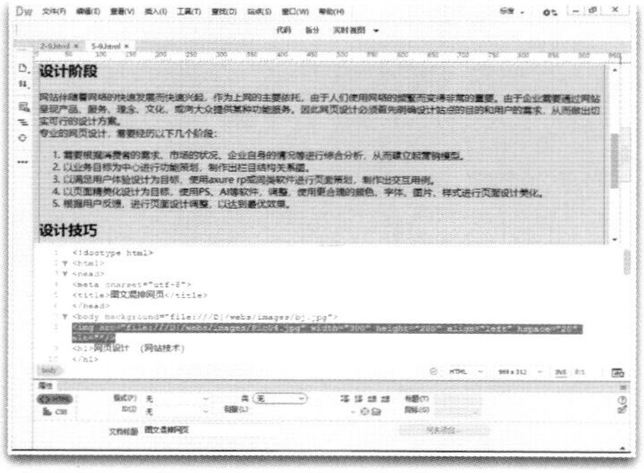

▶ 制作网页锚记链接

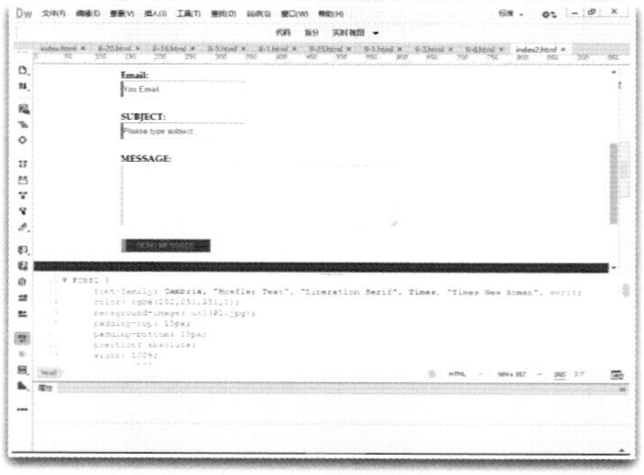

▶ 制作网站留言页面

▶ 制作用户登录界面

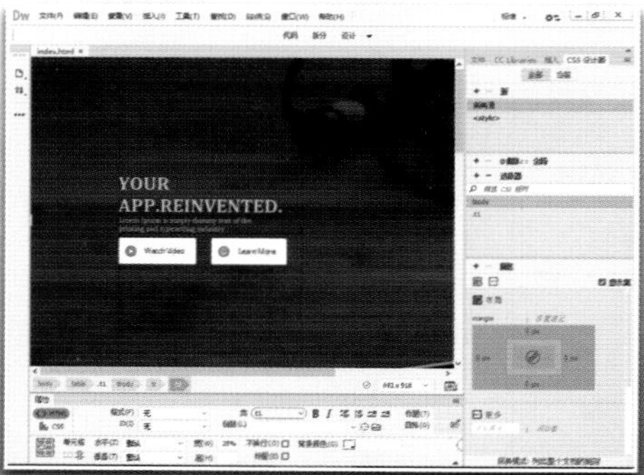

▶ 制作网站导航页

计算机应用案例教程系列

Dreamweaver CC 2019 网页制作案例教程

王丽红　刘国成◎编著

清华大学出版社
北　京

内 容 简 介

本书以通俗易懂的语言、翔实生动的案例全面介绍网页制作软件 Dreamweaver CC 2019 的使用方法和技巧。全书共分 13 章，内容涵盖了网页制作的基础知识，Dreamweaver CC 2019 概述，HTML5 基础，格式化文本与段落，使用列表，使用超链接，使用图像与多媒体文件，使用 CSS，制作 Div+CSS 页面布局，使用表格，使用表单，使用 HTML5 绘制图形，使用行为等。

书中同步的案例操作二维码教学视频可供读者随时扫码学习。本书还提供配套的素材文件、与内容相关的扩展教学视频以及云视频教学平台等资源的计算机端下载地址，方便读者扩展学习。本书具有很强的实用性和可操作性，既是一本适合于高等院校及各类社会培训学校的优秀教材，也是广大初、中级计算机用户的首选参考书。

本书对应的电子课件及其他配套资源可以到 http://www.tupwk.com.cn/teaching 网站下载，也可以扫描前言中的二维码推送配套资源到邮箱。

图书在版编目(CIP)数据

Dreamweaver CC 2019 网页制作案例教程 / 王丽红，刘国成 编著. —北京：清华大学出版社，2020.5
计算机应用案例教程系列
ISBN 978-7-302-55050-1

I. ①D… II. ①王… ②刘… III. ①网页制作工具—教材 IV. ①TP393.092.2

中国版本图书馆 CIP 数据核字(2020)第 040735 号

责任编辑： 胡辰浩
装帧设计： 孔祥峰
责任校对： 成凤进
责任印制： 沈　露

出版发行： 清华大学出版社
网　　址： http://www.tup.com.cn，http://www.wqbook.com
地　　址： 北京清华大学学研大厦 A 座　　**邮　　编：** 100084
社 总 机： 010-62770175　　**邮　　购：** 010-62786544
投稿与读者服务： 010-62776969, c-service@tup.tsinghua.edu.cn
质 量 反 馈： 010-62772015, zhiliang@tup.tsinghua.edu.cn
印 刷 者： 北京富博印刷有限公司
装 订 者： 北京市密云县京文制本装订厂
经　　销： 全国新华书店
开　　本： 185mm×260mm　　**印　　张：** 18.75　　**彩　　插：** 2　　**字　　数：** 480 千字
版　　次： 2020 年 5 月第 1 版　　**印　　次：** 2020 年 5 月第 1 次印刷
定　　价： 68.00 元

产品编号：082909-01

前言

熟练使用计算机已经成为当今社会不同年龄层次的人群必须掌握的一门技能。为了使读者在短时间内轻松掌握计算机各方面应用的基本知识，并快速解决生活和工作中遇到的各种问题，清华大学出版社组织了一批教学精英和业内专家特别为计算机学习用户量身定制了这套“计算机应用案例教程系列”丛书。

丛书、二维码教学视频和配套资源

选题新颖，结构合理，内容精炼实用，为计算机教学量身打造

本套丛书注重理论知识与实践操作的紧密结合，同时贯彻“理论+实例+实战”3 阶段教学模式，在内容选择、结构安排上更加符合读者的认知习惯，从而达到老师易教、学生易学的目的。丛书采用双栏紧排的格式，合理安排图与文字的占用空间，在有限的篇幅内为读者呈现更多的计算机知识和实战案例。丛书完全以高等院校及各类社会培训学校的教学需要为出发点，紧密结合学科的教学特点，由浅入深地安排章节内容，循序渐进地完成各种复杂知识的讲解，使学生能够一学就会、即学即用。

教学视频，一扫就看，配套资源丰富，全方位扩展知识能力

本套丛书提供书中案例操作的二维码教学视频，读者使用手机微信、QQ 以及浏览器中的“扫一扫”功能，扫描下方的二维码，即可观看本书对应的同步教学视频。此外，本书配套的素材文件、与本书内容相关的扩展教学视频以及云视频教学平台等资源，可通过在 PC 端的浏览器中下载后使用。用户也可以扫描下方的二维码推送配套资源到邮箱。

(1) 本书教学课件、配套素材和扩展教学视频文件的下载地址。

http://www.tupwk.com.cn/teaching

(2) 本书同步教学视频的二维码。

扫一扫，看视频　　　　扫码推送配套资源到邮箱

在线服务，疑难解答，贴心周到，方便老师定制教学科技

便捷的教材专用通道(QQ：22800898)为老师量身定制实用的教学课件。老师也可以登录本丛书的信息支持网站(http://www.tupwk.com.cn/teaching)下载图书对应的电子课件。

本书内容介绍

《Dreamweaver CC 2019 网页制作案例教程》是这套丛书中的一本，该书从读者的学习兴趣和实际需求出发，合理安排知识结构，由浅入深、循序渐进，通过图文并茂的方式讲解网页制作软件 Dreamweaver CC 2019 的使用方法和技巧。全书共分为 13 章，主要内容如下。

第 1 章：介绍网页的起源、特点、工作原理和相关概念，以及网页开发技术和常用的网页开发工具。

第 2 章：介绍 Dreamweaver CC 2019 的工作界面和基本设置的方法。

第 3 章：介绍 HTML5 的语法特点、基本结构、常用元素、属性、全局属性和事件。

第 4 章：介绍定义网页段落、段落文字的方法，以及使用 Dreamweaver 设置网页文字、段落格式，在网页中插入水平线的方法。

第 5 章：介绍在网页中创建无序列表、有序列表、嵌套列表和定义列表的方法。

第 6 章：介绍网页超链接的类型和路径，以及设置各类超链接的方法。

第 7 章：介绍网页图像和多媒体的相关知识，以及编辑设置方法。

第 8 章：介绍使用 Dreamweaver 在网页中创建、编辑与应用 CSS 样式的方法。

第 9 章：介绍 Div 与盒模型，以及制作常用 Div+CSS 网页的方法。

第 10 章：介绍网页表格的基本结构，以及编辑表格的方法。

第 11 章：介绍表单和表单元素的基础知识，以及使用 Dreamweaver 制作表单网页的方法。

第 12 章：介绍使用 HTML5 绘制各种图形的方法与技巧。

第 13 章：介绍使用各种 Dreamweaver 内置行为的方法。

读者定位和售后服务

本套丛书为所有从事计算机教学的老师和自学人员而编写，既可作为高等院校及各类社会培训学校的优秀教材，也可作为计算机初、中级用户的首选参考书。

如果您在阅读图书或使用计算机的过程中有疑惑或需要帮助，可以登录本丛书的信息支持网站(http://www.tupwk.com.cn/teaching)或通过 E-mail(wkservice@vip.163.com)联系，本丛书的作者或技术人员会提供相应的技术支持。

该书共 13 章，其中黑河学院的王丽红编写了第 1、5、6、9、10、11、12、13 章，吉林工程技术师范学院的刘国成编写了第 2、3、4、7、8 章。由于作者水平所限，本书难免有不足之处，欢迎广大读者批评指正。我们的邮箱是 huchenhao@263.net，电话是 010-62796045。

“计算机应用案例教程系列”丛书编委会
2019 年 12 月

目录

第 1 章

网页制作的基础知识

网页是一种典型的分布式应用结构。网页应用中的信息交换与传输都要涉及客户端和服务器端，因此网页开发技术分为客户端开发技术(又称为“Web 前端开发技术”)和服务器端开发技术两大类。网页前端(客户端)的主要任务是实现信息内容的呈现和用户界面(User Interface，UI)的设计。网页前端开发技术主要包括 HTML、CSS、JavaScript、DOM、BOM、Ajax、jQuery 及其他插件技术。

本章作为全书的开篇，将重点介绍网页制作的基础知识，帮助读者了解网页的发展历史、工作原理和相关概念，以及网页开发技术和常用开发工具。

本章对应视频

例 1-1 制作一个简单网页

1.1 网页概述

Web(World Wide Web)即全球广域网，也称为万维网，它是一种基于超文本和HTTP的、全球性的、动态交互的、跨平台的分布式图形信息系统。对于网站制作者而言，它是一系列技术的复合总称，通常称为网页。

1980年，Tim Berners-Lee(蒂姆•伯纳斯•李)在欧洲核子研究组织中最大的欧洲核子物理实验室工作时建立了一个以超文本系统为基础的项目，该项目能使科学家之间分享和更新他们的研究成果。他与Robert Cailliau(罗伯特•卡里奥)一起建立了一个叫作ENQUIRE的原型系统。

万维网发明者Tim Berners-Lee

1984年，Tim Berners-Lee重返欧洲核子物理实验室，他恢复了自己过去的工作，发明了万维网，并为此编写了世界上第一个客户端浏览器(Word Wide Web，也是一个编辑器)和第一个Web服务器httpd(超文本传输协议服务器的守护进程)。Tim Berners-Lee建立了世界上的第一个网站，并于1991年8月6日发布，其网址是：

```
http://info.cern.ch/hypertext/WWW/TheProject.html
```

其现在的网址是：

```
http://info.cern.ch/
```

Tim Berners-Lee后来在这个网站中列举了其他网站，因此它也是世界上的第一个万维网导航站点。

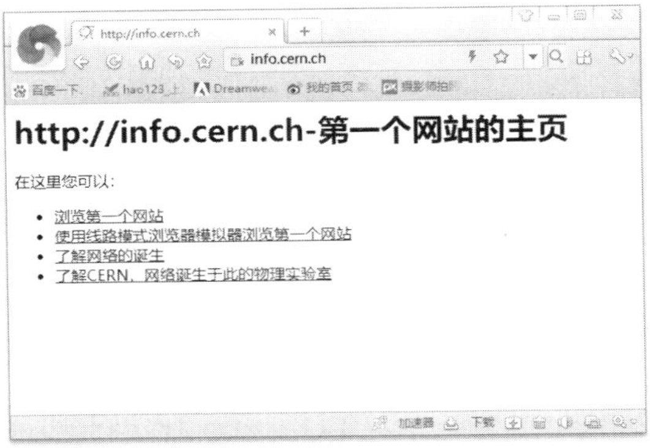

世界上的第一个网站

1.1.1 Web的起源

早期的网络构想可以追溯到1980年由Tim Berners-Lee构建的ENQUIRE项目。这是一个类似于维基百科(wiki)的超文本在线编辑数据库。尽管这些与现在使用的万维网不太相同，但是它们有许多相同的核心思想，甚至还包括一些Tim Berners-Lee在万维网之后的语义网项目中的构想。

1989年3月，Tim Berners-Lee撰写了*Information Management: A Proposal*(关于信息化管理的建议)一文，文中提及了ENQUIRE并且描述了一个更加精巧的管理模型。1990年11月12日，他和Robert Cailliau合作提出了一个更加正式的关于万维网的建议。在1990年11月13日，他在一台NeXT工作站(正式名称是NeXT Computer)上创建了第一个网页以实现他文中的想法，后来这台工作站成为世界上第一台互联网服务器。

在1989年的圣诞节假期，Tim

Berners-Lee 设计了一套开展网络工作所必需的所有工具：第一个万维网浏览器(同时也是编辑器)和第一个 Web 服务器。1991 年 8 月 6 日，他在 alt.hypertext 新闻组上发布了有关万维网项目简介的文章，这一天标志着因特网上万维网公共服务的首次亮相。

万维网中至关重要的概念——超文本，起源于 20 世纪 60 年代的几个项目。例如，Ted Nelson(泰德•尼尔森)的 Xanadu 项目和 Douglas Engelbart(道格拉斯•英格巴特)的 NLS 项目。这两个项目的灵感都来源于 Vannevar Bush(范内瓦•布什)1945 年在其论文 *As We May Think* 中为微缩胶片设计的“记忆延伸” (memex)系统。

Tim Berners-Lee 的另一个重大突破是将超文本嫁接到因特网上。在他的 *Weaving the Web* 一书中，他解释说他曾经一再向这种技术的使用者建议它们的结合是可行的，但是却没有任何人响应他的建议，最后他只好自己执行了这个计划。他发明了全球网络资源唯一认证系统：统一资源标识符(Uniform Resource Identifier，URI)。

为了让 World Wide Web 不被少数人所控制，Tim 组织成立了 World Wide Web Consortium，即通常所说的 W3C 组织，致力于“引导 Web 发挥其最大潜力”。我们所熟知的 HTML 的各个版本，都出自 W3C 会议。可贵的是，W3C 的 HTML 规范是以“建议”的形式发布的，并不强迫任何厂商或个人接受。至于微软利用 HTML 协议的开放性扩展自己的标准，打败 Netscape，应该是 Tim 本人所始料未及的。

1.1.2　Web 的特点

Web 的特点主要有以下几点。

1. 易导航和图形化的界面

Web 非常流行的一个很重要的原因就在于，它可以在一页上同时显示色彩丰富的图形和文本，而在 Web 之前因特网上的信息只有文本形式。Web 具有可以将图形、音频、视频等信息集于一体的特性。同时，Web 导航非常方便，只需要从一个链接跳转到另一个链接，就可以在各个页面、各个站点之间进行浏览了。

2. 平台无关性

无论计算机系统采用何种平台，都可以通过因特网访问 WWW。浏览 WWW 对计算机系统平台没有任何限制。从 Windows、UNIX 以及其他平台都能通过一种叫作浏览器(Browser)的软件实现对 WWW 的访问，例如 Chrome、IE、Firefox 等。

3. 分布式结构

由于大量图形、音频和视频信息会占用相当大的磁盘空间，因此事先很难预知信息的多少。对于 Web 来说，信息可以放在不同的站点上，而没有必要集中在一起，浏览时只需要在浏览器中指明这个站点即可。这样就使物理上不一定在一个站点的信息在逻辑上是在一体的，从用户的角度上来看这些信息也是一体的。

4. 动态性

由于各Web站点的信息包含站点本身的信息，因此信息的提供者可以经常对站点上的信息进行更新与维护。一般来说，各信息站点都尽量保证信息的时效性，所以Web站点上的信息需要动态更新，这一点可以通过信息的提供者进行实时维护。

5. 交互性

Web 的交互性首先表现在它的超链接上，用户的浏览顺序和所访问的站点完全由用户自己决定。另外，通过表单(Form)的形式可以从服务器方获得动态的信息。用户通过填写表单可以向服务器提交请求，之后服务器会根据用户的请求返回响应信息。

1.1.3　Web 的工作原理

用户通过客户端浏览器访问因特网上的

网站或者其他网络资源时，通常需要在客户端的浏览器地址栏中输入需要访问网站的统一资源定位符，或者通过超链接方式连接到相关网页或网络资源；然后通过域名服务器进行全球域名解析，并根据解析结果来访问指定 IP 地址的网站或网页。

获取网站的 IP 后，客户端的浏览器向指定 IP 地址上的 Web 服务器发送一个 HTTP(HyperText Transfer Protocol，超文本传输协议)请求。在通常情况下，Web 服务器会很快响应客户端的请求，将用户所需要的 HTML 文本、图片和构成该网页的其他一切文件发送回用户。如果需要访问数据库系统中的数据，Web 服务器会将控制权转给应用服务器，根据 Web 服务器的数据请求读写数据库，并进行相关数据库的访问操作。之后应用服务器将数据查询响应发送给 Web 服务器，由 Web 服务器再将查询结果转发给客户端的浏览器。最后浏览器将客户端请求的页面内容组成一个网页显示给用户。这就是 Web 的工作原理，如下图所示。

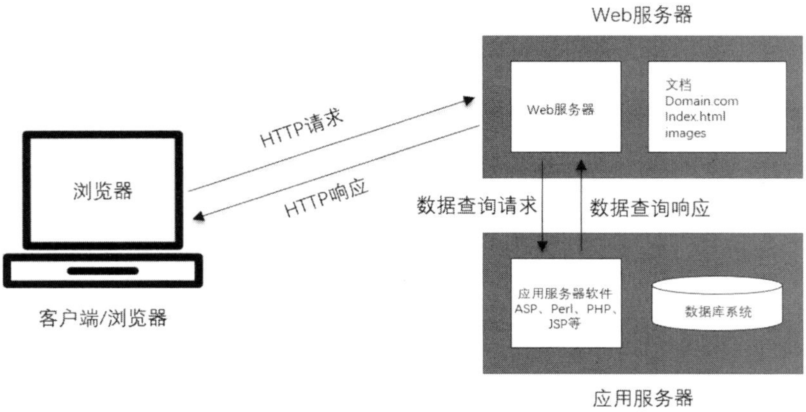

Web 的工作原理

大多数网站的网页中包含很多超链接，有内链接和外链接。通过超链接可以设置资源下载、页面浏览及链接其他网络资源。像这样通过超链接，把有用的相关资源组织在一起的集合，就形成了一个所谓的信息“网”。这个网运行在因特网上，使用十分方便，它构成了最早在 1990 年初 Tim Berners-Lee 所说的万维网。

1.1.4 Web 的相关概念

Web 有以下几个相关概念。

1. URL

可以将 URL(Uniform Resource Locator，统一资源定位符)理解为网页地址，如同在网络上的门牌，是因特网上标准资源的地址。它由 Tim Berners-Lee 发明用来作为万维网的地址。现在它已经被万维网联盟编制为因特网标准 RFC1738。

URL 由协议、主机域名及路径、文件名三个部分组成，其格式如下所示：

```
协议类型://服务器地址(端口号)/路径/文件名
```

其中

- 第一部分是协议(或称为服务类型)，有关协议类型及其含义的介绍如下页的表中所示。
- 第二部分是主机资源的域名或 IP 地址(包括端口号)，http 默认的端口号是 80。
- 第三部分是主机资源的具体地址，如目录和文件名等。

URL 中的协议类型及其含义

序　号	服务(协议)类型	含　义
1	http	超文本传输协议
2	https	用于加密传送的超文本传输协议
3	ftp	文件传输协议
4	mailto	电子邮件地址
5	ldap	轻量目录访问协议
6	news	Usenet 新闻组
7	file	本地计算机或网上分享的文件
8	gopher	因特网查找协议(Internet Gopher protocol)

第一部分和第二部分之间用“://”符号隔开，第二部分和第三部分之间用“/”符号隔开。第一部分和第二部分是不可缺少的，第三部分有时可以省略。例如：

```
http://www.edu.cn/dusiming_123/index.shtml
ftp://ftp.wtk.edu.cn/
http://58.109.21.18：8089/web/index.html
```

2. Web 服务器

Web 服务器也称为网站，是指在因特网上提供 Web 访问服务的站点，是由计算机软件和硬件组成的有机整体。网站一般采用 PHP、JSP、ASP 等技术开发为 B/S(Browser/Server)架构，一般由若干个网页有序地组织在一起，第一个网页也称为主页，所以主页的设计非常重要。通常需要为 Web 服务器配置 IP 地址和域名，才能对外提供 Web 服务。

3. 超链接

Web 页面一般由若干超链接构成。所谓超链接(Hyper Link)，是指从一个网页指向另一个目标的连接关系，这个目标可以是另一个网页，也可以是相同网页上的不同位置，还可以是一张图片、一个电子邮件地址、一个文件，或者是一个应用程序。

文本超链接在浏览器中表现为带有下画线的文字，将鼠标移动到文字上时，浏览器光标会变为手状形状，如下图所示。

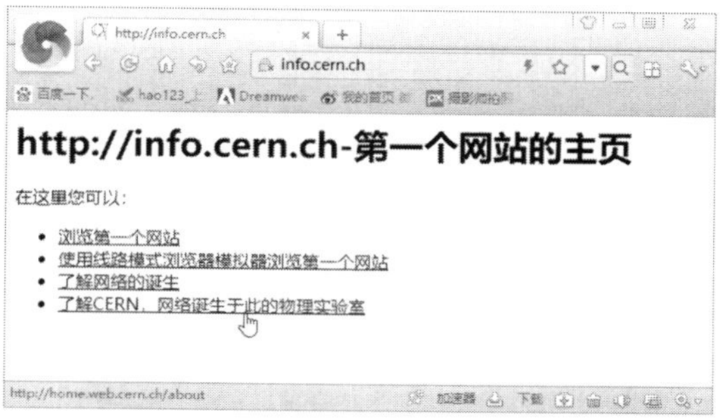

网页中超链接的格式如下：

```
<a
href="info.cern.ch/hypertext/WWW/TheProject.
html">Browse the first website</a>
```

1.2　网页开发技术

2005 年后，互联网进入 Web 2.0 时代，网站的客户端(前端)由此发生了翻天覆地的变化。网站不再是 Web 1.0 时代承载单一文字和图片的信息提供者，富媒体(Rich Media，RM)让网站的内容更加生动，软件化的交互形式为用户提供了更好的使用体验。

随着因特网技术的飞速发展与普及，Web 技术也在同步发展，并且应用领域也越来越广泛。WWW 已经是当今时代不可或缺的信息传播载体。全球范围内的资源互通互访、开放共享已经成为 WWW 最有实际应用价值的体现。开发具有用户动态交互、富媒体应用的新一代 Web 网站需要 HTML、CSS、JavaScript、DOM、Ajax 等组合技术，其中 HTML、CSS 和 JavaScript 三大技术被称为“网页三剑客”。

1.2.1 HTML

HTML(HyperText Markup Language)是超文本标记语言，是 Web 页面的结构。HTML 使用标记来描述网页。网页的内容包括标题、副标题、段落、无序列表、定义列表、表格、表单等。

HTML 是 SGML(Standard Generalized Markup Language，标准通用标记语言)下的一个应用(也称为一个子集)，也是一种标准规范，它通过标记符号来标记要显示的网页中的各个部分。而 SGML 是一种定义电子文档结构和描述其内容的国际标准语言，是所有电子文档标记语言的起源。

HTML 文档是用来描述网页，由 HTML 标记和纯文本构成的文本文件。Web 浏览器可以读取 HTML 文档，并以网页的形式显示它们。例如，在下图所示浏览器的 URL 文本框中输入网址 http://www.edu.cn，所看到的网页就是浏览器对 HTML 文件进行解释的结果。

右击网页中的任何位置，从弹出的菜单中选择【查看网页源代码】命令，将显示网页源代码，其中<head>、<meta>、<title>、<link>等都是HTML的标签，浏览器能够正确地理解这些标签，并将其呈现给网页浏览者。

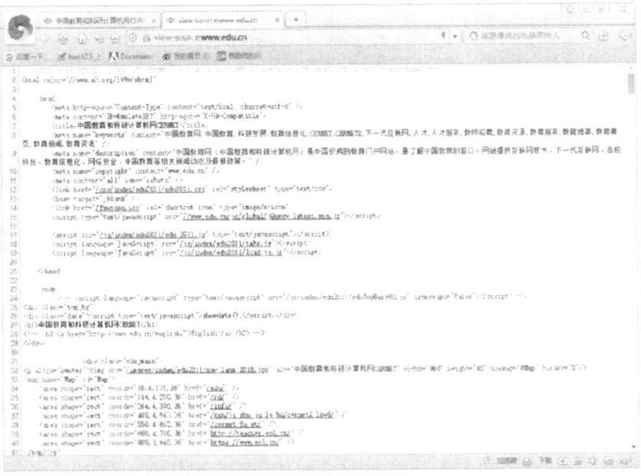

下面简单介绍 HTML 的发展历史。

- HTML 1.0：1993 年 6 月，互联网工程工作小组(IETF)发布工作草案。
- HTML 2.0：1995 年 11 月，发布 RFC1866，其在 RFC2854 于 2000 年 6 月发布之后被宣布已经过时。
- HTML 3.2：1996 年 1 月 14 日发布，W3C 推荐标准。
- HTML 4.0：1997 年 12 月 18 日发布，W3C 推荐标准。
- HTML 4.01：1999 年 12 月 24 日发布，W3C 推荐标准。
- HTML5：2014 年 10 月 28 日发布，W3C 推荐标准。

1.2.2 CSS

由于 Netscape 和 Microsoft 两家公司在自己的浏览器软件中不断地将新的 HTML 标记和属性(例如，字体标记和颜色属性)添加到 HTML 规范中，导致创建具有清晰的文档内容并独立于文档表现层的站点变得越来越困难。为了解决这个问题，Hakon Wium Lie(哈肯·维姆·莱)和 Bert Bos(伯特·波斯)于 1994 年共同发明了级联样式表。

1. CSS 的作用

级联样式表(Cascading Style Sheet，CSS)，也称为层叠样式表。在设计 Web 网页时采用 CSS 技术，可以有效地对页面的布局、字体、颜色、背景和其他效果进行更加精确的控制。只需对想要的代码做一些简单的修改，就可以改变同一页面的不同部分，或者同一个网站的不同页面的外观和格式。采用 CSS 技术是为了解决网页内容与表现相分离的问题。

CSS 语言是一种标记语言，不需要编译，属于浏览器解释型语言，可以直接由浏览器解释执行。CSS 标准由 W3C 的 CSS 工作组制定和维护。

2. CSS 的发展历史

下面简单介绍 CSS 的发展历史。

- CSS1：1996 年 12 月 17 日发布，W3C 推荐标准。
- CSS2：1999 年 1 月 11 日发布，W3C 推荐标准，CSS2 添加了对媒介(打印机和听觉设备)、可下载字体的支持。
- CSS3：计划将 CSS 划分为更小的模块，这些模块包括盒模型、列表模块、超链接方式、语言模块、背景和边框、文字特效、多栏布局等。

1.2.3　JavaScript

在 HTML 基础上，使用 JavaScript 可以开发交互式的 Web 页面。JavaScript 的出现使得网页和用户之间实现了一种实时性的、动态的、交互性的关系，使网页包含更多活跃元素和更加精彩的内容。这也是 JavaScript 与 HTML DOM 共同构成 Web 网页的行为。

1. JavaScript 的由来

JavaScript 是一种基于对象和事件驱动并具有相对安全性的客户端脚本语言。同时也是一种广泛用于客户端 Web 开发的脚本语言，常用来给 HTML 网页添加动态的功能，例如，响应用户的各种操作。JavaScript 最初由 Netscape 的 Brendan Eich(布兰登・艾奇)设计，是一种由 Netscape 的 LiveScript 发展而来、原型化继承面向对象动态类型的客户端脚本语言，主要目的是为服务器端脚本语言提供数据验证的基本功能。在 Netscape 与 Sun 合作之后，LiveScript 更名为 JavaScript，同时 JavaScript 也成为原 Sun 公司的注册商标，欧洲计算机制造商协会(European Computer Manufacturers Association，ECMA) 以 JavaScript 为基础制定了 ECMAScript 标准。

2. JavaScript 的组成

一个完整的 JavaScript 实现由以下三个不同部分组成：

- 核心(ECMAScript)。
- 文档对象模型(Document Object Model，DOM)。
- 浏览器对象模型(Browser Object Model，BOM)。

1.2.4　HTML DOM

HTML DOM 是 HTML 文档对象模型的英文缩写。根据 W3C DOM 规范，DOM 是一种与浏览器、平台语言无关的接口，使得用户可以访问页面上其他的标准组件。DOM 与 JavaScript 结合起来实现了 Web 网页的行为与结构的分离。

1. DOM 的由来

简单理解，DOM 解决了 Netscape 的 JavaScript 和 Microsoft 的 JScript 之间的冲突，为 Web 设计者和开发者提供了一种处理 HTML 或 XML 文档标准的方法，方便访问站点中的数据、脚本和表现层对象。

借助于 JavaScript 可以重构整个 HTML 文档，可以添加、移除、改变或重排页面上的元素。JavaScript 需要获得对 HTML 文档中所有元素进行访问的入口，这个入口连同对 HTML 元素进行添加、移动、改变或移除的方法和属性，都是通过 DOM 来获得的，

HTML DOM 定义了访问和操作 HTML 文档的标准方法。

2. HTML DOM Level

- DOM Level 1：1998 年 10 月发布，W3C 推荐规范，含有 DOM Core 和 DOM HTML 两个模块。
- DOM Level 2：引入 DOM 视图、DOM 事件、DOM 样式、DOM 遍历和范围，用于处理新的接口类。
- DOM Level 3：通过引入以统一方式载入文档、保存文档和验证文档的方法对 DOM进行进一步的扩展，DOM Level 3包含了一个名为“DOM载入与保存”的新模块，DOM的核心扩展后可支持XML 1.0的所有内容，包括XML Infoset、XPath和XML Base等。

1.2.5 BOM

BOM 也称浏览器对象模型，定义了 JavaScript 可以进行操作的浏览器的各个功能部件的接口，提供访问文档各个功能部件(如窗口本身、屏幕功能部件、浏览历史记录等)的途径以及操作方法。

Internet Explorer 3.0 和Netscape Navigator 3.0 浏览器提供了一个浏览器对象模型特性，可以对浏览器窗口进行访问和操作。使用 BOM，开发者可以移动窗口、改变状态栏中的文本以及执行其他与页面内容不直接相关的动作。由于没有相关的BOM标准，每种浏览器都有自己的BOM实现的方法。虽然有一些事实上的标准，如具有一个窗口对象和一个导航对象，但是每种浏览器都可以为这些对象或其他对象定义自己的属性和方法。

BOM 主要处理浏览器窗口和框架，但通常浏览器特定的 JavaScript 扩展都被视为 BOM 的一部分。这些扩展包括：

- 弹出新的浏览器窗口。
- 移动、关闭浏览器窗口以及调整窗口大小。
- 提供Web 浏览器详细信息的定位对象。
- 提供用户屏幕分辨率详细信息的屏幕对象。
- 对 cookie 的支持。
- Internet Explorer 对 BOM 进行扩展以包括 ActiveX 对象类，可以通过 JavaScript 来实现 ActiveX 对象。

常见的 BOM 对象有 Window 对象、Navigator 对象、Screen 对象、History 对象、Location 对象等。

1.2.6 Ajax

Ajax(Asynchronous JavaScript and XML)也称异步 JavaScript 和 XML，在 Web 2.0 的热潮中，已经成为人们谈论最多的技术术语。Ajax 是多种技术的综合，它使用 XHTML 和 CSS 标准化呈现，使用 DOM 实现动态显示和交互，使用 XML 和 XSTL 进行数据交换与处理，使用 XMLHttpRequest 对象进行异步数据读取，使用 JavaScript 绑定和处理所有数据。更重要的是，它打破了使用页面重载的惯例技术组合。可以说，Ajax 已成为 Web 开发的重要利器。

传统的网页(不使用 Ajax)如果需要更新内容，必须重载整个网页内容，而使用 Ajax 则可以部分更新网页内容。有很多使用 Ajax 的应用程序案例，如新浪微博、Google 地图等。

通过 Ajax，使用 JavaScript 的 XMLHttpRequest 对象直接与服务器进行通信，不再需要重载页面并与 Web 服务器交换数据。

Ajax在浏览器与Web服务器之间使用异步数据传输(HTTP请求)，这样就可以使网页从服务器请求少量的信息，而不是整个页面。

1.2.7 jQuery

jQuery 是一套跨浏览器的 JavaScript 库，它简化了 HTML 与 JavaScript 之间的操作。由美国人 John Resig 在 2006 年 1 月的 BarCamp NYC 上发布第一个版本。目前是由 Dave Methvin 领导的开发团队进行开发。据统计，全球前 1 万个访问量最高的网站中，有 59%使用了 jQuery，它是目前最受欢迎的 JavaScript 库。

jQuery 从创建至今已经吸引了来自世界各地的众多 JavaScript 高手加入其开发团队，包括来自德国的 Jorn Zaefferer、来自罗马尼亚的 Stefan Petre 等。jQuery 是继 Prototype JS 框架之后又一个优秀的 JavaScript 框架，其宗旨是“Write Less，Do More”，即“写更少的代码，做更多的事情”。

1.3　网页开发工具

正所谓“工欲善其事，必先利其器”，作为一名合格的网页开发者自然会用到许多能使其工作高效的工具——网页开发工具。目前，可用于网页开发的工具很多，用户可以根据自己的使用习惯进行选择(本书主要以 Adobe 公司推出的 Dreamweaver CC 2019 为例，介绍网页制作的相关知识)。

1. Adobe Dreamweaver

Adobe Dreamweaver 是 Adobe 公司推出的网站开发工具，它是一款集网页制作和网站管理于一身的“所见即所得”的网页编辑工具。利用 Dreamweaver 用户可以轻而易举地制作出跨越平台和浏览器限制的网页效果。

目前，Dreamweaver 软件有 Mac 和 Windows 系统的版本。本书所介绍的 Dreamweaver CC 2019 提供了一套直观的可视化界面，用户可以利用它创建和编辑 HTML 网站和移动应用程序。

2. EditPlus

EditPlus 是 Windows 系统中的一个文本、HTML、PHP 以及 Java 编辑器。它不但是“记事本”工具的一个很好的替代工具，而且它也为网页制作者和程序设计者提供了许多强大的功能。

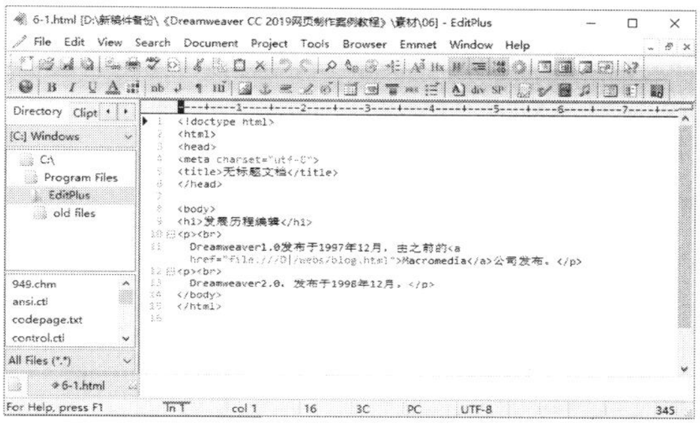

EditPlus 对 HTML、PHP、Java、C/C++、CSS、ASP、Perl、JavaScript 和 VBScript 的语法有高亮显示。同时，根据自定义语法文件，EditPlus 能够扩展支持其他程序语言。可以实现通过无缝网络浏览器预览 HTML 页面，通过 FTP 命令上传本地文件到 FTP 服务器。

3. Sublime Text

Sublime Text 支持多种编程语言的语法高亮显示，并且拥有优秀的代码自动完成和代码片段功能。

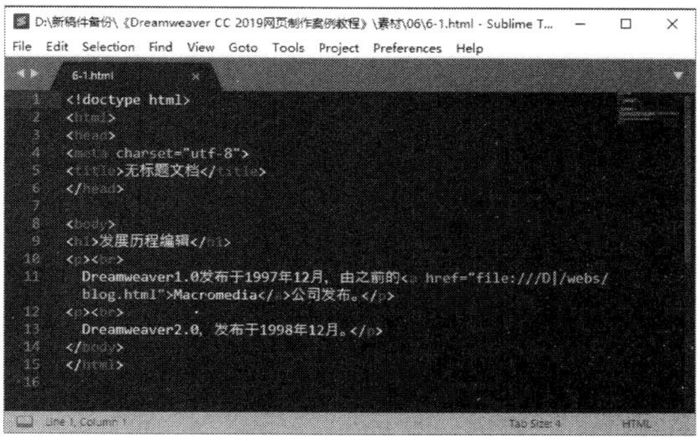

用户可以使用 Sublime Text 将常用的代码片段保存起来，在需要使用时随时调用。Sublime Text 支持 VIM 模式、支持宏。使用该工具编写网页代码，可以大大提高编码的速度和效率。

4. WebStorm

WebStorm 是 JetBrains 公司旗下的一款 JavaScript 开发工具。该工具被广大 JavaScript 开发者誉为 Web 开发神器、最强大的 HTML5 编辑器、最智能的 JavaScript IDE。该工具与 IntelliJ IDEA 同源，集成了 IntelliJ IDEA 强大的 JavaScript 部分的功能。

1.4 网页浏览工具

使用 HTML、CSS 和 JavaScript 组合技术设计的 Web 网站，需要经过发布才能通过网页浏览工具(浏览器)来观看其效果。基于 Internet 的各类网页浏览器有很多，其中在全球范围内最受用户欢迎的分别是 Google Chrome、Microsoft IE、Mozilla Firefox、Opera、Safari 等几款。

1. Google Chrome

Google Chrome 又称 Google 浏览器，它是一款由 Google 公司开发的开源网页浏览器。该浏览器基于其他开源软件而编写，包括 WebKit 和 Mozilla，目标是提升软件的稳定性、速度和安全性，并创建出简单且高效的使用界面。

Google Chrome 的名称来自称作 Chrome 的网络浏览器图形用户界面(Graphic User Interface，GUI)。该软件的 beta(测试)版于 2008 年 9 月 2 日发布，提供了 43 种语言，并支持 Windows、Mac OS X 和 Linux 等多种操作系统。目前 Google Chrome 是世界上被广泛使用的浏览器。

2. Microsoft IE

Internet Explorer(简称 IE 浏览器)是微软公司推出的一款网页浏览器。虽然随着 Windows 操作系统升级到 Windows 10，很多用户已不再使用 IE 浏览器，但该浏览器依然是使用最广泛的网页浏览工具之一，占据着一定的市场份额。

3. Mozilla Firefox

Mozilla Firefox 浏览器的中文名通常称为“火狐”，它是一款开源网页浏览器，使用 Geckko 引擎(非 IE 内核)，可以在 Windows、Mac 和 Linux 等多种操作系统中运行。Mozilla Firefox 浏览器由 Mozilla 基金会与数百个志愿者所开发，是目前占据全球浏览器市场份额第三位的网页浏览工具。

4. Opera

Opera 浏览器是一款由挪威 Opera Software ASA 公司制作的支持多页面标签式浏览的网络浏览器，是跨平台的浏览器，可以在 Windows、Mac、FreeBSD、Solaris、BeOS、OS/2、Linux 等多种操作系统上运行。Opera 浏览器创建于 1995 年 4 月，该浏览器除了有计算机版本外，还有用于手机的版本，如在 Windows Mobile 和 Android 手机上安装的 Opera Mobile 和 Opera Mini。

5. Safari

Safari 是苹果计算机的操作系统中所使用的浏览器，该浏览器用于取代 Internet Explorer for Mac。Safari 浏览器使用了 KDE 的 KHTML 作为浏览器的计算核心。目前，Safari 浏览器支持 Windows 系统，但是与运行在 Mac 系统上的 Safari 相比功能较弱。Safari 浏览器是 iPhone 手机、iPod Touch、iPad 平板电脑 iOS 的指定默认浏览器。

1.5　案例演练

本章介绍了网页的起源、特点、工作原理、相关概念，以及网页开发技术、开发工具和浏览器工具的相关知识。下面的案例演练部分将使用 Dreamweaver CC 2019，介绍运用 HTML、CSS 和 JavaScript 三大技术实现网页制作的方法。

【例 1-1】在 Dreamweaver 中运用 HTML、CSS 和 JavaScript 三大技术制作一个简单的网页。
视频+素材 (素材文件\第 01 章\例 1-1)

step 1 在计算机中安装并启动 Dreamweaver CC 2019 后，单击软件启动界面中的【新建】按钮，打开【新建文档】对话框，单击【创建】按钮。

step 2 创建一个空白网页，单击软件上方【文档】工具栏中的【代码】按钮，切换至代码视图。

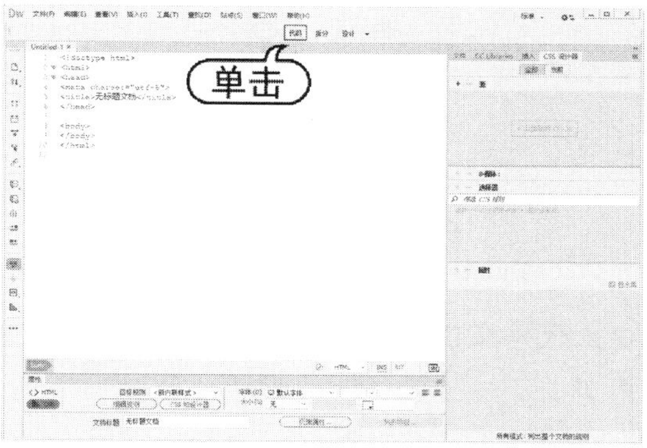

step 3 此时代码视图中将自动生成以下代码：

```
<!doctype html>
<html>
<head>
<meta charset="utf-8">
<title>无标题文档</title>
</head>

<body>
</body>
</html>
```

step 4 以软件自动生成的代码为基础输入以下代码：

```
<!doctype html>
<html>
<head>
<meta charset="utf-8">
<title>网页制作技术初步应用</title>
    <style type="text/css">
```

```
        p{font-size: 20px;color:red;text-indent:2em;}
        h3{font-size: 24px;font-weight: bolder;color: #000099}
    </style>
    <body>
        <h3>使用 Dreamweaver 制作网页</h3>
        <p>HTML</p>
        <p>CSS</p>
        <p>JavaScript</p>
        <h3>网页制作学习资源</h3>
        <a href="http://wwww.w3school.com.cn/html/">网页制作教程</a>
        <script type="text/javascript">
          alert("使用 Dreamweaver 制作网页既简单，又直观！");
        </script>
    </body>
</html>
```

以上代码在 Dreamweaver 代码视图中如下图所示。

```
1  <!doctype html>
2  <html>
3  <head>
4  <meta charset="utf-8">
5  <title>网页制作技术初步应用</title>
6     <style type="text/css">
7         p{font-size: 20px;color:red;text-indent:2em;}
8         h3{font-size: 24px;font-weight: bolder;color: #000099}
9     </style>
10    <body>
11        <h3>使用Dreamweaver制作网页</h3>
12        <p>HTML</p>
13        <p>CSS</p>
14        <p>JavaScript</p>
15        <h3>网页制作学习资源</h3>
16        <a href="http://wwww.w3school.com.cn/html/">网页制作教程</a>
17        <script type="text/javascript">
18          alert("使用Dreamweaver制作网页既简单，又直观！");
19        </script>
20    </body>
21 </html>
22
```

其中第 7 行定义段落 P 标签的样式，其字体大小为 20px、颜色为红色、段落缩进 2 个字符；第 8 行定义 3 号标题字 h3 标签，其字体大小为 24px、字体粗细为特粗、颜色为#000099；第 10～22 行是 HTML 的主体，包含标题字、段落、超链接、脚本标签的定义，其中第 11 行、第 15 行定义 h3 标题字，第 12～14 行定义 3 个段落 P 标签，第 16 行定义超链接 a 标签，第 17～19 行定义脚本 script 标签，在其中插入警告信息框 alert()并输出信息“使用 Dreamweaver 制作网页既简单，又直观!”。

step 5 按下 Ctrl+S 组合键打开【另存为】对话框，在【文件名】文本框中输入网页名称，然后单击【保存】按钮。

step 6 按下 F12 键，在浏览器中预览网页，显示效果如下图所示。

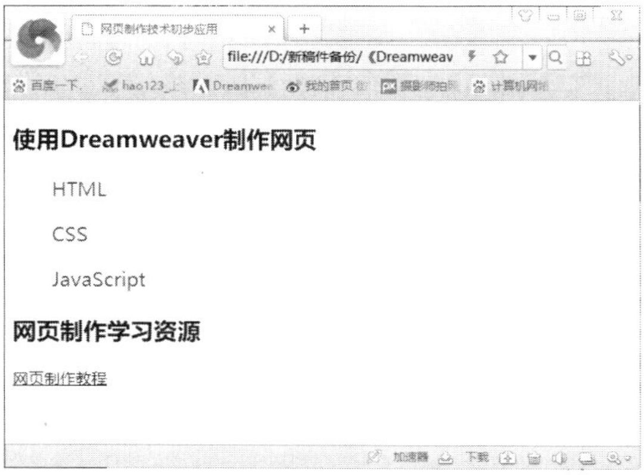

第 2 章

Dreamweaver CC 2019 概述

Adobe Dreamweaver 是一款集网页制作和网站管理于一身的“所见即所得”的网页编辑器。在技术发展日新月异的今天，Dreamweaver 集设计和编码功能于一体，无论是网页设计师还是前端工程师，熟练掌握了 Dreamweaver 软件的使用，都能有效提高工作效率。

本章将通过介绍 Dreamweaver CC 2019 的工作界面、编码环境、编码工具和辅助功能，帮助读者快速了解该软件的基本功能。

本章对应视频

例 2-1 创建本地站点

例 2-2 创建站点文件与文件夹

例 2-3 创建空白网页文件

例 2-4 打开网页文件

例 2-5 保存(另存为)网页文件

例 2-6 创建与管理站点

例 2-7 设置网页页面信息

本章其他视频参见视频二维码列表

2.1 工作界面

在计算机中安装并启动 Dreamweaver CC 2019 后，将打开下图所示的工作界面，该界面由菜单栏、浮动面板组、【属性】面板、工具栏、【文档】工具栏、状态栏以及包括设计视图和代码视图的文档窗口组成。

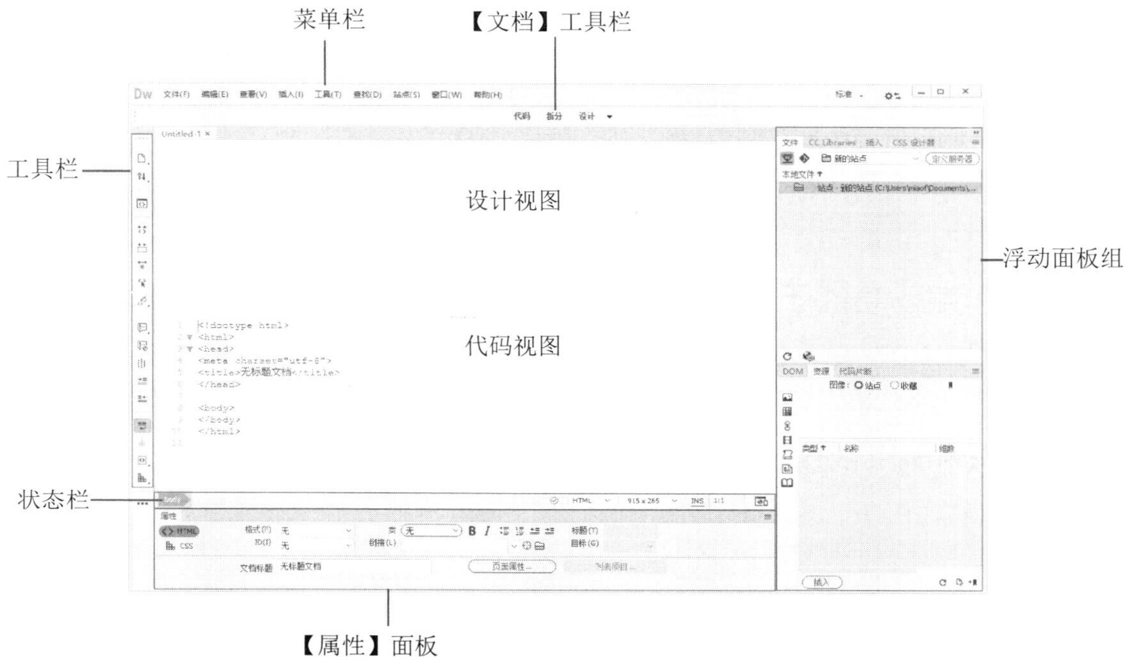

Dreamweaver CC 2019 的工作界面

下面将简要介绍 Dreamweaver 工作界面中各部分的功能。

1. 菜单栏

菜单栏提供了各种操作的标准菜单命令，它由【文件】【编辑】【查看】【插入】【工具】【查找】【站点】【窗口】和【帮助】这 9 个菜单组成。选择任意一个菜单项，都会弹出相应的菜单，使用菜单中的命令基本上能够实现 Dreamweaver 所有的功能。例如，选择【文件】|【新建】命令，将可以使用所打开的【新建文档】对话框创建一个新的网页文档；选择【文件】|【打开】命令，在打开的对话框中选择一个网页文件后，单击【打开】命令，可以使用 Dreamweaver 将其打开；选择【文件】|【保存】命令或选择【文件】【另存为】命令，可以将当前在 Dreamweaver 中打开的网页文件进行保存。

2. 【文档】工具栏

Dreamweaver 的【文档】工具栏主要用于设置文档窗口在不同的视图模式间进行快速切换，其包含【代码】【拆分】(上图所示为拆分视图模式)和【设计】3 个按钮，单击【设计】按钮，在弹出的列表中还包括【实时视图】选项，如下图所示。

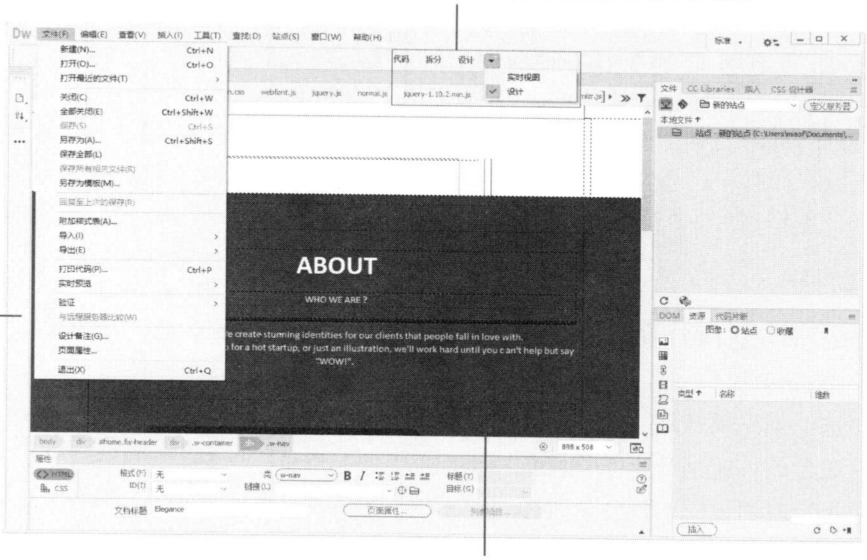

菜单栏和【文档】工具栏

3. 文档窗口

文档窗口是 Dreamweaver 进行可视化编辑网页的主要区域，可以显示当前文档的所有操作效果。通过上图中所示的【文档】工具栏，用户可以设置文档窗口显示拆分视图(即上半部分显示设计或实时视图，下半部分显示代码视图)、设计视图，实时视图(如下图所示)，或者代码视图。

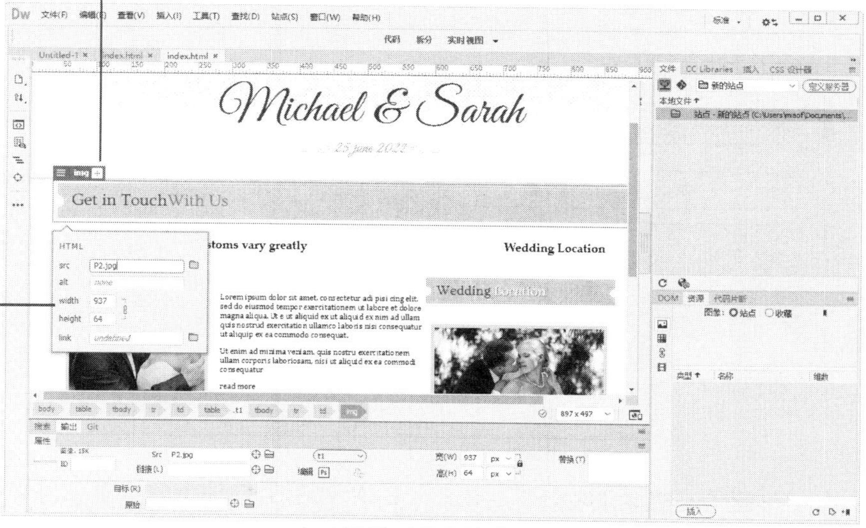

实时视图下的文档窗口

上图所示的实时视图使用了一个基于 Chromium 的渲染引擎，可以使 Dreamweaver 工作界面中网页的内容看上去与 Web 浏览器中的显示效果相同。在实时视图中选择网页内的某个元素，将显示快速属性检查器，在其中可以编辑所选元素的属性或设置文本格式。

4. 工具栏

在 Dreamweaver CC 2019 工作界面左侧的工具栏中，允许用户使用其中的快捷按钮，快速调整与编辑网页代码。

工具栏上的按钮是特定于视图的，并且仅在适用于当前所使用的视图时显示。例如，在 Dreamweaver 代码视图中，工具栏中默认只显示用于打开文档、管理文件和自定义工具栏的 3 个按钮。

- 【自定义工具栏】按钮：用于自定义工具栏中的按钮，单击该按钮，在打开的【自定义工具栏】对话框中，用户可以在工具栏中增加或减少按钮的显示。
- 【管理文件】按钮：用于管理站点中的文件，单击该按钮后，在弹出的列表中将包含获取、上传、取出、存回、在站点定位等选项。
- 【打开文档】按钮：用于在 Dreamweaver 中已打开的多个文件之间进行相互切换。单击该按钮后，在弹出的列表中将显示已打开的网页文档列表。

而在下图所示的代码视图中，则显示了更多的按钮。

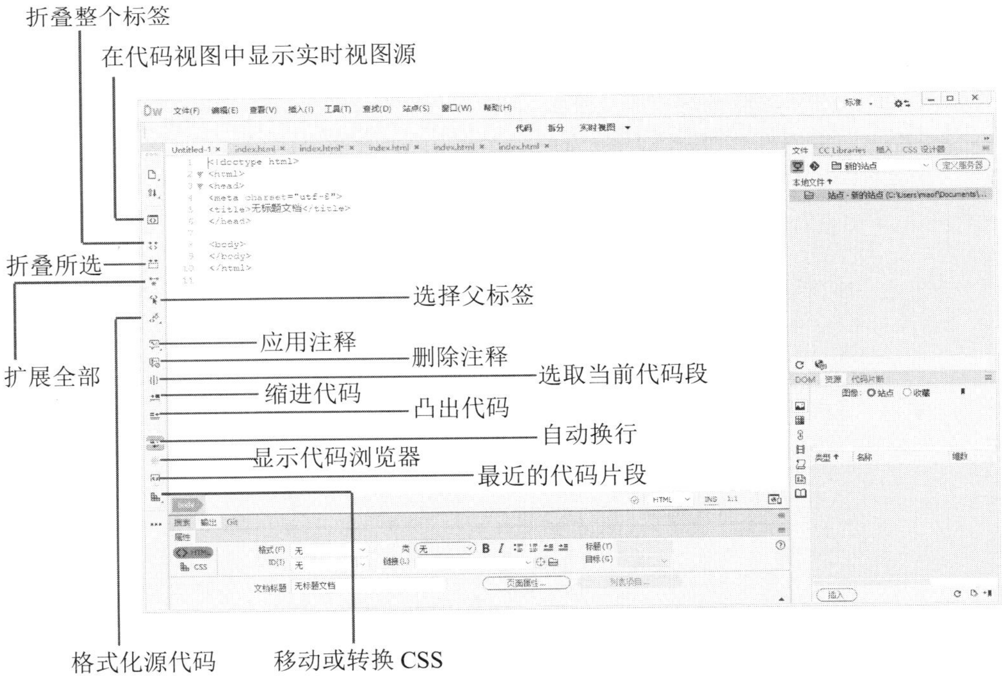

代码视图下的工具栏

上图中各按钮的功能说明如下。

- 折叠整个标签：将鼠标光标插入代码视图中后单击该按钮，将折叠光标所处代码的整个标签(按住 Alt 键后单击该按钮，可以折叠光标所处代码的外部标签)。折叠后的标签效果如下图所示。

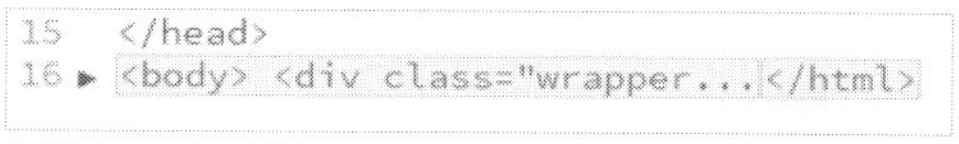

➤ 折叠所选：折叠选中的代码。

➤ 扩展全部：还原所有折叠的代码。

➤ 选择父标签：可以选择放置了鼠标插入点的那一行的内容以及两侧的开始标签和结束标签。如果反复单击该按钮且标签是对称的，则 Dreamweaver 最终将选择最外部的<html>和</html>标签。

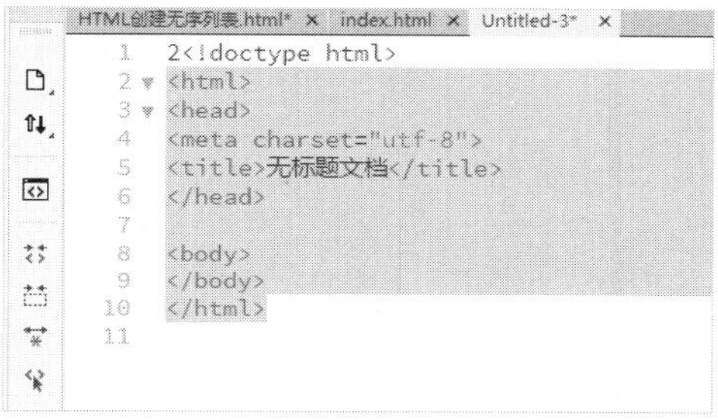

➤ 选取当前代码段：选择放置了插入点的那一行的内容及其两侧的圆括号、大括号或方括号。如果反复单击该按钮且两侧的符号是对称的，则 Dreamweaver 最终将选择文档最外面的大括号、圆括号或方括号。

➤ 应用注释：在所选代码两侧添加注释标签或打开新的注释标签。

➤ 删除注释：删除所选代码的注释标签。如果所选内容包含嵌套注释，则只会删除外部注释标签。

➤ 格式化源代码：将先前指定的代码格式应用于所选代码。如果未选择代码块，则应用于整个页面。也可以通过单击该按钮并从弹出的下拉列表中选择【代码格式设置】选项来快速设置代码格式的首选参数，或通过选择【编辑标签库】选项来编辑标签库。

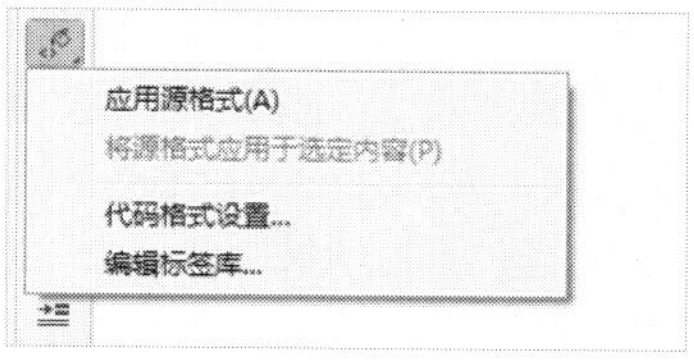

➤ 缩进代码：将选定内容向右缩进，如下图所示。

➤ 凸出代码：将选定内容向左移动。

➤ 显示代码浏览器：打开下图所示的代码浏览器。代码浏览器可以显示与页面上特定选定内容相关的代码源列表。

➤ 最近的代码片段：可以从【代码片段】面板中插入最近使用过的代码片段。

➤ 移动或转换 CSS：可以转换 CSS 行内样式或移动 CSS 规则。

5. 浮动面板组

浮动面板组位于 Dreamweaver 工作界面的右侧，用于帮助用户监控和修改网页，其中包括插入、文件、CSS 设计器、DOM、资源和代码片段等默认面板。用户可以通过在菜单栏中选择【窗口】命令中的子命令，在浮动面板组中打开设计网页所需的其他面板，例如，选择【窗口】|【资源】命令，可以在浮动面板组中显示【资源】面板。

6. 状态栏

Dreamweaver 状态栏位于工作界面的底部，其左侧的【标签选择器】用于显示当前网页选定内容的标签结构，用户可以在其中选择结构的标签和内容，如下页图所示。

状态栏的右侧包含错误检查、窗口大小

和预览 3 个图标，其各自的功能说明如下。

- 【错误检查】图标：显示当前网页中是否存在错误，如果网页中不存在错误则显示⊘图标，否则显示⊗图标。
- 【窗口大小】图标：用于设置当前网页窗口的预定义尺寸，单击该图标，在弹出的列表中将显示所有预定义窗口尺寸。
- 【实时预览】图标：单击该图标，在弹出的列表中，用户可以选择在不同的浏览器或移动设备上实时预览网页效果。

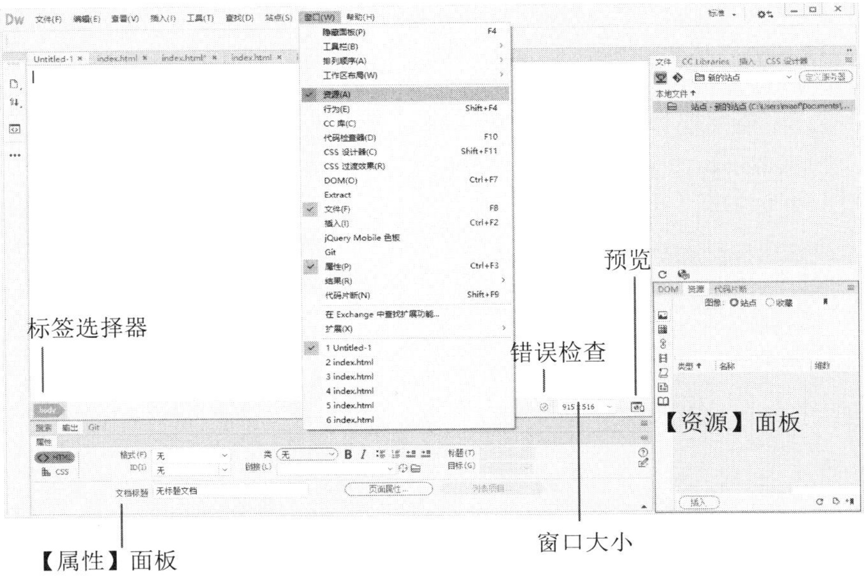

在 Dreamweaver 工作界面中显示面板

7. 【属性】面板

在菜单栏中选择【窗口】|【属性】命令，可以在 Dreamweaver 工作界面中显示【属性】面板。在【属性】面板中用户可以查看并编辑页面上文本或对象的属性，该面板中显示的属性通常对应于状态栏中选中标签的属性，如上图所示。更改属性通常与在【代码】视图中更改相应的属性具有相同的效果。

> **知识点滴**
>
> 【属性】面板中的选项根据选中的网页元素的不同而不同。

2.2 基本操作

在了解了 Dreamweaver CC 2019 的工作界面之后，要使用该软件制作网页，用户还应掌握该软件的基本操作方法，例如，创建与设置本地站点，以及在本地站点中创建网页、保存网页、打开网页、设置网页属性的方法。

2.2.1 站点操作

在 Dreamweaver 中，对同一网站中的文件是以“站点”为单位来进行组织和管理的，创建站点后用户可以对网站的结构有一个整体的把握，而创建站点并以站点为基础创建网页也是一种比较科学、规范的设计方法。

Dreamweaver 提供了功能强大的站点管理工具，通过站点管理器用户可以轻松实现站点名称以及所在路径的定义、远程服务器连接的管理、版本控制等操作，并可以在此基础上实现网站文件的管理、素材管理和模板管理。

1. 创建本地站点

在 Dreamweaver 菜单栏中，选择【站点】|【新建站点】命令，将打开如下图所示的【站点设置对象】对话框。在【站点设置对象】对话框中，用户可以参考以下步骤创建一个本地站点。

【例 2-1】使用向导创建本地站点。
视频+素材 (素材文件\第 02 章\例 2-1)

step 1 启动 Dreamweaver 后，选择【站点】|【新建站点】命令，打开【站点设置对象】对话框，然后在该对话框中的【站点名称】文本框中输入站点名称“测试站点”。

step 2 单击【本地站点文件夹】文本框后的【浏览文件夹】按钮，打开【选择根文件夹】对话框，选择一个本地计算机上的文件夹后单击【选择文件夹】按钮。

在 Dreamweaver 中创建本地站点

step 3 返回【站点设置对象】对话框，单击【保存】按钮，完成站点的创建。此时，在浮动面板组的【文件】面板中将显示站点文件夹中的所有文件和子文件夹。

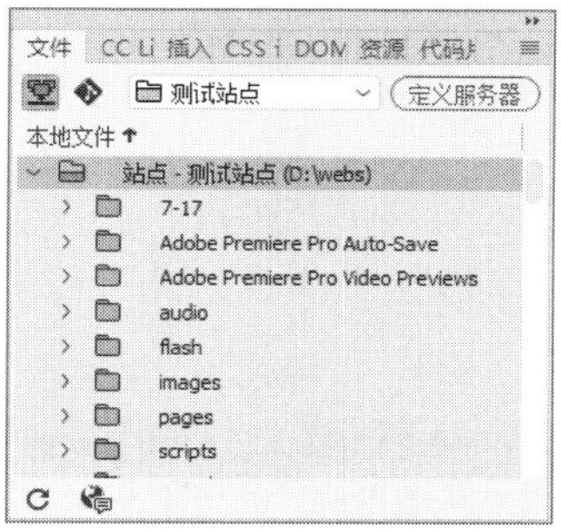

知识点滴

完成站点的创建后，Dreamweaver 将默认把创建的站点设置为当前站点。如果当前工作界面中没有显示【文件】面板，用户可以按下 F8 键将其显示。

2. 设置本地站点

在 Dreamweaver 中完成本地站点的创建后，用户可以选择【站点】|【管理站点】命令，打开【管理站点】对话框，并利用该对话框中的工具栏对站点进行一系列的编辑操作，例如，重新编辑当前选定的站点，复制、导出或删除站点等。

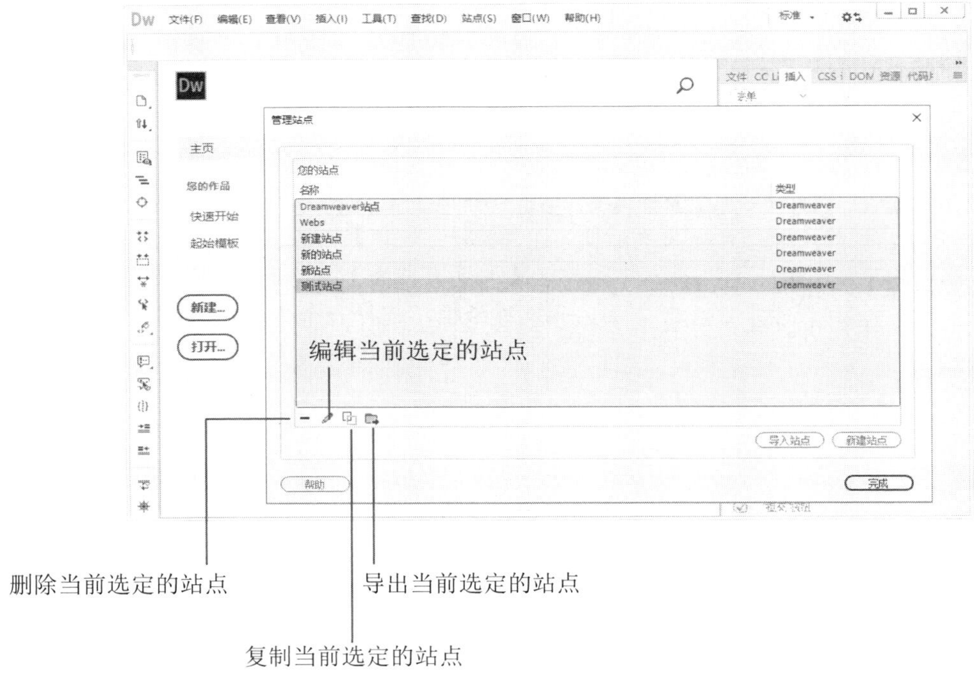

【管理站点】对话框

【管理站点】对话框中比较重要的按钮的功能介绍如下。

- 【删除当前选定的站点】按钮━：单击该按钮可删除当前在【管理站点】对话框中选中的站点。
- 【编辑当前选定的站点】按钮✎：单击该按钮，可打开【站点设置对象】对话框，编辑在【管理站点】对话框中选中的站点。
- 【复制当前选定的站点】按钮：单击该按钮，可以在【管理站点】对话框中创建一个当前选中站点的复制站点。
- 【导出当前选定的站点】按钮：单击该按钮，可以在打开的【导出站点】对话框中设置导出当前选中的站点。

用户在【管理站点】对话框中完成对站点的操作后，单击该对话框中的【完成】按钮即可使设置生效。

3. 创建站点文件

成功创建 Dreamweaver 本地站点后，用户可以根据需要创建各栏目文件夹和文件，对于创建好的站点也可以进行再次编辑，可以复制或删除这些站点。

创建站点文件与文件夹

创建文件夹和文件相当于规划站点。用户在 Dreamweaver 中选择【窗口】|【文件】命令(或按下 F8 键)，打开【文件】面板，然后在该面板中右击站点根目录，在弹出的快捷菜单中选择【新建文件夹】命令，即可新建名为“untitled”的文件夹；选择【新建文件】命令，可以新建名为“untitled.html”的文件。

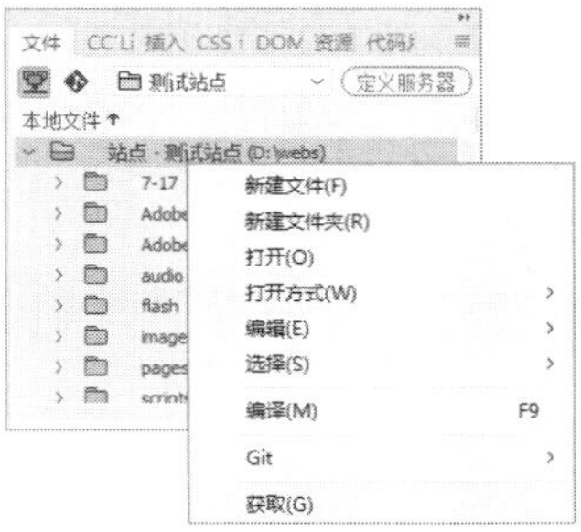

【例 2-2】在创建的本地站点中创建文件夹 Web 与网页文件 Index-1.html。视频

step 1 继续【例 2-1】的操作，在“测试站点”站点中右击站点根目录，在弹出的快捷菜单中选择【新建文件夹】命令，创建一个名为“untitled”的文件夹。

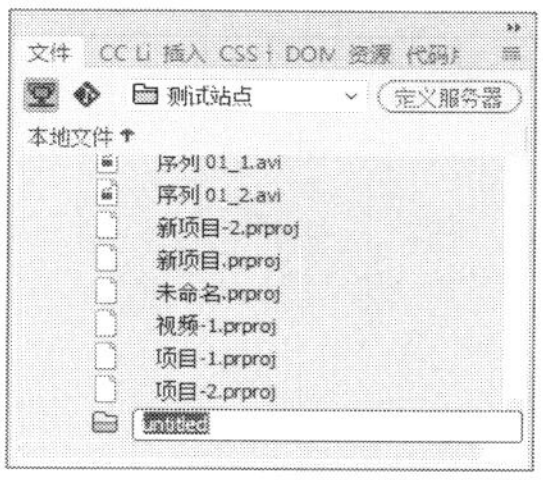

step 2 输入 Web，然后按下 Enter 键即可创建一个名为“Web”的文件夹。

step 3 重复步骤①的操作，右击站点根目录，在弹出的快捷菜单中选择【新建文件】命令，然后输入“Index-1”并按下 Enter 键即可创建一个名为“Index-1.html”的网页文件。

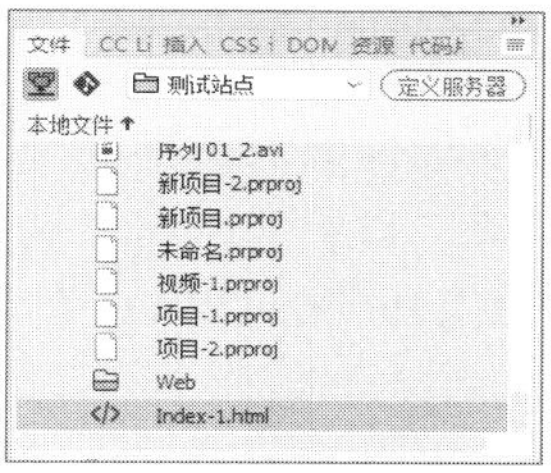

知识点滴

用户在【文件】列表中选中站点中的文件夹，然后通过右击鼠标创建文件夹或文件，即可在选定的文件夹中进行文件夹或文件的创建操作。

重命名站点文件与文件夹

重命名文件和文件夹可以更清晰地管理站点。用户可以在【文件】面板中单击文件或文件夹名称，输入重命名的名称，按下 Enter 键。

删除站点文件与文件夹

在站点中创建的文件和文件夹，如果不再使用，可以删除它们。选中需要删除的文件或文件夹，按下 Delete 键，然后在打开的信息提示框中单击【是】按钮即可。

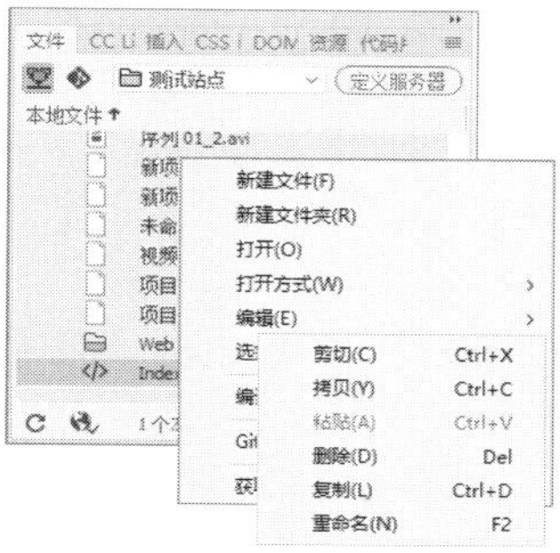

2.2.2 网页操作

1. 创建网页

Dreamweaver 提供了多种创建网页文档的方法，用户可以通过菜单栏中的【新建】命令创建一个新的 HTML 网页文档，或使用模板创建新的网页文档。

- 通过启动时打开的界面新建网页文档：启动 Dreamweaver 软件，在该软件启动时打开的快速打开界面中单击“新建”栏中的 HTML 按钮即可创建一个网页文档。
- 通过菜单栏创建新网页文档：启动 Dreamweaver 后，选择【文件】|【新建】命令，打开【新建文档】对话框，在该对话框中选中【空白页】选项卡后，选中【页面类型】列表框中的 HTML 选项，并单击【创建】按钮，即可创建一个空白网页文档。

【例 2-3】使用 Dreamweaver CC 2019 新建一个空白网页文档。 视频

step 1 启动 Dreamweaver CC 2019 后，选择【文件】|【新建】命令，或按下 Ctrl+N 组合键，打开【新建文档】对话框。

step 2 在打开的【新建文档】对话框中选中【新建文档】选项卡，在【文档类型】列表框中选中【</>HTML】选项，在【框架】选项区域中单击【文档类型】下拉按钮，从弹出的下拉列表中选择网页文档的类型(默认为 HTML5)。

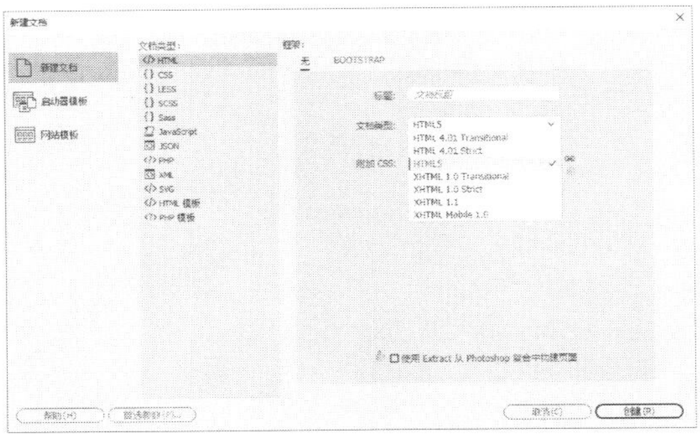

step 3 最后，在【新建文档】对话框中单击【创建】按钮，即可创建一个空白网页。

2. 打开网页

在 Dreamweaver 中选择【文件】|【打开】命令，然后在打开的【打开】对话框中选中一个网页文档，并单击【打开】按钮即可打开该网页文档。

【例 2-4】在 Dreamweaver CC 2019 中打开一个名为“用户注册”的网页。
视频+素材 (素材文件\第 02 章\例 2-4)

step 1 启动 Dreamweaver CC 2019 后，选择【文件】|【打开】命令，或按下 Ctrl+O 组合键，打开【打开】对话框。

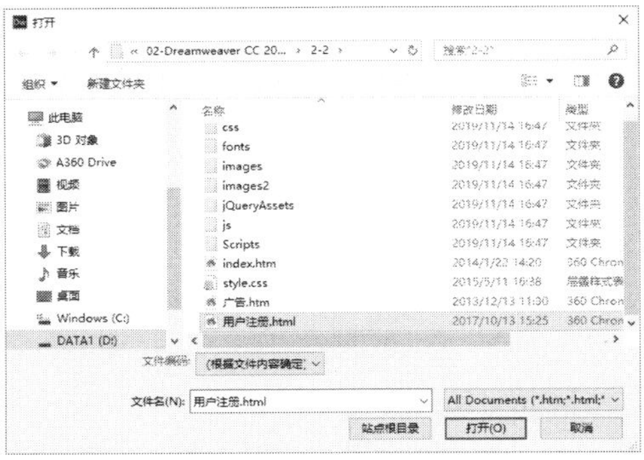

step 2 在【打开】对话框中选中一个网页文件后，单击【打开】按钮即可将该网页文件在 Dreamweaver 中打开。

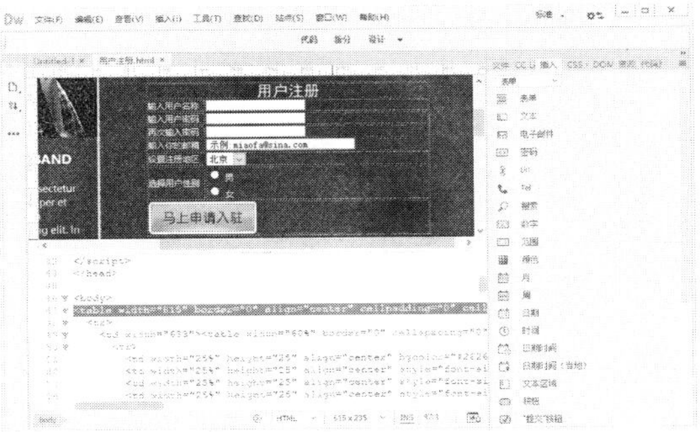

3. 设置网页

用户在 Dreamweaver 中打开一个网页文档后，选择【文件】|【页面属性】命令，可以在打开的【页面属性】对话框中设置网页文档的所有属性。

在【页面属性】对话框的【分类】列表框中显示了可以设置的网页文档分类，包括【外观(CSS)】【外观(HTML)】【链接(CSS)】【标题(CSS)】【标题/编码】和【跟踪图像】6 个分类选项，其各自的作用如下。

外观(CSS)

【外观(CSS)】选项区域中的选项用于设置网页默认的字体、字号、文本颜色、背景颜色、背景图像以及 4 个边界的距离等属性，会生成 CSS 格式的网页。

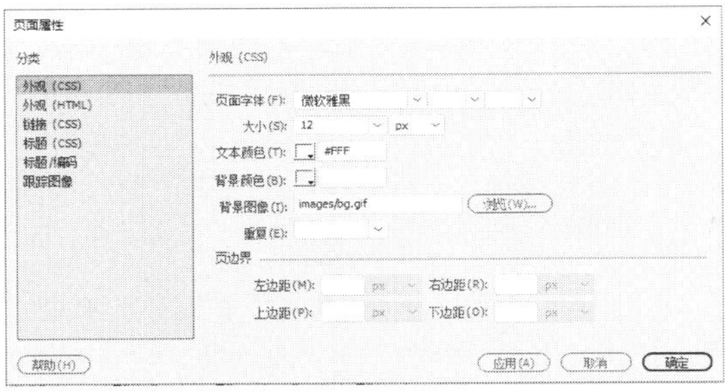

➤ 【页面字体】：用于选择应用在网页中的字体，选择【默认字体】选项时，表示为浏览器的基本字体。

➤ 【大小】：用于设置字体大小。页面中适当的字体大小为12像素或10磅。

➤ 【文本颜色】：选择一种颜色作为默认状态下的文本颜色。

➤ 【背景颜色】：选择一种颜色作为网页的背景色。

➤ 【背景图像】：用于设置文档的背景图像。当背景图像小于文档大小时，则会配合文档大小来重复出现。

➤ 【重复】：设置背景图像的重复方式。

➤ 【左边距】、【右边距】、【上边距】和【下边距】：在每一项后选择一个数值或直接输入数据，可以设置页面元素与边界的间距。

外观(HTML)

【页面属性】对话框中的【外观(HTML)】选项以传统HTML语言的形式设置页面的基本属性，其设置界面如下图所示。

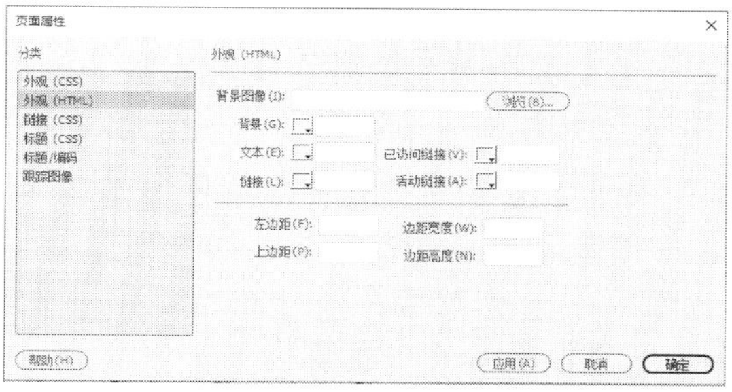

上图所示的【外观(HTML)】选项区域中，各选项的功能说明如下。

➤ 【背景图像】：用于设置网页的背景图像。

➤ 【背景】：选择一种颜色，作为页面背景色。

➤ 【文本】：用于设置页面默认的文本颜色。

➤ 【链接】：定义链接文本默认状态下的字体颜色。

➤ 【已访问链接】：定义访问过的链接文本的颜色。

➤ 【活动链接】：定义活动链接文本的颜色。

➤ 【左边距】、【上边距】：设置页面元素同页面边缘的间距。

➤ 【边距宽度】、【边距高度】：针对Netscape浏览器设置页面元素与页面边缘的距离。

链接(CSS)

在【页面属性】对话框的【链接CSS】选项区域中，用户可以设置与文本链接相关的各种参数。例如，设置网页中链接、访问过的链接以及活动链接的颜色。为了统一网站中所有页面的设计风格，所分别设置的文本的颜色、链接的颜色、访问过的链接的颜色和激活的链接的颜色在每个网页中最好都保持一致。

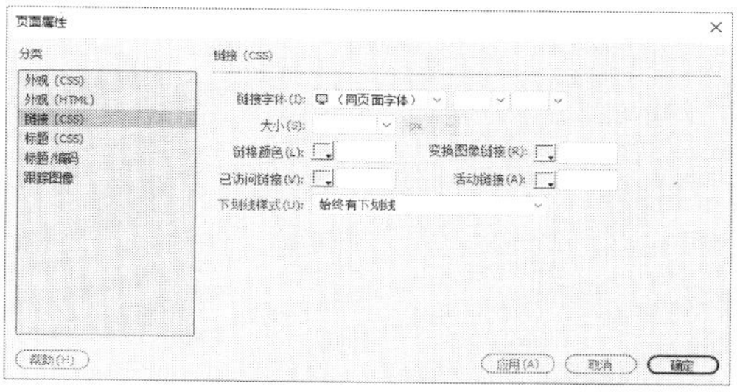

上图所示的【链接(CSS)】选项区域中各选项的功能说明如下。

➤ 【链接字体】：用于指定区别于其他文本的链接文本字体。此处在每页设置字体的情况下，链接文本将采用与页面文本相同的字体。

➤ 【大小】：用于设置链接文本的字体大小。

➤ 【链接颜色】：用于设置链接文本的颜色。

➤ 【变换图像链接】：用于指定鼠标光标移动到链接文本上方时改变文本颜色。

➤ 【已访问链接】：用于指定访问过的链接文本的颜色。

➤ 【活动链接】：指定单击链接的同时发生变化的文本颜色。

➤ 【下画线样式】：用于设置是否使链接文本显示下画线。没有设置下画线样式属性时，默认为在文本中显示下画线。

标题(CSS)

在【页面属性】对话框的【标题(CSS)】选项区域中，用户可以根据网页设计的需要设置页面中标题文本的字体属性。

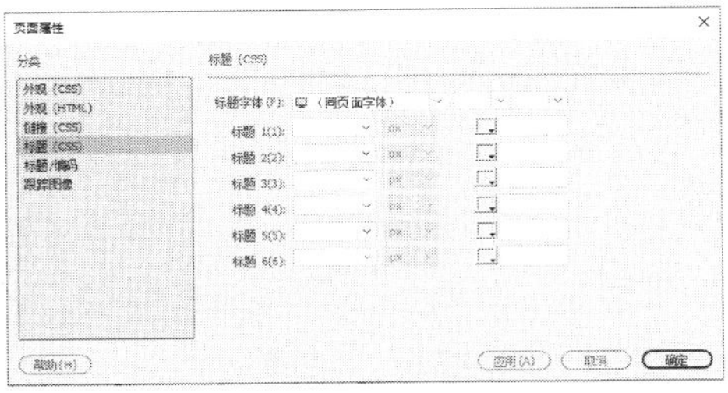

上图所示的【标题(CSS)】选项区域中各选项的功能说明如下。

- 【标题字体】：用于定义标题的字体。
- 【标题 1】~【标题 6】：分别定义一级标题到六级标题的字号和颜色。

标题/编码

在【页面属性】对话框的【标题/编码】选项区域中，用户可以设置当前网页文档的标题和编码。

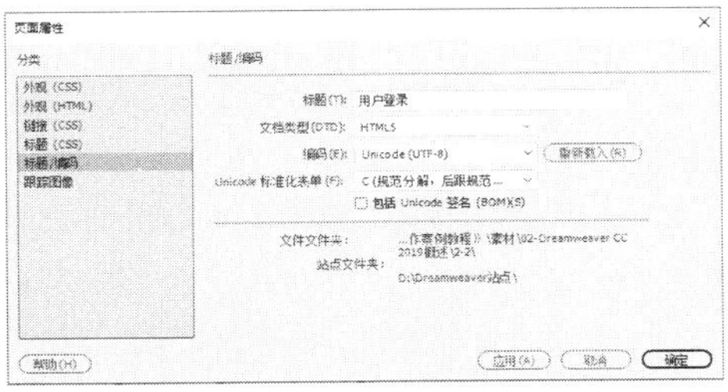

上图所示的【标题/编码】选项区域中各选项的功能说明如下。

- 【标题】：用于设置网页文档的标题。
- 【文档类型】：用于设置页面的文档类型。
- 【编码】：用于定义页面使用的字符集编码。
- 【Unicode 标准化表单】：用于设置表单标准化类型。
- 【包括 Unicode 签名】：用于设置表单标准化类型中是否包括 Unicode 签名。

跟踪图像

在正式制作网页之前，有时会需要使用绘图软件绘制一个网页设计草图，为设计网页预先画出草稿。在 Dreamweaver 中，用户可以通过【页面属性】对话框中的【跟踪图像】选项区域将这种设计草图设置为跟踪图像，显示在网页下方作为背景。

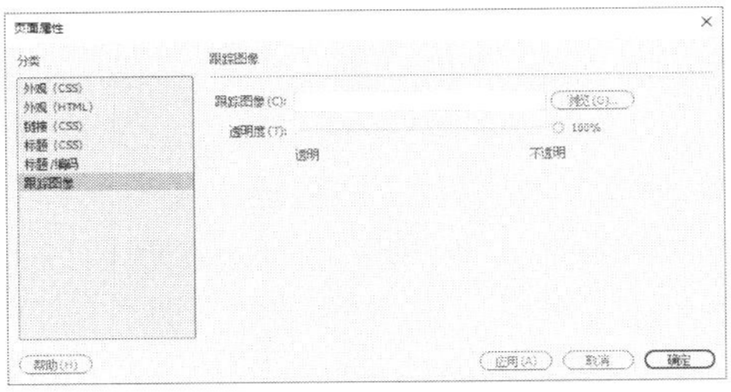

上图所示的【跟踪图像】选项区域中各选项的功能说明如下。

- 【跟踪图像】：为当前制作的网页添加跟踪图像，单击【浏览】按钮，可以在打开的对话框中选择图像源文件。
- 【透明度】：通过拖动滑块来调节跟踪图像的透明度。

使用跟踪图像功能可以按照已经设计好的布局快速创建网页。它是网页设计的规划草图，可以由专业人员在 Photoshop 软件中制作出来，在设计网页时将其调出来作为背景，这样就可以参照其布局来安排网页元素了，还可以结合表和层的使用来定位元素，从而就避免了初学者在网页制作中不懂版面设计的问题。

在 Dreamweaver 中为网页设置了跟踪图像后，跟踪图像并不会作为网页背景显示在浏览器中，它只在 Dreamweaver 文档窗口中起一个辅助设计的作用，最后生成的 HTML 文件中并不包含它。在设计过程中为了不使它干扰网页的视图，还允许用户任意设置跟踪图像的透明度，以便设计更加顺利地进行。

这里需要注意的是：跟踪图像的文件格式必须为 JPEG、GIF 或 PNG。在

Dreamweaver 的文档窗口中，跟踪图像是可见的，当在浏览器中查看网页时，跟踪图像并不显示。当文档窗口中的跟踪图像可见时，页面的实际背景图像和颜色并不可见。

4. 预览网页

用户在 Dreamweaver 中打开一个网页后，单击状态栏右侧的【预览】按钮(或按下 F12 键)，从弹出的列表中选择一种浏览器类型，即可使用该浏览器预览网页效果。

5. 保存网页

在 Dreamweaver 中选择【文件】|【保存】命令(或按 Ctrl+S 组合键)，打开【另存为】对话框，然后在该对话框中选择文档的存放位置并输入保存的文件名称，单击【保存】按钮即可将当前打开的网页保存。

【例 2-5】在 Dreamweaver CC 2019 中将打开的网页“用户注册.html”另存为“logon.html”。
视频+素材 (素材文件\第 02 章\例 2-5)

step 1 在 Dreamweaver 中打开“用户注册.html”网页后，选择【文件】|【另存为】命令。

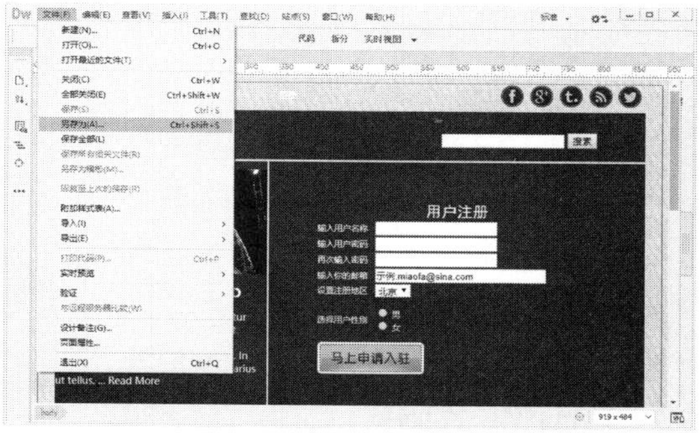

step 2 在打开的【另存为】对话框中设置网页文件的保存路径后，在【文件名】文本框中输入“logon.html”。

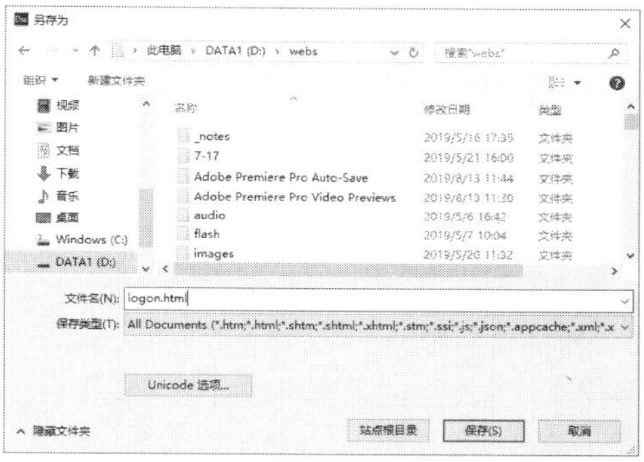

step 3 最后，单击【保存】按钮即可将该网页文件保存。

2.3 编码环境

每一种可视化的网页制作软件都提供了源代码控制功能，即在软件中可以随时调出源代码进行修改和编辑，Dreamweaver 也不例外。在 Dreamweaver CC 2019 的【文档】工具栏中单击【代码】按钮，将显示【代码】视图，在该视图中以不同的颜色显示 HTML 代码，可以帮助用户处理各种不同的标签。

2.3.1 代码提示

在 Dreamweaver 中选择【编辑】|【首选项】命令，打开【首选项】对话框，在【分类】列表中选择【代码提示】选项，在显示的选项区域中选中【启用代码提示】复选框，并单击【应用】按钮即可启用“代码提示”状态，如下图所示。启用 Dreamweaver 的代码提示功能可以提高我们的代码编写速度。

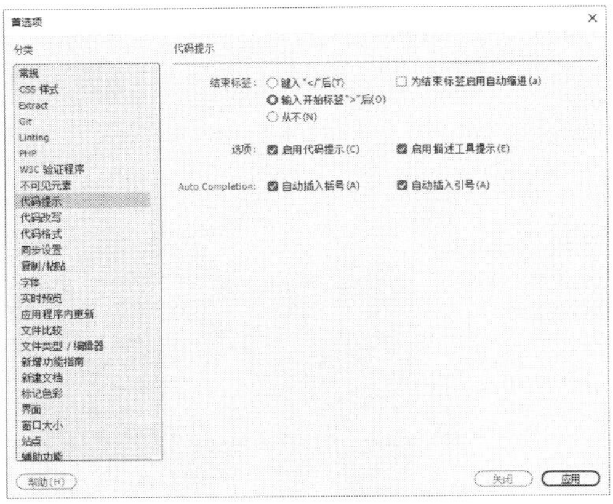

1. HTML 代码提示

在 Dreamweaver 代码视图中编写网页代码时，用户按下键盘上的“<”键开始键入代码后，软件将显示有效的 HTML 代码提示，包括标签提示、属性名称提示和属性值提示 3 种类型。

标签提示

当在 Dreamweaver 代码视图中键入“<”时，将弹出菜单显示可选标签名称列表。此时，用户只需输入标签名称的开头部分而不必输入标签名称的其余部分，即可从列表中选择标签以将其输入在“<”之后。

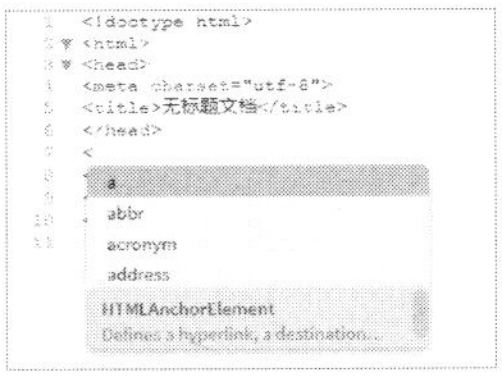

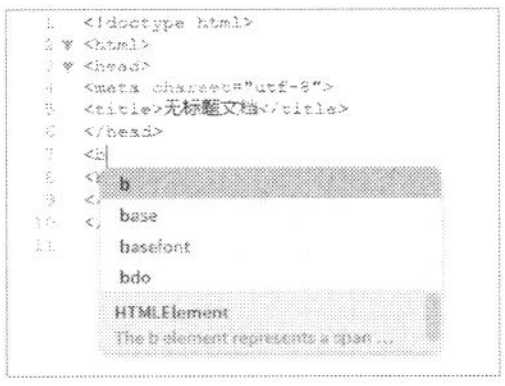

属性名称提示

在 Dreamweaver 代码视图中输入网页代码时，软件还会显示标签的相应属性。键入标签名称后，按下空格键即可显示标签能够使用的有效属性名称。

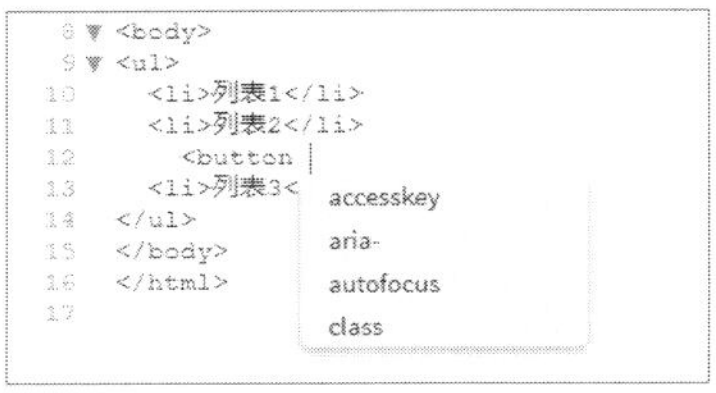

属性值提示

Dreamweaver 的属性值提示可以是静态或动态的。大部分属性值提示是静态的。以目标属性值为例，它在本质上是静态的，因此提示也是静态的。

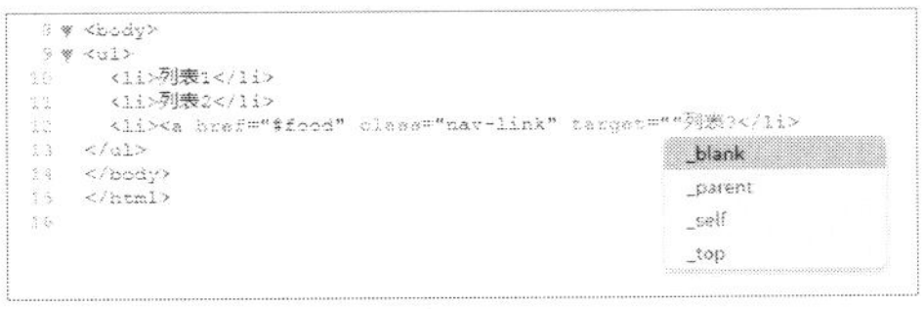

此外，Dreamweaver 对需要动态代码提示的属性值(如 id、target、src、href 和 class)也显示动态代码提示。例如，如果在 CSS 文件中定义了 id 选择器，当用户在 HTML 文件中输入 id 时，Dreamweaver 将显示所有可用的 id。

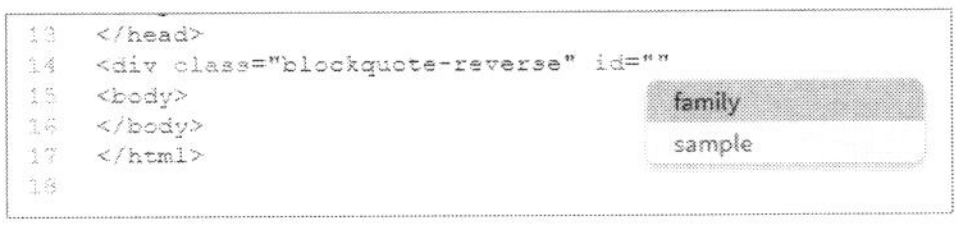

2. CSS 代码提示

Dreamweaver 代码提示功能可用于@规则、属性、伪选择器和伪元素、速记等不同类型的 CSS 输入提示(代码提示也适用于 CSS 属性)。

CSS 代码提示@规则

Dreamweaver 可以显示所有@规则的代码提示以及 CSS 规则的说明。

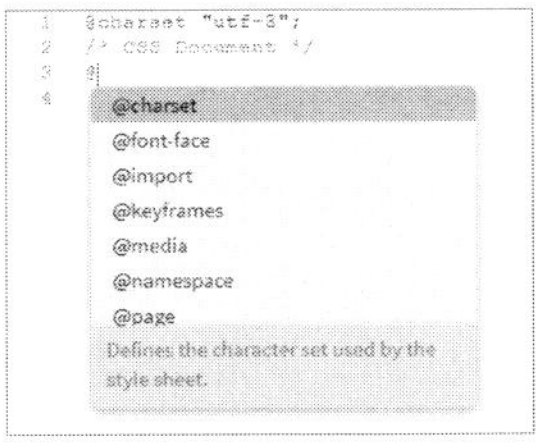

CSS 属性提示

当在 Dreamweaver 代码视图中输入 CSS 属性、冒号时，将显示代码提示以帮助用户选择一个有效值。例如，在下图所示的代码中，当输入“font-family:”时，Dreamweaver

将显示有效字体集。

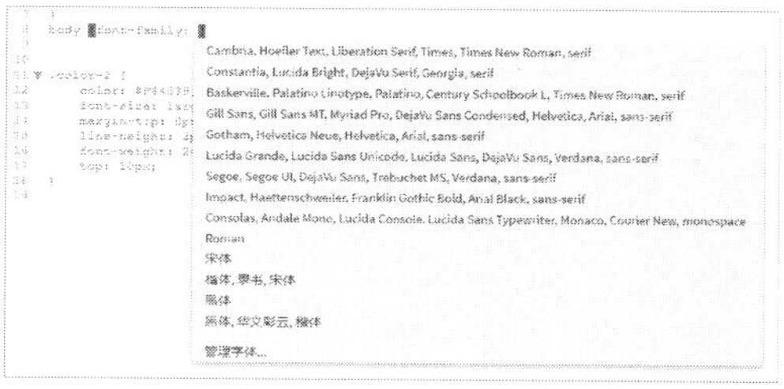

伪选择器和伪元素

用户可以添加 CSS 伪选择器至选择器以定义元素的特定状态。例如，当使用“：悬停”样式时，用户将鼠标悬停在选择器指定的元素上后，将应用该样式。当输入 ":" 时，若鼠标光标在该符号的右侧，Dreamweaver 将显示一系列有效的伪选择器，如下图所示。

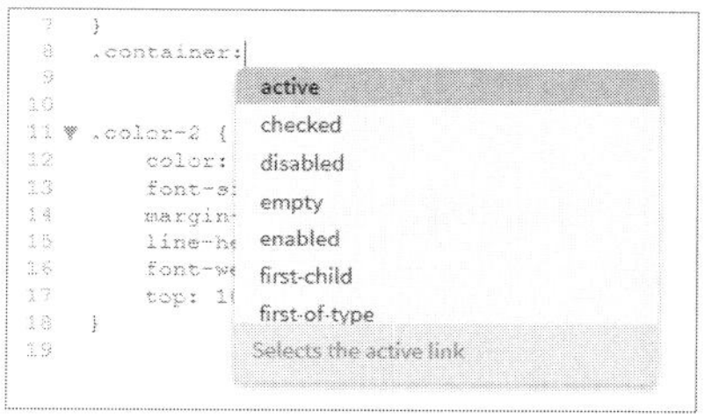

CSS 速记提示

速记属性为 CSS 属性，使用户可以同时设置几个 CSS 属性值。CSS 速记属性的一些实例具有背景和字体属性。如果用户输入 CSS 速记属性(比如背景)，在输入空格之后，Dreamweaver 将显示：

- 关联命令中的适当属性值。
- 必须使用的必填值(例如，如果使用字体，则字体大小和字体类型是必填的)。
- 针对该属性的浏览器扩展。

当完成 CSS 速记属性的输入时，代码提示也会显示已输入的属性值。

2.3.2 代码格式化

在 Dreamweaver 中选择【编辑】|【首选项】命令，打开【首选项】对话框，在该对话框的【分类】列表框中选择【代码格式】选项，在显示的选项区域中，用户可以自定义代码格式和标签库设置，如下左图、下右图所示。

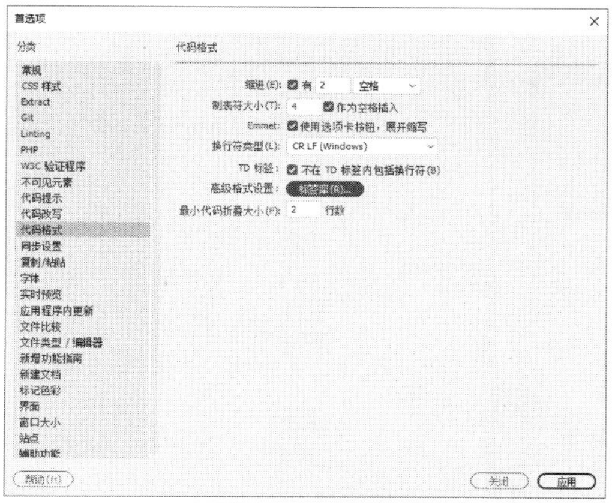

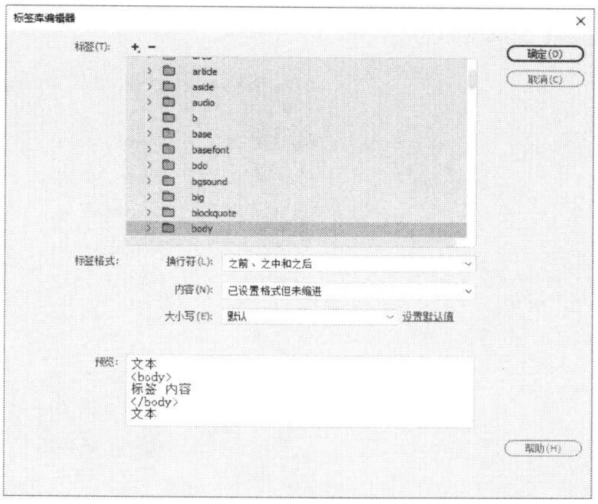

通过【代码格式】选项区域自定义代码格式和标签库

此后，当代码视图中代码输入格式混乱时，单击工具栏中的【格式化源代码】按钮，从弹出的列表中选择【应用源格式】选项(或选择【编辑】|【代码】|【应用源格式】命令)，即可格式化网页代码。

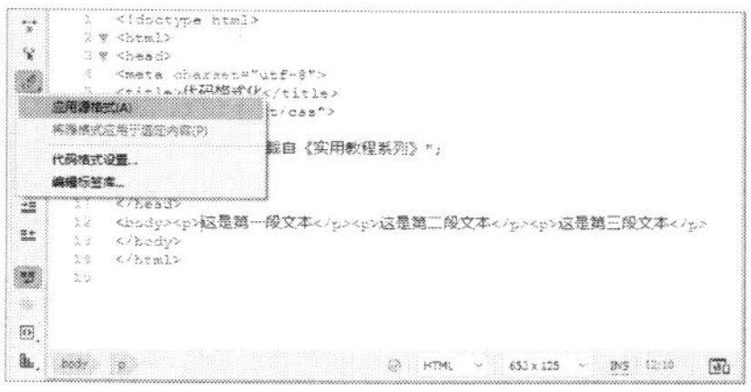

2.3.3 代码改写

在 Dreamweaver 中选择【编辑】|【首选项】命令，打开【首选项】对话框，在该对话框的【分类】列表框中选择【代码改写】选项。在所显示的选项区域中，用户可以指定在打开文档、复制或粘贴表单元素，或者在使用【属性】面板等设置网页属性值和 URL 时，Dreamweaver 是否修改网页代码，以及如何修改代码。

这里需要注意的是：在 Dreamweaver 代码视图中编辑 HTML 代码或脚本时，右图所示的首选项参数将不起作用。

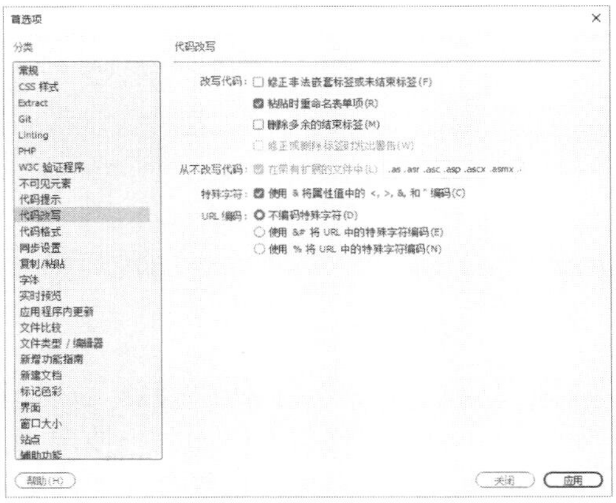

2.4 编码工具

在 Dreamweaver 中，用户可以使用编码工具编辑并优化网页代码。

2.4.1 快速标签编辑器

在制作网页时，如果用户只需要对一个对象的标签进行简单的修改，那么启用 HTML 代码编辑视图就显得没有必要了。此时，可以参考下面介绍的方法使用快速标签编辑器。

step 1 在【设计】视图中选中一段文本作为编辑标签的目标，然后在【属性】面板中单击【快速标签编辑器】按钮，打开如下图所示的标签编辑器。

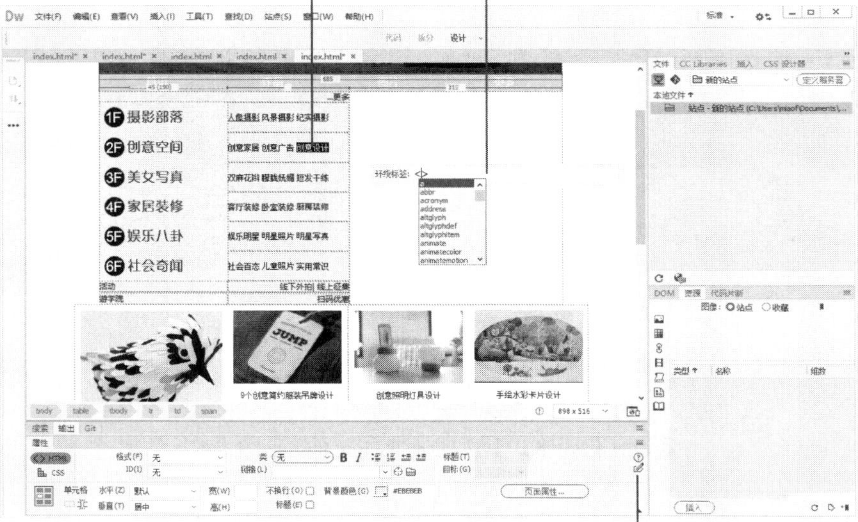

使用快速标签编辑器

step 2 在快速标签编辑器中输入<h1>，按下 Enter 键进行确认，即可快速编辑文字标题代码。

2.4.2 【代码片断】面板

在制作网页时，选择【窗口】|【代码片断】命令，可以在 Dreamweaver 工作界面右侧显示下图所示的【代码片断】面板。

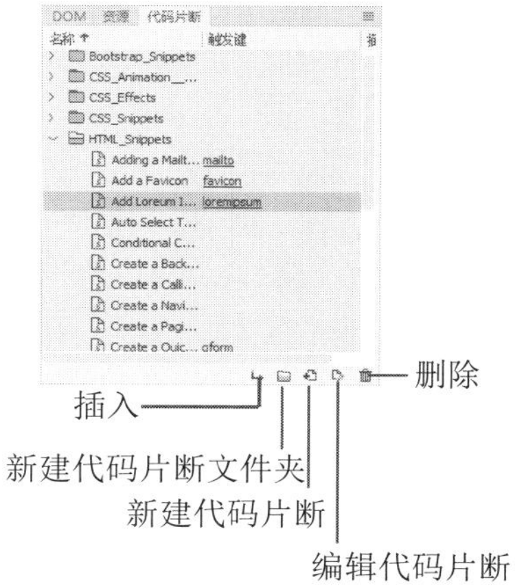

在【代码片断】面板中，用户可以存储 HTML、JavaScript、CFML、ASP、JSP 等代码片断，当需要重复使用这些代码时，可以很方便地调用，或者利用它们创建并存储新的代码片断。

在【代码片断】面板中选中需要插入的代码片断，单击面板下方的【插入】按钮，即可将代码片断插入页面。

在【代码片断】面板中选择需要编辑的代码片断，然后单击该面板下方的【编辑代码片断】按钮，将会打开如下图所示的【代码片断】对话框，在此可以编辑原有的代码。

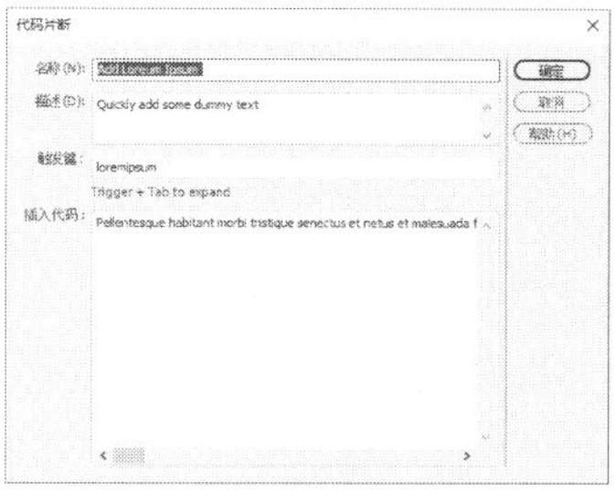

如果用户编写了一段代码，并希望在其他页面能够重复使用，只需在【代码片断】面板中创建属于自己的代码片断，就可以轻松实现代码的重复使用，具体方法如下。

step 1 在【代码片断】面板中单击【新建代码片断文件夹】按钮，创建一个名为 user 的文件夹，然后单击面板下方的【新建代码片断】按钮。

step 2 打开【代码片断】对话框，设置好各项参数后，单击【确定】按钮，即可将用户自己编写的代码片断加入到【代码片断】面板中的 user 文件夹中。这样就可以在设计任意网页时随时调用该代码片断。

【代码片断】对话框中主要选项的功能说明如下：

- 【名称】文本框：用于输入代码片断的名称。
- 【描述】文本框：用于对当前代码片断进行简单的描述。
- 【触发键】文本框：用于设置代码片断的触发键。
- 【插入代码】文本框：用于输入代码片断的内容。

2.4.3 优化网页代码

在制作网页的过程中，用户经常要从其他文本编辑器中复制文本或一些其他格式的文件，而在这些文件中会携带许多垃圾代码和一些 Dreamweaver 不能识别的错误代码。这不仅会增加文档的大小，延长网页载入时间，使网页浏览速度变得很慢，甚至还可能会导致错误。

此时，可以通过优化 HTML 源代码，从文档中删除多余的代码，或者修复错误的代码，使 Dreamweaver 可以最大限度地优化网页，提高代码质量。

1. 清理 HTML 代码

在菜单栏中选择【工具】|【清理 HTML】命令，可以打开如下图所示的【清理

HTML/XHTML】对话框，辅助用户选择网页源代码的优化方案。

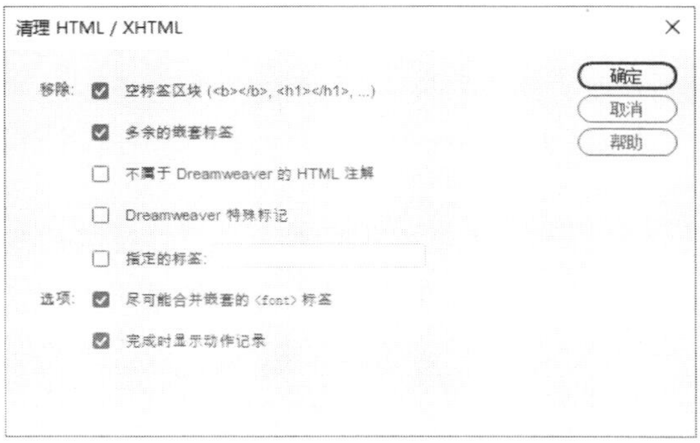

【清理 HTML/XHTML】对话框中各选项的功能说明如下。

- 【空标签区块】：例如<font color="F0000"> </font>就是一个空标签，选中该复选框后，类似的标签将会被删除。
- 【多余的嵌套标签】：例如，在“<i>HTML 语言在</i>快速普及</i>”这段代码中，内层<i>与</i>标签将被删除。
- 【不属于 Dreamweaver 的 HTML 注解】：类似<!--egin body text-->这种类型的注释将被删除，而类似<!--#BeginEditable "main"-->这种注释则不会被删除，因为它是由 Dreamweaver 生成的。
- 【Dreamweaver 特殊标记】：与上面一项正好相反，该选项只清理 Dreamweaver 生成的注释，这样模板与库页面都将变为普通页面。
- 【指定的标签】：在该选项文本框中输入需要删除的标签，并选中该复选框即可。
- 【尽可能合并嵌套的<font>标签】：选中该复选框后，Dreamweaver 将可以合并的<font>标签合并，一般可以合并的<font>标签都控制一段相同的文本(例如，"<fontsize "6" ><fontcolor="#0000FF">HTML 语言</font> </font>")。
- 【完成时显示动作记录】：选中该复选框后，对 HTML 代码的处理结束后将打开一个提示对话框，列出具体的修改项。

在【清理 HTML/XHTML】对话框中完成 HTML 代码的清理方案设置后，单击【确定】按钮，Dreamweaver 将会花一段时间进行处理。如果选中了该对话框中的【完成时显示动作记录】复选框，将会打开如下图所示的清理提示对话框。

2. 清理 Word 生成的 HTML 代码

Word是最常用的文本编辑软件，很多用户经常会将一些Word文档中的文本复制到Dreamweaver中，并运用到网页上，因此不可避免地会生成一些错误代码、无用的样式代码或其他垃圾代码。此时，在菜单栏中选择【工具】|【清理Word生成的HTML】命令，打开如下图所示的【清理Word生成的HTML】对话框，可以对网页源代码进行清理。

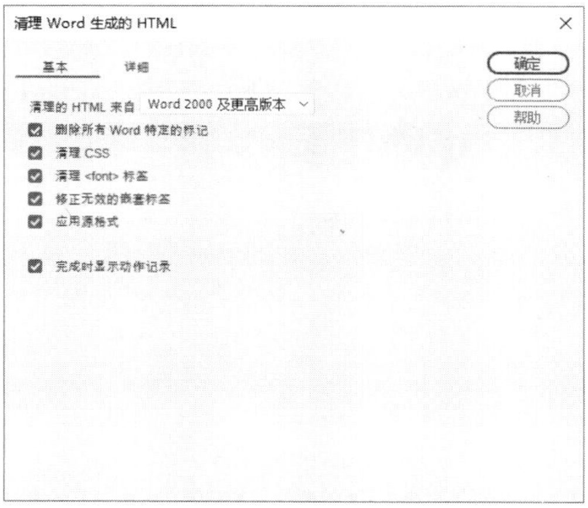

【清理 Word 生成的 HTML】对话框中包含【基本】和【详细】两个选项卡，其中

【基本】选项卡用于设置基本参数；【详细】选项卡用于对所要清理的 Word 特定标记和 CSS 进行设置，如下图所示。

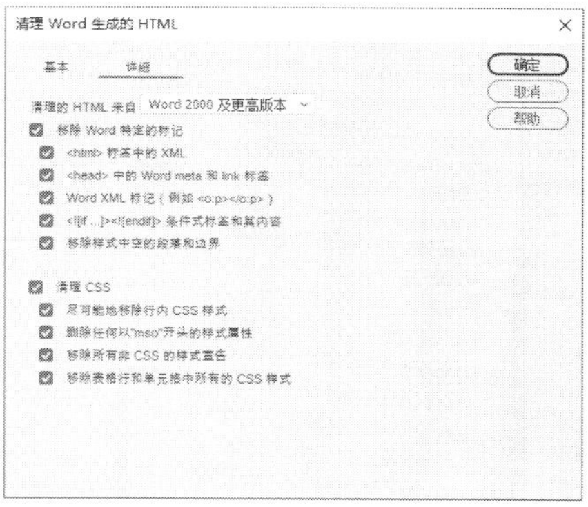

【清理 Word 生成的 HTML】对话框中比较重要的选项的功能说明如下。

- 【清理的 HTML 来自】：如果当前 HTML 文档是用 Word 97 或 Word 98 生成的，则在该下拉列表框中选择【Word 97/98】选项；如果 HTML 文档是用 Word 2000 或更高版本生成的，则在该下拉列表框中选择【Word 2000 及更高版本】选项。
- 【删除所有 Word 特定的标记】：选中该复选框后，将清除 Word 生成的所有特定标记。如果需要有保留地清除，可以在【详细】选项卡中进行设置。
- 【清理CSS】：选中该复选框后，将尽可能地清除Word生成的CSS样式。如果需要有保留地清除，可以在【详细】选项卡中进行设置。
- 【清理<font>标签】：选中该复选框后，将清除 HTML 文档中的<font>语句。
- 【修正无效的嵌套标签】：选中该复选框后，将修正 Word 生成的一些无效的 HTML 嵌套标签。
- 【应用源格式】：选中该复选框后，将按照 Dreamweaver 默认的格式整理当前 HTML 文档的源代码，使文档的源代码结构更清晰，可读性更高。
- 【完成时显示动作记录】：选中该复选框后，将在清理代码结束后显示执行了哪些操作。
- 【移除 Word 特定的标记】：该选项组中包含 5 个选项，用于清理 Word 特定的标记并进行具体的设置。
- 【清理 CSS】：该选项组包含 4 个选项，用于对清理 CSS 进行具体的设置。

在【清理 Word 生成的 HTML】对话框中完成设置后，单击【确定】按钮，Dreamweaver 将开始清理代码。如果选中了【完成时显示动作记录】复选框，将打开结果提示对话框，显示执行的清理项。

2.5　辅助工具

标尺、网格和辅助线是用户在 Dreamweaver 设计视图中排版网页内容的三大辅助工具。

2.5.1　标尺

使用标尺，用户可以查看所编辑网页的宽度和高度，使网页效果能符合浏览器的显示要求。在 Dreamweaver 中，选择【查看】|【设计视图选项】|【标尺】|【显示】命令，即可在设计视图中显示标尺。

如下图所示，标尺显示在文档窗口的左边框和上边框中，用户可以将标尺的原点图标拖动至页面中的任意位置，从而改变标尺的原点位置(若要将它恢复到默认位置，可以选择【查看】|【设计视图选项】|【标尺】|【重设原点】命令)。

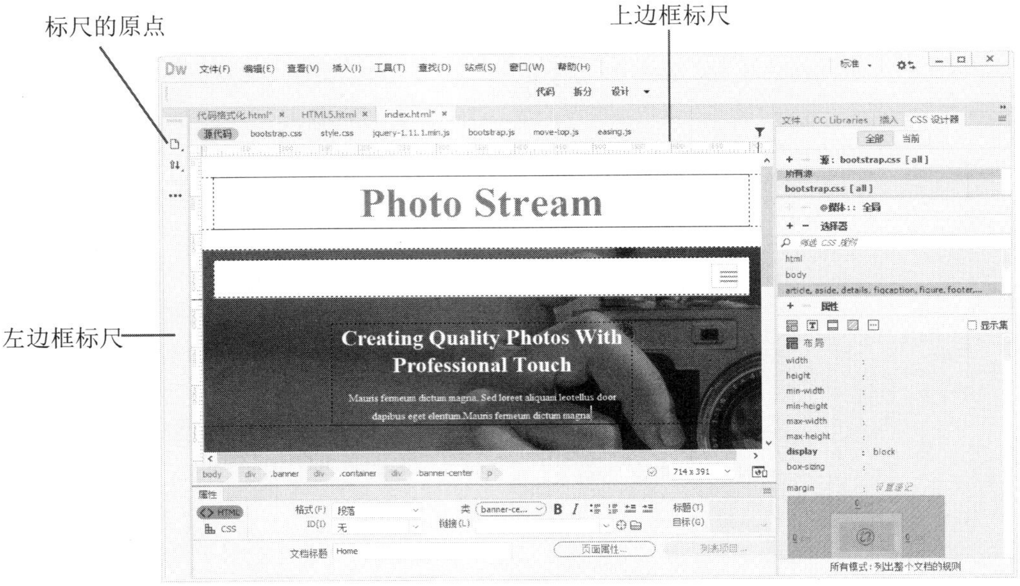

Dreamweaver 工作界面中的标尺

2.5.2　网格

网格在文档窗口中显示一系列的水平线和垂直线。它对于精确地放置网页对象很有用。用户可以让经过绝对定位的页面元素在移动时自动靠齐网格，还可以通过指定网格设置更改网格或控制靠齐功能(无论网格是否可见，都可以使用靠齐功能)。

1. 显示或隐藏网格

在 Dreamweaver 中选择【查看】|【设计视图选项】|【网格设置】|【显示网格】命令，即可在设计视图中显示网格。

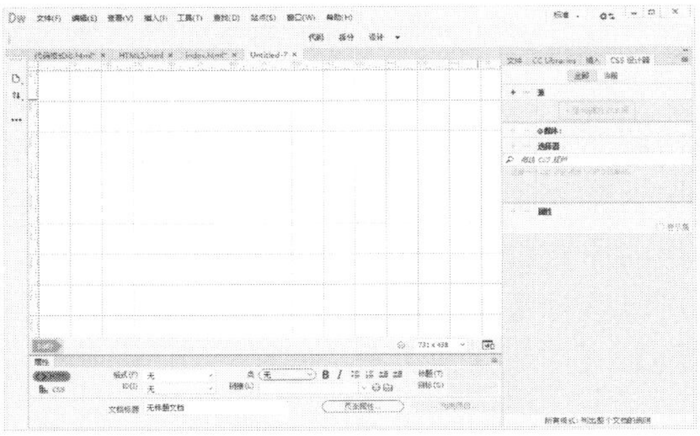

2. 启用或禁用靠齐功能

选择【查看】|【设计视图选项】|【网格设置】|【靠齐到网格】命令，可以启用靠齐功能(再次执行该命令可以禁用靠齐功能)。

3. 更改网格设置

选择【查看】|【设计视图选项】|【网格设置】|【网格设置】命令，将打开下图所示的【网格设置】对话框，在该对话框中用户可以更改网格的颜色、间隔和显示等设置。

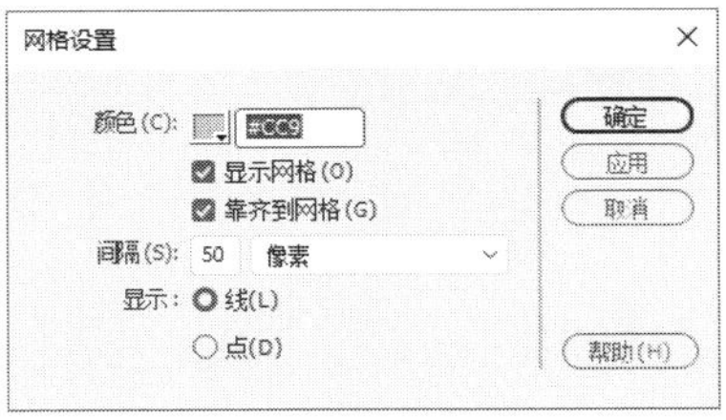

- 【颜色】：指定网格线的颜色。
- 【显示网格】：使网格显示在“设计”视图中。
- 【靠齐到网格】：使页面元素靠齐到网格线。
- 【间隔】：控制网格线的间距。

➤ 【显示】：指定网格线是显示为线条还是显示为点。

2.5.3　辅助线

辅助线用于精确定位网页元素，将鼠标指针放置在左边或上边的标尺上，按住鼠标左键拖动可以拖出辅助线，如右图所示。拖出辅助线时，鼠标光标旁边会显示其所在位置距左边或上边的距离。

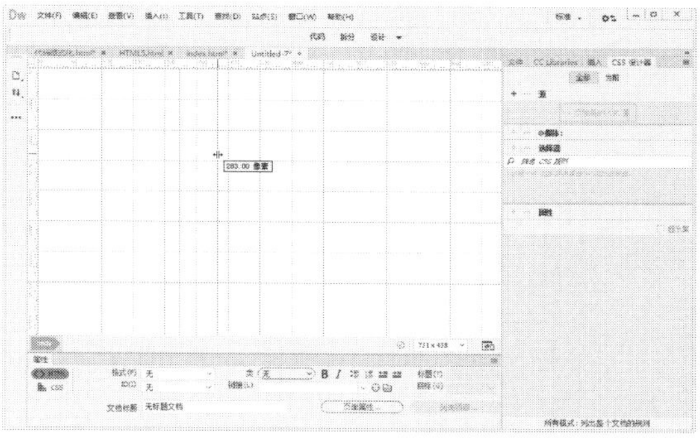

要删除设计视图中已有的辅助线，只需将鼠标指针放置在辅助线之上，按住鼠标左键将其拖至左边或上面的标尺上即可。

2.6　自定义设置

使用 Dreamweaver 虽然可以方便地制作和修改网页文件，但根据网页设计的要求不同，需要的页面初始设置也不同。此时，用户可以通过在菜单中选择【编辑】|【首选项】命令，在打开的【首选项】对话框中进行设置。

2.6.1　常规设置

Dreamweaver 的常规环境设置可以在【首选项】对话框的【常规】选项区域中进行设置，该选项区域分为【文档选项】和【编辑选项】两部分。

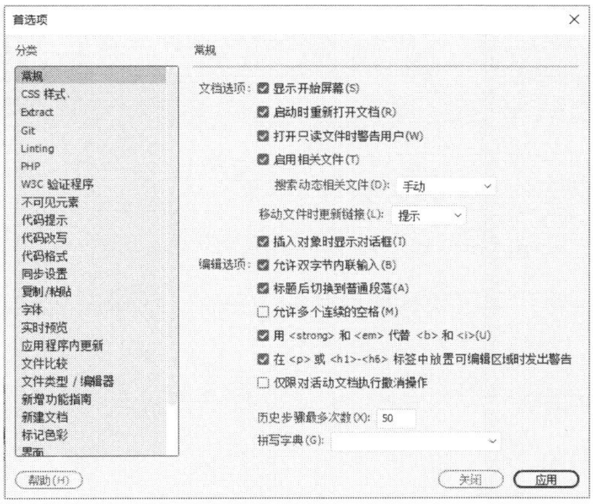

1. 文档选项

上图所示的【文档选项】区域中，各个选项的功能说明如下。

➤ 【显示开始屏幕】复选框：选中该复选框后，每次启动 Dreamweaver 时将自动弹出开始屏幕。

➤ 【启动时重新打开文档】复选框：选中该复选框后，每次启动 Dreamweaver 时都会自动打开最近操作过的文档。

➤ 【打开只读文件时警告用户】复选框：选中该复选框后，打开只读文件时，将打开如下图所示的提示对话框。

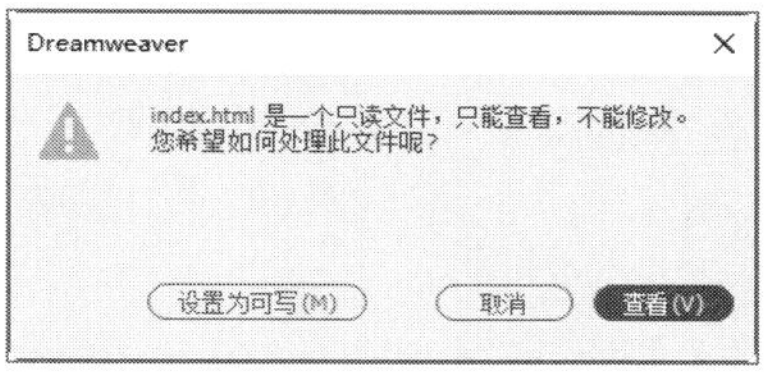

➤ 【启用相关文件】复选框：选中该复选框后，将在 Dreamweaver 文档窗口上方打开源代码栏，显示网页的相关文件。

➤ 【搜索动态相关文件】：用于针对动态文件，设置相关文件的显示方式。

➤ 【移动文件时更新链接】：移动、删除文件或更改文件名称时，决定文档内的链接处理方式。可以选择【总是】【从不】和【提示】这 3 种方式。

➤【插入对象时显示对话框】复选框：设置当插入对象时是否显示对话框。例如，在【插入】面板中单击 Table 按钮，在网页中插入表格时，将会打开显示指定列数和表格宽度的 Table 对话框。

2. 编辑选项

在【编辑选项】区域中，各选项的功能说明如下。

➤【允许双字节内联输入】复选框：选中该复选框后即可在文档窗口中更加方便地输入中文。

➤【标题后切换到普通段落】复选框：选中该复选框后，在应用<h1>或<h6>等标签的段落结尾处按下 Enter 键，将自动生成应用<p>标签的新段落；取消该复选框的选中状态后，则在应用<h1>或<h6>等标签的段落结尾处按下 Enter 键，会继续生成应用<h1>或<h6>等标签的段落。

➤【允许多个连续的空格】复选框：用于设置 Dreamweaver 是否允许通过空格键来插入多个连续的空格。在 HTML 源文件中，即使输入很多空格，在页面中也只显示插入了一个空格。选中该复选框后，可以插入多个连续的空格。

➤【用<strong>和<em>代替<b>和<i>(U)】复选框：设置是否使用<strong>标签来代替<b>标签、使用<em>标签来代替<i>标签。制定网页标准的 W3C 组织提倡的是不使用<b>标签和<i>标签。

➤【在<p>或<h1>-<h6>标签中放置可编辑区域时发出警告】复选框：选中该复选框后，当<p>或<h1>-<h6>标签中放置的模板文件中包含可编辑区域时，将打开警告提示。

➤【历史步骤最多次数】文本框：用于设置 Dreamweaver 保存历史操作步骤的最多次数。

➤【拼写字典】下拉按钮：单击该下拉按钮，在弹出的下拉列表中可以选择 Dreamweaver 自带的拼写字典。

2.6.2 不可见元素的设置

当用户通过浏览器查看 Dreamweaver 中制作的网页时，所有 HTML 标签在一定程度上是不可见的(例如，<comment>标签不会出现在浏览器中)。在设计页面时，用户可能会希望看到某些元素。例如，调整行距时打开换行符
的可见性，可以帮助用户了解页面的布局。

在 Dreamweaver 中打开【首选项】对话框后，在【分类】列表框中选择【不可见元素】选项，在显示的选项区域中允许用户控制 13 种不同代码(或是它们的符号)的可见性，如下图所示。例如，可以指定命名锚记可见，而换行符不可见。

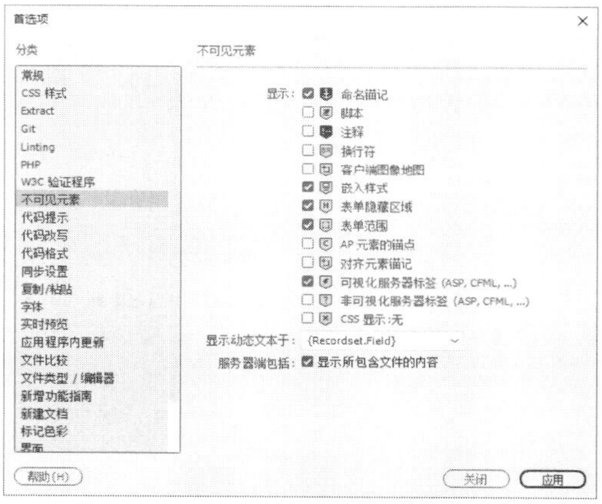

2.6.3 网页字体设置

将计算机中的西文属性转换为中文一直是一个非常烦琐的问题，在网页制作中也是如此。对于不同的语言文字，应该使用不同的文字编码方式。因为网页的编码方式直接决定了浏览器中的文字显示。

在 Dreamweaver 中打开【首选项】对话框后，在【分类】列表框中选择【字体】选项，如下图所示，用户可以对网页中的字体进行一些设置。

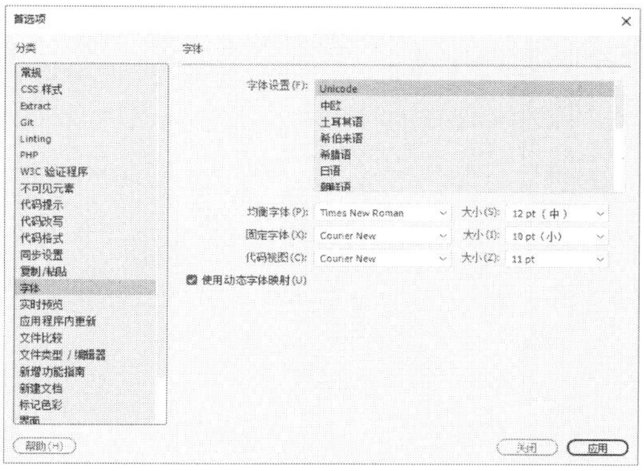

➢【字体设置】列表框：用于指定在 Dreamweaver 中使用给定编码类型的文档所用的字体集。

➢【均衡字体】选项：用于显示普通文本(如段落、标题和表格中的文本)的字体，其默认值取决于系统中安装的字体。

➢【固定字体】选项：用于显示<pre>、<code>和<tt>标签内文本的字体。

➢【代码视图】选项：用于显示代码视图和代码检查器中所有文本的字体。

2.6.4　文件类型/编辑器设置

在【首选项】对话框的【分类】列表框中选择【文件类型/编辑器】选项，将显示如右上图所示的选项区域。

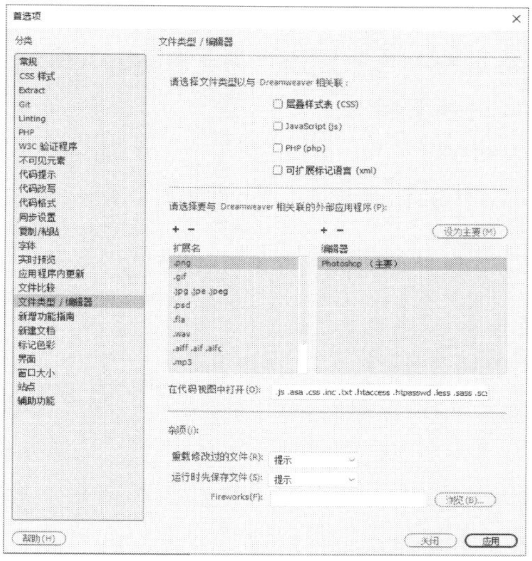

在【文件类型/编辑器】选项区域中，用户可以针对不同的文件类型，分别指定不同的外部文件编辑器。以图像为例，Dreamweaver 提供了简单的图像编辑功能。如果需要进行复杂的图像编辑，可以在 Dreamweaver 中选择图像后，调出外部图像编辑器进行进一步的修改。在外部图像编辑器中完成修改后，返回 Dreamweaver，图像便会自动更新。

2.7　案例演练

本章重点介绍了 Dreamweaver CC 2019 的工作界面、基本操作、编码环境、编码工具、辅助工具以及自定义设置，下面的案例演练部分将通过几个实例帮助用户巩固所学的知识。

【例 2-6】在 Dreamweaver 中创建并设置一个名为“Dreamweaver 站点”的本地站点。视频

step 1　选择【站点】|【新建站点】命令，打开【站点设置对象】对话框，在【站点名称】文本框中输入“Dreamweaver 站点”，然后单击【本地站点文件夹】文本框右侧的【浏览文件夹】按钮。

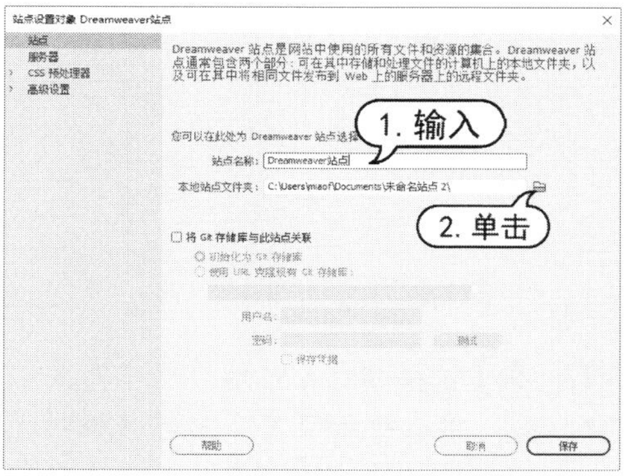

step 2 打开【选择根文件夹】对话框，选择一个用于创建本地站点的文件夹后，单击【选择文件夹】按钮。

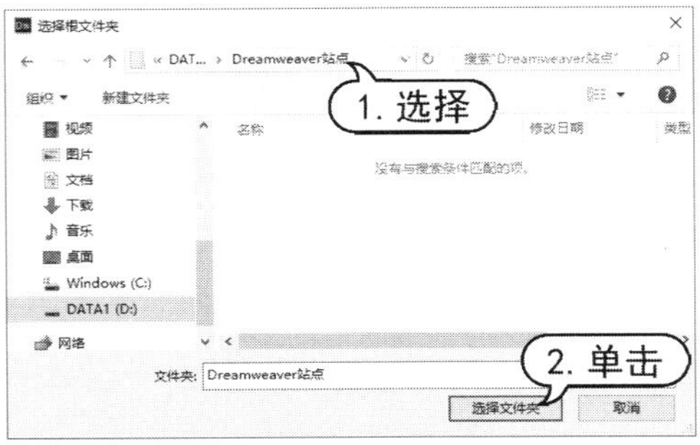

step 3 返回【站点设置对象】对话框，单击【保存】按钮，完成站点的创建。此时，在浮动面板组的【文件】面板中将显示站点文件夹中的所有文件和子文件夹。

step 4 在菜单栏中选择【站点】|【管理站点】命令，可以打开如下图所示的【管理站点】对话框。

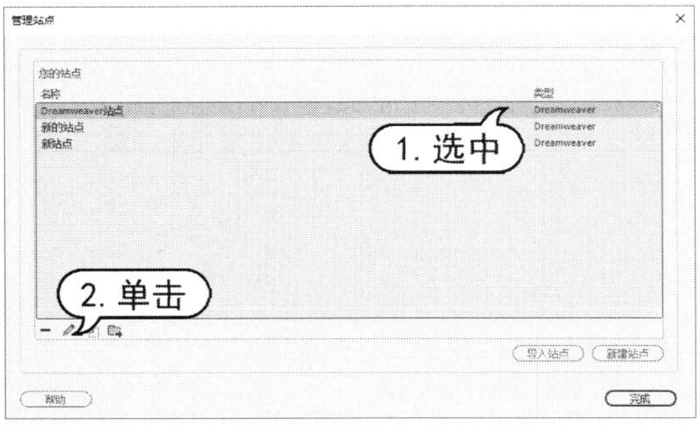

step 5 在【管理站点】对话框选中需要编辑的站点后，单击对话框左下角的【编辑选定站点】按钮✎，可以打开【站点设置对象】对话框，在该对话框中用户可以对站点的各项设置进行修改。

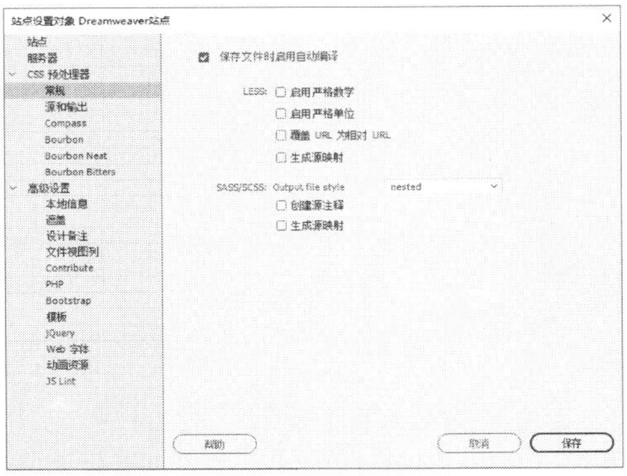

step 6 在【管理站点】对话框中选中需要删除的站点后，单击对话框左下角的【删除当前选中的站点】按钮▬，在弹出的对话框中单击【是】按钮，可以将选中的站点删除。

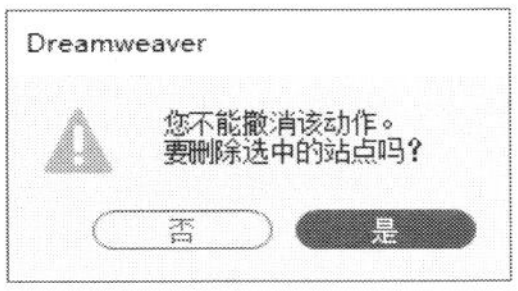

step 7 单击【管理站点】对话框中的【完成】按钮，返回 Dreamweaver 工作界面，按下 F8 键显示【文件】面板。单击该面板中的【站点名称】下拉按钮，从弹出的下拉列表中，用户可以切换当前站点。

step 8 在【文件】窗口的站点根目录上右击，在弹出的快捷菜单中选择【新建文件夹】命令，可以通过【文件】面板在站点中创建文件夹。

step 9 同样，在【文件】窗口的站点根目录上右击，在弹出的快捷菜单中选择【新建文件】命令，可以通过【文件】面板在站点中新建网页文件。

step 10 选中【文件】面板中的文件或文件夹，单击鼠标，可以重命名站点中的文件或文件夹。

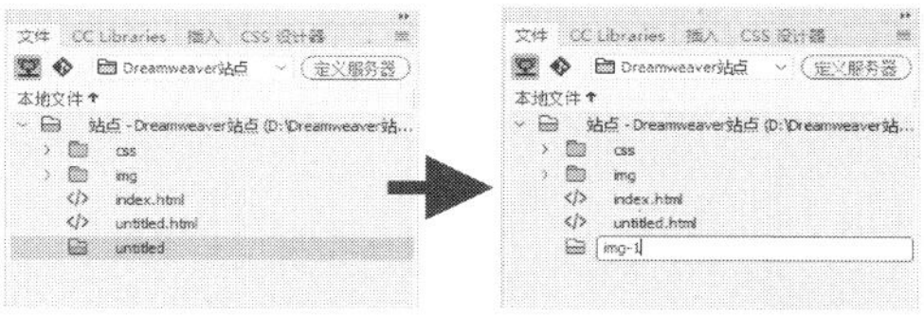

step 11 选中【文件夹】面板中的文件或文件夹后，右击鼠标，从弹出的快捷菜单中选择【编辑】|【删除】命令，然后在打开的对话框中单击【是】按钮，可以将选中的文件或文件夹删除。

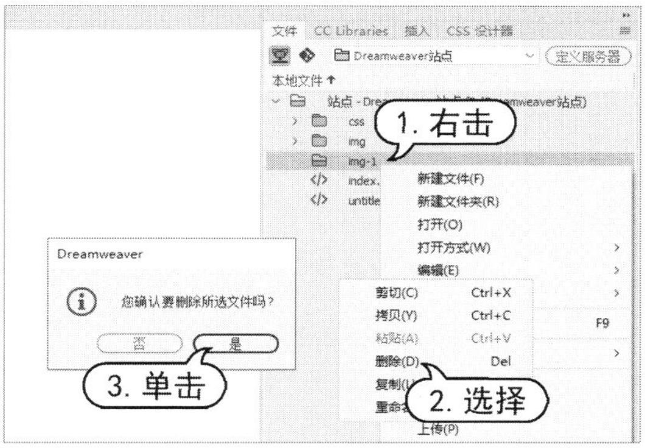

step 12 右击【文件】面板中的网页文件，从弹出的快捷菜单中选择【在浏览器中打开】命令，在显示的子菜单中用户可以选择使用一种具体的浏览器(例如，IE 浏览器、360 浏览器)显示网页内容。

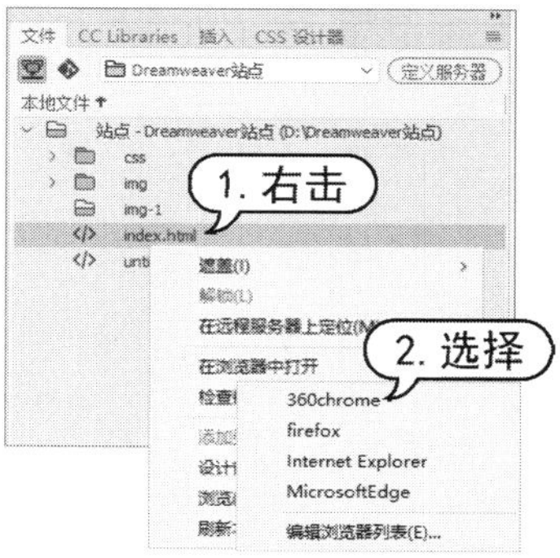

【例 2-7】使用 Dreamweaver 创建一个空白网页，并为网页设置页面信息和排版图像参照。
视频+素材 (素材文件\第 02 章\例 2-7)

step 1 选择【文件】|【新建】命令，打开【新建文档】对话框，单击【创建】按钮创建一个空白网页文档。

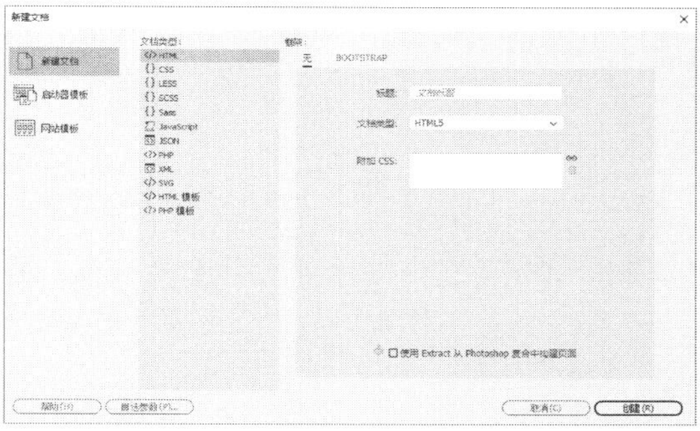

step 2 选择【文件】|【页面属性】命令，打开【页面属性】对话框，在【分类】列表框中选择【标题/编码】选项，在对话框右侧的选项区域的【标题】文本框中输入“房地产中介公司网站”，设置网页标题。

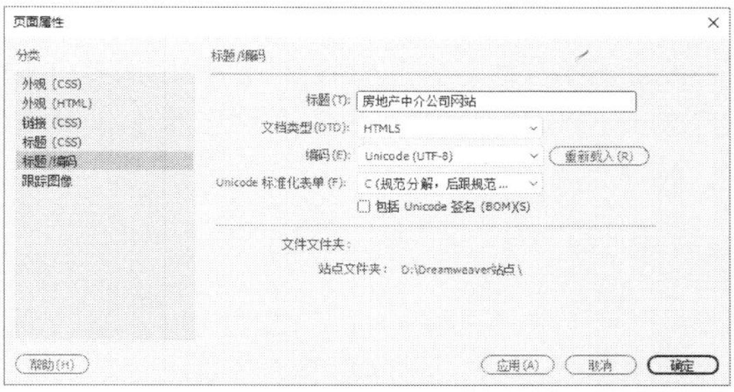

step 3 在【分类】列表框中选择【外观(CSS)】选项，在【上边距】和【下边距】文本框中输入 0，将【左边距】和【右边距】设置为

10%，如下图所示。

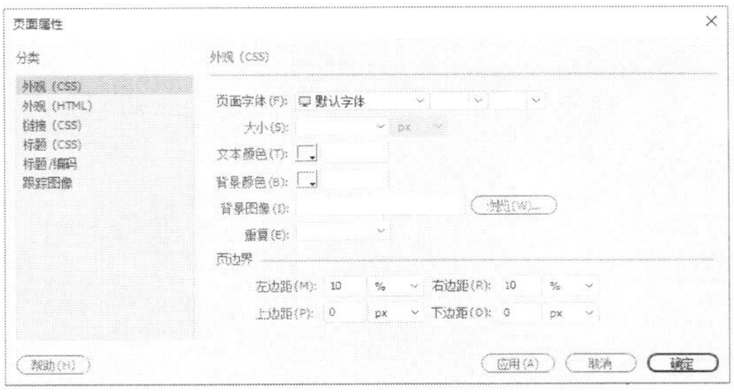

step 4 在【分类】列表框中选择【外观(HTML)】选项，单击【背景图像】文本框后的【浏览】按钮。

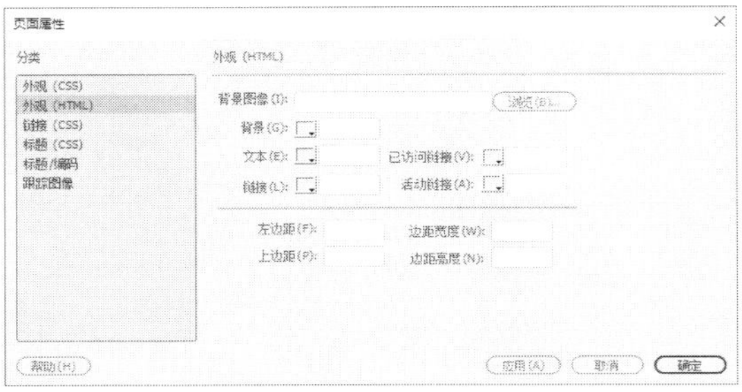

step 5 打开【选择图像源文件】对话框，选择一个图像文件作为网页背景图像，单击【确定】按钮。

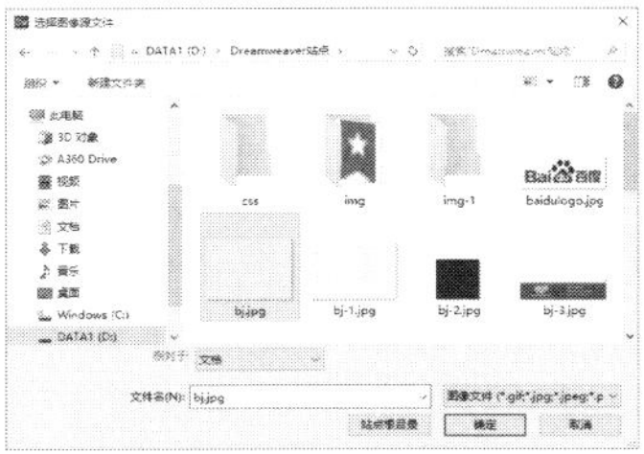

step 6 返回【页面属性】对话框，在【分类】列表框中选择【跟踪图像】选项，在对话框右侧的选项区域中单击【跟踪图像】文本框后的【浏览】按钮。

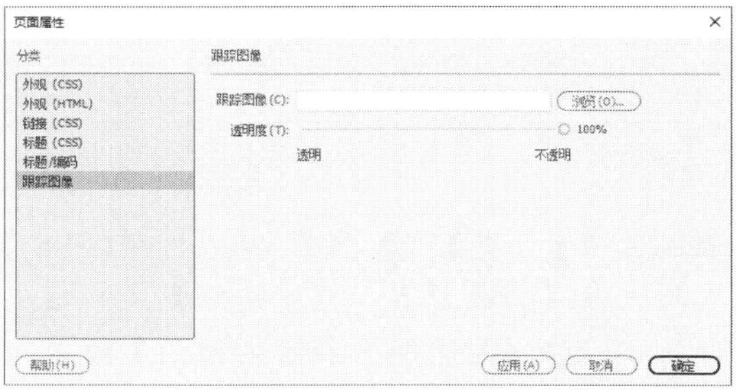

step 7 打开【选择图像源文件】对话框，选择跟踪图像文件，单击【确定】按钮。

step 8 返回【页面属性】对话框，单击【确定】按钮，Dreamweaver 文档窗口的效果如下图所示。

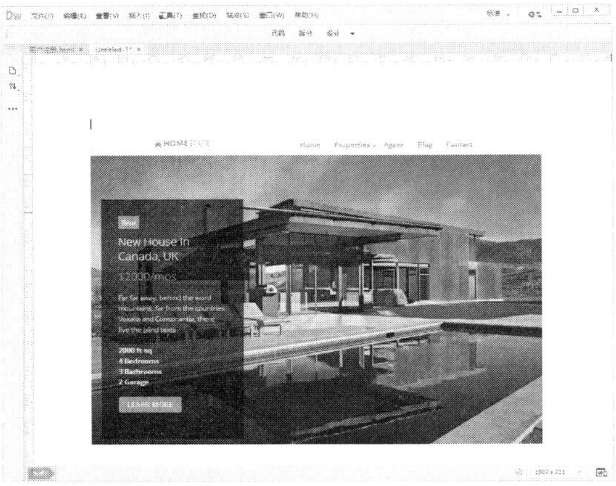

step 9 按下 Ctrl+F2 组合键打开【插入】面板，选择【说明】选项。

step 10 打开【说明】对话框，在【说明】文本框中输入网页的说明信息后，单击【确定】按钮。

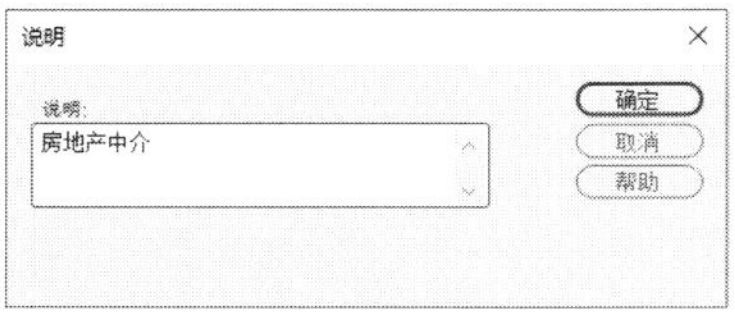

step 11 选择【插入】面板中的 Keywords 选项，在打开的对话框中输入如下图所示的关键词。

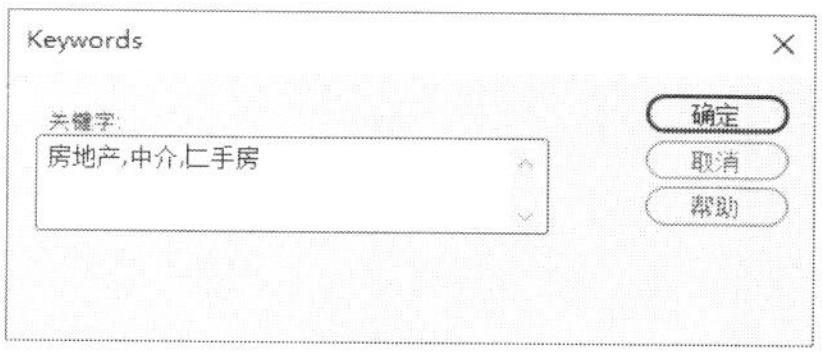

step 12 按下 Ctrl+S 组合键打开【另存为】对话框保存网页。

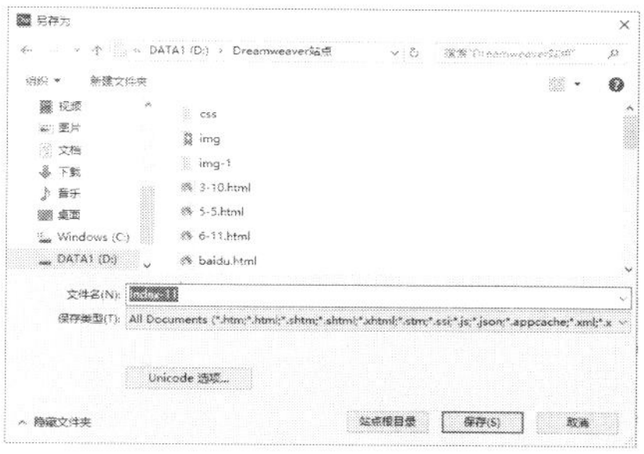

step 13 按下 F12 键在浏览器中预览网页，将发现页面中未显示跟踪图像，只显示了步骤⑥中设置的网页背景图像。

【例 2-8】在 Dreamweaver 中将一个制作好的网页保存为模板，然后利用保存的模板文件创建网页。
视频+素材 (素材文件\第 02 章\例 2-8)

step 1 选择【文件】|【打开】命令(或按下 Ctrl+O 组合键)，打开【打开】对话框，选中一个网页文件后，单击【打开】按钮。

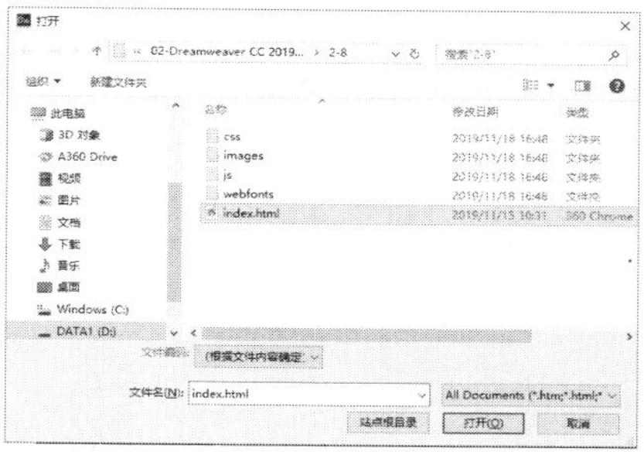

step 2 在 Dreamweaver 中打开如下图所示的网页文件后，选择【文件】|【另存为模板】命令。

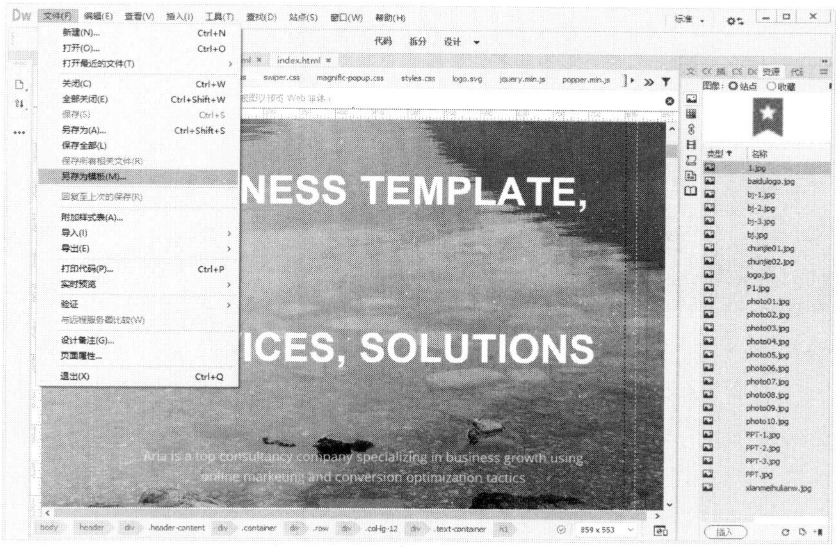

将网页另存为模板

step 3 打开【另存模板】对话框，单击【保存】按钮。

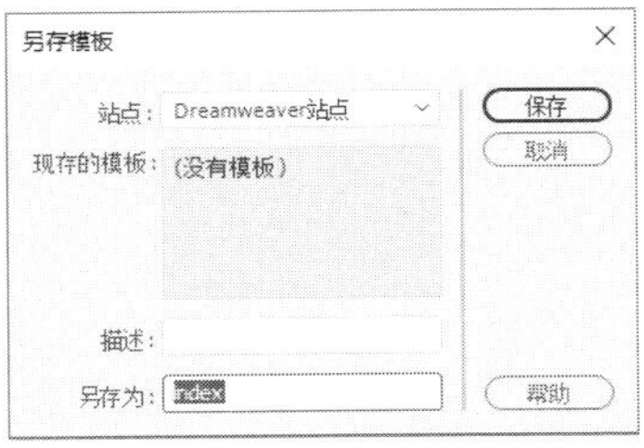

step 4 在弹出的提示对话框中单击【是】按钮，即可将网页保存为模板。

step 5 将鼠标指针插入模板文档中合适的位置，选择【插入】|【模板】|【可编辑器区域】命令，打开【新建可编辑区域】对话框，在【名称】文本框中输入可编辑区域的名称后，单击【确定】按钮。

step 6 此时，在网页中即可看到模板中所创建的可编辑区域高亮显示。

step 7 重复以上操作，根据网页制作的需要创建更多的可编辑区域，然后按下 Ctrl+S 组合键保存模板文件。

step 8 按下 Ctrl+N 组合键打开【新建文档】对话框，选择【网站模板】选项，在【站点】列表中选中当前本地站点中的模板文件，然后单击【创建】按钮。

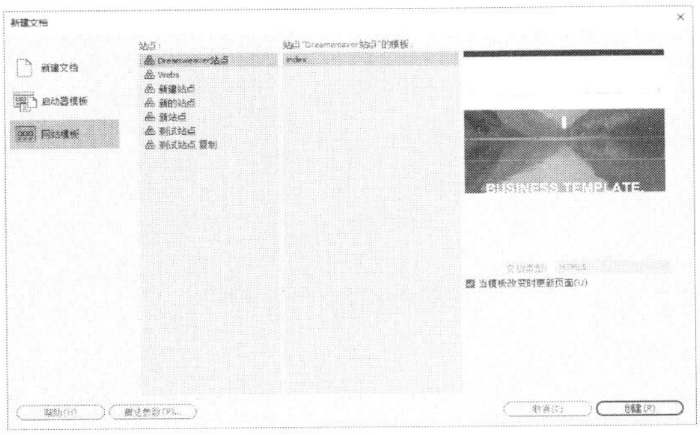

step 9 此时，Dreamweaver 将使用模板文件创建如下图所示的网页。

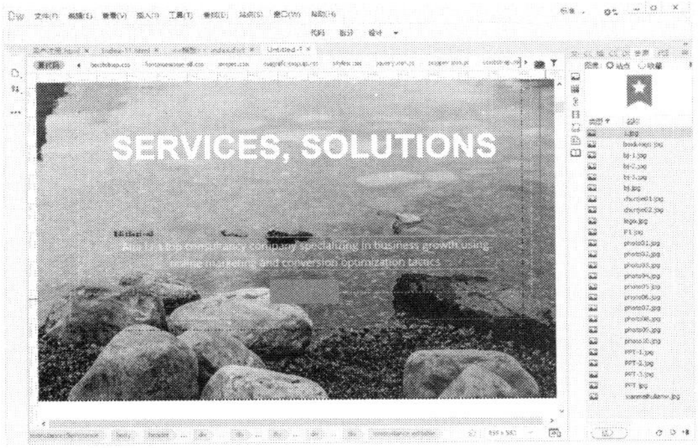

第 3 章

HTML5 基础

在制作网页的过程中，无论使用何种软件，最后都是将所设计的网页转换为 HTML 语言。HTML 语言(目前最新版本是 HTML5)是用来描述网页的语言，该语言是一种标记语言(即一套标签，HTML 使用标签来描述网页)，而不是编程语言，它是制作网页的基础语言，主要用于描述超文本中内容的显示方式。

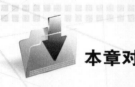

本章对应视频

例 3-1 用记事本编写 HTML 文件
例 3-2 用 Dreamweaver 制作网页
例 3-3 使用 HTML5 语义化标签
例 3-4 使用 contenEditable 属性
例 3-5 使用 contextmenu 属性
例 3-6 使用 data-*属性
例 3-7 使用 draggable 属性
本章其他视频参见视频二维码列表

3.1 HTML5 文档结构

一个完整的 HTML5 文件包括标题、段落、列表、表格、绘制的图形及各种嵌入对象，这些对象统称为 HTML 元素。

一个 HTML5 文件的基本结构如下。

```
<!doctype html>
<html>
<head>
<meta charset="utf-8">
<title>标题</title>
</head>
<body>
<p>实例教程</p>
</body>
</html>
```

以上代码中所用标签的说明如下表所示。

HTML5 文件基本结构中各标签的说明

标　签	说　明	标　签	说　明
<!doctype html>	文档类型声明	<title>	标题标签
<html>	主标签	<body>	主体标签
<head>	头部标签	<p>	段落标签
<meta>	元信息标签		

从上面的代码可以看出，在 HTML 文件中，所有的标签都是相对应的，开始标签为< >，结束标签为</>，在这两个标签中可以添加内容。

3.1.1 文档类型声明

<!doctype>类型声明必须位于 HTML5 文档的第一行，也就是位于<HTML>标签之前。该标签告知浏览器文档所使用的 HTML 规范。<!doctype>声明不属于 HTML 标签；它是一条指令，告诉浏览器编写页面所用的标签的版本。

HTML5 对文档类型声明进行了简化，简单到 15 个字符就可以了，具体代码如下：

```
<!doctype html>
```

3.1.2 主标签

<html></html>说明当前页面使用 HTML 语言，使浏览器软件能够准确无误地解释、显示。HTML5 标签代表文档的开始。由于 HTML5 语言语法的松散特性，该标签可以省略，但是为了使之符合 Web 标准和文档的完整性，养成良好的编写习惯，建议不要省略该标签。

主标签以<html>开头，以</html>结尾，文档的所有内容书写在开始标签和结束标签的中间部分，语法格式如下：

```
<html>
…
</html>
```

3.1.3　头部标签

头部标签<head>用于说明文档头部的相关信息，一般包括标题信息、元信息、定义 CSS 样式和脚本代码等。HTML 的头部信息以<head>开始，以</head>结束，语法格式如下：

```
<head>
…
</head>
```

<head>元素的作用范围是整篇文档，定义在 HTML 语言头部的内容往往不会在网页上直接显示。

1. 标题标签

HTML 页面的标题一般用来说明页面的用途，它显示在浏览器的标题栏中。在 HTML 文档中，标题信息设置在<head>与</head>之间。标题标签以<title>开始，以</title>结束，语法格式如下：

```
<title>
…
</title>
```

在标签中间的“...”就是标题的内容，它可以帮助用户更好地识别页面。预览网页时，设置的标题在浏览器的左上方标题栏中显示。此外，在 Windows 任务栏中显示的也是这个标题。

2. 元信息标签

元信息标签<meta>可以提供有关页面的元信息(meta-information)，比如针对搜索引擎和更新频度的描述和关键字。

<meta>标签位于文档的头部，不包含任何内容。<meta>标签的属性定义了与文档相关联的名称/值，<meta>标签提供的属性及取值说明如下表所示。

<meta>标签提供的属性及取值说明

属　性	值	描　述
charset	character encoding	定义文档的字符编码
content	some_text	定义与 http-equiv 或 name 属性相关的元信息
http-equiv	content-type expires refresh set-cookie	把 content 属性关联到 HTTP 头部
name	author description keywords generator revised others	把 content 属性关联到一个名称

字符集(charset)属性

在 HTML5 中，有一个新的 charset 属性，它使字符集的定义更加容易。例如，下面的代码告诉浏览器，网页使用 utf-8 编码显示：

```
<meta charset="utf-8">
```

搜索引擎的关键字

早期，meta keywords 关键字对搜索引擎的排名算法起到了一定的作用，也是许多人进行网页优化的基础。关键字在浏览时是看不到的，其使用格式如下：

```
<meta name="keywords" content="关键字,keyword" />
```

此处应注意的是：

- 不同的关键字之间，应用半角逗号隔开(英文输入状态下)，不要使用空格或“|”隔开；
- 是 keywords，而不是 keyword；
- 关键字标签中的内容应该是一个个的短语，而不是一段话。

> **实用技巧**
> 关键字标签“keywords”曾经是搜索引擎排名中很重要的元素，但现在已经被很多搜索引擎完全忽略。如果加上这个标签对网页的综合表现没有坏处，但如果使用不当，对网页非但没有好处，还有欺诈的嫌疑。

页面描述

meta description 元标签(描述元标签)是一种 HTML 元标签，用来简略描述网页的主要内容，通常被搜索引擎用在搜索结果页面上展示给最终用户看。页面描述在网页中是显示不出来的，其使用格式如下：

```
<meta name="description" content="网页介绍文字" />
```

页面定时跳转

使用<meta>标签可以使网页在经过一定时间后自动刷新，这可通过将 http-equiv 的属性值设置为 refresh 来实现。content 属性值可以设置为更新时间。

在浏览网页时经常会看到一些有关欢迎信息的页面，当经过一段时间后，这些页面会自动转到其他页面，这就是网页的跳转。页面定时刷新跳转的语法格式如下：

```
<meta http-equiv="refresh" content="秒;[url=网址]" />
```

上面的“[url=网址]”部分是可选项，如果有这部分，页面会定时刷新并跳转；如果省略了该部分，页面只定时刷新，不进行跳转。例如，要实现每 5 秒刷新一次页面，将下面的代码放入<head>标签部分即可：

```
<meta http-equiv="refresh" content="5" />
```

3.1.4 主体标签

网页所要显示的内容都放在网页的主体标签内，它是 HTML 文件的重点所在。主体标签以<body>开始，以</body>结束，语法格式如下：

```
<body>
…
</body>
```

> **实用技巧**
> 在构建 HTML 结构时，标签不能交错出现，否则就会导致错误。

3.2 HTML5 文件的编写方法

HTML5 文件的编写方法有以下两种。

3.2.1 手动编写 HTML5 代码

由于 HTML5 是一种标记语言，主要以文本形式存在，因此，所有记事本工具都可以作为它的开发环境。HTML 文件的扩展名为.html 或.htm，将 HTML 源代码输入记事本、Sublime Text、WebStorm 等编辑器并保存之后，就可以在浏览器中打开文档以查看其效果。

【例 3-1】使用记事本工具编写一个简单的 HTML 文件。

视频+素材 (素材文件\第 03 章\例 3-1)

step 1 启动 Windows 系统自带的记事本工具后，在其中输入以下 HTML5 代码：

```
<html>
<title>一个简单的网页</title>
<body>
    <h1>HTML5 简介</h1>
    <h3>HTML5 的新增功能</h3>
    <h3>HTML5 的语法特点</h3>
    <h2>HTML5 文件的基本结构</h2>
    <h2>HTML5 文件的编写方法</h2>
</body>
</html>
```

step 2 选择【文件】|【另存为】命令，打开【另存为】对话框，在【文件名】文本框中输入一个网页文件的完整文件名，以.html 或.htm 为扩展名，然后单击【保存】按钮。

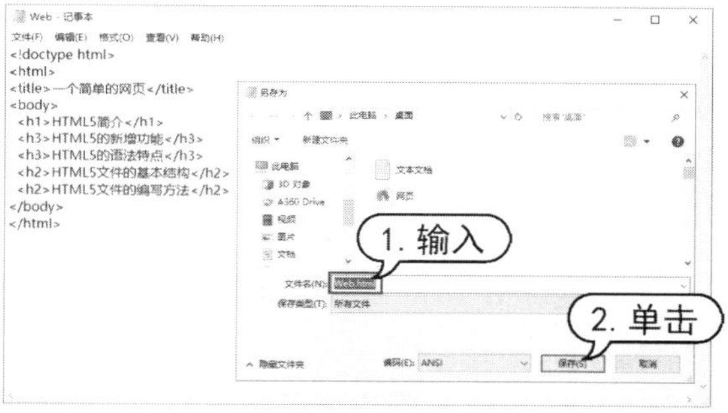

step 3 双击保存的网页文件，即可在浏览器中预览其效果。

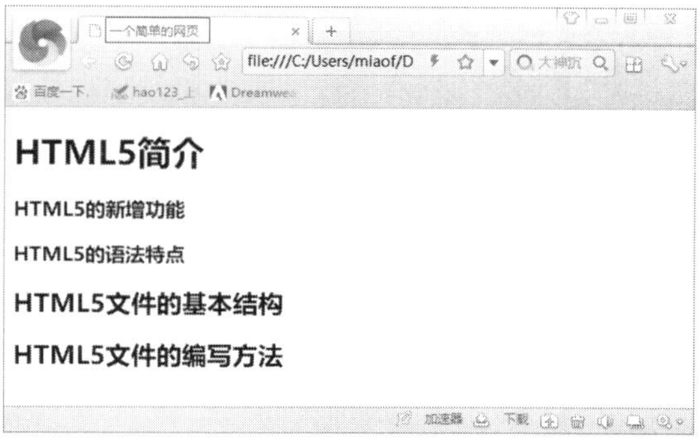

3.2.2 用 Dreamweaver 生成代码

使用 Dreamweaver 可以通过软件提供的各种命令和功能，自动生成 HTML 代码。这样，用户不必对 HTML5 代码十分了解，就可以制作网页，并能实时地预览网页效果。

【例 3-2】使用 Dreamweaver CC 2019 制作一个网页并实时预览该网页。

视频+素材 (素材文件\第 03 章\例 3-2)

step 1 启动 Dreamweaver CC 2019 后，选择【文件】|【新建】命令或按下 Ctrl+N 组合键，打开【新建文档】对话框。

step 2 在【新建文档】对话框的【文档类型】列表框中选择 HTML 选项，在【标题】文本框中输入“一个简单的网页”，然后单击【文档类型】下拉按钮，从弹出的下拉列表中选择 HTML5 选项。

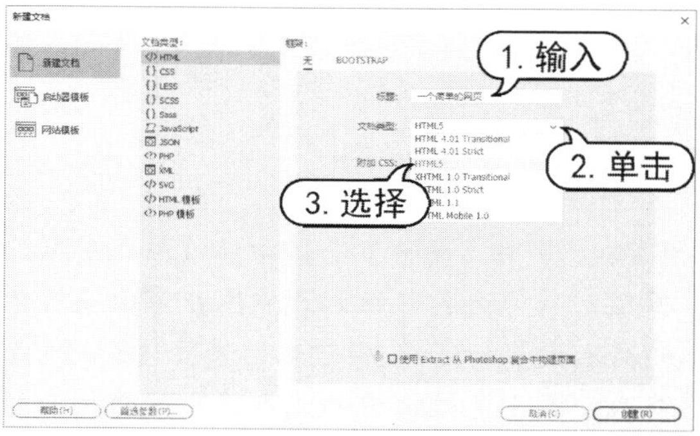

step 3 单击【创建】按钮，即可在 Dreamweaver 的代码视图中自动生成如下图所示的 HTML5 代码。

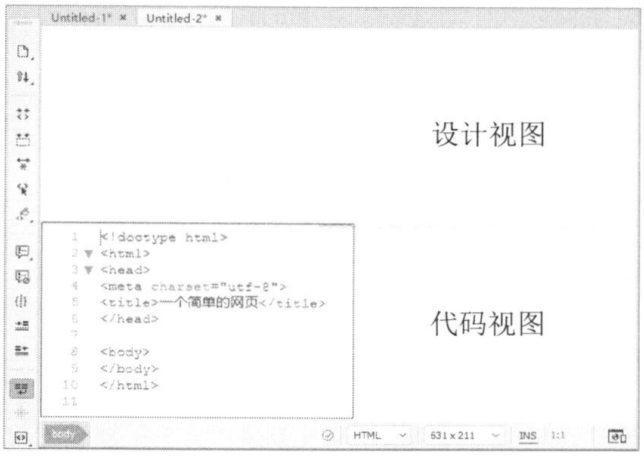

step 4 在 Dreamweaver 设计视图中输入文本，在代码视图中将自动生成代码，选中设计视图中的文本，将自动选中代码视图中相应的文本，默认为文本应用段落格式，代码如下：

```
<p>HTML5 简介</p>
<p>HTML5 的新增功能</p>
<p>HTML5 的语法特点</p>
<p>HTML5 文件的基本结构</p>
<p>HTML5 文件的编写方法</p>
```

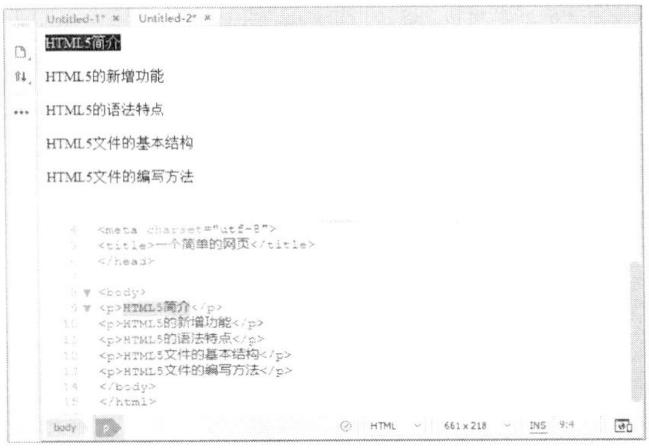

step 5 单击【属性】面板中的【格式】下拉按钮，从弹出的下拉列表中用户可以为选中的文本设置标题格式(例如，选择【标题 1】格式)。此时，被选中的文本将更改为相应的标签。

```
<p>HTML5 简介</p>
```

将自动改为：

```
<h1>HTML5 简介</h1>
```

step 6 重复以上操作，在设计视图中选中其他文本，然后在【属性】面板为文本设置不同的标题格式，如下图所示。此时，代码视图中生成的代码与【例 3-1】中手动编写的代码一样。

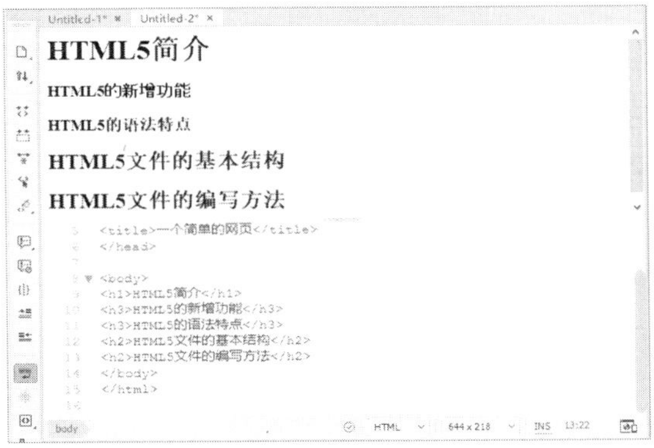

step 7 在【文档】工具栏中切换到【实时视图】，可以在 Dreamweaver 文档窗口中预览网页的效果，如下图所示。

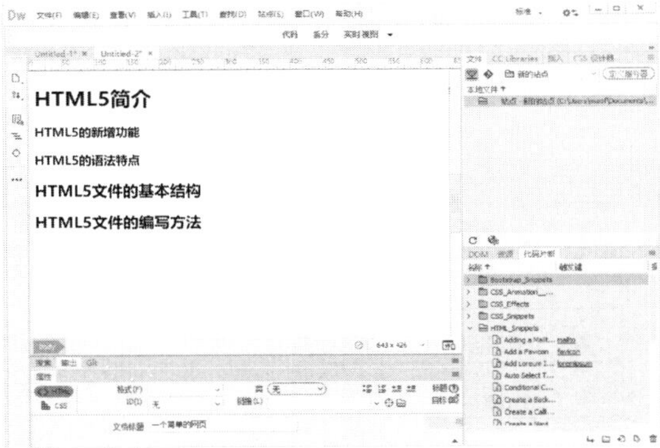

step 8 选择【文件】|【保存】命令，打开【另存为】对话框可以将制作的网页保存。双击所保存的网页文件，即可使用浏览器查看网页效果，其效果与上图所示一致。

3.3 HTML5 元素

HTML5 引入了很多新的元素，根据标签内容的类型不同，这些元素被分成了 6 大类，如下表所示。

HTML5 新元素

标签内容类型	说　明
内嵌	在文档中添加其他类型的内容，如 audio、video、canvas 和 iframe 等
流	在文档和应用的 body 中使用的元素，如 form、h1 和 small 等
标题	段落标题，如 h1、h2 和 hgroup 等
交互	与用户交互的内容，如音频和视频控件、button 和 textarea 等
元数据	通常出现在页面的 head 中，设置页面其他部分的表现和行为，如 script、style 和 title 等
短语	文本和文本标签元素，如 mark、kbd、sub 和 sup 等

3.3.1　结构元素

HTML5 定义了一组新的语义化结构标签来描述网页内容。虽然语义化结构标签也可以使用 HTML4 标签进行替换，但是它可以简化 HTML 页面设计，明确的语义化更适合搜索引擎检索和抓取。在目前主流的浏览器中已经可以使用这些元素了，新增的语义化结构元素如下表所示。

HTML5 新增的语义化结构元素

标签内容类型	说　明
header	表示页面中一个内容区块或整个页面的标题
footer	表示整个页面或页面中一个内容区块的脚注。一般来说，它会包含创作者的姓名、创作日期以及创作者的联系信息
section	表示页面中的一个内容区块，如章节、页眉、页脚或页面中的其他部分。它可以与 h1、h2、h3、h4、h5、h6 等元素结合使用，表示文档结构
article	表示页面中的一块与上下文不相关的独立内容，如博客中的一篇文章
aside	表示 article 元素的内容之外的、与 article 元素的内容相关的辅助信息
nav	表示页面中导航链接的部分
main	表示网页中的主要内容。主要内容区域指的是与网页标题或应用程序中本页面主要功能直接相关或进行扩展的内容
figure	表示一段独立的流内容，一般表示文档主体流内容中的一个独立单元。可以使用 figcaption 元素为 figure 元素组添加标题

【例 3-3】在 Dreamweaver 中使用 HTML5 提供的各种语义化结构标签设计网页。

视频+素材 (素材文件\第 03 章\例 3-3)

step 1　启动 Dreamweaver CC 2019 后，选择【文件】|【新建】命令或按下 Ctrl+N 组合键，通过【新建文档】对话框创建一个空白网页。

step 2　在代码视图中输入以下代码：

```
<!doctype html>
<html>
<head>
<meta charset="utf-8">
<title>HTML5 结构元素</title>
</head>
<body>
```

```
<header>
        <h1>网页标题</h1>
        <h2>次级标题</h2>
        <h3>提示信息</h3>
</header>
        <div id="container">
        <nav>
        <h3>导航</h3>
        <a href="#">链接 1</a>
        <a href="#">链接 2</a>
        <a href="#">链接 3</a></nav>
        <section>
        <article>
            <header>
            <h1>文章标题</h1>
            </header>
            </article>
            </section>
        <aside>
            <h3>相关内容</h3>
            <p>相关辅助信息或服务.......</p>
            </aside>
            <footer>
            <h2>页脚</h2>
            </footer>
        </div>
</body>
</html>
```

step 3 按下F12键预览网页，效果如右上图所示。

实用技巧

根据 HTML5 效率优先的设计理念，它推崇表现和内容的分离。所以在 HTML5 的开发过程中，必须使用 CSS 来定义样式(本书将在后面的章节中详细介绍 CSS 的相关知识)。

3.3.2 功能元素

根据网页内的功能需要，HTML5 新增了很多专用元素，具体如下。

- hgroup：用于对整个页面或页面中一个内容区块的标题进行组合，例如：

```
<hgroup>...</hgroup>
```

- video 元素：定义视频，如电影片段或其他视频流，例如：

```
<video src="m2.mp4"
controls="controls">video 元素</video>
```

- audio 元素：定义音频，如音乐或其他音频流。例如：

```
<audio src="song.mp3"
controls="controls">audio 元素</audio>
```

- embed 元素：用于插入各种多媒体，格式可以是 midi、wav、aiff、au、mp3 等，例如：

```
<embed src="a1.wav" />
```

➤ mark 元素：主要用来在视觉上向用户呈现那些需要突出显示或高亮显示的文字。mark 元素的典型应用就是在搜索结果中向用户高亮显示搜索关键词，例如：

```
<mark></mark>
```

➤ dialog 元素：定义对话框或窗口，例如：

```
<dialog open>这是打开的对话框窗口
</dialog>
```

➤ bdi 元素：定义文本的文本方向，使其脱离其周围文本的方向设置，例如：

```
<ul>
<li>Username <bdi>Bill</bdi>:80 points</li>
<li>Username <bdi>Steve</bdi>:78 points</li>
</ul>
```

➤ figcaption 元素：定义 figure 元素的标题，例如：

```
<figure>
 <figcaption>南京长江大桥</figcaption>
 <img src="nanjing_changjiangdaqiao.jpg"
width="350" height="240" />
 </figure>
```

➤ time 元素：表示日期或时间，也可以同时表示两者，例如：

```
<time></time>
```

➤ canvas 元素：表示图形，如图表和其他图像。这个元素本身没有行为，仅提供一块画布，但它把一个绘图 API 展现给客户端 JavaScript，以使脚本能够把想绘制的内容绘制到这块画布上。例如：

```
<canvas id="myCanvas" width="200"
height="300"></canvas>
```

➤ output 元素：表示不同类型的输出，如脚本的输出，例如：

```
<output></output>
```

➤ source 元素：为媒介元素(比如<video>和<audio>)定义媒介资源，例如：

```
<source>
```

➤ menu 元素：表示菜单列表。当希望列出表单控件时使用该标签，例如：

```
<menu>
 <li><input type="checkbox"/>red</li>
 <li><input type="checkbox"/>green</li>
 </menu>
```

➤ ruby 元素：表示 ruby 注释(中文注音或字符)，例如：

```
<ruby>
汉 <rt><rp>(</rp>ㄏㄢˋ<rp>)</rp></rt>
</ruby>
```

➤ rt 元素：表示字符(中文注音或字符)的解释或发音，例如：

```
<ruby>
 汉 <rt> ㄏㄢˋ </rt>
</ruby>
```

➤ rp 元素：在 ruby 注释中使用，以定义不支持 ruby 元素的浏览器所显示的内容。

➤ wbr 元素：表示软换行。wbr 元素与 br 元素的区别是，br 元素表示此处必须换行；而 wbr 元素的意思是浏览器窗口或父级元素的宽度足够宽时(没必要换行时)，不进行换行，而当宽度不够时，主动在此处进行换行，例如：

```
<p> 网站伴随着网络的快速发展而快速兴起，作为上网的主要依托，由于人们使用网络的频繁而变得非常的重要。<wbr>由于企业需要通过网站呈现产品、服务、理念、文化，或向大众提供某种功能服务。<wbr>因此网页设计必须首先明确设计站点的目的和用户的需求，从而做出切实可行的设计方案。</p>
```

➢ command 元素：表示命令按钮，如单选按钮、复选框等，例如：

```
<command type="command">Click
Me!</command>
```

➢ details 元素：表示可选数据的列表，与 input 元素配合使用，可以制作出输入值的下拉列表，例如：

```
<details>
<summary>Copyright 2019.</summary>
<p>All pages and graphics on this web site are
the property of W3School.</p>
</details>
```

➢ summary 元素：为 details 元素定义可见的标题。

➢ datalist 元素：表示可选数据的列表，它以树形表的形式来显示，例如：

```
<datalist></datalist>
```

➢ keygen 元素：表示生成密钥，例如：

```
<keygen>
```

➢ progress 元素：表示运行中的进程，可以使用 progress 元素来显示 JavaScript 中耗费时间的函数的进程，例如：

```
<progress></progress>
```

➢ meter 元素：度量给定范围(gauge)内的数据，例如：

```
<meter value="3" min="0" max="10">3/10
</meter><br>
<meter value="0.6">60%</meter>
```

➢ track 元素：定义用在媒体播放器中的文本轨道，例如：

```
<video width="320" height="240"
controls="controls">
    <source src="forrest_gump.mp4"
type="video/mp4" />
    <source src="forrest_gump.ogg"
type="video/ogg" />
    <track kind="subtitles" src="subs_chi.srt"
srclang="zh" label="Chinese">
    <track kind="subtitles" src="subs_eng.srt"
srclang="en" label="English">
</video>
```

3.3.3 表单元素

通过 type 属性，HTML5 可以为 input 元素新增很多类型(本书将在后面的章节中详细介绍)，如下表所示。

HTML5 表单元素

标签内容类型	说　明
tel	表示必须输入电话号码的文本框
searc	表示搜索文本框
url	表示必须输入 URL 地址的文本框
email	表示必须输入电子邮件地址的文本框
datetime	表示日期和时间文本框
date	表示日期文本框
month	表示月份文本框
week	表示星期文本框
time	表示时间文本框
datetime-local	表示本地日期和时间文本框

(续表)

标签内容类型	说　明
number	表示必须输入数字的文本框
range	表示范围文本框
color	表示颜色文本框

3.4　HTML5 属性

HTML5 增加了很多属性，也废除了很多属性，下面将简单说明。

3.4.1　表单属性

- 为 input(type=text)、select、textarea 与 botton 元素新增加了 autofocus 属性。它以指定属性的方式让元素在页面打开时自动获得焦点。
- 为 input(type=text)与 textarea 元素新增加了 placeholder 属性，它会对用户的输入进行提示，提示用户可以输入的内容。
- 为 input、output、select、textarea、button 与 fieldset 新增加了 form 属性，声明它属于哪个表单，然后将其放置在页面上的任何位置，而不是表单之内。
- 为 input 元素(type=text)与 textarea 元素新增加了 required 属性。该属性表示在用户提交表单时进行检查，检查该元素内是否有输入内容。
- 为 input 元素增加了 autocomplete、min、max、multiple、pattern 和 step 属性。同时还增加了一个新的 list 元素，与 datalist 元素配合使用。datalist 元素与 autocomlete 属性配合使用。multiple 属性允许在上传文件时一次上传多个文件。
- 为 input 元素与 button 元素新增加了属性 formaction、formenctype、formmethod、formnovalidate 与 formtarget，它们可以重载 form 元素的 action、enctype、method、novalidate 与 target 属性。为 fieldset 元素增加了 disabled 属性，可以把它的子元素设为 disabled(无效)状态。
- 为 input 元素、button 元素、form 元素增加了 novalidate 属性，该属性可以取消提交时进行的有关检查，表单可以被无条件地提交。

3.4.2　链接属性

- 为 a 与 area 元素增加了 media 属性，该属性规定目标 URL 是为什么类型的媒介/设备进行优化的，只能在 href 属性存在时使用。
- 为area属性增加了hreflang属性与rel属性，以保持与a元素、link元素的一致性。
- 为 link 元素增加了新属性 sizes。该属性可以与 icon 元素结合使用(通过 rel 属性)，该属性指定关联图标(icon 元素)的大小。
- 为 base 元素增加了 target 属性，主要目的是保持与 a 元素的一致性。

3.4.3　其他属性

- 为 ol 元素增加了 reversed 属性，它指定列表按倒序显示。
- 为 meta 元素增加了 charset 属性，因为这个属性已经被广泛支持，而且为文档的字符编码的指定提供了一种良好的方式。
- 为 menu 元素增加了两个新的属性——type 与 label。其中 label 属性为菜单定义一个可见的标注，type 属性让菜单能够以上下文菜单、工具条与列表菜单 3 种形式出现。
- 为 style 元素增加了 scoped 属性，用来规定样式的作用范围。
- 为 script 元素增加了 async 属性，它定义脚本是否异步执行。

➢ 为 html 元素增加了 manifest 属性，开发离线 Web 应用程序时它与 API 结合使用，定义一个 URL，在这个 URL 上描述文档的缓存信息。

➢ 为 iframe 元素增加了 3 个属性：sandbox、seamless 与 srcdoc，用来提高页面的安全性，防止不信任的 Web 页面执行某些操作。

3.5 HTML5 全局属性

HTML5 新增了 8 个全局属性。所谓全局属性，是指可以用于任何 HTML 元素的属性。下面将分别进行介绍。

3.5.1 contenEditable 属性

contenEditable 属性的主要功能是允许用户在线编辑元素中的内容。contenEditable 是一个布尔值属性，可以被指定为 true 或 false。

实用技巧

该属性还有个隐藏的 inherit(继承)状态，属性为 true 时，元素被指定为允许编辑；属性为 false 时，元素被指定为不允许编辑；未指定 true 或 false 时，则由 inherit 状态来决定，如果元素的父元素是可编辑的，则该元素就是可编辑的。

【例 3-4】为网页中的列表元素添加 contenEditable 属性。

视频+素材 (素材文件\第 03 章\例 3-4)

step 1 在代码视图内的<ul>标签中添加 contenEditable 属性：

```
<!doctype html>
<html>
<head>
<meta charset="utf-8">
<title>contenEditable 属性应用实例</title>
</head>
<body>
<h1>列表</h1>
<ul contenteditable="true">
    <li>列表元素 1</li>
    <li>列表元素 2</li>
    <li>列表元素 3</li>
</ul>
</body>
</html>
```

step 2 按下 F12 键预览网页，网页列表元素就变成了可编辑状态。用户可以自行在浏览器中修改列表内容。

在浏览器中编辑网页列表后，如果想要保存编辑结果，只能把该元素的 innerHTML 发送到服务器端进行保存，因为改变元素内容后该元素的 innerHTML 内容也会随之改变，目前还没有特别的 API 来保存编辑后元素中的内容。

此外，在 JavaScript 脚本中，元素还具有一个 isContenEditable 属性，当元素可编辑时，该属性的值为 true；当元素不可编辑时，该属性的值为 false。

3.5.2 contextmenu 属性

contextmenu 属性用于定义<div>元素的上下文菜单。所谓上下文菜单，就是会在右击元素时出现的菜单。

【例 3-5】使用 contextmenu 属性定义 Div 元素的上下文菜单。

视频+素材 (素材文件\第 03 章\例 3-5)

step 1 在代码视图内的<div>标签中添加 contextmenu 属性，并在<div></div>标签之间添加<menu>标签，其中的 id 属性值使用<div>标签中设置的 contextmenu 属性值。

```
<!doctype html>
<html>
<head>
<meta charset="utf-8">
<title>contextmenu 属性</title></head>
<body>
<div contextmenu="mymenu">上下文菜单
        <menu type="context" id="mymenu">
        <menuitem label="微信好友"></menuitem>
       <menuitem label="QQ 好友"></menuitem>
        <menuitem label="朋友圈"></menuitem>
        <menuitem label="新浪微博"></menuitem>
 </menu>
</div>
</body>
</html>
```

step 2 由于目前只有 Firefox 浏览器支持 contextmenu 属性，因此在 Dreamweaver 中预览以上网页时需要指定使用 Firefox 浏览器。单击状态栏右侧的【预览】按钮，从弹出的列表中选择 Firefox 选项。

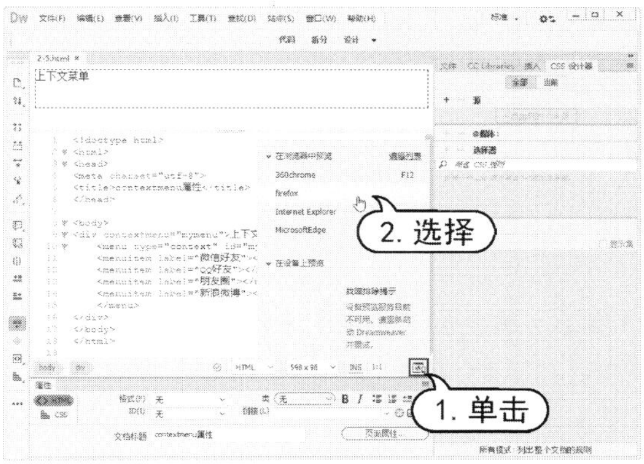

step 3 在浏览器窗口中右击页面中的元素，将弹出下图所示的上下文菜单。

3.5.3 data-*属性

使用 data-*属性可以自定义用户数据，具体应用包括：

- data-*属性用于存储页面或 Web 应用的私有自定义数据。
- data-*属性赋予所有 HTML 元素嵌入自定义 data 属性的能力。

存储的自定义数据能够被页面的 JavaScript 脚本利用，以得到更好的用户体验，不进行 Ajax 调用或服务器端数据库查询。

data-*属性包括下面两部分内容：

- 属性名：不应该包含任何大写字母，并且在前缀“data-”之后至少必须有一个字符。
- 属性值：可以是任意字符串。

当浏览器(用户代理)解析时，会完全忽略前缀为“data-”的自定义属性。

【例 3-6】使用 data-*属性为页面中的列表项定义一个自定义属性 type。
视频+素材 (素材文件\第 03 章\例 3-6)

step 1 在代码视图内的<li>标签中添加以下 data-animal-type 属性：

```
<!doctype html>
<html>
<head>
<meta charset="utf-8">
<title>data-*属性应用实例</title>
</head>
<body>
<p>列表示例</p>
<ul>
    <li onclick="showDetails(this)" id="whale" data-animal-type="哺乳动物">鲸鱼</li>
    <li onclick="showDetails(this)" id="bass" data-animal-type="鱼类">鲈鱼</li>
    <li onclick="showDetails(this)" id="scaleph" data-animal-type="浮游生物">水母</li>
</ul></body>
</html>
```

step 2 在<head>和</head>之间使用 JavaScript 脚本访问每个列表项的 type 属性值：

```
<head>
<meta charset="utf-8">
<title>data-*属性应用实例</title>
<script>
function showDetails(animal) {
        var animalType = animal.getAttribute("data-animal-type");
        alert(animal.innerHTML + "是" + animalType + "。");
}
</script>
</head>
```

step 3 按下 F12 键预览网页，在 JavaScript 脚本中可以判断每个列表项所包含信息的类型。

step 4 单击网页列表中的列表项，将弹出相应的提示对话框，提示用户列表项的相关信息，如下图所示。

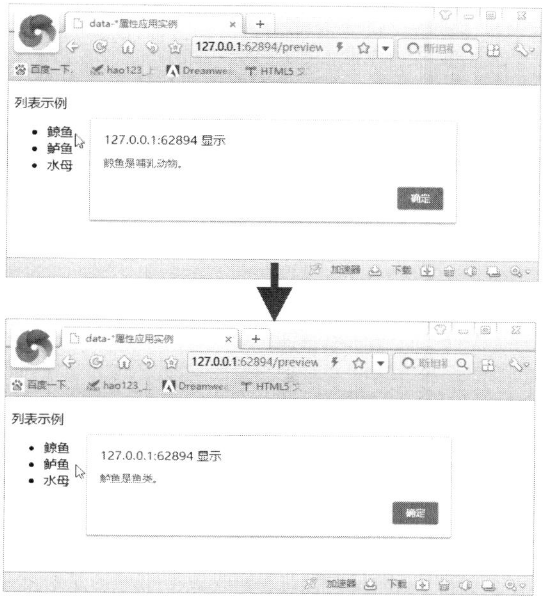

3.5.4　draggable 属性

draggable 属性可以定义元素是否可以被拖动。其属性取值说明如下：

- true：定义元素可拖动。
- false：定义元素不可拖动。
- auto：定义使用浏览器的默认特性。

【例 3-7】使用 draggable 属性在网页中定义一个可移动的段落。
视频+素材 (素材文件\第 03 章\例 3-7)

step 1 在代码视图内的<p>标签中添加 draggable 属性：

```
<!doctype html>
<html>
<head>
<meta charset="utf-8">
<title>draggable 属性应用实例</title>
</head>
<body>
<div id="div1" ondrop="drop(event)" ondragover="allowDrop(event)"></div>
<br />
<p id="drag1" draggable="true" ondragstart="drag(event)">这是一段可移动的段落</p>
</body>
</html>
```

step 2 在<head>和</head>之间使用以下 JavaScript 脚本：

```
<head>
<meta charset="utf-8">
<title>draggable 属性应用实例</title>
<style type="text/css">
#div1 {width:350px;height:70px;padding:10px;border:1px solid #aaaaaa;}
</style>
<script type="text/javascript">
function allowDrop(ev)
{
ev.preventDefault();
```

```
}
function drag(ev)
{
ev.dataTransfer.setData("Text",ev.target.id);
}
function drop(ev)
{
var data=ev.dataTransfer.getData("Text");
ev.target.appendChild(document.getElementById(data));
ev.preventDefault();
}
</script>
</head>
```

step 3 按下 F12 键预览网页，在浏览器窗口中用户可以将页面中的一段文本拖动至网页中的方框内，如下图所示。

3.5.5 dropzone 属性

dropzone 属性定义在元素上拖动数据时，是否复制、移动或链接被拖动的数据。其属性取值说明如下：

- copy：拖动数据会产生被拖动数据的副本。
- move：拖动数据会导致被拖动数据被移到新的位置。
- link：拖动数据会产生指向原始数据的链接。

实用技巧

目前，主流浏览器都不支持 dropzone 属性。

3.5.6 hidden 属性

在 HTML5 中，所有元素都包含一个 hidden 属性。该属性设置元素的可见状态，取值为一个布尔值。当设为 true 时，元素处于不可见状态；当设为 false 时，元素处于可见状态。

【例 3-8】使用 hidden 属性定义段落文本隐藏显示。
视频+素材 (素材文件\第 03 章\例 3-8)

step 1 在代码视图内的<p>标签中添加 hidden 属性：

```
<!doctype html>
<html>
<head>
<meta charset="utf-8">
```

```
<title>无标题文档</title>
</head>
<body>
<h2>做网页设计，你需要了解客户的东西很多：</h2>
<p hidden="true"><br>
  (1)建设网站的目的；<br>
  (2)栏目规划及每个栏目的表现形式和功能要求；<br>
  (3)网站主体色调、客户性别喜好、联系方式、旧版网址、偏好网址；<br>
  (4)根据行业和客户要求，哪些要着重表现；<br>
  (5)是否分期建设、考虑后期的兼容性；</p>
</body>
</html>
```

step 2 按下 F12 键预览网页，页面中的段落将被隐藏。

3.5.7 spellcheck 属性

spellcheck 属性定义是否对元素进行拼写和语法检查。可以对以下内容进行拼写检查：

- input 元素中的文本(非密码)。
- textarea 元素中的文本。
- 可编辑元素中的文本。

spellcheck属性是一个布尔值的属性，取值包括true和false，为true时表示对元素进行拼写和语法检查，为false时则表示不检查元素。例如，设计进行拼写检查的可编辑段落：

```
<!doctype html>
<html>
<head>
<meta charset="utf-8">
<title>spellcheck 属性应用实例</title>
</head>
<body>
<p contenteditable="true" spellcheck="true">这是可编辑的段落。</p>
</body>
</html>
```

3.5.8 translate 属性

translate 属性定义是否应该翻译元素内容，其属性取值说明如下：

- yes：定义应该翻译元素内容。
- no：定义不应该翻译元素内容。

例如：

```
<p translate="no">请勿翻译本段。</p>
<p>本段可被译为任意语言。</p>
```

实用技巧

目前，主流浏览器都无法正确地支持 translate 属性。

3.6 HTML5 事件

HTML5 对页面、表单、键盘元素新增了各种事件。下面将分别进行介绍。

3.6.1 window 事件

HTML5 新增了针对 window 对象触发的事件，可以应用到 body 元素上，如下表所示。

HTML5 新增的 window 事件

事件属性	说　明
onafterprint	文档打印之后运行的脚本
onbeforeprint	文档打印之前运行的脚本
onbeforeunload	文档卸载之前运行的脚本
onerror	在错误发生时运行的脚本
onhaschange	当文档已改变时运行的脚本
onmessage	在消息被触发时运行的脚本
onoffline	当文档离线时运行的脚本
ononline	当文档上线时运行的脚本
onpagehide	当窗口隐藏时运行的脚本
onpageshow	当窗口可见时运行的脚本
onpopstate	当窗口历史记录改变时运行的脚本
onredo	当文档执行重做(redo)时运行的脚本
onresize	当浏览器窗口被调整大小时触发
onstorage	在 Web Storage 区域更新后运行的脚本
onundo	在文档执行撤销(undo)时运行的脚本

3.6.2 form 事件

HTML5 新增了 HTML 表单内的动作触发事件，可以应用到几乎所有的 HTML 元素。但最常用在 form 元素中。其简单说明如下表所示。

HTML5 新增的 form 事件

事件属性	说　明
oncontextmenu	当上下文菜单被触发时运行的脚本
onformchange	在表单改变时运行的脚本
onforminput	当表单获得用户输入时运行的脚本
oninput	当元素获得用户输入时运行的脚本
oninvalid	当元素无效时运行的脚本

3.6.3 mouse 事件

HTML5 新增了多个鼠标事件，由鼠标或类似的用户动作触发。其简单说明如下表所示。

HTML5 新增的 mouse 事件

事件属性	说　明
ondrag	元素被拖动时运行的脚本
ondragend	在拖动操作结束时运行的脚本
ondragenter	当元素已被拖动到有效拖放区域时运行的脚本
ondragleave	当元素离开有效拖放目标时运行的脚本
ondragover	当元素在有效拖放目标上正在被拖动时运行的脚本
ondragstart	在拖动操作开始时运行的脚本
ondrop	当元素被拖放时运行的脚本
onmousewheel	当鼠标滚轮被滚动时运行的脚本
onscroll	当元素滚动条被滚动时运行的脚本

3.6.4 media 事件

HTML5 新增了多个媒体事件，如由视频、图像和音频触发的事件，适用于所有的 HTML 元素，但常见于媒介元素中，如<audio>、<embed>、<img>、<object>和<video>元素。其简单说明如下表所示。

HTML5 新增的 media 事件

事件属性	说　明
oncanplay	当文件就绪可以开始播放时运行的脚本(缓冲已足够开始时)
oncanplaythrough	当媒介能够无须因缓冲而停止即可播放至结尾时运行的脚本
ondurationchange	当媒介长度改变时运行的脚本
onemptied	当发生故障并且文件突然不可用时运行的脚本
onended	当媒介已到达结尾时运行的脚本(可发送例如“谢谢观看”之类的信息)
onerror	当在文件加载期间发生错误时运行的脚本
onloadedmetadata	当元数据(比如分辨率和时长)被加载时运行的脚本
onloadstart	在文件开始加载且未实际加载任何数据前运行的脚本
onpause	当媒介被用户或程序暂停时运行的脚本
onplay	当媒介已就绪可以开始播放时运行的脚本
onplaying	当媒介已开始播放时运行的脚本
onprogress	当浏览器正在获取媒介数据时运行的脚本
onratechange	每当回放速率改变时运行的脚本(例如，当用户切换到慢动作或快进模式时)
onreadystatechange	每当就绪状态改变时运行的脚本(就绪状态检测媒介数据的状态)
onseeked	当 seeking 属性设置为 false(指示定位已结束)时运行的脚本
onseeking	当 seeking 属性设置为 true(指示定位是活动的)时运行的脚本
onstalled	在浏览器不论何种原因未能取回媒介数据时运行的脚本
onsuspend	在媒介数据完全加载之前，不论因何种原因而终止取回媒介数据时运行的脚本

(续表)

事件属性	说　　明
ontimeupdate	当播放位置改变时(例如，当用户快进到媒介中一个不同的位置时)运行的脚本
onvolumechange	每当音量改变时(包括将音量设置为静音时)运行的脚本

3.7 实例演练

本章简单介绍了 HTML5 文档的语法、元素等知识。实际上，HTML5 页面的特征远不止这些，下面的实例演练部分将通过完整的实例页面介绍 HTML5 页面的特征。

【例 3-9】使用 Dreamweaver CC 2019 创建网页，并设置网页头部信息。

视频+素材 (素材文件\第 03 章\例 3-9)

step 1 启动 Dreamweaver CC 2019，在代码视图中输入以下代码。代码中设计将页面分成上、中、下 3 个部分：上部分用于显示导航；中部分包含两个部分，左边显示菜单，右边显示文本内容；下部分显示页面的版权信息。

```
<!doctype html>
<html>
<head>
<meta charset="utf-8">
<title>使用 HTML5 结构化元素</title>
</head>
 <style type="text/css">
   #header,#sideLeft,#sideRight,#footer{
     border:1px solid red;
     padding:10px;
     margin:6px;
   }
   #header{ width: 500px;}
   #sideLeft{
     float: left;
     width: 60px;
     height: 100px;
   }
   #sideRight{
     float: left;
     width: 406px;
     height: 100px;
   }
   #footer{
     clear:both;
     width:500px;
```

```
  }
 </style>
<body>
  <div id="header">导航</div>
  <div id="sideLeft">菜单</div>
  <div id="sideRight">内容</div>
  <div id="footer">底部说明</div>
</body>
</html>
```

step 2 按下 F12 键预览网页，效果如下图所示。

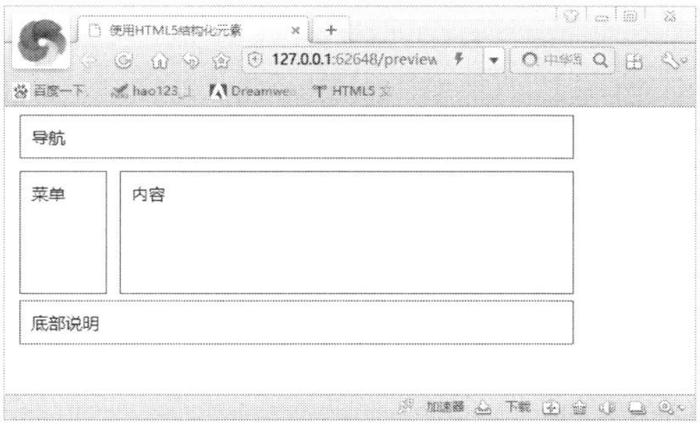

【例 3-10】以欢度春节为主题，设计一个网页。

视频+素材 (素材文件\第 03 章\例 3-10)

step 1 在 Dreamweaver 中按下 Ctrl+N 组合键，创建一个空白网页，然后按下 Ctrl+S 组合键，打开【另存为】对话框，将所创建的网页保存至本地站点的根目录中，并在代码视图中输入以下代码:

```
<!doctype html>
<html>
<head>
<meta charset="utf-8">
<title>标记语法及书写语法应用</title>
<style type="text/css">
 div{text-align: center;/*文本居中对齐*/}
 </style>
</head>
<body bgcbgcolor="#CDEBE6">
 <h3 align="center">欢度 2020 年春节</h3>
 <hr size="2" color="red" width="100%"/>
<p align="left">    春节(the Spring Festival)，即农历新年，是一年之岁首，亦为传统意义上的“年节”。俗称新春、新岁、新年、新禧、年禧、大年等，口头上又称度岁、庆岁、过年、过大年。春节历史悠久，由上古时代岁首祈年祭祀演变而来。万物本乎天、人本乎祖，祈年祭祀、敬天法祖，报本反始也。春节的起源蕴含着深邃的文化内涵，在传承发展中承载了丰厚的历史文化底蕴。在春节期间，全国各地均有举行各种庆贺新春活动，热闹喜庆的气氛洋溢；这些活动以除旧布新、迎禧接福、拜神祭祖、祈求丰年为主要内容，形式丰富多彩，带有浓郁的各地域特色，凝聚着中华传统文化精华。</p>
```

```
<p align="left">    在古代民间，人们从岁末的廿三或廿四的祭灶便开始“忙年”了，新年到正月十九日才结束。在现代，人们把春节定于农历正月初一，但一般至少要到农历正月十五(元宵节)新年才算结束。春节是个欢乐祥和、亲朋好友欢聚的节日，是人们增进感情的纽带。节日交流问候传递着亲朋乡里之间的亲情伦理，它是维系春节得以持存发展的重要要义。</p>
<div id="" class="">
<img src="chunjie01.jpg" width="300" height="150">
<img src="chunjie02.jpg" width="300" height="150">
</div>
<p align="left">    百节年为首，春节是中华民族最隆重的传统佳节，它不仅集中体现了中华民族的思想信仰、理想愿望、生活娱乐和文化心理，而且还是祈福、饮食和娱乐活动的狂欢式展示。受到中华文化的影响，世界上一些国家和地区也有庆贺新春的习俗。据不完全统计，已有近 20 个国家和地区把中国春节定为整体或者所辖部分城市的法定节假日。春节与清明节、端午节、中秋节并称为中国四大传统节日。春节民俗经国务院批准列入第一批国家级非物质文化遗产名录。</p>
<hr size="2" color="red" width="100%"/>
<p align="center">网页制作案例  Copyright &copy;2019-2020</p>
</body>
</html>
```

step 2 按下F12键预览网页，效果如下图所示。

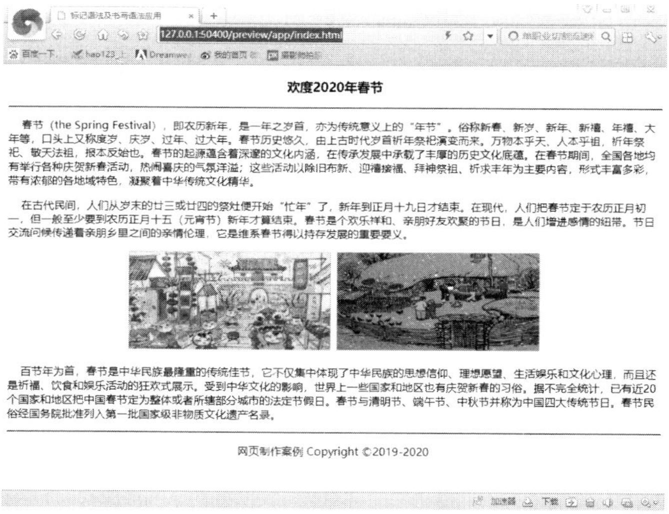

第 4 章

格式化文本与段落

在制作网页时，网页内容的排版包括文本格式化、段落格式化和整个页面的版面格式化。其中文本格式标签分为字体标签和文字修饰标签，这两种标签包括对网页字体样式的一些特殊修改；段落格式分为段落标签、换行标签和水平分隔线标签等。

本章将通过 Dreamweaver CC 2019 介绍网页中文本与段落格式化的相关知识，帮助读者掌握网页内容的初步设计。

本章对应视频

例 4-1 使用段落标签

例 4-2 使用标题标签

例 4-3 设置网页文本字体格式

例 4-4 设置网页文本字号

例 4-5 设置网页文本颜色

例 4-6 设置网页文本效果

例 4-7 为网页文本添加上/下标

本章其他视频参见视频二维码列表

4.1 定义段落文字

在网页中如果要把文字合理地显示出来，离不开段落标签的使用。在 Dreamweaver 的设计视图中，直接输入的文本也默认应用段落标签。

4.1.1 使用段落标签

段落标签是双标签，即<p></p>，在<p>开始标签和</p>结束标签之间的内容形成一个段落。如果省略结束标签，从<p>标签直到遇见下一个段落标签之前的所有文本，都将在一个段落内。段落标签中的 p 是英文单词 paragraph 即“段落”的首字母，用来定义网页中的一段文本，文本在一个段落中会自动换行。

【例 4-1】在 Dreamweaver 创建的网页中使用段落标签。

视频+素材 (素材文件\第 04 章\例 4-1)

step 1 启动 Dreamweaver CC 2019 后，选择【文件】|【新建】命令打开【新建文档】对话框，创建一个空白的 HTML5 网页，在设计视图中输入下图所示的文本。

step 2 此时，在主体标签<body>和</body>之间将自动添加以下代码：

```
<body>
<p>这是 1 级标题</p>
<p>这是 2 级标题</p>
<p>这是 3 级标题</p>
<p>这是 4 级标题</p>
<p>这是 5 级标题</p>
<p>这是 6 级标题</p>
</body>
```

step 3 选择【文件】|【保存】命令或按下 Ctrl+S 组合键，将网页保存。按下 F12 键，在浏览器中查看网页效果，如下图所示。

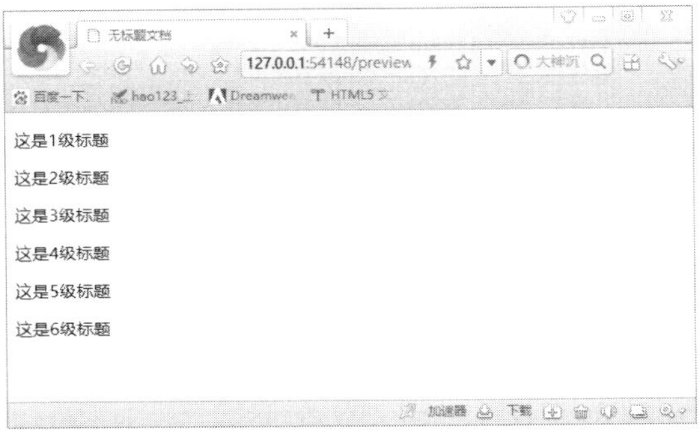

4.1.2 使用换行标签

换行标签
和<p>标签一样，都是网页制作时常用的标签。该标签是一个单标签，它没有结束标签，是英文单词 break 的缩写，作用是将文字在一个段内强制换行。一个
标签代表一个换行，连续多个
标签可以实现多次换行。使用换行标签时，在需要换行的位置添加
标签即可。例如，在【例 4-1】创建的网页代码中加入
标签，实现对文本的强制换行。

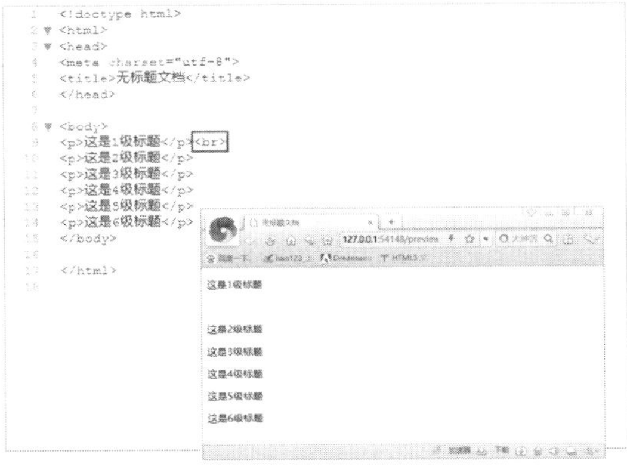

4.2 定义标题文字

在 HTML 文档中，文本除了以行和段落的形式出现以外，经常作为标题存在。通常情况下，一个文档最基本的结构就是由若干不同级别的标题和正文组成的。

HTML 文档中包含各种级别的标题，分别由<h1>至<h6>元素来定义，<h1>至<h6>标题标签中的字母 h 是英文 headline(标题行)的简称。其中<h1>代表 1 级标题，级别最高，文字也最大，其他标题元素依次递减，<h6>级别最低。

【例 4-2】在 Dreamweaver 创建的网页中使用标题标签。

视频+素材 (素材文件\第 04 章\例 4-2)

step 1 继续【例 4-1】的操作，在设计视图中选中文本“这是 1 级标题”，然后选择【编辑】|【段落格式】|【标题 1】命令，如下图所示，为选中的文本定义 1 级标题。

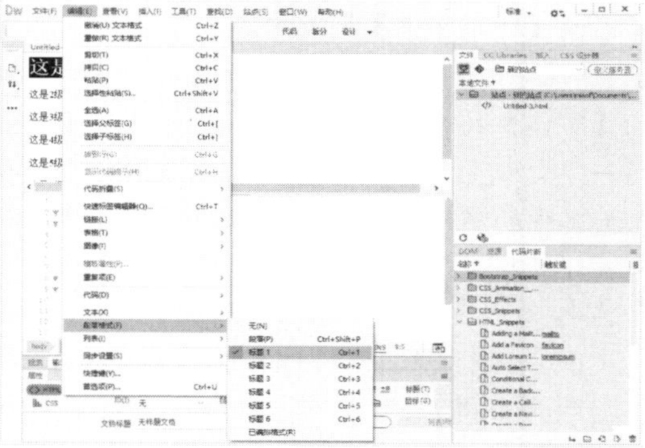

step 2 重复步骤①的操作，选中网页中的其他段落文本，然后分别为其定义 2~6 级标题，完成设置后，【例 4-1】生成的网页代码将变为：

```
<body>
    <h1>这是 1 级标题</h1>
    <h2>这是 2 级标题</h2>
    <h3>这是 3 级标题</h3>
    <h4>这是 4 级标题</h4>
    <h5>这是 5 级标题</h5>
    <h6>这是 6 级标题</h6>
</body>
```

step 3 保存网页后，按下 F12 键预览网页，效果如下图所示。

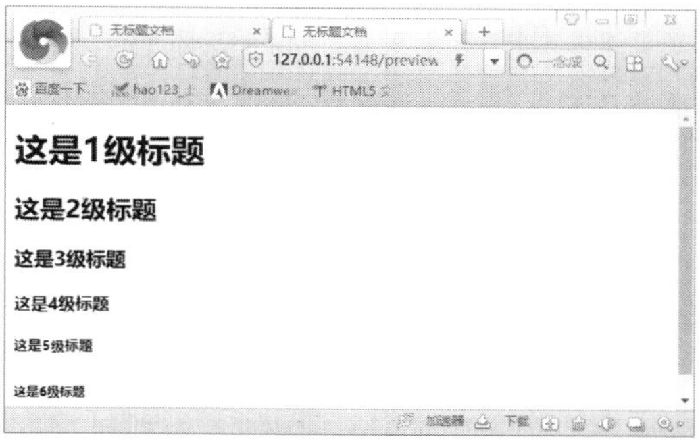

4.3 设置文字格式

在 Dreamweaver 中选中网页中的文本后，通过【属性】面板，用户可以直接设置文本的格式，例如，设置文本的字体、字号、颜色、加粗、斜体等，并能够立即看到设置后的文本效果。

4.3.1 设置文字字体

在 HTML 文档中，font-family 属性用于指定文字字体类型，如宋体、黑体、隶书等，即在网页中展示字体不同的形状，具体语法如下：

```
style="font-family: 宋体"
```

或者

```
style="font-family: 楷体,隶书,宋体"
```

从上面的语法中可以看出，font-family 属性有两种声明方式，第一种是指定一个元素的字体；第二种是将多个字体名称作为一个“回退”系统来保存，如果浏览器不支持第一个字体，则会尝试下一个。

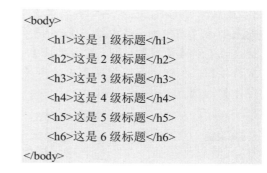

在 Dreamweaver 中，用户可以在【属性】面板上设置网页中文本的字体格式，在网页代码中的文本前自动生成 font-family 属性。

【例 4-3】Dreamweaver CC 2019 中设置网页文本的字体格式。

视频+素材 (素材文件\第 04 章\例 4-3)

step 1 使用 Dreamweaver 创建一个空白的网页文档，然后在设计视图中输入一段文本“零基础学习 Dreamweaver”并将其选中。

step 2 在【属性】面板中单击【CSS】按钮，切换至 CSS【属性】面板，然后单击【字体】下拉按钮，从弹出的下拉列表中选择【管理字体】选项。

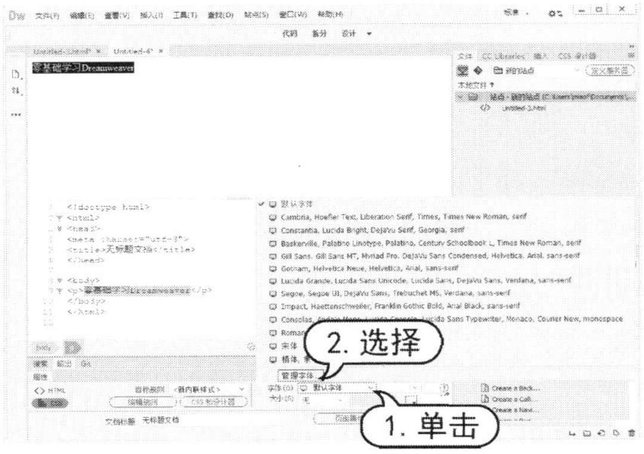

step 3 打开【管理字体】对话框，选择【自定义字体堆栈】选项卡，在【可用字体】列表框中选中一种字体，单击 << 按钮，将其添加至【选择的字体】列表框中，然后单击【完成】按钮。

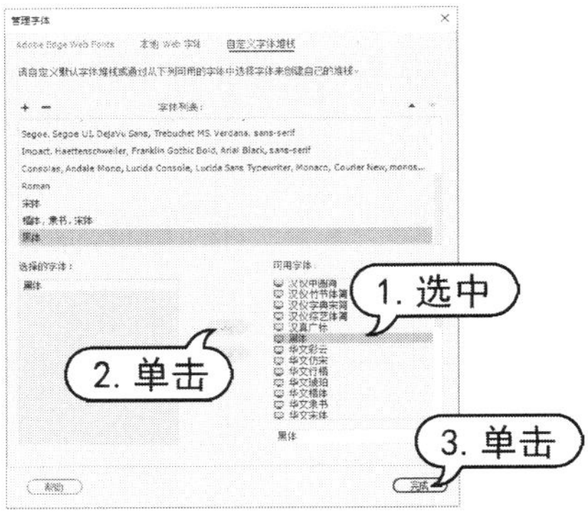

step 4 再次单击【属性】面板中的【字体】下拉按钮，在弹出的下拉列表中将显示步骤③添加的【选择的字体】列表框中的字体，选择该字体，即可为网页中选中的文本设置字体格式。同时，在代码视图中将添加以下代码：

```
<p style="font-family: '黑体'">零基础学习
Dreamweaver</p>
```

step 5 如果用户在上图所示的【管理字体】对话框的【可用字体】列表中添加了多个字体至【选择的字体】列表中，则可以把多个字体添加在【字体】列表中，当用户将这些字体应用在同一段文本上时，在查看网页时如果浏览器不支持其中的第一个字体，则会尝试下一个字体。

4.3.2 设置文字字号

网页的标题通常使用较大字号显示，用于吸引观众的注意力。在 HTML5 的新规定中，通常使用 font-size 设置文字大小，其语法格式如下：

```
style="font-size :数值 | inherit | xx-small | x-small | small | medium | large | x-large | xx-large | larger | smaller | length"
```

其中，数值是指通过数值来定义文字大小，例如，用 font-size:10px 的方式定义文字大小为 12 像素。此外，还可以通过 medium 之类的参数来定义文字的大小，其参数及含义如下表所示。

设置字体大小的参数

参　数	说　明
xx-small	绝对文字尺寸，根据对象文字进行调整。最小
x-small	绝对文字尺寸，根据对象文字进行调整。较小
small	绝对文字尺寸，根据对象文字进行调整。小

(续表)

参　　数	说　　明
medium	默认值，绝对文字尺寸，根据对象文字进行调整。正常
large	绝对文字尺寸，根据对象文字进行调整。大
x-large	绝对文字尺寸，根据对象文字进行调整。较大
xx-large	绝对文字尺寸，根据对象文字进行调整。最大
larger	相对文字尺寸，相对于父对象中的文字尺寸进行相对增大。使用成比例的 em 单位计算
smaller	相对文字尺寸，相对于父对象中的文字尺寸进行相对减小。使用成比例的 em 单位计算
length	百分比数或由浮点数字和单位标识符组成的长度值，不可为负值。其百分比取值基于父对象中的文字尺寸

【例 4-4】在 Dreamweaver 中设置网页文本字号。
视频+素材 (素材文件\第 04 章\例 4-4)

step 1 在设计视图中输入多段文本，然后选中其中的“上级标记大小”段落，在【属性】面板的 CSS 选项板中单击【大小】下拉按钮，从弹出的下拉列表中选择【18】选项。

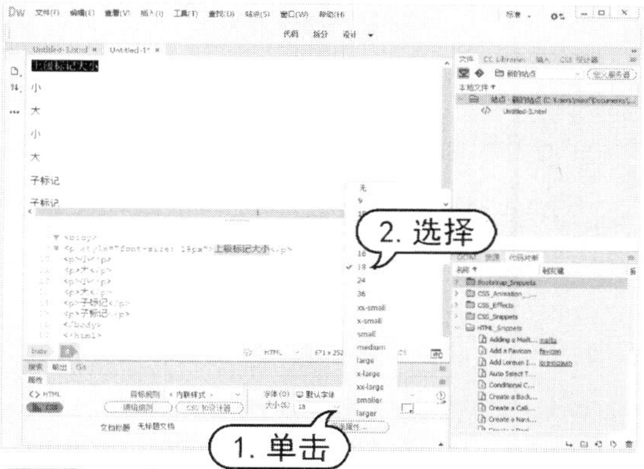

step 2 重复以上操作，在【属性】面板中为网页不同段落的文本设置不同的字号，设计视图中文本的效果如下图所示。

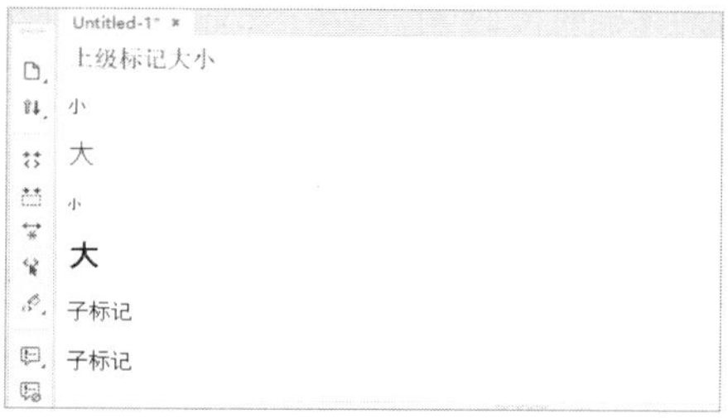

step 3 此时，Dreamweaver 将自动在文本所在的段落标签中添加以下代码：

```
<p style="font-size: 18px">上级标记大小</p>
<p style="font-size: small">小</p>
<p style="font-size: larger">大</p>
<p style="font-size: x-small">小</p>
<p style="font-size: x-large">大</p>
```

step 4 在设计视图中选中倒数第二段文本“子标记”，在【属性】面板的【大小】文本框中输入 200，然后单击其后的下拉按钮，在弹出的下拉列表中选择【%】选项，为选中的文本设置下图所示的文字大小。

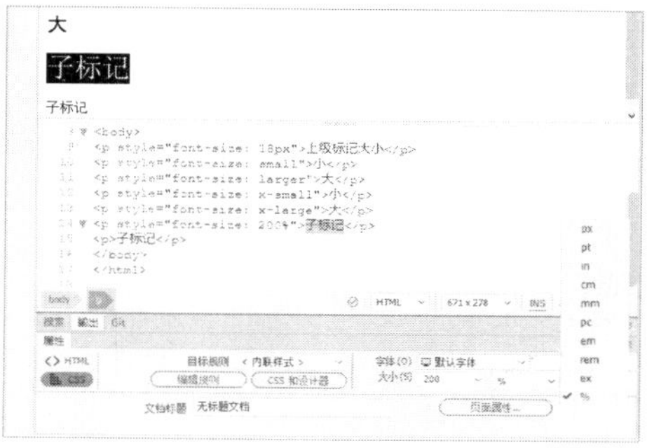

step 5 在设计视图中选中倒数第一段文本“子标记”，在【属性】面板的【大小】文本框中输入 50，然后单击其后的下拉按钮，在弹出的下拉列表中选择【px】选项，为选中的文本设置下图所示的文字大小。

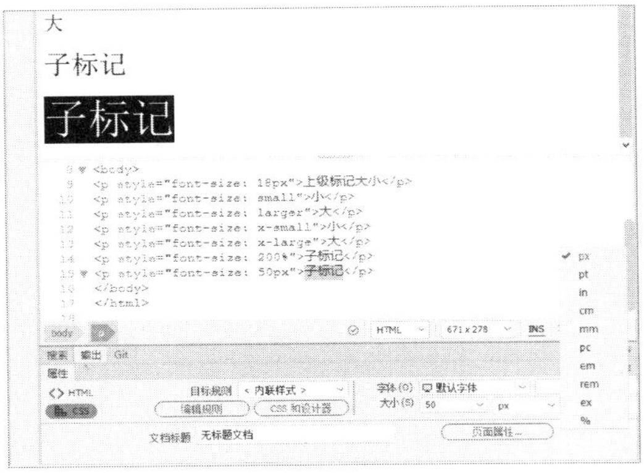

step 6 以上两个操作，将在代码视图的段落标签中添加以下代码：

```
<p style="font-size: 200%">子标记</p>
<p style="font-size: 50px">子标记</p>
```

4.3.3 设置文字颜色

在 HTML5 中，通常使用 color 属性来设置文字颜色。其属性值一般使用下表所示的方式设定。

颜色设定的方式

属性值	说　明
color_name	规定颜色值采用颜色名称(例如 red)
hex_number	规定颜色值采用十六进制值(例如#ff0000)
rgb_number	规定颜色值采用 rgb 代码(例如 rgb(255,0,0))
inherit	规定从父元素继承颜色值
hsl_number	规定颜色值采用 HSL 代码(例如 hsl(0,75%,50%))，此为新增加的颜色表现方式
hsla_number	规定颜色值采用 HSLA 代码(例如 hsla(120,50%,50%,1))，此为新增加的颜色表现方式
rgba_number	规定颜色值采用 RGBA 代码 (例如 rgba(125,10,45,0,5))，此为新增加的颜色表现方式

【例 4-5】在 Dreamweaver 中设置网页文本颜色。
视频+素材 (素材文件\第 04 章\例 4-5)

step 1 在设计视图中输入多段文本，选中其中的标题文本“页面标题”，在【属性】面板的【文本颜色】文本框中输入#912CEE，将该段文本的颜色设置为紫色。

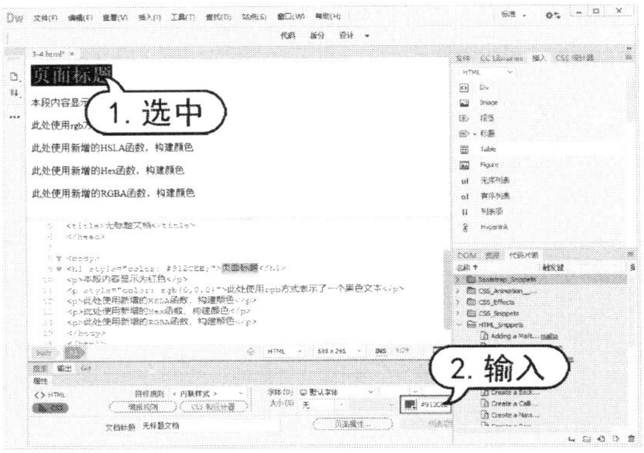

step 2 此时，将在代码视图的标题标签中添加以下代码：

```
<h1 style="color: #912CEE;">页面标题</h1>
```

step 3 使用同样的操作，选中页面中的第 2、3 段文本，在【属性】面板的【文本颜色】文本框中分别输入 red 和 rgb(0,0,0)，将选中的两段文字颜色设置为红色和黑色。此时，将在代码视图的段落标签中添加以下代码：

```
<p style="color: red">本段内容显示为红色
</p>
<p style="color: rgb(0,0,0)">此处使用 rgb 方式
表示了一个黑色文本</p>
```

step 4 在设计视图中选中第 4 段文本，单击

【属性】面板中的【文本颜色】按钮□，在显示的颜色选择器中单击 HSLa 按钮，然后选择一种颜色即可为选中的文字应用所选中的 HSLa 颜色值。

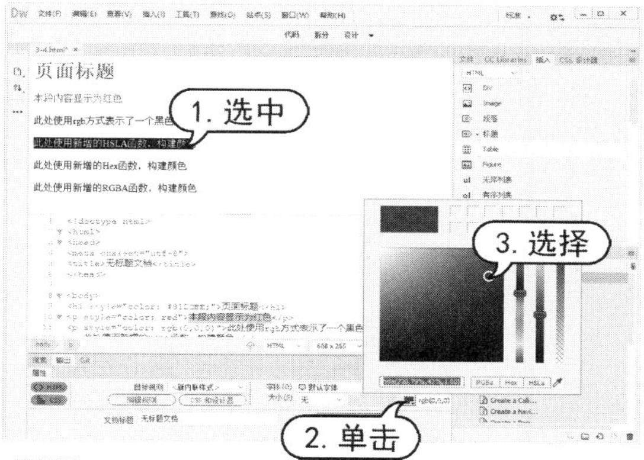

step 5 此时，将在代码视图选中的段落标签中添加以下代码：

```
<p style="color: hsla(359,63%,51%,1)">此处使用新增的 HSLA 函数，构建颜色</p>
```

step 6 使用同样的方法可以在设计视图中为页面中最后两段文本的颜色应用 RGBA 和 Hex 颜色取值方式。完成后，将在代码视图的段落标签中添加以下代码：

```
<p style="color: #2EBD12">此处使用新增的 Hex 函数，构建颜色</p>
<p style="color: rgba(225,231,12,1)">此处使用新增的 RGBA 函数，构建颜色</p>
```

在上图所示的颜色选择器中，选中一种颜色后单击+按钮，可以将颜色保存在选择器上方的【颜色色板】区域中。如此，用户可以在网页的不同对象上反复应用相同的颜色。

此外，单击颜色选择器左下角的吸管工具，用户可以对 Dreamweaver 工作界面中任何位置上的颜色进行提取，使其颜色值显示在颜色选择器底部的文本框中。

4.3.4 设置文字效果

网页中重要的文本通常以粗体、斜体、下画线和删除线等方式显示。HTML 中的<strong>标签、<em>标签、<u>标签和<s>标签分别实现了这 4 种显示方式。

【例 4-6】在 Dreamweaver 中为文字分别设置加粗、倾斜、下画线和删除线效果。
视频+素材 (素材文件\第 04 章\例 4-6)

step 1 在设计视图中选中需要加粗的文本，单击【属性】面板中的 B 按钮，可以设置文本加粗，如下图所示。此时，将在选中文本的段落标签中添加<strong>标签：

```
<p><strong>我是加粗文字</strong></p>
```

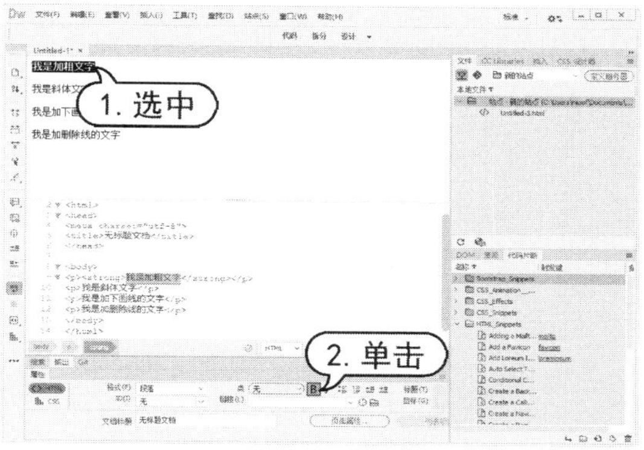

step 2 在设计视图中选中需要设置倾斜的文本，单击【属性】面板中的 I 按钮，可以为文本设置倾斜效果，并在选中文本的段落标签中添加<em>标签：

```
<p><em>我是斜体文字</em></p>
```

step 3 在设计视图中选中需要添加下画线的文本，选择【工具】| HTML |【下画线】命令，即可为文本设置下画线。此时，将在选中文本的段落标签中添加<u>标签：

```
<p><u>我是加下画线的文字</u></p>
```

step 4 在设计视图中选中需要添加删除线的文本，选择【工具】| HTML |【删除线】命令，即可为文本设置删除线。此时，将在选中文本的段落标签中添加<s>标签：

```
<p><s>我是加删除线的文字</s></p>
```

4.3.5　设置上标与下标

在 HTML 中用<sup>标签实现上标文字，用<sub>标签实现下标文字。<sup>和<sub>都是双标签，放在开始标签和结束标签之间的文本分别会以上标或下标的形式出现。

【例 4-7】在 Dreamweaver CC 2019 中为文字添加上标和下标。
视频+素材 (素材文件\第 04 章\例 4-7)

step 1　在设计视图中输入文本“c=a”，在代码视图“c=a”的代码之后输入“²”：

```
<p>c=a<sup>2</sup></p>
```

即可在设计视图中为 a 添加下图所示的上标。

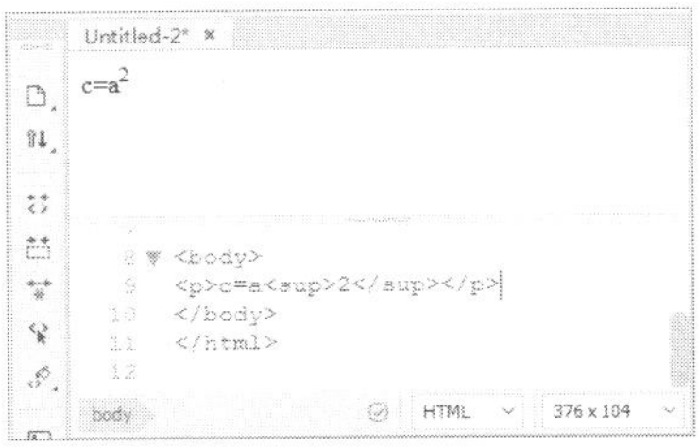

step 2　在设计视图中输入“H2O”，在代码视图中“2”的前后输入<sub>标签：

```
<p>H<sub>2</sub>O</p>
```

即可在设计视图中将数字 2 设置为下标，效果如下图所示。

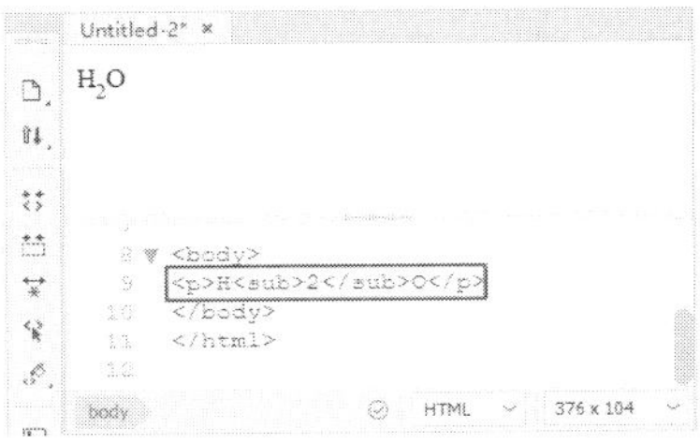

4.3.6　设置字体风格

font-style 属性通常用来定义字体风格，即字体的显示样式。在 HTML5 的新规定中，其语法格式如下：

```
font-style: normal | italic | oblique | inherit
```

其属性值有 4 个，如下表所示。

font-style 的属性值

属性值	说　明
normal	默认值，浏览器显示一个标准的字体样式
italic	浏览器中显示一个斜体的字体样式
oblique	将没有斜体变量的字体，在浏览器中显示一个倾斜的字体样式
inherit	规定应该从父元素继承字体样式

【例 4-8】使用 font-style 属性定义字体风格。
视频+素材 (素材文件\第 04 章\例 4-8)

step 1　新建一个空白网页，在设计视图中输入下图所示的 3 段文本。

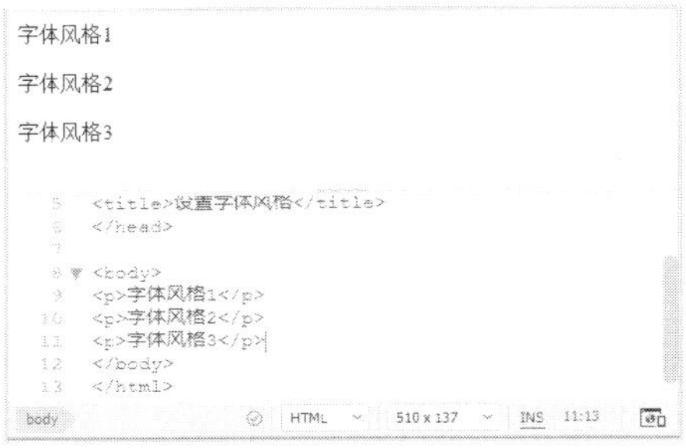

step 2　在代码视图中使用 font-style 分别定义 3 段文本的字体风格。

```
<p style="font-style: italic">字体风格 1</p>
<p style="font-style:normal">字体风格 2</p>
<p style="font-style:oblique">字体风格 3</p>
```

此时设计视图中文本的效果如下图所示。

4.3.7 设置文字粗细

通过设置文字的粗细，可以让文字显示不同的外观。通过 font-weight 属性可以定义文字的粗细程度，其语法格式如下：

```
font-weight：100-900 | bold | bolder | lighter | normal
```

font-weight 属性的有效值为 bold、bolder、lighter、normal、100~900。如果没有设置该属性，则使用其默认值 normal。属性值设置为 100~900 时，值越大，加粗的程度就越高。这些属性值的具体含义如下表所示。

font-weight 的属性值

属性值	说　明
bold	定义粗体字体
bolder	定义更粗的字体，相对值
lighter	定义更细的字体，相对值
normal	默认，标准字体

浏览器默认的文字粗细是 400，另外，也可以通过参数 lighter 和 bolder 使文字在原有的基础上显得更细或更粗。

【例 4-9】在 Dreamweaver 中使用 font-weight 属性设置加粗网页文字显示。
视频+素材 (素材文件\第 04 章\例 4-9)

step 1 新建一个空白网页，在设计视图中输入下图所示的文本。

网页中的文本1
网页中的文本2
网页中的文本3
网页中的文本4
网页中的文本5
网页中的文本6
<title>字体加粗效果对比</title>
</head>
<body>
<p>网页中的文本1</p>
<p>网页中的文本2</p>
<p>网页中的文本3</p>
<p>网页中的文本4</p>
<p>网页中的文本5</p>
<p>网页中的文本6</p>
</body>

step 2 在代码视图中使用 font-weight 分别定义每段文本的粗细。

```
<p style="font-weight: bold">网页中的文本1</p>
<p style="font-weight: bolder">网页中的文本2</p>
<p style="font-weight: lighter">网页中的文本3</p>
<p style="font-weight: normal">网页中的文本4</p>
<p style="font-weight: 100">网页中的文本5</p>
<p style="font-weight: 900">网页中的文本6</p>
```

此时，设计视图中文本的效果如下图所示。

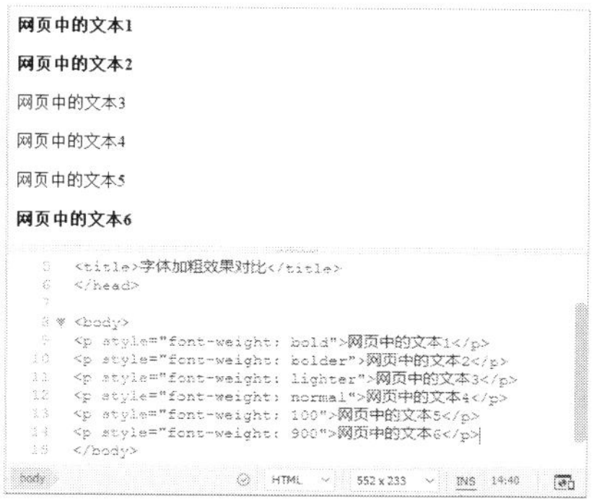
网页中的文本1
网页中的文本2
网页中的文本3
网页中的文本4
网页中的文本5
网页中的文本6
<title>字体加粗效果对比</title>
</head>
<body>
<p style="font-weight: bold">网页中的文本1</p>
<p style="font-weight: bolder">网页中的文本2</p>
<p style="font-weight: lighter">网页中的文本3</p>
<p style="font-weight: normal">网页中的文本4</p>
<p style="font-weight: 100">网页中的文本5</p>
<p style="font-weight: 900">网页中的文本6</p>
</body>

4.3.8 设置文字的复合属性

在制作网页的过程中，为了使网页布局合理并且更规范，对文字设计需要使用多种属性，例如，定义文字粗细、文字大小等。但是分别书写多个属性相对比较麻烦，在 HTML5 中提供的 font 属性可以解决这一问题。

font 属性可以一次性地使用多个属性的属性值来定义文本，其语法格式如下：

```
font: font-style  font-variant  font-weight  font-size  font-family
```

font 属性中的属性排列顺序是 font-style、font-variant、font-weight、font-size 和 font-family，各属性的属性值之间使用空格隔开，但如果 font-family 属性要定义多个属性值，则需要使用逗号(,)隔开。

属性排列中，font-style、font-variant 和 font-weight 这三个属性是可以自由调换的。而 font-size 和 font-family 则必须按照固定的顺序出现，而且还必须都出现在 font 属性中。如果这两者顺序不对，或缺少一个，那么整条样式规则可能就会被忽略。

【例 4-10】设置网页文字的复合属性。

视频+素材 (素材文件\第 04 章\例 4-10)

step 1 新建一个空白网页，在设计视图中输入下图所示的文本。

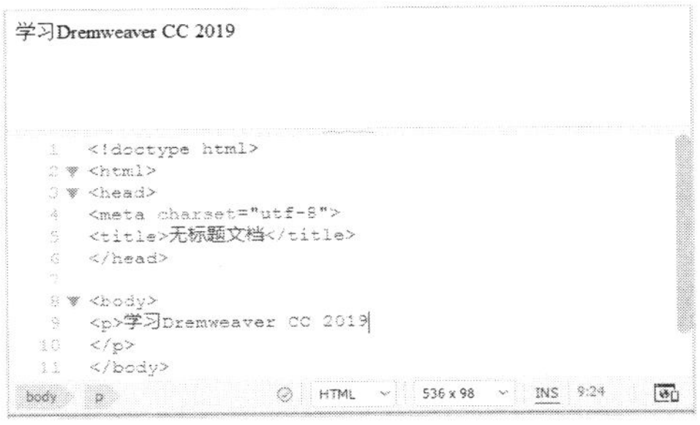

step 2 在代码视图中添加以下代码：

```
<style type="text/css">
p {
    font: normal small-caps bolder 25pt
    "Cambria", "Times New Roman", 黑体
}
</style>
```

此时，设计视图中文本的效果如下图所示。

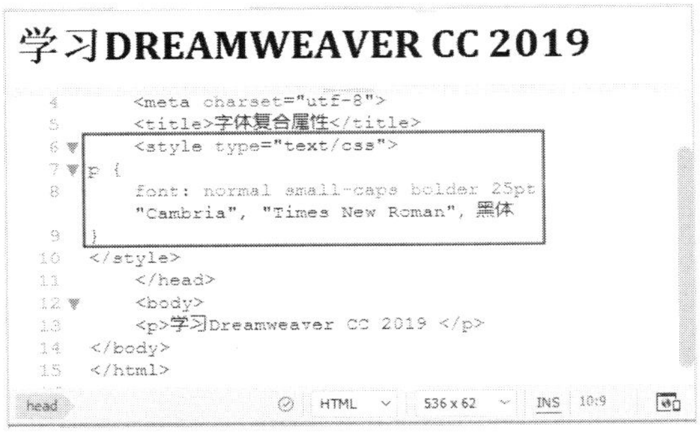

4.3.9 设置阴影文本

在显示文字时，如果需要给出文字的阴影效果，并为阴影添加颜色，以增强网页整体的效果，可以使用 text-shadow 属性。该属性的语法格式如下：

```
text-shadow: none | <length> none | [<shadow>,] * <opacity> 或 none | <color> [,<color>]*
```

其属性值如下表所示。

text-shadow 的属性值

属性值	说　明
<color>	指定颜色
<length>	由浮点数字和单位标识符组成的长度值，可为负值。指定阴影的水平延伸距离
<opacity>	由浮点数字和单位标识符组成的长度值，不可为负值。指定模糊效果的作用距离。如果用户只需要模糊效果，将前两个 length 值设置为 0 即可

text-shadow 属性有 4 个值，最后两个值是可选的，第一个属性值表示阴影的水平偏移，可取正负值；第二值表示阴影的垂直偏移，可取正负值；第三个值表示阴影的模糊半径，该值可选；第四个值表示阴影颜色值，该值可选，如下所示。

```
text-shadow:阴影水平偏移值(可取正负值)；阴影垂直偏移值(可取正负值)；阴影模糊值；阴影颜色
```

【例 4-11】在 Dreamweaver 中设置文本阴影效果。
视频+素材 (素材文件\第 04 章\例 4-11)

step 1 新建一个空白网页，在其中输入一段文本，并输入以下代码：

```
<p align=center style="text-shadow:0.1em 3px 6px red; font-size:50px;">一段设置了阴影效果的文本</p>
```

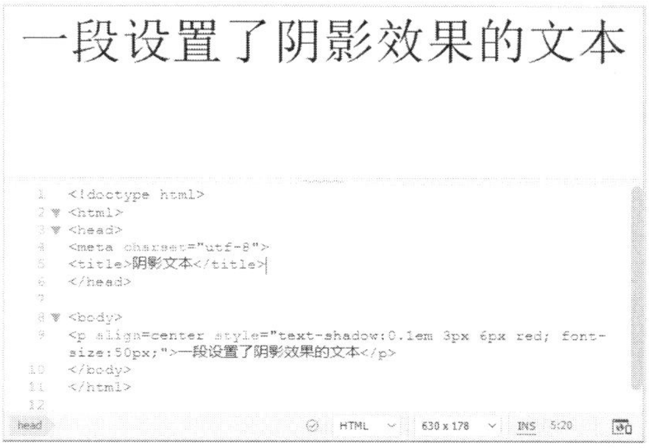

step 2 保存网页后，按下 F12 键在浏览器中查看网页的效果，页面中设置的文本阴影效果如右上图所示。

一段设置了阴影效果的文本
<!doctype html>
<html>
<head>
<meta charset="utf-8">
<title>阴影文本</title>
</head>
<body>
<p align=center style="text-shadow:0.1em 3px 6px red; font-size:50px;">一段设置了阴影效果的文本</p>
</body>
</html>

通过以上实例可以看出，阴影偏移由两个 length 值指定到文本的距离。第一个长度值指定到文本右边的水平距离，负值会把阴影放置在文本左边。第二个长度值指定到文本下边的垂直距离，负值会把阴影放置在文本上方。在阴影偏移之后，可以指定一个模糊半径。

知识点滴

模糊半径是一个长度值，它指定了模糊效果的范围，但如何计算效果的具体算法，并没有指定。在阴影效果的长度值之前或之后，还可以设置一个颜色值，颜色值会被用作阴影效果的基础。如果没有指定颜色，那么将使用 color 属性值来替代。

4.4 设置网页水平线

在 Dreamweaver 中选择【插入】| HTML |【水平线】命令，可以在网页中使用<hr>标签，创建一条水平线。通过【属性】面板，用户可以设置水平线的高度、宽度、对齐方式等样式。

4.4.1 添加水平线

在 HTML 中，<hr>标签没有结束标签。

【例 4-12】使用 Dreamweaver CC 2019 在网页中插入水平线。
视频+素材 (素材文件\第 04 章\例 4-12)

step 1 新建一个空白网页，在其中输入多段文本。

step 2 将鼠标指针置于设计视图的第一段文本之后，选择【插入】| HTML |【水平线】命令，即可在页面中插入一条水平线，同时在代码视图中添加<hr>标签。

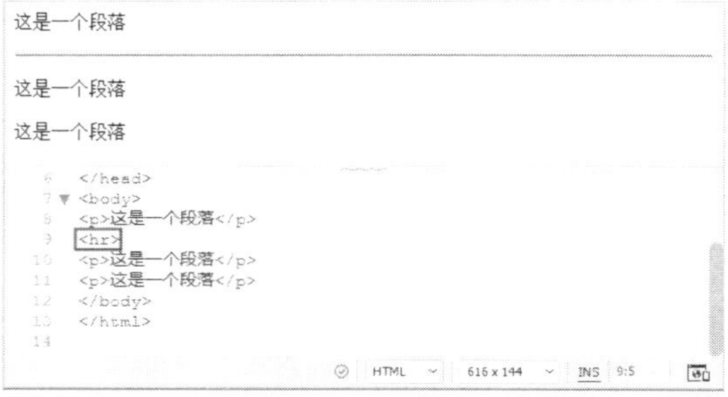

step 3 执行同样的操作，在代码视图中输入以下代码，在页面中再插入两条水平线。

```
<p>这是一个段落</p>
<hr>
<p>这是一个段落</p>
<hr>
<p>这是一个段落</p>
<hr>
```

step 4 保存网页后，按下 F12 键在浏览器中预览网页的效果，如下图所示。

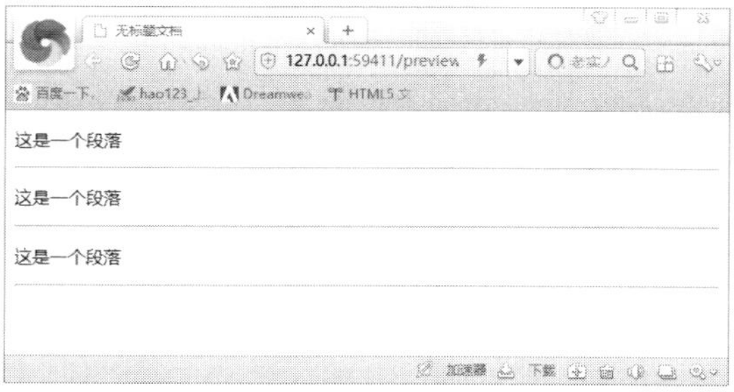

4.4.2 设置水平线的宽度和高度

使用 size 与 width 属性可以分别设置水平线的高度与宽度。其中 width 属性用于设置水平线的宽度，以像素计或百分比计；size 属性用于设置水平线的高度，以像素计。

【例 4-13】设置网页中水平线的宽度与高度。
视频+素材 （素材文件\第 04 章\例 4-13）

step 1 继续【例 4-12】的操作，在设计视图中选中第二条水平线，在【属性】面板上的【高】文本框中输入“50”，将该水平线的高度设置为 50 像素，如右上图所示。此时，将在代码视图中为选中的<hr>标签设置 size 属性。

```
<hr size="50">
```

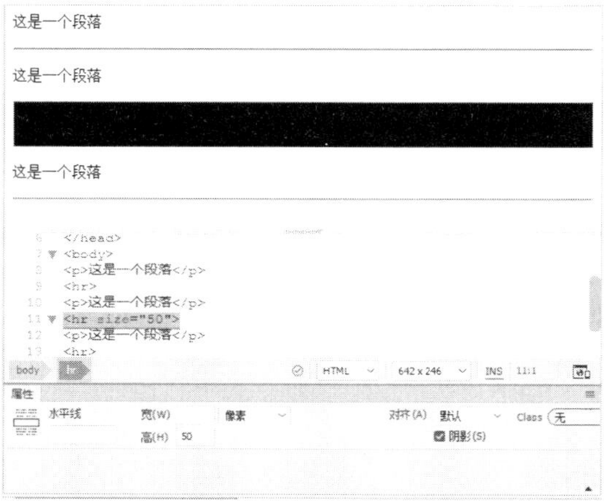

step 2 选中设计视图中的第三条水平线，在【属性】面板的【宽】文本框中输入“30”，然后单击【像素】下拉按钮，从弹出的下拉列表中选择【%】选项，如下图所示。此时，将在代码视图中为选中的<hr>标签设置 width 属性。

```
<hr width="30">
```

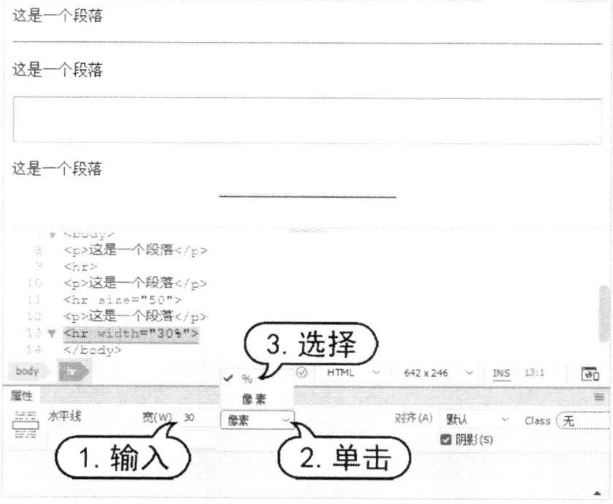

4.4.3 设置水平线的颜色

使用 color 属性可以设置水平线的颜色。下面以给网页添加一条红色水平线为例，来介绍水平线颜色的设置方法。

【例 4-14】设置水平线的颜色。
视频+素材 (素材文件\第 04 章\例 4-14)

step 1 继续【例 4-13】的操作，在设计视图中选中页面中的第一条水平线，在代码视图中为<hr>标签设置 color 属性。

```
<hr color="red">
```

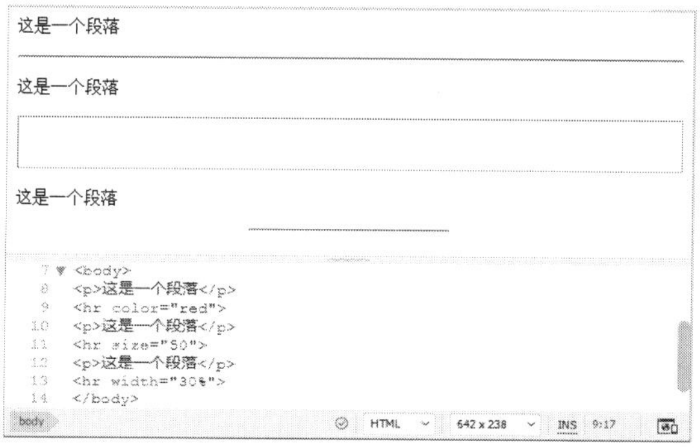

step 2 保存网页后按下 F12 键预览网页的效果，页面中第一条水平线的颜色将变为红色。

4.4.4 设置水平线的对齐方式

align 属性用于设置水平线的水平对齐方式，包括三种对齐方式，分别是：left(左对齐)、right(右对齐)、center(居中对齐)。需要提示用户的是，除非 width 属性设置为小于 100%，否则 align 属性不会有任何效果。

【例 4-15】设置水平线的对齐方式。
视频+素材 (素材文件\第 04 章\例 4-15)

step 1 参考【例 4-12】和【例 4-13】的操作，在页面中插入三条宽度为 30%的水平线后，在设计视图中选中第一条水平线，在【属性】面板中单击【对齐】下拉按钮，从弹出的下拉列表中选择【居中对齐】选项，如下图所示。此时，将在代码视图中为选中的<hr>标签设置 align 属性。

```
<hr align="center" width="30%">
```

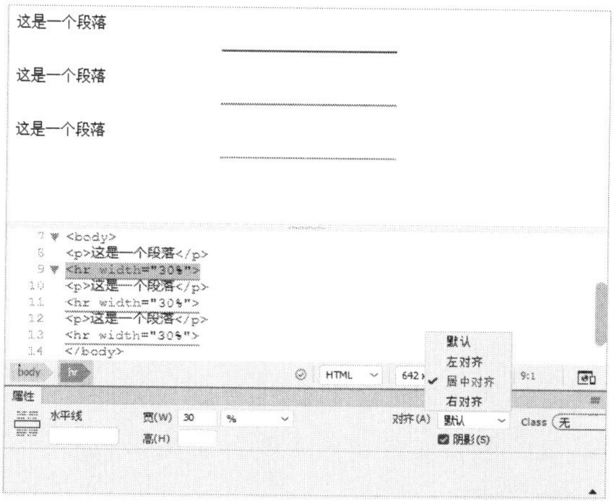

step 2 选中页面中的第二条水平线，在【属性】面板中单击【对齐】下拉按钮，从弹出的下拉列表中选择【左对齐】选项，如下图所示。此时，将在代码视图中为选中的<hr>标签设置 left 属性。

```
<hr align="left" width="30%">
```

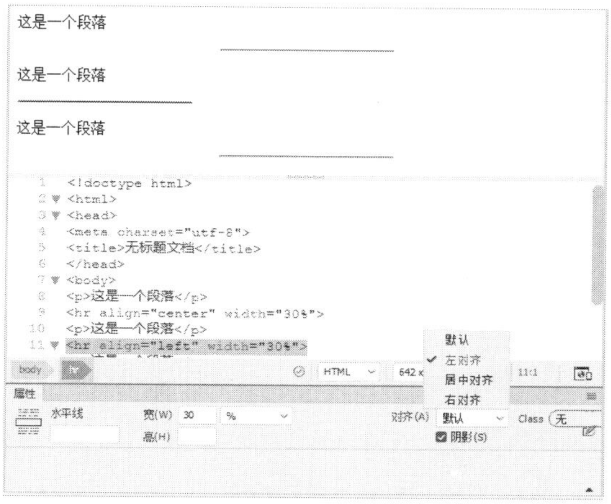

step 3 选中页面中的第三条水平线，在【属性】面板中单击【对齐】下拉按钮，从弹出的下拉列表中选择【右对齐】选项，如下图

所示。此时，将在代码视图中为选中的<hr>标签设置 right 属性。

```
<hr align="right" width="30%">
```

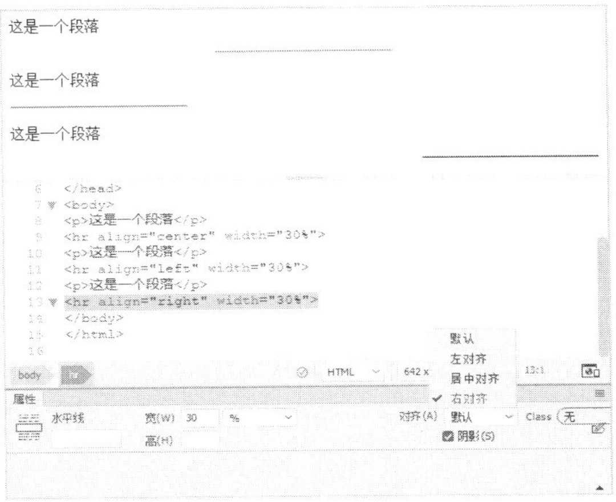

step 4 按下 F12 键预览网页，效果如下图所示。

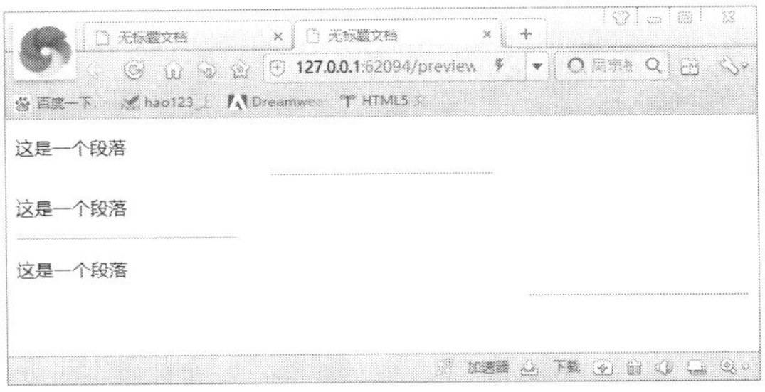

4.4.5 消除水平线的阴影

noshade 属性用于设置水平线的颜色呈现为纯色，而不是有阴影的颜色。下面介绍在 Dreamweaver 中如何利用软件功能，为水平线标签<hr>设置 noshade 属性。

【例 4-16】消除水平线的阴影。

视频+素材 (素材文件\第 04 章\例 4-16)

step 1 参考【例 4-12】中介绍的方法选择【插入】| HTML |【水平线】命令，在网页中插入一条水平线。在设计视图中选中页面中的水平线，在【属性】面板中取消【阴影】复选框的选中状态，如下图所示。此时，在代码视图中将自动为<hr>标签设置 noshade 属性。

```
<hr noshade="noshade">
```

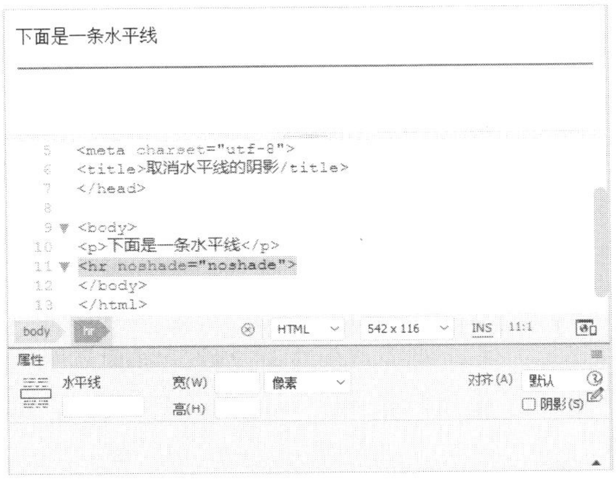

step 2 按下 F12 键预览网页，页面中水平线的效果如下图所示。

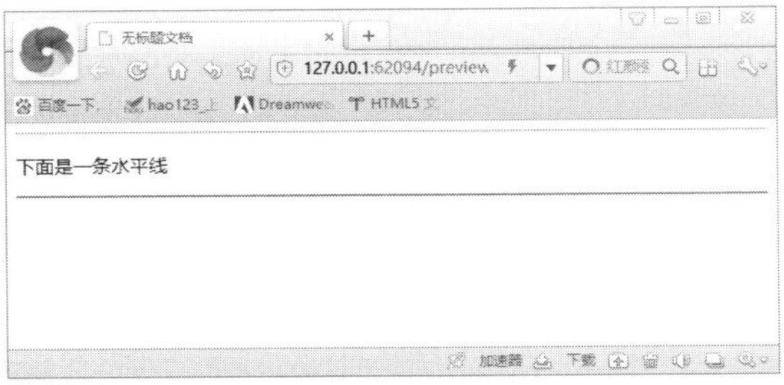

4.5 设置段落格式

段落的放置与效果的显示会直接影响到页面的布局及风格。在 HTML5 中有关文本段落的格式设置需要靠 CSS 样式表来实现，CSS 样式表提供了一些文本属性来实现对页面中段落文本的控制。

4.5.1 设置单词间隔

单词之间的间隔如果设置合理，一是会给整个网页布局节省空间，二是可以给浏览者带来良好的视觉感受，提高网页文本的阅读效果。在 CSS 中，用户可以使用 word-spacing 样式直接定义指定区域或者段落中字符之间的间隔。

word-spacing 用于设定词与词之间的间距，即增加或者减少词与词之间的间隔。其语法格式如下。

```
word-spacing: normal | length
```

其中属性值 normal 和 length 的说明如下表所示。

word-spacing 的属性值

属性值	说　明
normal	定义单词之间的标准间隔
length	定义单词之间的固定间隔，可以接受正值或负值

【例 4-17】在 Dreamweaver 中定义网页文本段落中单词的间隔。

视频+素材 (素材文件\第 04 章\例 4-17)

step 1 在网页中输入多段文本后，在代码视图中分别为每段文本设置 word-spacing 样式。

以下段落设置了单词间隔
Web Design
Web Design
网页设计
<head>
<meta charset="utf-8">
<title>无标题文档</title>
</head>
<body>
<h1>以下段落设置了单词间隔</h1>
<p style="word-spacing: normal">Web Design</p>
<p style="word-spacing: 10px">Web Design</p>
<p style="word-spacing: 10px">网页设计</p>
</body>
</html>

step 2 按下 F12 键预览网页，可以看到页面上段落中的单词是以不同间隔显示的，而中文文字之间的间隔没有发生变化，如右上图所示。word-spacing 属性不能用于设定文字之前的间隔。

以下段落设置了单词间隔
Web Design
Web Design
网页设计

4.5.2 设置字符间隔

在一个网页中，还可能涉及多个字符文本，将字符文本之间的间距，设置得和词间隔保持一致，进而可以保持页面的整体性。词与词之间的间隔可以通过 word-spacing 属性进行设置，字符之间的间隔可以通过 letter-spacing 属性来设置。其语法格式如下：

```
letter-spacing : normal | length
```

letter-spacing 的属性值含义如下表所示。

letter-spacing 的属性值

属性值	说　明
normal	以字符之间的标准间隔显示
length	由浮点数字和单位标识符组成的长度值，允许为负值

【例 4-18】在 Dreamweaver 中定义网页文本段落中字符的间隔。

视频+素材 (素材文件\第 04 章\例 4-18)

step 1 在网页中输入多段文本后，在代码视图中分别为每段文本设置 letter-spacing 样式，如下图所示。从代码中可以看出，通过

letter-spacing 样式定义了多个字符间隔的效果。这里要特别注意的是：当设置字符间隔为“-0.5ex”时，网页中的文本就会拥挤在一起。

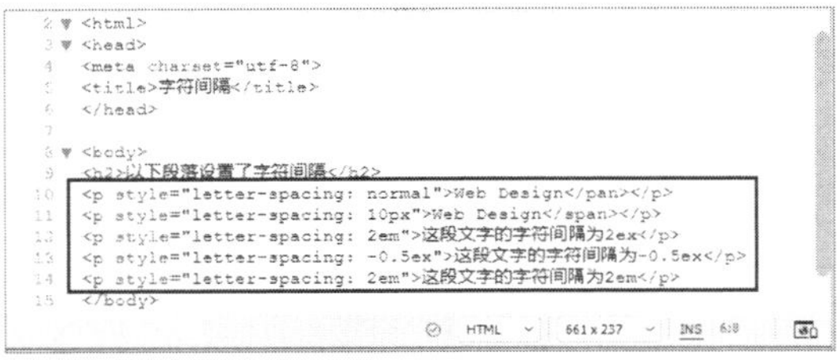

step 2 此时，设计视图中的网页文本将以不同的字符间隔进行显示，如下图所示。

4.5.3 设置文字修饰

在编辑网页中的文本时，有些文字需要突出重点，让浏览者特别关注。这时，除了在文本上使用下画线或删除线以外，还可以使用 text-decoration 属性为页面提供多种文本修饰效果。其语法格式如下：

```
text-decoration:none||underline||blink||overline||line-through
```

text-decoration 的属性值说明如下表所示。

text-decoration 的属性值

属性值	说　明
none	对文本不进行任何修饰
underline	以下画线的形式显示
overline	以上画线的形式显示
line-through	以删除线的形式显示

【例 4-19】在 Dreamweaver 中设计网页文本中文字的修饰效果。

视频+素材 (素材文件\第 04 章\例 4-19)

step 1 在网页中输入多段文本后，在代码视图中分别为每段文本设置 text-decoration 样式，如下图所示。

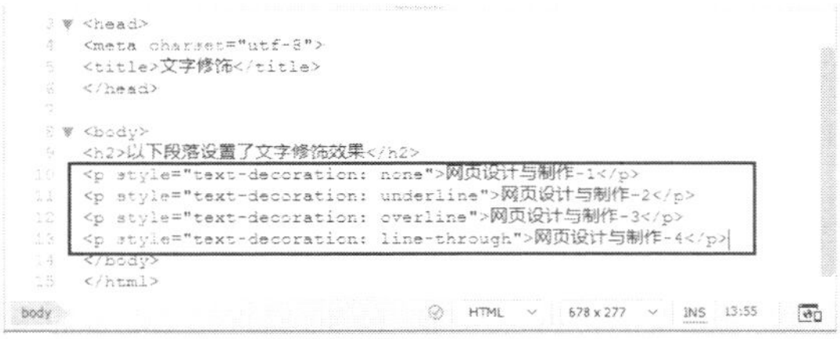

step 2 此时，在设计视图中将显示网页文本设置修饰后的效果，如下图所示。

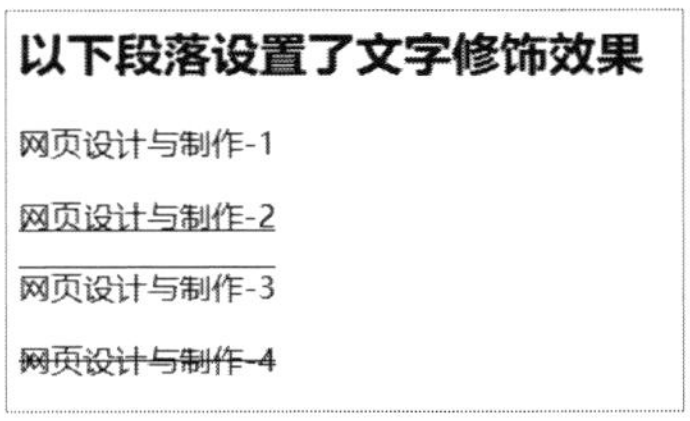

4.5.4 设置垂直对齐方式

在网页文本编辑中，对齐有很多种方式，文本排在一行的中央位置叫“居中”，文章的标题和表格中的数据一般都居中排版。有时还要求文字垂直对齐，即文字顶部对齐，或者底部对齐。

在 CSS 中，可以直接使用 vertical-align 属性来设定垂直对齐方式。该属性定义行内元素的基线相对于该元素所在行的基线的垂直对齐。允许指定负长度值和百分比值。在网页表格的单元格中，这个属性可以设置单元格框中单元格内容的对齐方式。

vertical-align 样式的语法格式如下：

```
{vertical-align:属性值}
```

vertical-align 的属性值说明如下表所示。

vertical-align 的属性值

属性值	说　明
baseline	元素放置在父元素的基线上
sub	垂直对齐文本的下标
super	垂直对齐文本的上标
top	把元素的顶端与行中最高元素的顶端对齐
text-top	把元素的顶端与父元素的顶端对齐
middle	把此元素放置在父元素的中部
bottom	把元素的顶端与行中最低的元素的顶端对齐
text-bottom	把元素的底端与父元素的底端对齐
length	设置元素的堆叠顺序
%	使用“line-height”属性的百分比值来排列元素，允许使用负值

【例 4-20】在 Dreamweaver 中设置段落中文字的垂直对齐方式。

视频+素材 (素材文件\第 04 章\例 4-20)

step 1 在网页中输入两段文本后，在代码视图中为段落中的文本和图片设置垂直对齐方式，如下图所示。

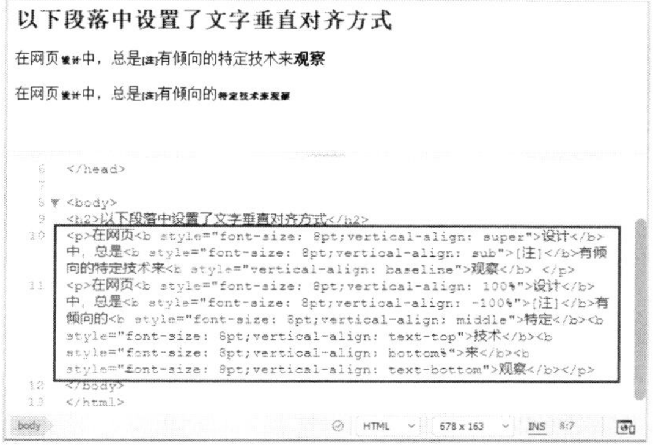

step 2 按下 F12 键预览网页，网页中段落的效果如右上图所示。

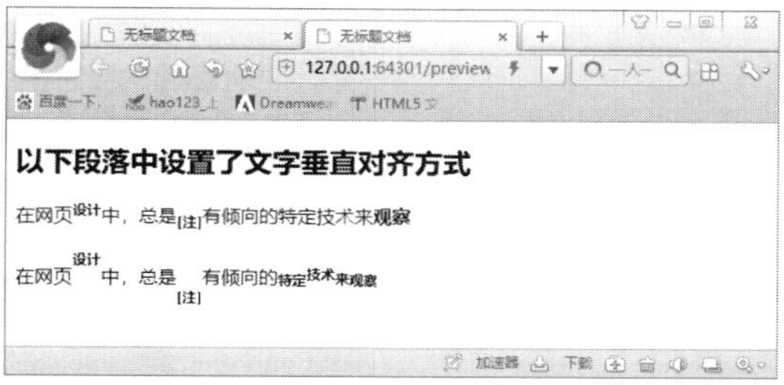

vertical-align 属性值还能使用百分比值来设定垂直高度，该高度具有相对性，它是基于行高的值来计算的。百分比值可以使用正负值，正百分比值使文本上升，负百分比值使文本下降。

4.5.5　设置水平对齐方式

一般情况下，居中对齐适用于标题类文本，也可以根据页面布局的需要使用其他对齐方式。根据需要，可以设置多种对齐方式，如水平方向上的居中、左对齐、右对齐或者两端对齐等。可以通过 text-align 样式完成水平对齐的设置。其语法格式如下：

```
{text-align: sTextAlign}
```

text-align 的属性值含义如下表所示。

text-align 的属性值

属性值	说　明
start	文本向行的开始边缘对齐
end	文本向行的结束边缘对齐
left	文本向行的左边缘对齐。在垂直方向的文本中，文本在 left-to-right 模式下向开始边缘对齐
right	文本向行的右边缘对齐。在垂直方向的文本中，文本在 left-to-right 模式下向结束边缘对齐
center	文本在行内居中对齐
justify	文本根据 text-justify 的属性设置方法分散对齐。即两端对齐，均匀分布
match-parent	继承父元素的对齐方式，但有个例外：继承的 start 或者 end 值是根据父元素的 direction 值进行计算的，因此计算的结果可能是 left 或者 right
string	string 是一个单个的字符；否则，就忽略此设置。按指定的字符进行对齐。此属性可以同其他关键字同时使用，如果没有设置字符，则默认值是 end
inherit	继承父元素的对齐方式

【例 4-21】在 Dreamweaver 中设置网页段落中文本的水平对齐方式。

视频+素材 (素材文件\第 04 章\例 4-21)

step 1 在网页中输入两段文本后，在代码视图中为段落中的文本设置水平对齐方式，如下图所示。

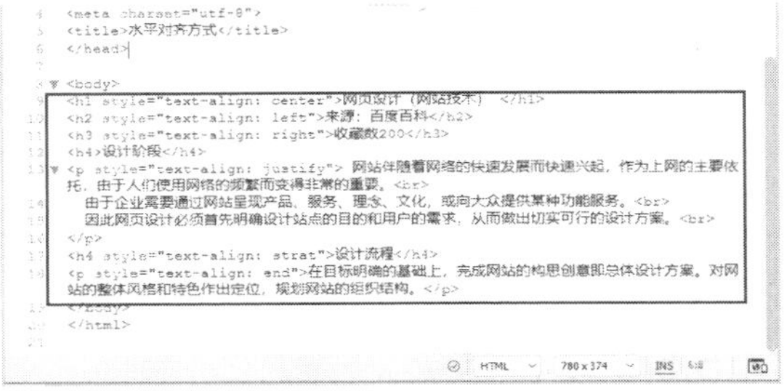

step 2 按下 F12 键预览网页，网页中段落的效果如下图所示。

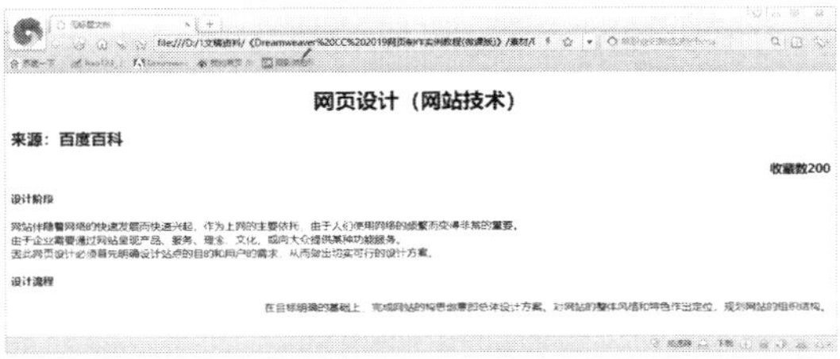

4.5.6　设置文本缩进

在普通文档中的段落中，通常首行缩进两个字符，用来表示这是一个段落的开始。同样，在网页文本编辑中有时也需要设置这样的文本缩进。使用 text-indent 样式可以设置网页文本段落中的首行缩进，其代码格式如下。

```
text-indent : length
```

其中，length 属性值表示由百分比值或由浮点数字和单位标识符组成的长度值，允许为负值。用户可以这样认为：text-indent 样式可以定义两种缩进方式，一种是直接定义缩进的长度；另一种是定义缩进的百分比。使用该属性，HTML 的任何标签都可以让首行以给定的长度或百分比进行缩进。

【例 4-22】在 Dreamweaver 中设计网页段落中文本的缩进方式。

视频+素材 (素材文件\第 04 章\例 4-22)

step 1 在网页中输入 3 段文本后，在代码视图中为段落中的文本设置 text-indent 样式，如下图所示。

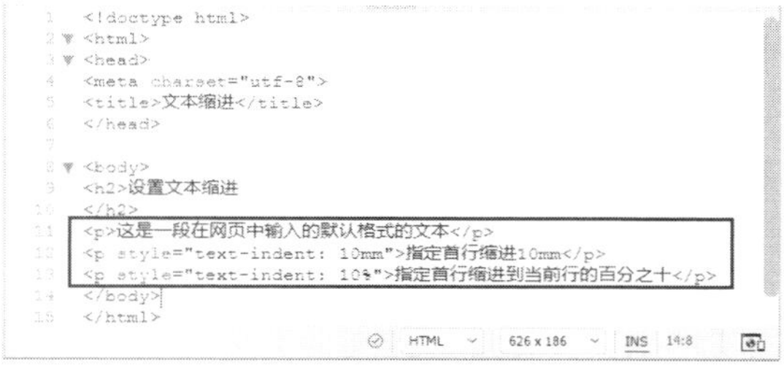

step 2 此时设计视图中段落的效果如右上图所示。

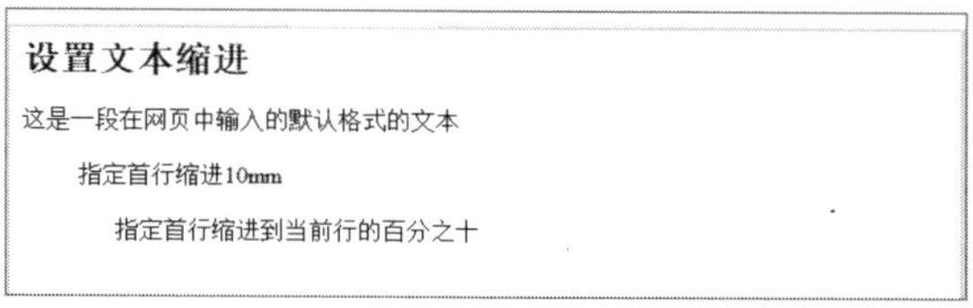
设置文本缩进
这是一段在网页中输入的默认格式的文本
指定首行缩进10mm
指定首行缩进到当前行的百分之十

知识点滴

如果上级标签定义了 text-indent 属性，那么子标签可以继承其上级标签的缩进长度。

4.5.7 设置文本行高

在 CSS 中，line-height 样式用来设置行间距，即行高。其语法格式如下：

```
: normal | length
```

line-height 属性值的具体说明如下表所示。

line-height 的属性值

属性值	说　明
normal	默认行高，网页文本的标准行高
length	由百分比值或由浮点数字和单位标识符组成的长度值，允许为负值。其百分比值基于文字的高度尺寸

【例 4-23】在 Dreamweaver 中设置段落中文本的行高。

视频+素材 (素材文件\第 04 章\例 4-23)

step 1 在网页中输入 4 段文本后，在代码视图内为段落中的文本设置 line-height 样式，如下图所示。

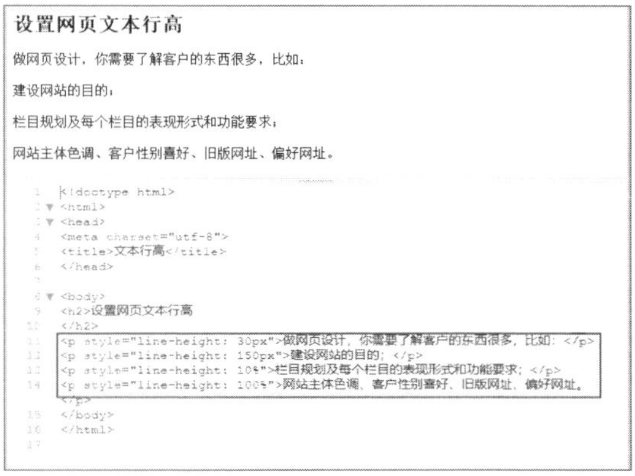

step 2 按下 F12 键预览网页，网页中段落的效果如右图所示。

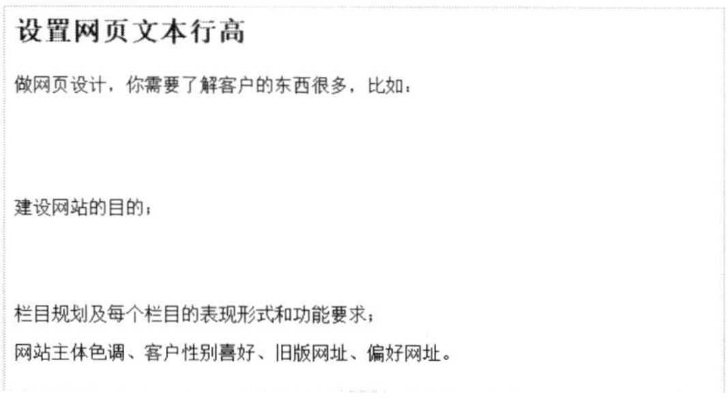
设置网页文本行高
做网页设计，你需要了解客户的东西很多，比如：
建设网站的目的；
栏目规划及每个栏目的表现形式和功能要求；
网站主体色调、客户性别喜好、旧版网址、偏好网址。

4.5.8 处理空白

使用 white-space 样式可以设置对象内空格字符的处理方式。该样式对文本的显示有着重要的影响。在标签上应用 white-space 样式可以影响浏览器对字符串或文本间空白的处理方式。其语法格式如下：

```
white-space :normal | pre | nowrap | pre-wrap | pre-line
```

white-space 属性值的说明如下表所示。

white-space 的属性值

属性值	说　明
normal	网页中的空白会被浏览器忽略
pre	网页中的空白会被浏览器保留
nowrap	文本不会换行，文本会在同一行上继续，直到遇到 标签
pre-wrap	保留空白符号序列，但是正常地进行换行
pre-line	合并空白符号序列，但是保留换行符
inherit	规定应该从父元素继承 white-space 属性的值

【例 4-24】在 Dreamweaver 中设置段落中文本的空白样式。

视频+素材 (素材文件\第 04 章\例 4-24)

step 1 在网页中输入多段文本后，在代码视图中为段落中的文本设置 white-space 样式，如下图所示。

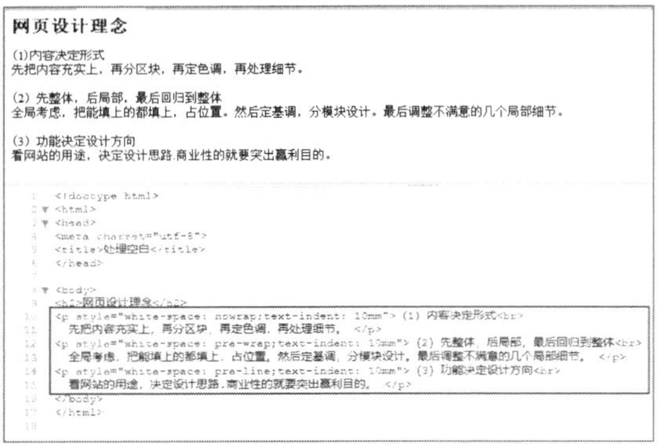

step 2 按下 F12 键预览网页，网页中段落的效果如右上图所示。

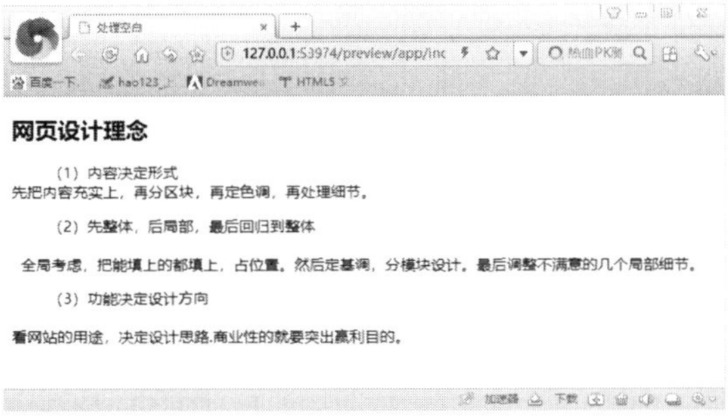

4.5.9　文本反排

在编辑网页文本时，通常英语文档的基本方向是从左至右。如果文档中某一段落的多个部分包含从右至左阅读的语言，则该语言的方向需要正确地显示为从右至左。使用 unicode-bidi 和 direction 两个样式可以解决文本反排的问题。

unicode-bidi 的语法格式如下：

```
unicode-bidi : normal | bidi-override | embed
```

unicode-bidi 的属性值说明如下表所示。

unicode-bidi 的属性值

属性值	说　明
normal	不使用附加的嵌入层面
bidi-override	创建一个附加的嵌入层面，重新排序的结果取决于 direction 属性
embed	创建一个附加的嵌入层面

direction 用于设定文本流的方向，其语法格式如下：

```
direction : ltr | rtl | inherit
```

direction 的属性值说明如下表所示。

direction 的属性值

属性值	说　明
ltr	文本方向从左到右
rtl	文本方向从右到左
inherit	规定从父元素继承 direction 属性的值

【例 4-25】在 Dreamweaver 中设置网页段落文本的反排样式。

视频+素材 (素材文件\第 04 章\例 4-25)

step 1 在网页中输入一段文本后，在代码视图内为段落中的文本设置 unicode-bidi 和 direction 样式，如下图所示。

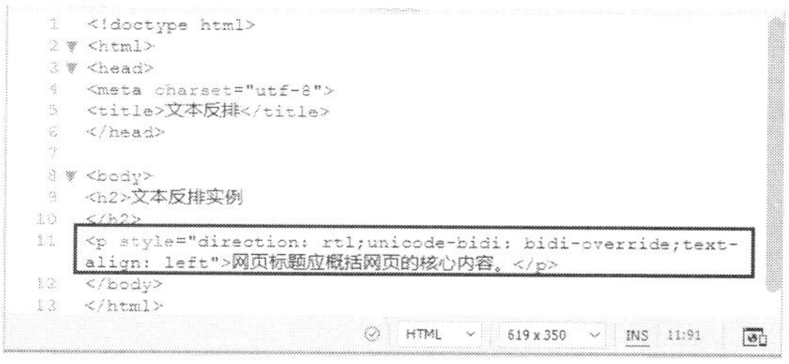

step 2 按下 F12 键预览网页，网页中段落的效果如下图所示。

4.6　案例演练

本章的实例演练部分，将通过实例操作指导用户使用 Dreamweaver 制作文本网页。

【例 4-26】在网页中应用拼音/音标注释与块引用标记，制作带拼音标注的文本效果。

视频+素材 (素材文件\第 04 章\例 4-26)

step 1 启动 Dreamweaver 后，按下 Ctrl+N 组合键创建空白网页，然后在代码视图中输入以下代码：

```
<!doctype html>
<html lang="en">
<head>
<meta charset="utf-8">
<title>应用注释与块引用标记</title>
    <style type="text/css">
 ruby{font-size: 58px;font-family: 黑体;text-align: center;}
</style>
```

```
</head>
<body>
    <h5>注释 ruby 标记-标注读音</h5>
<p align="center">
<ruby>
  中<rp>(</rp><rt>zhōng</rt><rp>)</rp>
  国<rp>(</rp><rt>guó</rt><rp>)</rp>
  力<rp>(</rp><rt>lì</rt><rp>)</rp>
  量<rp>(</rp><rt>liàng</rt><rp>)</rp>
</ruby>
    </p>
<h5>应用段落缩进标记</h5>
    <hr color="green">
        <p>这行文字没有缩进</p>
        <blockquote>这行文字首行缩进 5 个字符</blockquote>
        <blockquote><blockquote>这行文字首行缩进 10 个字符</blockquote></blockquote>
</body>
</html>
```

step 2 按下 Ctrl+S 组合键保存网页后，按下 F12 键预览网页，效果如下图所示。

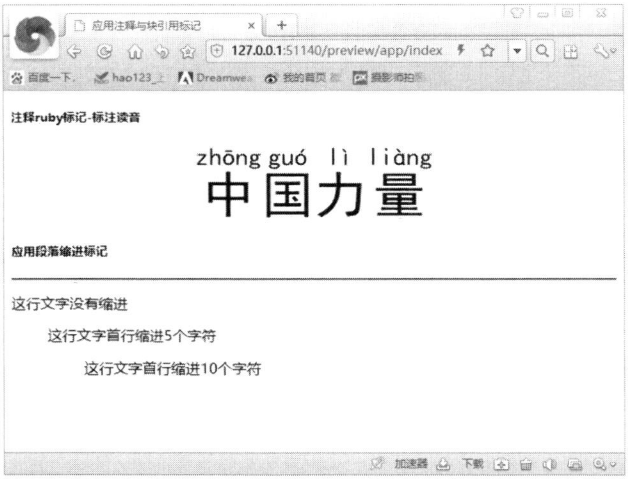

第 5 章

使用列表

许多大型网站(例如搜狐、网易)的首页都采用列表方式显示信息。通过在 Dreamweaver CC 2019 中学习设置网页列表，读者能够了解网页列表的类型，掌握无序列表、有序列表、定义列表的作用以及使用方法；学会使用不同列表类型及嵌套列表来解决在网页设计中遇到的问题。

本章对应视频

例 5-1 在网页中建立无序列表

例 5-2 在网页中建立有序列表

例 5-3 在网页中建立嵌套列表

例 5-4 设置定义列表

例 5-5 制作简单的网站首页

例 5-6 制作网站导航栏

例 5-7 在网页中定义联系人信息

5.1 列表概述

列表能对网页中的相关信息进行合理地布局，将项目有序或无序地罗列在一起，便于用户浏览和操作。列表分为无序列表、有序列表、定义列表、菜单列表和目录列表 5 种。但常用列表只有 3 种，分别是无序列表、有序列表和定义列表。列表类型及其标签符号如下表所示。

列表类型与标签符号

列表类型	标签符号	备　注
无序列表	<ul>...</ul>	常用
菜单列表	<menu>...</menu>	不常用
目录列表	<dir>...</dir>	不常用
有序列表	<ol>...</ol>	常用
定义列表	<dl>...</dl>	常用

5.2 无序列表

无序列表 ul(unordered list)标签是成对标签，<ul>是开始标签，</ul>是结束标签，两者之间可插入若干个列表项 li(list item)标签，完成无序列表的插入。

无序列表的基本语法如下：

```
<ul type="">
    <li type="">项目名称</li>
    <li type="">项目名称</li>
    <li type="">项目名称</li>
  ...
</ul>
```

ul 标签的 type 属性有三个值，如下表所示。列表项 li 标签的 type 属性的取值与 ul 标签的相同。设置 ul 标签的 type 属性会使其所包含的列表按统一风格显示，设置其中某一列表项的type属性值时只会影响它自身的显示风格，其他列表项按原样显示。

无序列表标签的 type 属性及其说明

属性值	说　明
disc	实心圆形
circle	空心圆形
square	实心正方形

下面通过一个实例介绍在 Dreamweaver 中为网页文本快速建立无序列表的方法。

【例 5-1】在网页中建立无序列表。
视频+素材 (素材文件\第 05 章\例 5-1)

step 1 在网页中输入多段文本后，在设计视图内选中其中需要建立无序列表的文本，然后单击【属性】面板中的【无序列表】按钮。

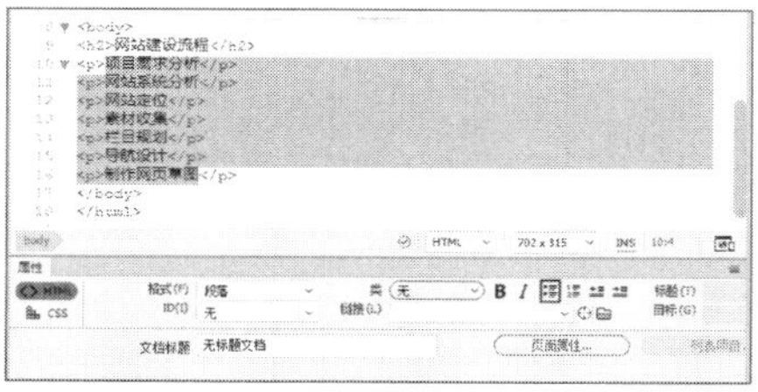

step 2　此时，就会为选中的文本建立如下图所示的无序列表。

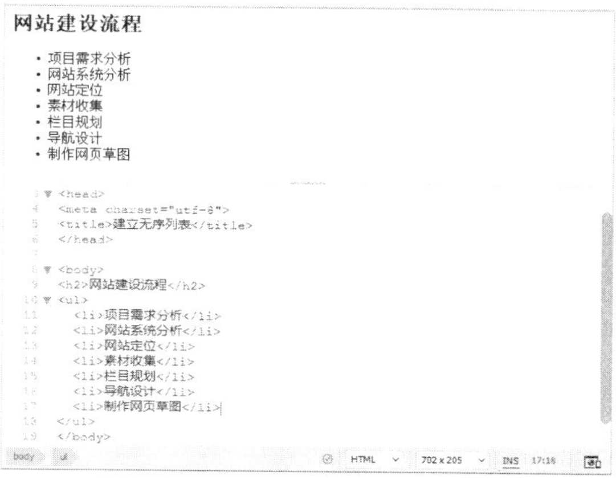

step 3　在代码视图中修改代码，添加<ul>和</ul>标签：

```
<ul>
  <li>项目需求分析</li>
  <li>网站系统分析</li>
  <ul>
    <li>网站定位</li>
    <li>素材收集</li>
    <li>栏目规划</li>
    <li>导航设计</li>
  </ul>
  <li>制作网页草图</li>
</ul>
```

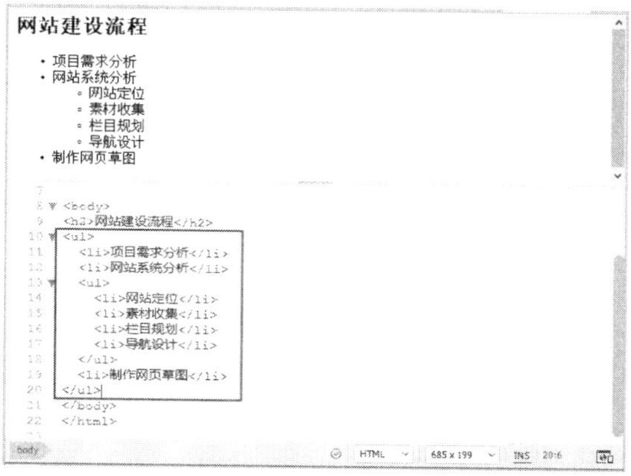

step 4　设计视图中无序列表的效果将如下图所示。可按下 F12 键预览网页。

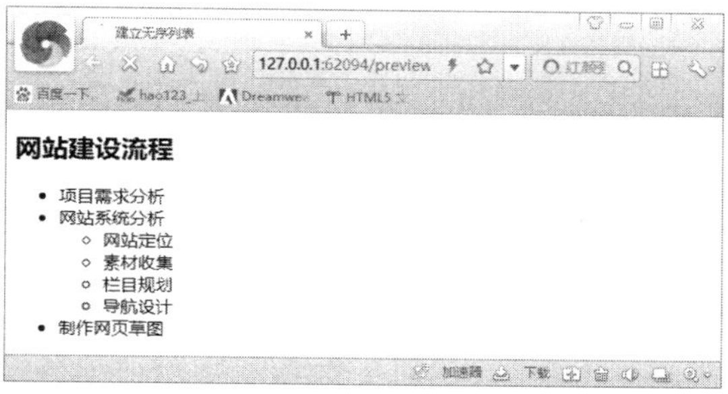

在无序列表中可以嵌套一个列表，例如上图中的“网站定位”“素材收集”“栏目规划”和“导航设计”都是“网站系统分析”列表项的下级列表。因此，在这对<li></li>标签之间又增加了一对<ul></ul>标签。

5.3　有序列表

有序列表 ol(ordered list)标签是成对标签，以<ol>为起始标签，以</ol>为结束标签，在其间使用<li></li>标签完成有序列表项的插入。

有序列表的基本语法如下：

```
<ol type="" start="">
  <li type="" value="n">项目名称</li>
  <li type="" value="n">项目名称</li>
  <li type="" value="n">项目名称</li>
  ...
</ol>
```

在<ol>和</ol>标签之间必须使用<li></li>标签来添加列表项值。

其中，有序列表ol标签的属性说明如下：

- type：列表项前面的编号，编号是有序的，有 5 种不同类型。
- start：定义有序列表的起始编号，默认值为 1。设置其为非 1 时，列表项前编号的起始位置会发生变化，例如 start="5"，当 type="1"时，表示从第 5 个开始编号；当 start="A"，表示从 E 开始编号，以此类推。

列表项 li 标签的属性说明如下：

- type：只影响当前列表项前面的编号类型，后续列表项前面的编号类型依旧遵循 ol 标签的 type 属性的取值。
- value：改变当前列表项前编号的值，并影响其后所有列表项编号的值。

有序列表 ol 标签的属性、值及说明如下表所示。

有序列表的属性、值及说明

属　　性	值	说　　明
type	1	定义有序列表中列表项前面的编号为数字列表
	A	定义有序列表中列表项前面的编号为大写字母列表
	a	定义有序列表中列表项前面的编号为小写字母列表
	I	定义有序列表中列表项前面的编号为大写罗马字母列表
	i	定义有序列表中列表项前面的编号为小写罗马字母列表
start	数值	有序列表中列表项编号的起始数字

下面通过一个实例介绍有序列表实现文本有序排列的方法。

【例 5-2】在网页中建立有序列表。
视频+素材 (素材文件\第 05 章\例 5-2)

step 1 在网页中输入多段文本后，在设计视图内选中其中需要建立有序列表的文本，然后单击【属性】面板中的【编号列表】按钮。

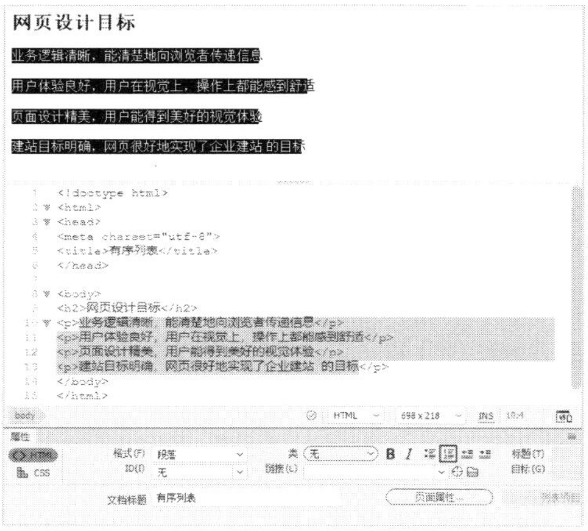

step 2 此时，将在代码视图中生成以下代码：

```
<ol>
  <li>业务逻辑清晰，能清楚地向浏览者传递信息</li>
  <li>用户体验良好，用户在视觉上，操作上都能感到舒适</li>
  <li>页面设计精美，用户能得到美好的视觉体验</li>
  <li>建站目标明确，网页很好地实现了企业建站的目标</li>
</ol>
```

step 3 设计视图中有序列表的效果如下图所示。

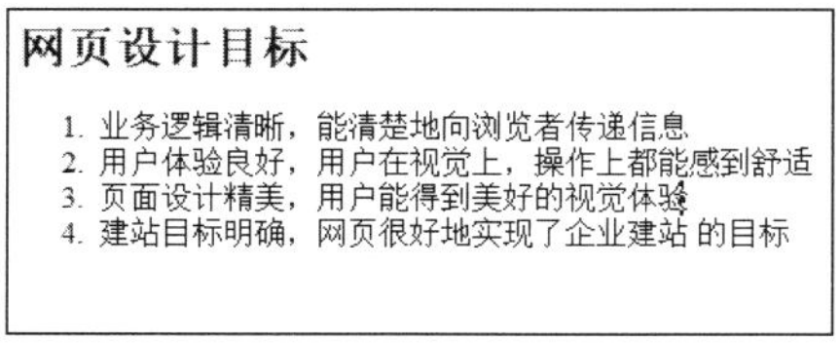

step 4 在设计视图中选中有序列表并右击，从弹出的快捷菜单中选择【列表】|【属性】命令。

step 5 打开【列表属性】对话框，单击【样式】下拉按钮，从弹出的下拉列表中选择【大写字母】选项，然后单击【确定】按钮。

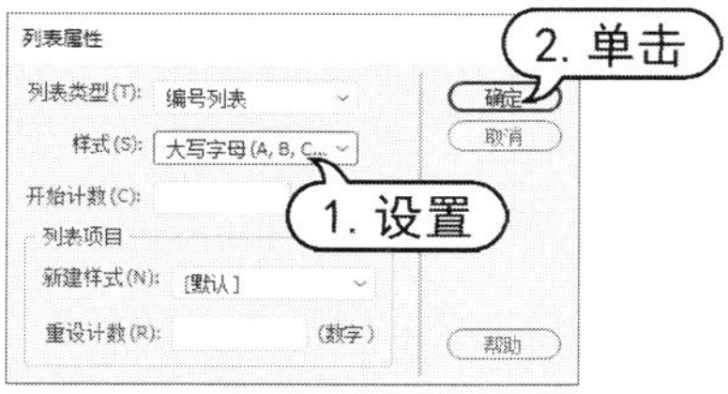

step 6　此时，<ol>标签将变为：

```
<ol type="A">
  <li>业务逻辑清晰，能清楚地向浏览者传递信息</li>
  <li>用户体验良好，用户在视觉上，操作上都能感到舒适</li>
  <li>页面设计精美，用户能得到美好的视觉体验</li>
  <li>建站目标明确，网页很好地实现了企业建站的目标</li>
</ol>
```

设计视图中有序列表的效果将如下图所示。

网页设计目标

A. 业务逻辑清晰，能清楚地向浏览者传递信息
B. 用户体验良好，用户在视觉上，操作上都能感到舒适
C. 页面设计精美，用户能得到美好的视觉体验
D. 建站目标明确，网页很好地实现了企业建站 的目标

step 7　在设计视图中选中并右击有序列表，从弹出的快捷菜单中选择【列表】|【属性】命令，再次打开【列表属性】对话框，将【样式】设置为【大写罗马字母】选项，然后单击【确定】按钮。

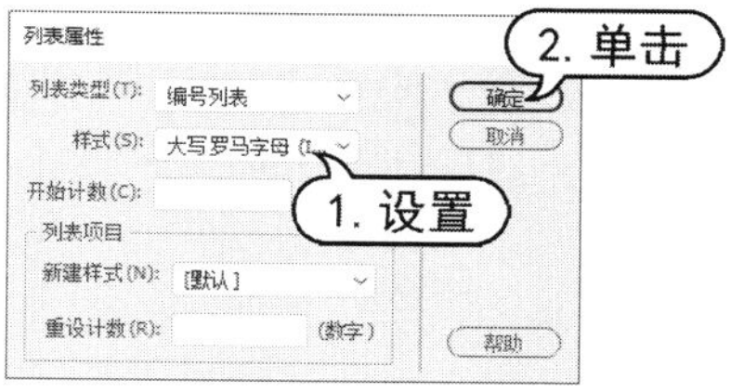

此时，<ol>标签将变为：

```
<ol type="I">
  <li>业务逻辑清晰，能清楚地向浏览者传递信息</li>
  <li>用户体验良好，用户在视觉上，操作上都能感到舒适</li>
  <li>页面设计精美，用户能得到美好的视觉体验</li>
  <li>建站目标明确，网页很好地实现了企业建站的目标</li>
</ol>
```

设计视图中有序列表的效果将如下图所示。

网页设计目标

I. 业务逻辑清晰，能清楚地向浏览者传递信息
II. 用户体验良好，用户在视觉上，操作上都能感到舒适
III. 页面设计精美，用户能得到美好的视觉体验
IV. 建站目标明确，网页很好地实现了企业建站 的目标

5.4　列表嵌套

在一个列表中嵌入另一个列表，作为此列表的一部分，称作列表嵌套。有序列表、无序列表可以混合嵌套，浏览器都能够自动地嵌套排列。

使用列表嵌套不仅能使网页的内容布局更加合理美观，而且能使其内容看起来更加简洁。列表嵌套的方式分无序列表的嵌套、有序列表的嵌套，还可以是无序列表和有序列表的混合嵌套。列表嵌套不能交叉嵌套。如<ul><ol></ul></ol>就是错误的嵌套。当然，定义列表也可以与无序列表、有序列表进行嵌套。

列表嵌套的基本语法如下：

```
<ul>                <!--  无序列表中嵌套有序列表  -->
<li>项目名称
    <ol>            <!--  有序列表中嵌套无序列表  -->
  <li>项目名称</li>
  <li>项目名称
```

```
    <ul>
      <li>项目名称</li>
      <li>项目名称</li>
      ...
    </ul>
    </li>
       <li>项目名称</li>
  </ol>
</li>
     <li>项目名称</li>
     <li>项目名称</li>
</ul>
```

【例 5-3】在网页中建立嵌套列表。

视频+素材 (素材文件\第 05 章\例 5-3)

step 1 在网页中输入多段文本后，在设计视图中选中所输入的文本，单击【属性】面板中的【编号列表】按钮，设置下图所示的有序列表。

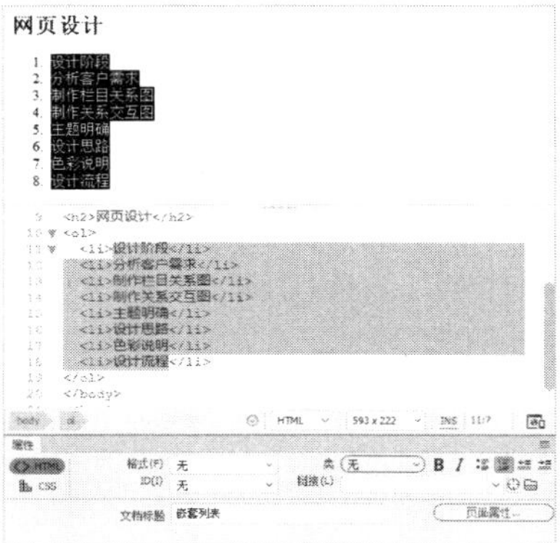

step 2 在代码视图的有序列表标签中加入一对<ul></ul>标签，建立一个嵌套列表。

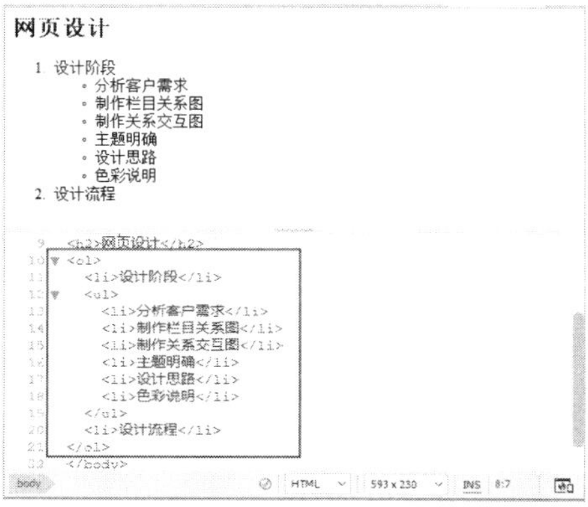

step 3 在上图所示代码的基础上，再加入一对<ul></ul>标签，在嵌套列表中再设置一个嵌套列表。

```
<ol>
  <li>设计阶段</li>
  <ul>
      <li>分析客户需求</li>
      <li>制作栏目关系图</li>
      <li>制作关系交互图</li>
    <ul>
      <li>主题明确</li>
      <li>设计思路</li>
      <li>色彩说明</li>
    </ul>
  </ul>
  <li>设计流程</li>
</ol>
```

按下 F12 键在浏览器中预览网页，效果如下图所示。

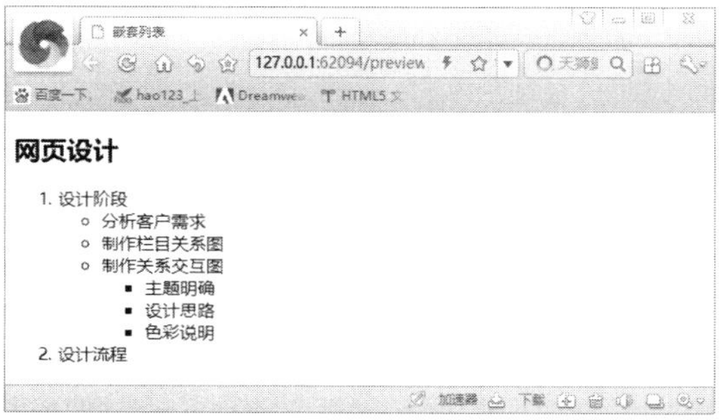

5.5　定义列表

定义列表 dl(definition list)标签是成对标签，以<dl>为开始标签，以(/dl)为结束标签。定义列表由 dt(definition term)标签和 dd(definition description)标签组成。定义列表中每一个元素的标题使用<dt>…</dt>标签定义，后面跟随<dd>…</dd>标签，用于描述列表中元素的内容。

定义列表的基本语法如下：

```
<dl>
    <dt>项目 1</dt>
        <dd>描述 1</dd>
        <dd>描述 2</dd>
    <dd>描述 3</dd>
...
<dt>项目 2</dt>
    <dd>描述 1</dd>
    <dd>描述 2</dd>
    <dd>描述 3</dd>
...
<dt>项目 n</dt>
</dl>
```

下面通过一个实例介绍定义列表实现文本排列的方法。

【例 5-4】使用 Dreamweaver 在网页中设置定义列表。
视频+素材 (素材文件\第 05 章\例 5-4)

step 1 在网页中输入多段文本后，选中页面中需要设置定义列表的文本，右击鼠标，从弹出的快捷菜单中选择【列表】|【定义列表】命令。此时，将在代码视图中为选中的文本设置<dl>标签。

```
<dl>
  <dt>主题明确</dt>
  <dd>在目标明确的基础上，完成网站的构思创意。</dd>
  <dt>设计思路</dt>
  <dd>简洁实用，尽量以最高效率的方式呈现信息。</dd>
</dl>
```

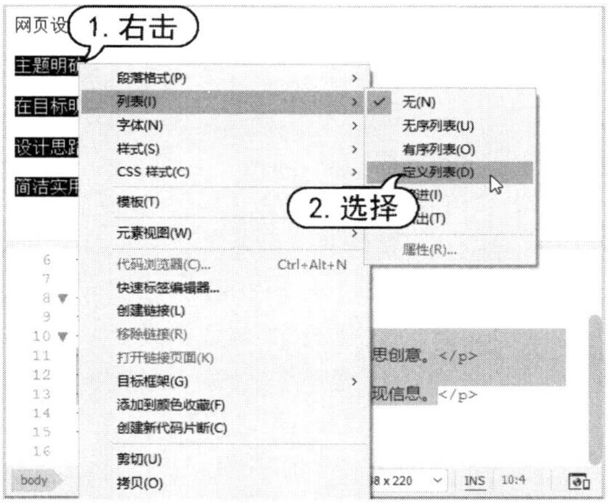

step 2 按下 F12 键，在浏览器中查看定义列表的效果，如下图所示。

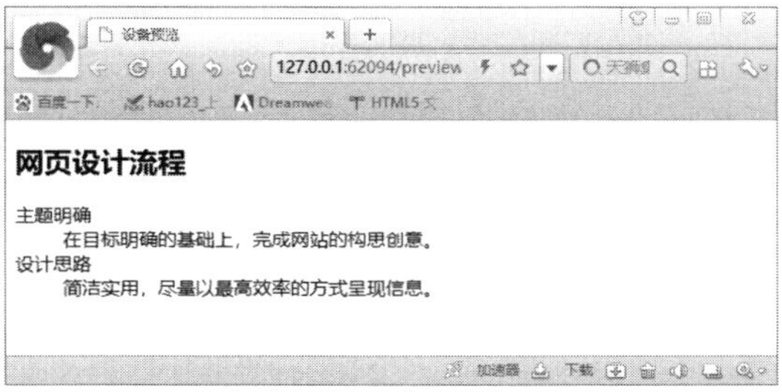

5.6　案例演练

本章介绍了在网页中设置列表的相关知识，下面的案例演练部分将使用 Dreamweaver CC 2019 设计一个简单的列表文本网页，帮助用户巩固所学的知识。

【例 5-5】设计一个简单的网站首页，其中包含列表文本。
视频+素材 (素材文件\第 05 章\例 5-5)

step 1 使用 Dreamweaver 创建一个空白网页后，然后按下 Ctrl+S 组合键将网页以文件名 index-1.html 保存至本地站点的根目录下，并在代码视图中输入以下代码:

```
<!doctype html>
<html>
<head>
<meta charset="utf-8">
<title>列表实例</title>
</head>
<body>
<h4>鲜魅互联网-品质保证，服务专业！</h4>
<img src="xianmeihulianw.jpg" width="371" height="370" border="0" alt="">
<ul>
    <li>奶茶/果饮</li>
    <li>冰激凌</li>
      <ul>
     <li>全部</li>
     <li>夏日饮品
      <ul>
           <li>【幸至作茶】，投资 1-5 万</li>
           <li>【果柠饮品】，投资 1-5 万</li>
           <li>【一茶一朝】，投资 3-8 万</li>
       <li>【桃彻鲜果轻饮】，投资 10 万</li>
       <li>【大嘴猴茶饮】，投资 10-20 万</li>
      </ul>
     </li>
  </ul>
  </li>
  <li>创意咖啡/酸奶</li>
     </ul>
<dl>
     <dt>联系客服人员：</dt>
          <dd>邮箱：miaofa@sina.com</dd>
          <dd>周一至周五 9:00-21:00</dd>
     <dt>客服电话 免费长途</dt>
     <dd>4000-888-888</dd>
</dl>
</body>
</html>
```

step 2　按下 Ctrl+S 组合保存所制作的网页，然后按下 F12 键预览网页，效果如下图所示。

【例 5-6】使用 Dreamweaver CC 2019 制作网站导航栏。

视频+素材 (素材文件\第 05 章\例 5-6)

step 1　按下 Ctrl+N 组合键打开【新建文档】对话框，在【标题】文本框中输入“网站导航栏”，单击【创建】按钮，创建一个空白网页文档。

step 2　在代码视图<body></body>标签之间输入以下代码，在网页中建立一个无序列表：

```
<!doctype html>
<html>
<head>
<meta charset="utf-8">
<title>网站导航栏</title>
</head>
<body>
        <ul>
            <li><a href="http://www.baidu.com">首页</a></li>
            <li><a href="http://www.baidu.com">服装城</a></li>
            <li><a href="http://www.baidu.com">食品</a></li>
            <li><a href="http://www.baidu.com">团购</a></li>
            <li><a href="http://www.baidu.com">联系方式</a></li>
        </ul>
</body>
</html>
```

step 3　在<head></head>标签之间定义 CSS，代码如下：

```
<style type="text/css">
    body,div,ul,li{padding:0px;margin:0px;}
    ul{list-style:none;}
    ul{width:1000px;margin:0 auto;background: #e64346;height:40px;margin-top: 100px;}
    ul li{float:left;height: 40px;line-height: 40px;text-align: center;}
    ul li a{font-size: 12px;text-decoration: none;height:40px;display: block;float: left;padding:0
10px;text-decoration: none;color:#fff;}
    ul li a:hover{background:   #a40000;}
 </style>
```

step 4 按下 F12 键预览网页的效果，如下图所示。

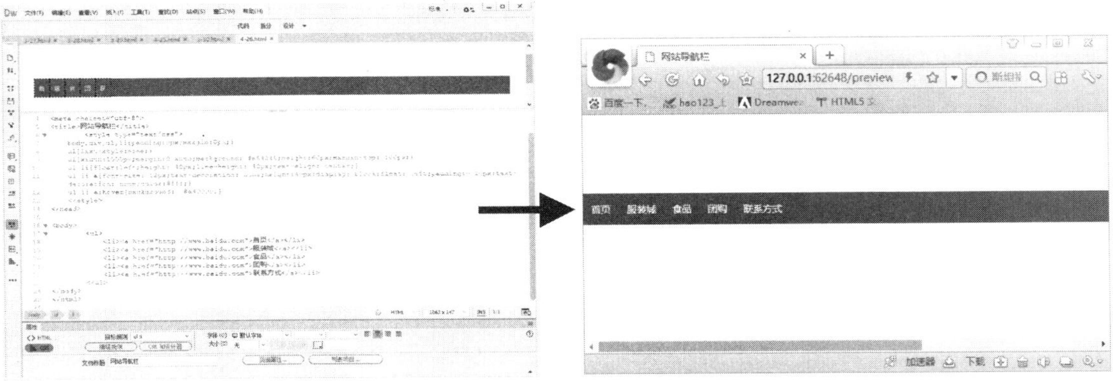

【例 5-7】使用 Dreamweaver 在网页中定义联系人信息。

视频+素材 (素材文件\第 05 章\例 5-7)

step 1 按下 Ctrl+N 组合键创建一个空白网页文档，然后在代码视图中输入以下代码：

```
<!doctype html>
<html>
<head>
<meta charset="utf-8">
<title>定义列表展示联系人信息</title>
</head>
<body>
<h4>定义列表展示联系人信息</h4>
<dl> <dt>联系人：</dt>
     <dd>王小燕</dd>
     <dd>电话：025-12345678</dd>
     <dd>E-mail：miaofa@sina.com</dd>
  <dt>联系地址：</dt>
     <dd>南京市南京大学鼓楼校区</dd>
  <dt>邮政编码：</dt> <dd>200000</dd>
</dl>
</body></html>
```

step 2 按下 F12 键，在浏览器中预览网页，效果如下图所示。

第 6 章

使用超链接

当网页制作完成后，需要在页面中创建链接。使网页能够与网络中的其他页面建立联系。链接是一个网站的“灵魂”，网页设计者不仅要知道如何创建页面之间的链接，更应了解链接地址的真正意义。

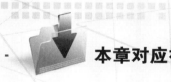

本章对应视频

例 6–1 创建文本链接
例 6–2 创建图片链接
例 6–3 创建下载链接
例 6–4 创建电子邮件链接
例 6–5 设置超链接打开方式
例 6–6 使用相对路径和绝对路径
例 6–7 使用浮动框架
本章其他视频参见视频二维码列表

6.1 超链接概述

超链接是网页中重要的组成部分，其本质上属于一个网页的一部分，它是一种允许网页访问者与其他网页或站点之间进行连接的元素。各个网页链接在一起后，才能真正构成一个网站。

6.1.1 超链接的类型

超链接与 URL，以及网页文件的存放路径是紧密相关的。URL 可以简单地称为网址，顾名思义，就是 Internet 文件在网上的地址。定义超链接其实就是指定一个 URL 地址来访问它所指向的 Internet 资源。URL 是指使用数字和字母按一定顺序排列来确定的 Internet 地址，由访问方法、服务器名称、端口号，以及文档位置组成(格式为“access-method://server-name:port/document-location”)。在 Dreamweaver 中，用户可以创建下列几种类型的链接。

- 页间链接：用于跳转到其他文档或文件，如图形、电影、PDF 或声音文件等。
- 页内链接：也称为锚记链接，用于跳转到本站点指定文档的位置。
- E-mail 链接：用于启动电子邮件程序，允许用户书写电子邮件，并发送到指定地址。
- 空链接及脚本链接：用于附加行为至对象或创建一个执行 JavaScript 代码的链接。

6.1.2 超链接的路径

从作为链接起点的文档到作为链接目标的文档之间的文件路径，对于创建链接至关重要。一般来说，链接路径可以分为绝对路径和相对路径两类。

1. 绝对路径

绝对路径是指包括服务器协议在内的完全路径，示例代码如下：

```
http://www.xdchiang/dreamweaver/index.htm
```

使用绝对路径与链接的源端点无关，只要目标站点地址不变，无论文档在站点中如何移动，都可以正常实现跳转而不会发生错误。如果需要链接当前站点之外的网页或网站，就必须使用绝对路径。

需要注意的是，绝对路径链接方式不利于测试。如果在站点中使用绝对路径地址，要想测试链接是否有效，就必须在 Internet 服务器端进行。此外，采用绝对路径不利于站点的移植。例如，一个较为重要的站点，可能会在几个服务器上创建镜像，同一个文档也就有几个不同的网址，要将文档在这些站点之间移植，必须对站点中的每个使用绝对路径的链接一一进行修改，这样才能达到预期目的。

2. 相对路径

相对路径包括根相对路径和文档相对路径两种。

- 根相对路径：使用 Dreamweaver 制作网页时，需要选定一个文件夹来定义一个本地站点，模拟服务器上的根文件夹，系统会根据这个文件夹来确定所有链接的本地文件位置，而根相对路径中的根就是指这个文件夹。
- 文档相对路径：文档相对路径就是指包含当前文档的文件夹，也就是以当前网页所在文件夹为基础来计算的路径。文档相对路径(也称相对根目录)的路径以“/”开头。路径从当前站点的根目录开始计算(例如，在 C 盘的 Web 目录下建立的名为“Web”的站点，这时/index.htm 路径为 C:\Web\index.htm。文档相对路径适用于链接内容频繁更换环境中的文件，这样即使站点中的文件被移动了，链接仍可以生效，但是仅限于在该站点中)。

6.2 创建超链接

创建超链接所使用的 HTML 标签是<a></a>。超链接最重要的要素有两个：设置为超链接的网页元素和超链接所指向的目标地址，其基本结构如下：

```
<a href=URL>网页元素</a>
```

<a>标签的主要属性及说明如下表所示。

<a>标签的属性及说明

属　性	值	说　明
href	URL	链接的目标 URL
rel	alternate、archives、author、bookmark、contact、external、first、help、icon、index、last、license、next、nofollow、noreferrer、pingback、prefetch、prev、search、stylesheet、sidebar、tag、up	规定当前文档与目标 URL 之间的关系(仅在 href 属性存在时可用)
hreflang	language_code	规定目标 URL 的基准语言(仅在 href 属性存在时可用)
media	media query	规定目标 URL 的媒介类型(仅在 href 属性存在时可用)
target	_blank、_parent、_self、_top	在何处打开目标 URL(仅在 href 属性存在时可用)
type	mime_type	规定目标 URL 的 MIME 类型(仅在 href 属性存在时可用)

6.2.1 创建文本链接

文本链接是网页制作中使用最频繁也是最主要的元素。为了实现跳转到与文本相关内容的页面，往往需要为文本添加链接。

1. 什么是文本链接

在浏览网页时，若将鼠标指针放置在页面中的一些文本上，可能会看到文字下方带下画线，同时鼠标指针变为手状。此时，单击鼠标将打开一个网页，这样的链接就是文本链接。

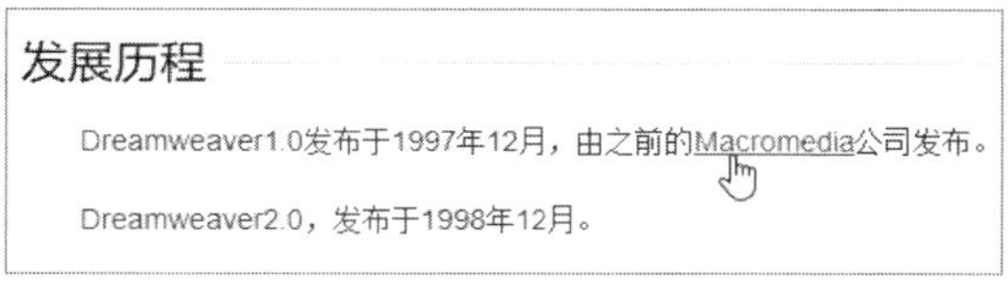
发展历程
Dreamweaver1.0发布于1997年12月，由之前的Macromedia公司发布。
Dreamweaver2.0，发布于1998年12月。

2. 创建文本链接的方法

使用<a>标签可以实现网页超链接，在<a>标签中需要定义锚点(anchor)来指定链接目标。锚点有两种用法，具体如下。

- 通过使用 href 属性，创建指向另外一个文档的链接(或超链接)。使用 href 属性的代码格式如下：

```
<a href="链接地址">创建链接的文本</a>
```

- 通过使用 name 或 id 属性，创建一个文档内部的标签(可以创建指向文档片段的链接)。使用 name 属性的格式代码如下：

```
<a name="value">创建链接的文本</a>
```

name 属性用于指定锚点的名称，通过该属性可以创建(大型)文档内的书签。

使用 id 属性的代码格式如下：

```
<a id="value">创建链接的文本</a>
```

【例 6-1】使用 Dreamweaver 在网页中创建一个指向另外文档的文本链接。
视频+素材 (素材文件\第 06 章\例 6-1)

step 1 选中网页中需要创建链接的文本，单击【属性】面板中【链接】文本框后的【浏览文件】按钮(或右击鼠标，从弹出的快捷菜单中选择【创建链接】命令)，打开【选择文件】对话框，选中一个网页文件(例如 HTML5.html 文件)。

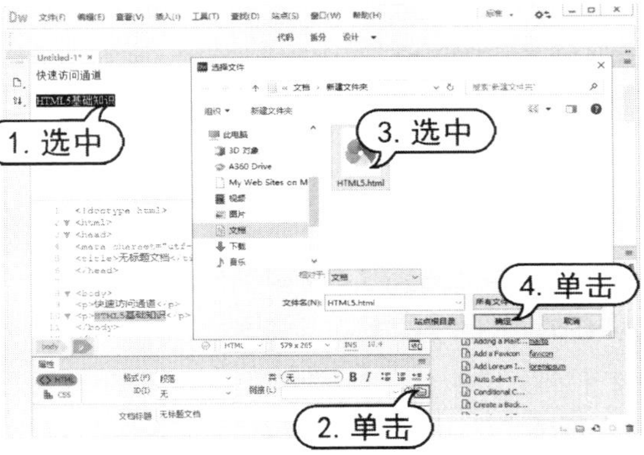

step 2 单击【确定】按钮，即可创建一个文本链接。此时，将在代码视图中添加标签<a>:

```
<p><a href="file:///C|/Users/miaof/新建文件夹/HTML5.html">HTML5 基础知识</a></p>
```

此外，使用 href 属性还可以创建网站内的文本链接。例如，在网页中做一些知名网站的友情链接。在 Dreamweaver 设计视图中输入并选中一段文本后，在【属性】面板中直接输入网站地址(例如 http://www.baidu.com)，将在代码视图添加以下代码：

```
<p><a href="http://www.baidu.com">百度</a></p>
```

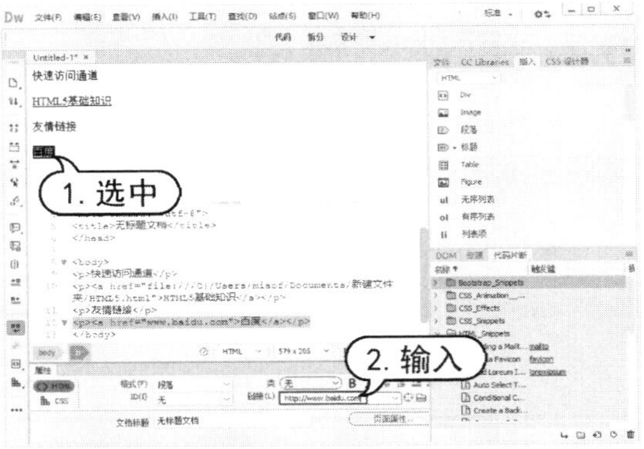

使用浏览器打开网页，将为文本添加效果如下图所示的超链接。

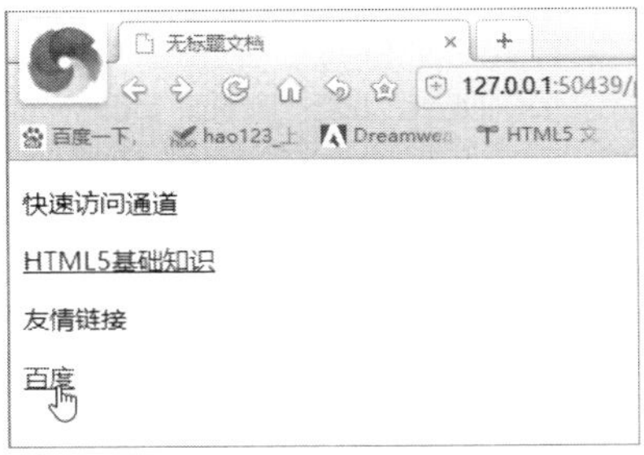

知识点滴

链接地址前的 http://不可省略。

6.2.2 创建图片链接

在网页中浏览内容时，若将鼠标移到图片上，鼠标指针变成了手状，单击后会打开一个网页，这样的链接就是图片链接。

使用<a>标签为图片添加链接的代码格式如下：

```
<a href="链接目标"><img scr="图片"/></a>
```

【例 6-2】使用 Dreamweaver 在网页中创建一个图片链接。
视频+素材 (素材文件\第 06 章\例 6-2)

step 1 在网页中插入图片后，选中该图片，在【属性】面板的【链接】文本框中输入图片链接网址，然后单击【目标】下拉按钮，从弹出的下拉列表中选择 new 选项，设置图片链接将在新的浏览器窗口中被打开。

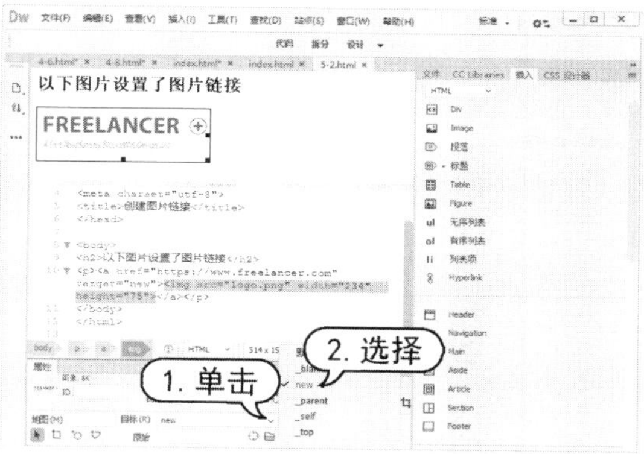

step 2　此时将在代码视图中添加以下代码:

```
<p> <a href="https://www.freelancer.com"
target="new"><img src="logo.png" width="234"
height="75"></a></p>
```

step 3　按下 F12 键，在浏览器中预览网页的效果。若单击页面中的图片，将打开一个新窗口页面。

6.2.3　创建下载链接

超链接标签的 href 属性表示指向链接的目标，目标可以是各种类型的文件，如图片文件、声音文件、视频文件、文本文件等(例如 Office 文件)。如果是浏览器能够识别的类型，就会直接在浏览器中显示；如果是浏览器不能识别的类型，在浏览器中一般会弹出提示对话框，提示下载。

【例 6-3】使用 Dreamweaver 在网页中创建一个下载链接。

视频+素材　(素材文件\第 06 章\例 6-3)

step 1　选中网页中的一段文本后，在【属性】面板中单击【链接】文本框后的【浏览】按钮，如下图所示。

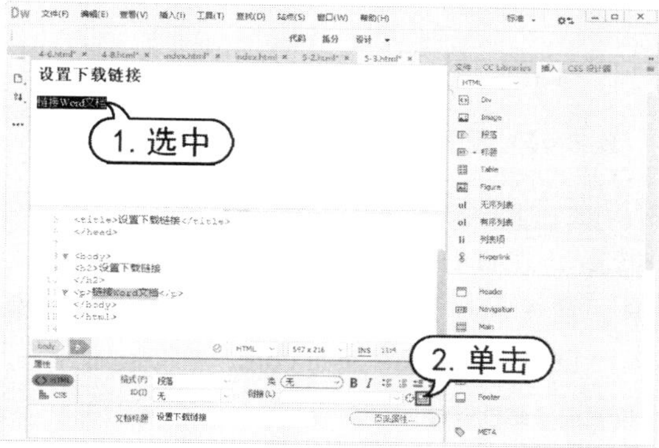

step 2　打开【选择文件】对话框，选择一个 Word 文件，然后单击【确定】按钮。

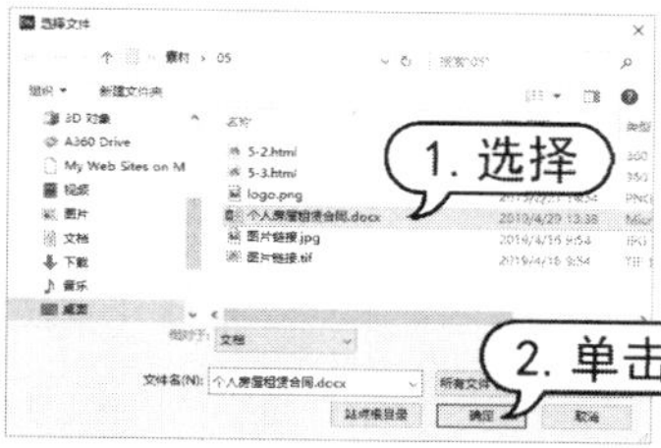

step 3　此时，将在代码视图中添加<a>标签:

```
<p><a href="个人房屋租赁合同.docx">链接
Word 文档</a></p>
```

step 4　按下 F12 键，在浏览器中预览网页的效果。单击页面中的链接文本，浏览器将打开【新建下载任务】对话框，单击该对话框中的【下载】按钮即可下载文件。

6.2.4 设置电子邮件链接

在设置了电子邮件链接的网页中，当浏览者单击某个链接后，将自动打开电子邮件客户端软件，例如 Outlook 或 Foxmail 等，向某个特定的电子邮箱发送邮件。电子邮件链接的格式如下：

```
<a href="mailto:电子邮件地址">网页对象</a>
```

【例 6-4】使用 Dreamweaver 在网页中创建一个电子邮件链接。
视频+素材 (素材文件\第 06 章\例 6-4)

step 1 在设计视图中选中网页中的一段文本，在【属性】面板的【链接】文本框中输入：mailto:miaofa@sina.com。

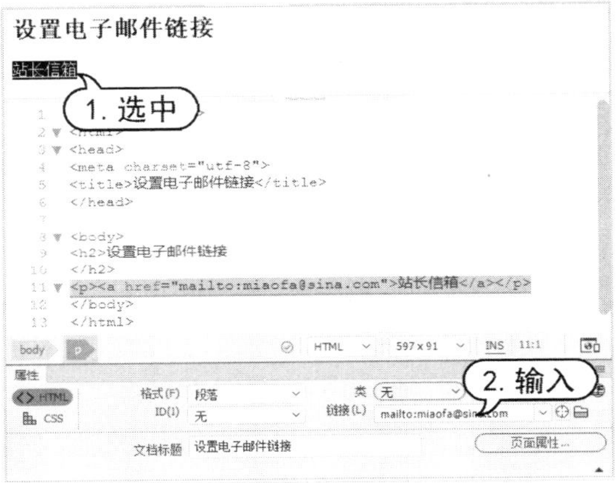

step 2 按下 F12 键，在浏览器中预览网页的效果。单击页面中的电子邮件链接，将启动电子邮件客户端软件，并自动填写邮件的收件人地址。

step 3 在代码视图中将添加以下代码：

```
<p><a href="mailto:miaofa@sina.com">站长信箱</a></p>
```

6.2.5 设置以新窗口打开超链接

在默认情况下，当浏览者单击网页中的超链接时，目标页面会在浏览器的当前窗口中显示，替换当前页面的内容。如果要使超链接的目标页面在一个新的浏览器窗口中打开，就需要使用<a>标签的 target 属性。target 属性的代码格式如下：

```
<a target="value">
```

如表 6-1 所示，target 属性包含 4 个值：_blank、_parent、_self 和_top，其各自的说明如下表所示。

target 属性值及说明

属　性　值	说　明
_parent	在上一级窗口中打开
_blank	在新窗口中打开
_self	在同一个窗口中打开
_top	在浏览器整个窗口中打开

【例 6-5】在 Dreamweaver 中设置网页中超链接的不同打开方式。
视频+素材 (素材文件\第 06 章\例 6-5)

step 1 在网页中创建一个链接到“百度”(http://www.baidu.com)的超链接。

step 2 在代码视图中为<a>标签设置 target 属性：

```
<p><a href="http://www.baidu.com"
target="_blank">访问百度 </a></p>
```

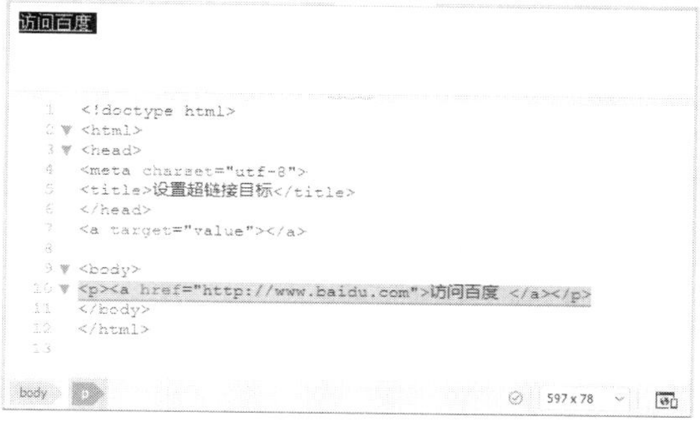

step 3 按下 F12 键预览网页，单击页面中的“访问百度”链接，将在新的窗口中打开所链接的页面。

step 4 如果将 target 属性中的_blank 换成_self，即将代码修改为：

```
<p><a href="http://www.baidu.com"
target="_self">访问百度 </a></p>
```

单击链接后则直接在当前窗口中打开超链接。

6.2.6 使用相对路径和绝对路径

绝对路径一般用于访问非同一台服务器上的资源，相对路径用于访问同一台服务器上相同文件夹或不同文件夹中的资源。如果访问相同文件夹中的文件，只需要写文件名；如果访问不同文件夹中的资源，路径要以服务器的根目录为起点，指明文档的相对关系，由文件夹名和文件名两个部分构成。

【例 6-6】在 Dreamweaver 中使用绝对路径和相对路径实现超链接。
视频+素材 (素材文件\第 06 章\例 6-6)

step 1 使用 Dreamweaver 创建一个网页，在页面中输入多段文本后，选择【文件】|【另存为】命令打开【另存为】对话框，单击该对话框中的【站点根目录】按钮，将网页文件保存至站点的根目录中。

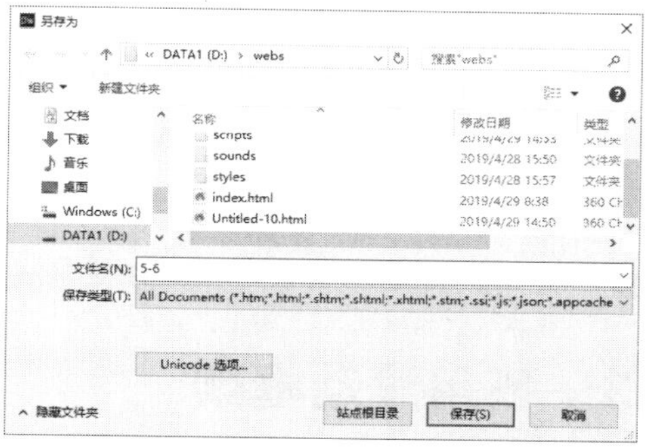

step 2 在【文件】窗口中右击站点的根目录，从弹出的快捷菜单中选择【新建文件】命令，创建网页文件 a1.html；右击 pages 文件夹，从弹出的快捷菜单中选择【新建文件】命令，创建另一个网页文件 a2.html。

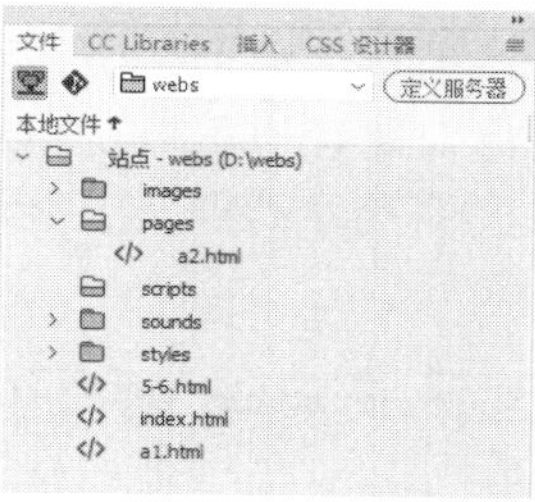

step 3 在设计视图中选中文本“相同文件夹的路径链接”，然后在【属性】面板中单击【指向文件】按钮，并按住鼠标左键将其拖动至【文件】面板的 a1.html 文件上。

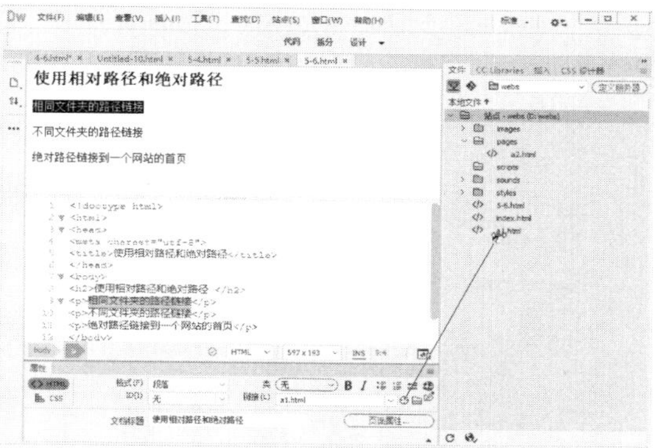

step 4 此时，将使用相对路径为选中的文本创建链接到文档所在站点根目录下的超链接:

```
<p><a href="a1.html">相同文件夹的路径链接</a></p>
```

step 5 在设计视图中选中文本“不同文件夹的路径链接”，然后在【属性】面板中单击【指向文件】按钮⊕，并按住鼠标左键将其拖动至【文件】面板 pages 文件夹下的 a2.html 文件上。

step 6 此时，将使用相对路径为选中的文本创建链接到文档所在站点 pages 目录下 a2.html 文件的超链接:

```
<p><a href="pages/a2.html">不同文件夹的路径链接</a></p>
```

step 7 在设计视图中选中文本“绝对路径链接到一个网站的首页”，然后在【属性】面板中的【链接】文本框中输入一个网站的地址，即可为选中的文本创建一个绝对路径链接:

```
<p><a href="https://www.baidu.com">绝对路径链接到一个网站的首页</a></p>
```

6.3 使用浮动框架

HTML5 不支持 frameset 框架，但仍然支持 iframe 浮动框架。浮动框架不仅可以自由控制窗口的大小，还能够配合表格随意地在网页中的任何位置插入窗口。实际上，就是在窗口中再创建一个窗口。

使用 iframe 创建浮动框架的格式如下:

```
<iframe src="链接对象">
```

其中 src 表示浮动框架中显示对象的路径，可以是绝对路径也可以是相对路径。例如，下面的实例在浮动框架中显示“百度”搜索引擎的首页。

【例 6-7】使用 Dreamweaver 在网页中创建一个浮动框架。
视频+素材 (素材文件\第 06 章\例 6-7)

step 1 在【插入】面板中单击 IFRAME 选项，在网页中插入一个如下图所示的浮动框架。

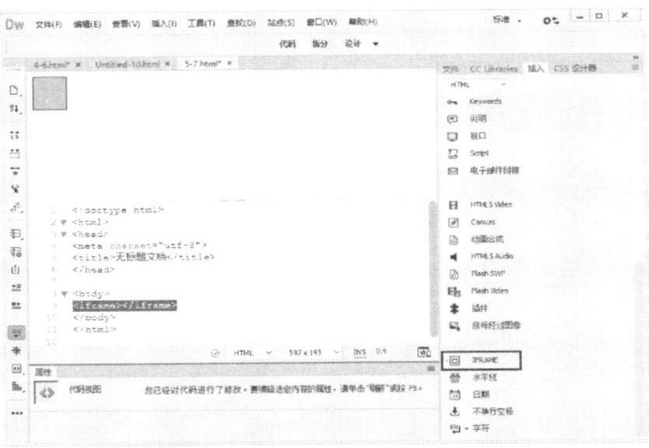

step 2 在代码视图中为浮动框架设置对象的路径:

```
<iframe src="http://www.baidu.com"></iframe>
```

step 3 按下 F12 键，使用浏览器预览网页，效果如下图所示。

在默认情况下，浮动框架的尺寸为 220 像素×120 像素。如果需要调整浮动框架的大小，可以使用 CSS 样式。例如，要修改【例 6-7】中所创建浮动框架的大小，可以在<head>标签部分增加以下代码:

```
iframe {
    width: 1200px;
    height: 800px;
    border: none;
}
```

```
<!doctype html>
<html>
    <head>
    <style>
iframe {
    width: 1200px;
    height: 800px;
    border: none;
}
</style>
    <meta charset="utf-8">
    <title>无标题文档</title>
    </head>

    <body>
    <iframe src="http://www.baidu.com"></iframe>
</body>
```

按下 F12 键，在浏览器中预览网页，浮动框架的效果将如右图所示。

知识点滴

在 HTML5 中，iframe 仅支持 src 属性。

6.4 使用热点区域

所谓热点区域，指的是将一个图片划分为若干个区域，访问者在浏览网页图片时，单击图片上不同的区域会链接到不同的目标页面。

在 HTML 中，用户可以为图片创建矩形、圆形和多边形 3 种类型的热点区域。创建热点区域使用标签<map>和<area>，其语法格式如下：

```
<img src="图片地址" usemap="#名称">
<map id="#名称">
    <area shape="rect" coords="10,10,100,100" href="#">
    <area shape="circle" coords="120,120,50" href="#">
    <area shape="poly" coords="78,13,81,14,53,32,86,38" href="#">
</map>
```

在上面的语法格式中，用户需要注意以下几点：

- 想要建立图片热点区域，必须先在网页中插入图片。图片必须添加 usemap 属性，说明该图像是热区映射图像，属性值必须以“#”开头，加上名称，如#pic。上面代码中的第一行可以修改为：

```
<img src="图片地址" usemap="#pic">
```

- <map>标签只有一个属性 id，其作用是为区域命名，其设置值必须与<img>标签的 usemap 属性值相同。修改上述代码为：

```
<map id="#pic">
```

- <area>标签主要用于定义热点区域的形状及超链接，它有shape、coords和href三个必需的属性。shape属性划分热点区域的形状，其值有三个，分别是rect(矩形)、circle(圆形)和poly(多边形)。coords属性控制热点区域的划分坐标(如果shape属性取值为rect，coords属性的设置分别为矩形的左上角的x、y坐标点和右下角的x、y坐标点；如果shape属性取值为circle，coords属性的设置分别为圆形的圆心x、y坐标点和半径值；如果shape属性取值为poly，coords属性的设置分别为多边形的各个点的x、y坐标，单位为像素)。href属性用于为热点区域设置超链接的目标，其值设置为“#”时，表示为空链接。

上面介绍了 HTML 中创建热点区域的方法，但是最让网页设计者头痛的地方，就是坐标点的定位。如果热点区域形状较多且复杂，确定坐标点这项工作就会非常烦琐。因此，不建议用户通过 HTML 代码设置热点区域。在 Dreamweaver 中可以方便地实现这个功能。

【例 6-8】使用 Dreamweaver 在网页中创建图片热点区域。
视频+素材 (素材文件\第 06 章\例 6-8)

step 1 按下 Ctrl+N 组合键打开【新建文档】对话框创建一个空白网页后，选择【插入】| Image 命令，在网页中插入一张图片。

step 2 在设计视图中选中该图片，在【属性】面板中将显示下图所示的 3 个图标，代表矩形、圆形和多边形热点区域。

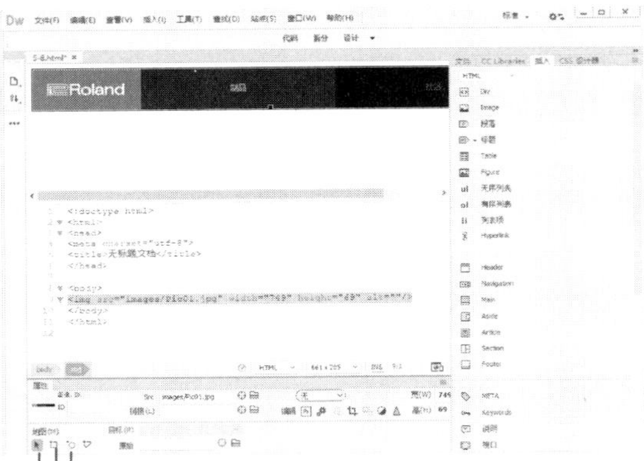

step 3 单击【属性】面板中的【矩形热点】按钮，将鼠标指针移到被选中的图片上，按住鼠标左键拖曳即可创建下图所示的矩形热点区域。

step 4 绘制的热点区域呈半透明状态。如果其大小有误差，用户可以使用【属性】面板中的【指针热点工具】按钮对热点区域进行编辑。激活【指针热点工具】按钮后，将鼠标指针放置在区域四周的控制点上，按住鼠标左键拖动即可调整热点区域的大小。

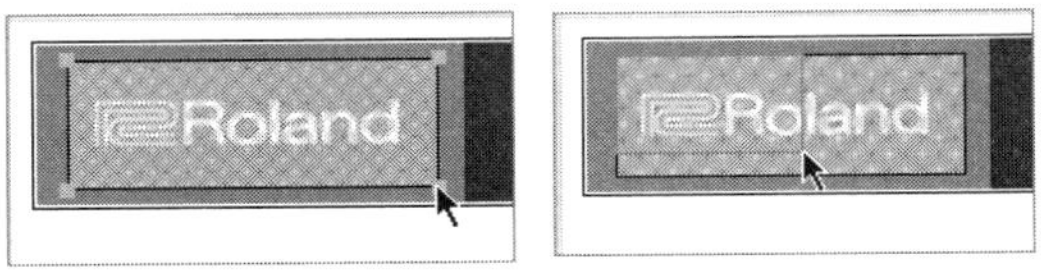

step 5 完成热点区域大小的设置后，在【属性】面板的【链接】文本框中可以设置热点区域链接对应的跳转目标页面，单击【目标】下拉按钮，从弹出的下拉列表中可以设置链接页面的弹出方式，如下图所示。这里如果选择了_bank 选项，矩形热点区域的链接页面将在新的窗口中弹出，而如果【目标】选项保持空白状态，就表示仍在原来的浏览器窗口中显示链接的目标页面。

step 6 完成热点区域的设置后，在代码视图中将自动生成下图所示的代码。

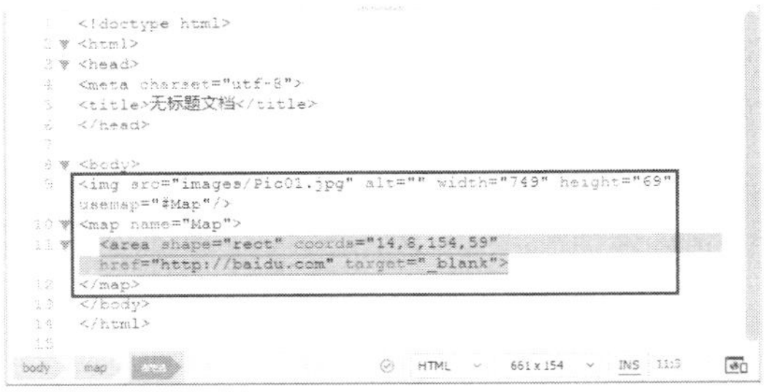

step 7 保存网页并按下 F12 键预览网页，可以发现，当鼠标指针移至网页图片中设置了热点的区域时，就会变成手状，如下图所示。单击就会跳转到相应的页面。

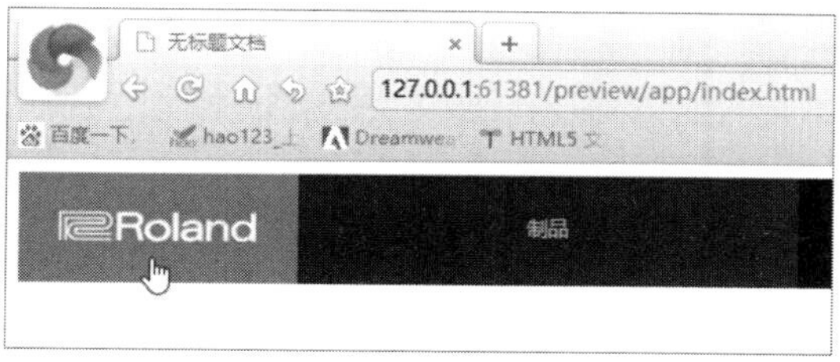

通过上面的实例可以看到，Dreamweaver 自动生成的 HTML 代码结构和前面介绍的是一样的，但所有的坐标都是自动计算出来的，这正是网页制作工具的快捷之处。使用这些工具在本质上和手工编写 HTML 代码没有区别，只是使用这些工具可以提高工作效率。

知识点滴

本书中所介绍的 HTML 代码，在 Dreamweaver 中几乎都有对应的操作，读者可以自行研究，以提高编写 HTML 代码的效率。但需要注意，在 Dreamweaver 中制作网页前，一定要明白 HTML 标签的作用，因为专业的网页设计者必须掌握 HTML 方面的知识。

6.5　案例演练

本章介绍了网页中超链接的类型、路径以及使用 Dreamweaver 在网页中创建文本链接、图片链接、下载链接、电子邮件链接、浮动框架和热点区域链接的方法。下面的案例演练部分将通几个实例帮助用户巩固所学的知识。

【例 6-9】使用锚点链接制作电子书阅读网页。

视频+素材 (素材文件\第 06 章\例 6-9)

step 1 打开网页后，在设计视图中编辑网页中的文本。

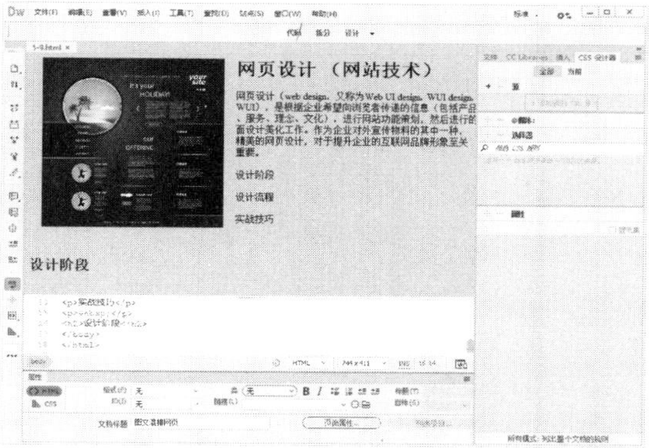

step 2 选中网页中的文本“设计阶段”“设计流程”和“实战技巧”，单击【属性】面板中的【无序列表】按钮，建立无序列表。

step 3 选中无序列表中的文本“设计阶段”，在【属性】面板的【链接】文本框中输入“#设计阶段”。

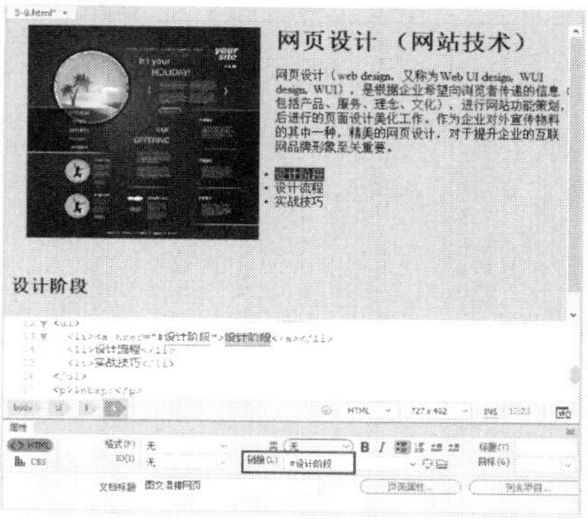

step 4 使用同样的方法为无序列表中的其他文本设置超链接目标，在代码视图中生成代码：

```
<ul>
   <li><a href="#设计阶段">设计阶段</a></li>
   <li><a href="#设计流程">设计流程</a></li>
   <li><a href="#实战技巧">实战技巧</a></li>
</ul>
```

step 5 在设计页面中继续输入文本，并为文本设置段落格式和有序列表。

step 6 在代码中为标题文本“设计阶段”添加<a>标签：

```
<h2><a name="设计阶段">设计阶段</a></h2>
```

step⑦ 使用同样的方法，为每一篇文章添加内容，为标题文本添加<a>标签。

```
<!doctype html>
<html>
……
<h2><a name="设计阶段">设计阶段</a></h2>
<p>网站伴随着网络的快速发展而快速兴起，作为上网的主要依托，由于人们使用网络的频繁而变得非常的重要。由于企业需要通过网站呈现产品、服务、理念、文化，或向大众提供某种功能服务。因此网页设计必须首先明确设计站点的目的和用户的需求，从而做出切实可行的设计方案。<br>
专业的网页设计，需要经历以下几个阶段：</p>
<ol>
…..
</ol>
<h2><a name="设计技巧">设计技巧</a></h2>
<ol>
  <li>业务逻辑清晰，能清楚地向浏览者传递信息，浏览者能方便地寻找到自己想要查看的东西。</li>
  <li>用户体验良好，用户在视觉上，操作上都能感到很舒适。</li>
  <li>页面设计精美，用户能得到美好的视觉体验，不会为一些糟糕的细节而感到不适。</li>
  <li>建站目标明晰，网页很好地实现了企业建站的目标，向用户传递了某种信息，或展示了产品、服务、理念、文化。</li>
</ol>
<h2><a name="实战技巧">实战技巧</a></h2>
<p>网页技术更新很快，一个网站的界面设计寿命仅仅2~3年而已。不管是垃圾还是精品，都没有所谓的经典。一个闭门造车者做出的东西，是远远赶不上综合借鉴者的。网页设计不同于其他艺术，在模仿加创新的网页设计领域当中，即便是完全自己设计的，也是沿用了人们已经认同的大部分用户习惯，而且这种沿袭的痕迹是非常明显的！还有哪个设计者敢腆着脸说，这都是我自己的原创设计？对于业界来说，经典只是个理念和象征。</p>
</body>
</html>
```

step⑧ 按下F12键预览网页，效果如下图所示。

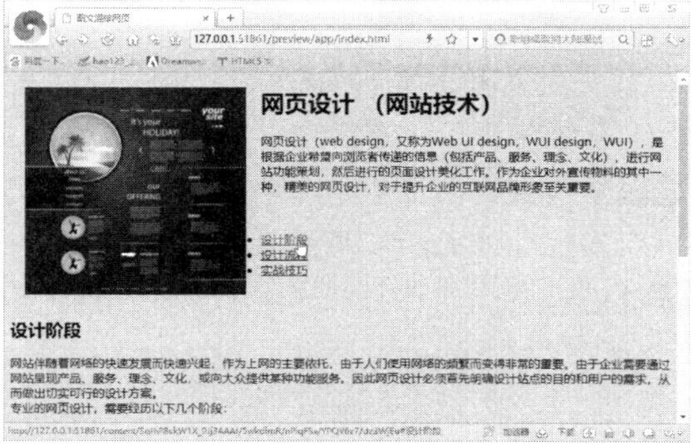

step⑨ 单击页面中的链接“设计阶段”，将跳转显示页面中相应的内容。

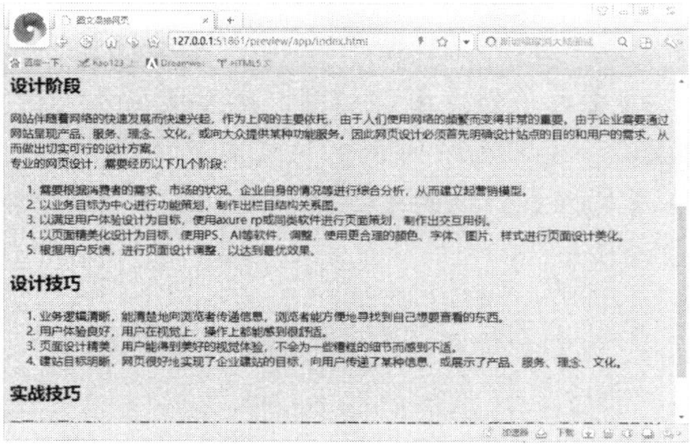

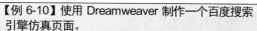

【例 6-10】使用 Dreamweaver 制作一个百度搜索引擎仿真页面。
视频+素材 (素材文件\第 06 章\例 6-10)

step 1 启动 Dreamweaver 后，新建一个空白网页，然后将创建的网页以文件名 baidu.html 保存至当前站点的根目录中(将本例所用的素材文件也复制到站点根目录中)，并在代码视图中输入以下代码：

```
<!doctype html>
<html>
<head>
<meta charset="utf-8">
<title>百度搜索引擎首页</title>
</head>
<body>
    <p align="center"><a href="http://www.baidu.com">
        <img border="0" src="baidulogo.jpg" /><a></p>
    <p align="center">
        <a href="http://news.baidu.com" name="tj_news">新 闻</a>
    <b>网 页</b>
        <a href="http://tieba.baidu.com" name="tj_tieba">贴 吧</a>
        <a href="http://zhidao.baidu.com" name="tj_zhidao">知 道</a>
        <a href="http://music.baidu.com" name="tj_mp3">音 乐</a>
        <a href="http://image.baidu.com" name="tj_img">图 片</a>
        <a href="http://video.baidu.com" name="tj_video">视 频</a>
        <a href="http://map.baidu.com" name="tj_map">地 图</a>
    </p>
    <p align="center">
        <input type="text" size="60" name="">
        <input type="button" name="baidu" value="百度一下">
    </p>
    <p align="center">问题反馈请<a href="mailto:someone@baidu.com?"subject=问题反馈">发送邮件
</a></p>
</body>
</html>
```

step 2 此时，设计视图中网页的效果如下图所示。

step 3 保存网页后，按下 F12 键在浏览器中预览网页，效果如下图所示。

step 4 单击页面中的【新闻】链接，将打开下图所示的“百度新闻”页面。

step 5 单击页面中的【贴吧】链接，将打开下图所示的“百度贴吧”页面。

step 6 单击页面中的【知道】链接，将打开下图所示的“百度知道”页面。

step 7 单击页面中的【音乐】链接，将打开下图所示的页面。

step 8 单击页面中的【图片】链接，将打开下图所示的“百度图片”页面。

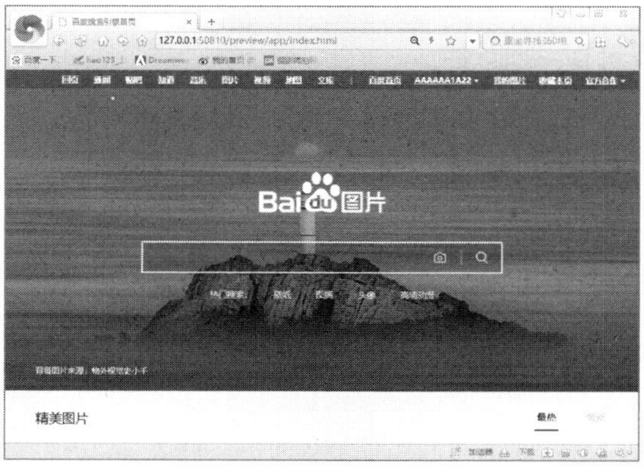

step 9 单击页面中的【发送邮件】链接，将自动启动邮件发送软件，向指定邮箱地址发送电子邮件。

【例 6-11】使用 Dreamweaver 编写 edu_1.html 和 edu_2.html 页面，并在页面中应用书签标签。

视频+素材 (素材文件\第 06 章\例 6-11)

step 1 在 Dreamweaver 中按下 Ctrl+N 组合键创建一个新的空白网页文档，然后按下 Ctrl+S 组合键将网页以 edu_1.html 为名称进行保存，并在代码中输入以下代码:

```
<!doctype html>
<html>
<head>
<meta charset="utf-8">
<title>链接到同一页面的书签标签</title>
</head>
<body>
<h3><a name="software">常用网页设计工具</a></h3>
<ul>
    <li><a href="#dw">Dreamweaver CC 2019[详细]</a></li>
    <li><a href="#EP">EditPlus[详细]</a></li>
    <li><a href="#ST">Sublime Text[详细]</a></li>
    <li><a href="edu_2.html#WS">WebStorm[详细]</a></li>
</ul>
    <h2><a name="dw">Dreamweaver CC 2019</a></h2>
    <p>    Adobe Dreamweaver 是 Adobe 公司推出的网站开发工具，它是一款集网页制作和网站管理于一身的所见即所得的网页编辑工具。利用 Dreamweaver 用户可以轻而易举地制作出跨越平台和浏览器限制的网页效果。目前，Dreamweaver 软件有 Mac 和 Windows 系统的版本。本书所介绍的 Dreamweaver CC 2019 提供了一套直观的可视化界面，用户可以利用它创建和编辑 HTML 网站和移动应用程序。</p>
    <h4 align="right"><a href="#software">返回</a></h4>
    <h2><a name="EP">EditPlus</a></h2>
    <p>    EditPlus 是 Windows 系统中的一个文本、HTML、PHP 以及 Java 编辑器。它不但是“记事本”工具的一个很好的替代工具，同时它也为网页制作者和程序设计者提供了许多强大的功能。EditPlus 对 HTML、PHP、Java、C/C++、CSS、ASP、Perl、JavaScript 和 VBScript 的语法有突出显示。同时，根据自定义语法文件 EditPlus 能够扩展支持其他程序语言。无缝网络浏览器预览 HTML 页面，以及 FTP 命令上载本地文件到 FTP 服务器。</p>
    <h4 align="right"><a href="#software">返回</a></h4>
    <h2><a name="ST">Sublime Text</a></h2>
    <p>    Sublime Text 支持多种编程语言的语法高亮显示，并且拥有优秀的代码自动完成和代码片段功能。用户可以使用 Sublime Text 将常用的代码片段保存起来，在需要使用时随时调用。Sublime Text 支持 VIM 模式、支持宏。使用该工具编写网页代码，可以大大提高编码的速度和效率。</p>
    <h4 align="right"><a href="#software">返回</a></h4>
</body>
</html>
```

step 2 按下 F12 键在浏览器中预览网页，效果如下图所示。

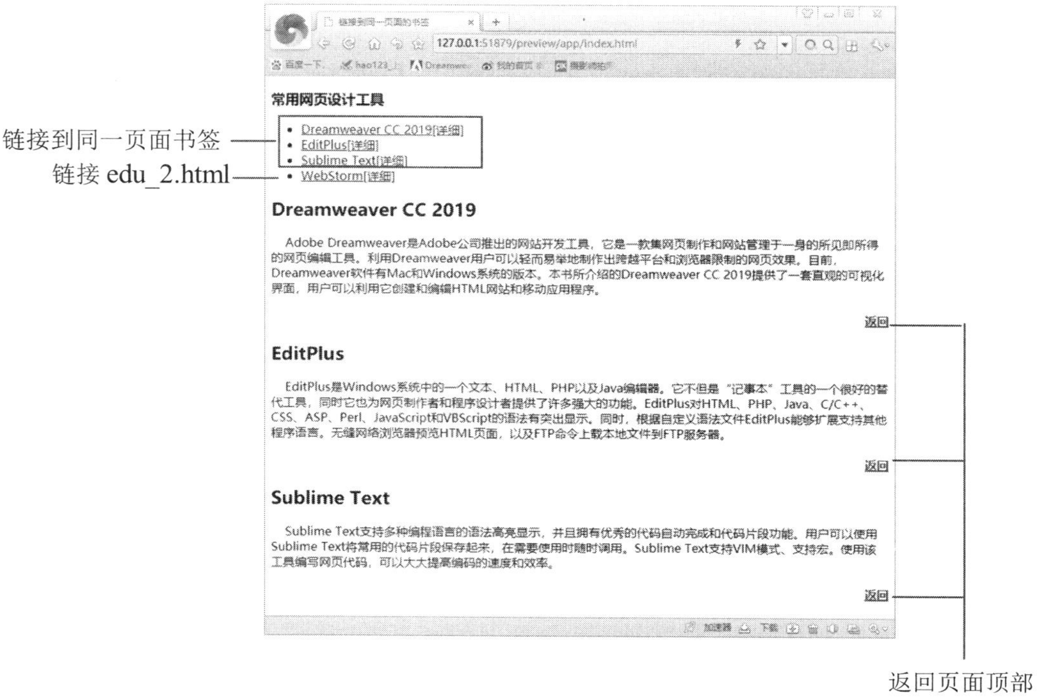

edu_1.html 页面效果

step 3 再次按下 Ctrl+N 组合键创建一个空白网页，按下 Ctrl+S 组合键打开【另存为】对话框，将页面保存为 edu_2.html，然后在代码视图中输入以下代码：

```
<!doctype html>
<html>
<head>
<meta charset="utf-8">
<title>不同页面之间的书签标签</title>
</head>
<body>
    <h4><a name="WebStorm">WebStorm</a></h4>
    <P>    WebStorm 是 JetBrains 公司旗下的一款 JavaScript 开发工具。该工具被广大中国 JavaScript 开发者誉为 Web 开发神器、最强大的 HTML5 编辑器、最智能的 JavaScript IDE。该工具与 IntelliJ IDEA 同源，集成了 IntelliJ IDEA 强大的 JavaScript 部分的功能。</P>
    <h4 align="right"><a href="edu_1.html"#software>返回首页</a></h4>
</body>
</html>
```

step 4 按下 F12 键在浏览器中预览网页，单击页面中的【返回首页】，如下图所示，将会返回 edu_1.html 页面。

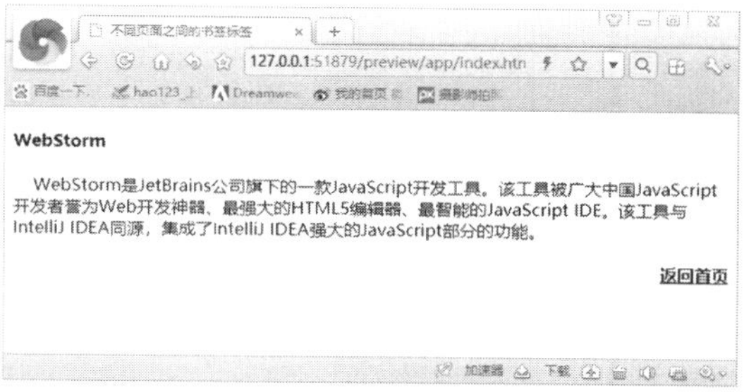

【例 6-12】 使用 Dreamweaver 制作一个网页，并在页面中应用两个并排显示的浮动框架。

视频+素材 (素材文件\第 06 章\例 6-12)

step 1 在 Dreamweaver 中按下 Ctrl+N 组合键创建一个空白网页，然后按下 Ctrl+S 组合键将空白网页保存为 edu_3.html，并在代码视图中输入以下代码：

```
<!doctype html>
<html>
<head>
<meta charset="utf-8">
<title>在网页中应用浮动框架</title>
<style type="text/css">
  a{width: 300px;margin: 0 10px;}
  h3{font-size: 28px;color: #0000ff; text-align: center;}
  div{margin: 0 auto;text-align: center;}
</style>
</head>
<body>
<div id="" class="">
      <h3>浮动框架应用</h3>
      <hr color="red">
  <iframe name="leftiframe" src="https://www.toutiao.com/i6700716902647333379/" width="800"
height="1000">
  </iframe>
    
  <iframe name="rightiframe" src="https://www.toutiao.com/i6702939566300463619/" width="800"
height="1000">
  </iframe>
      <p>
        <a href="https://www.toutiao.com/i6712257372489777668/" target="leftiframe">在左侧浮动框架内
显示机箱简介</a>
        <a href="https://www.toutiao.com/i6708258306869166605/" target="rightiframe">在右边浮动框架内
显示机械硬盘简介</a>
  </p>
</div>
</body>
</html>
```

step 2 按下 F12 键在浏览器中预览网页，效果如下图所示。

step 3 单击页面底部的文本链接“在左侧浮动框架内显示机箱简介”，将在页面左侧的浮动框架中显示介绍机箱的相关网页；单击页面底部的文本链接“在右边浮动框架内显示机械硬盘简介”，将在页面右侧的浮动框架中显示介绍机械硬盘的相关网页。

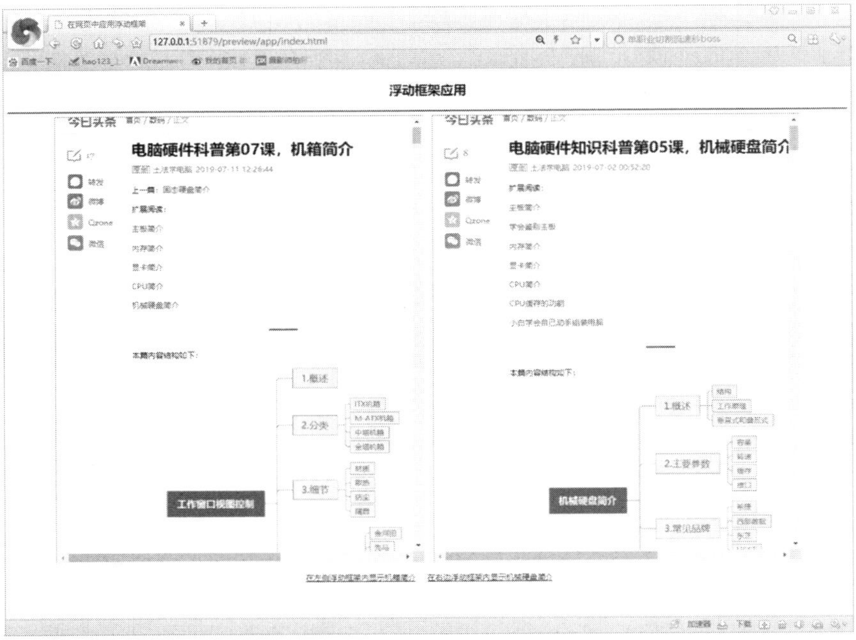

第 7 章

使用图像与多媒体文件

图像和多媒体文件都是网页中最主要也是最常用的元素。其中，图像在网页中往往具有画龙点睛的作用，能够装饰网页，表达网页设计者个人的情调和风格。而多媒体文件则可以使网页呈现出包含动画、视频和声音等效果，给浏览者带来更丰富的视觉、听觉体验。

本章将结合 Dreamweaver CC 2019 软件操作，介绍在网页中插入图像，添加滚动文字，设置音频、视频及 Flash 文件的方法。

本章对应视频

例 7-1 创建本地站点

例 7-2 在网页中插入图片文件

例 7-3 在网页中插入来自网站的图片

例 7-4 设置图像的高度和宽度

例 7-5 设置网页图像提示文字

例 7-6 裁切网页中的图像

例 7-7 使用 Photoshop 编辑图像

本章其他视频参见视频二维码列表

7.1 网页图像概述

图像是网页中最基本的元素之一，制作精美的图像可以大大增强网页的视觉效果。图像所蕴含的信息量对于网页而言显得更加重要。网页设计中，在网页中插入图像通常用于为网页添加图形界面或者制作具有视觉感染力的页面内容(如照片、背景等)。

7.1.1 网页支持的图像格式

在保持较高画质的同时尽量缩小图像文件的大小是图像文件应用在网页中的基本要求。符合这种条件的图像文件格式有 GIF、JPG/JPEG、PNG 等。

- GIF：相比 JPG 或 PNG 格式，GIF 文件虽然相对较小，但这种格式的图片文件最多只能显示 256 种颜色。因此，很少用在照片等需要很多颜色的图像中，多用在菜单或图标等简单的图像中。
- JPG/JPEG：JPG/JPEG 格式的图片比 GIF 格式使用更多的颜色，因此适合于照片图像。这种格式适合保存用数码相机拍摄的照片、扫描的照片或是使用多种颜色的图片。
- PNG：JPG 格式的图片在保存时由于压缩会损失一些图像信息，但用 PNG 格式保存的文件与原图像的质量几乎相同。

知识点滴

网页中图像的使用会受到网络传输速度的限制，为了减少下载时间，页面中的图像文件大小最好不要超过 100KB。

7.1.2 网页图像的路径

HTML 文档支持文字、图片、声音、视频等媒体格式，但是在这些格式中，除了文本是写在 HTML 中的，其他都是嵌入式的，HTML 文档只记录这些文件的路径。这些媒体信息能否正确显示，其路径至关重要。

路径的作用是定位一个文件的位置。文件的路径可以有两种表述方法，以当前文档为参照物表示文件的位置，即相对路径。以根目录为参照物表示文件的位置，即绝对路径。

为了方便介绍绝对路径和相对路径，下面以下图所示的站点目录结构为例。

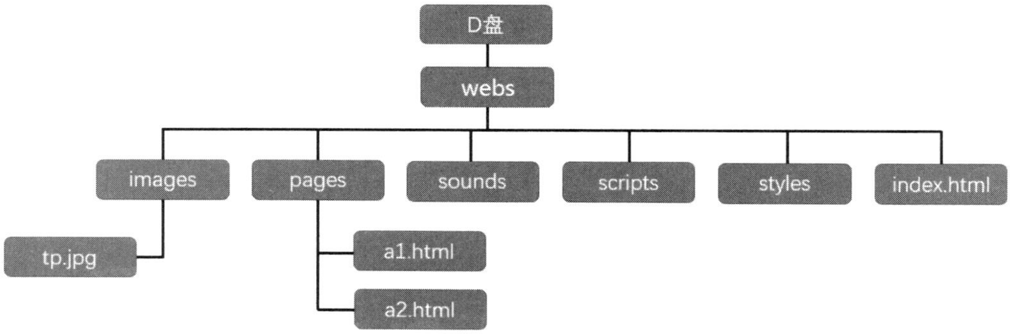

站点的目录结构

1. 绝对路径

以上图为例，在 D 盘的 webs 目录下的 images 下有一个 tp.jpg 图像，那么它的路径就是 D:\webs\images\tp.jpg，像这种完整地描述文件位置的路径就是绝对路径。如果将图片文件 tp.jpg 插入网页 index.html 中，绝对路径的表示方式如下：

```
D:\webs\images\tp.jpg
```

如果使用了绝对路径 D:\webs\images\

tp.jpg 进行图片链接，那么网页在本地计算机中将正常显示，因为在 D:\webs\images 文件夹中确实存在 tp.jpg 图片文件。但如果将文档上传到网站服务器，就不会正常显示了。因为服务器给用户划分的图片存放空间可能在其自身的其他文件夹中，也可能在 E 盘的文件夹中。为了保证图片的正常显示，必须从 webs 文件夹开始，将图片文件和保存图片文件的文件夹放到服务器或其他电脑的 D 盘根目录中。

知识点滴

通过上面的介绍读者会发现，如果链接的资源在本站点内，使用绝对路径对位置的要求非常严格。因此，链接站内的资源不建议采用绝对路径。但如果链接其他站点的资源，则必须使用绝对路径。

2. 相对路径

所谓相对路径，顾名思义就是以当前位置为参考点，自己相对于目标的位置。例如，在 index.html 中链接图片文件 tp.jpg 就可以使用相对路径。index.html 和 tp.jpg 图片的路径根据上图所示的目录结构图可以定位为：从 index.html 位置出发，它和 images 属于同级，路径是通的，因此可以定位到 images，images 的下级就是 tp.jpg。使用相对路径表示图片的方式如下：

```
images/tp.jpg
```

使用相对路径，不论将这些文件放到哪里，只要 tp.jpg 和 index.html 文件的相对关系没有变，就不会出错。

在相对路径中，“..”表示上一级目录，“../..”表示上级的上级目录，以此类推。例如，将 tp.jpg 图片插入 a1.html 文件中，使用相对路径的表示方式如下：

```
../images/tp.jpg
```

通过上面内容的介绍读者会发现，路径分隔符使用了“/”和“\”两种，其中“\”表示本地分隔符，“/”表示网络分隔符。因为网站制作好后肯定是在网络上运行的，因此要求使用“/”作为路径分隔符。

有的读者可能会有这样的疑惑：一个网站有许多链接，怎么能保证它们的链接都正确，如果修改了图片或网页的存储路径，是不是会造成代码的混乱？此时，如果使用 Dreamweaver 的站点管理功能，不但可以将绝对路径自动转换为相对路径，而且在站点中改动文件路径时，与这些文件相关联的路径也会自动更改。

【例 7-1】使用 Dreamweaver 站点管理功能，创建本章实例所用的站点 webs。视频

step 1 参考本节开头部分设计的站点目录结构图，在本地计算机的 D 盘中创建站点目录。启动 Dreamweaver 后，选择【站点】|【新建站点】命令，打开【站点设置对象】对话框，在【站点名称】文本框中输入 webs，在【本地站点文件夹】文本框中输入“D:\webs”。

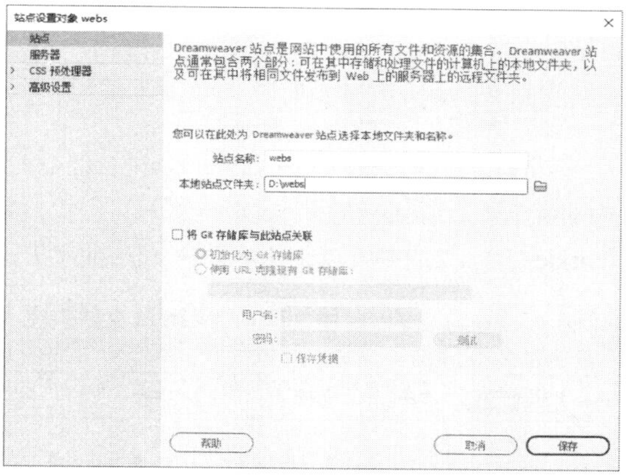

step 2 单击【保存】按钮，打开【文件】面板创建下图所示的 webs 站点。

step 3 最后，将图片文件 tp.jpg 复制到 D:\webs\images 文件夹中。

7.2 在网页中插入图像

在网页中插入图像可以美化网页的效果，在 HTML 中插入图像使用单标签<img>。该标签的属性及说明如下表所示。

<img>标签的属性及说明

属　性	值	说　明
alt	text	定义有关图像的简短描述
src	URL	要显示的图像的 URL
height	pixels%	定义图像的高度
ismap	URL;	把图像定义为服务器端的图像映射
usemap	URL	定义作为客户端图像映射的一幅图像
vspace	pixels	定义图像顶部和底部的空白
width	pixels%	设置图像的宽度

1. 插入本地图片文件

src 属性用于指定图片源文件的路径，它是<img>标签必不可少的属性，其语法格式如下：

```
<img src="图片路径">
```

图片的路径可以是绝对路径，也可以是相对路径。下面通过一个实例介绍在下图所示的index.html文件中插入tg.jpg图片文件的方法。

【例 7-2】在站点 webs 中创建 index.html 文件并在其中插入图片文件 tg.jpg。

视频+素材 (素材文件\第 07 章\例 7-2)

step 1 继续【例 7-1】的操作，在【文件】窗口中右击站点根目录，从弹出的快捷菜单中选择【新建文件】命令，创建一个新的网页文件，并将其命名为 index.html。

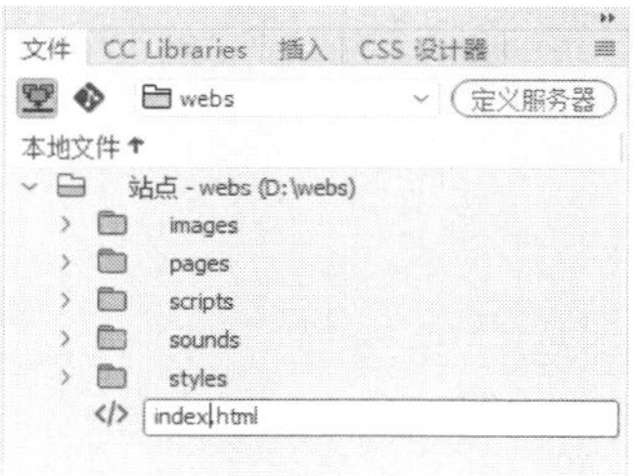

step 2 双击【文件】面板中的 index.html 文件将其在文档窗口中打开，选择【插入】| Image 命令，打开【选择图像源文件】对话框，选中 D:\webs\images 文件夹中的 tp.jpg 文件。

step 3 单击【确定】按钮，即可在 index.html 文件中插入图片文件 tp.jpg，并在代码视图中添加<img>标签，如下所示：

```
<img src="images/tp.jpg" width="437"
height="656" alt=""/>
```

step 4 按下 F12 键可以通过浏览器预览网页的效果。

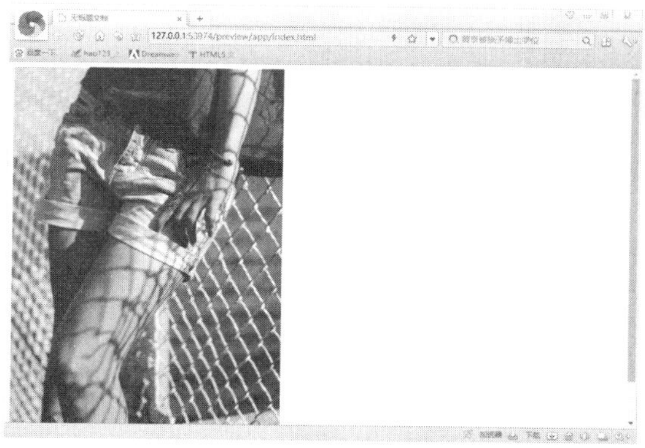

2. 从不同位置插入图像

制作网页时，用户也可以将网络中其他文件夹或服务器的图片插入网页中。

【例 7-3】在网页中插入来自网站的图片。
视频+素材 (素材文件\第 07 章\例 7-3)

step 1 使用浏览器打开一个图片素材网站，在选择一个图片素材后，右击鼠标，从弹出的快捷菜单中选择【复制图片地址】命令，如右上图所示，复制图片的地址。

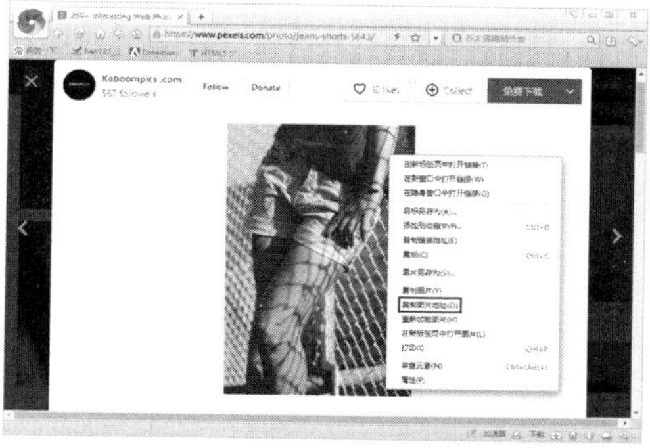

step 2 在 Dreamweaver 中按下 Ctrl+N 组合键创建一个空白网页，在代码视图中输入<img>标签，并在"src="属性后粘贴步骤①中复制的图片地址。

step 3 按下 F12 键，通过浏览器预览网页，页面效果与【例 7-2】的一致。

7.3 编辑网页图像

在网页中插入图像后，用户既可以根据网页设计要求改变图像的高度与宽度，也可以为图像设置提示文字，或者利用 Dreamweaver 的图像编辑功能，裁剪图像，并设置图像的亮度、对比度和锐化效果。

7.3.1 设置图像的高度和宽度

在 Dreamweaver 中，用户在设计视图中选中插入的图像后，在【属性】面板中可以设置图像的高度和宽度。在 HTML 中，一般按原尺寸显示，但也可以任意设置显示尺寸。设置图像尺寸分别使用 width 属性和 height 属性来实现。下面通过一个实例详细介绍该实现方法。

【例 7-4】在 Dreamweaver 中设置网页中插入图像的高度和宽度。
视频+素材 (素材文件\第 07 章\例 7-4)

step 1 继续【例 7-2】的操作，在设计视图内选中页面中的图像，在【属性】面板中单击【切换尺寸约束】按钮🔒，将其状态设置为🔓，然后在【宽】文本框中输入"200"，在【高】文本框中输入"300"，之后单击【提交图像大小】按钮✓，如下图所示。

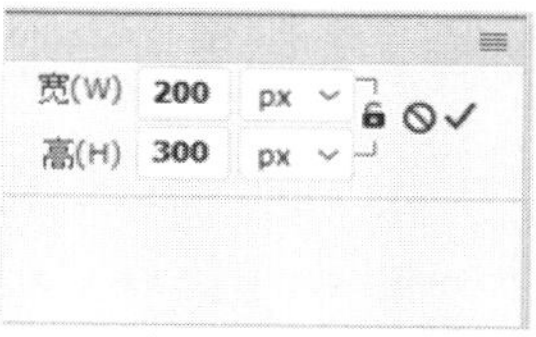

step② 在弹出的对话框中单击【确定】按钮，即可改变图像的大小。

step③ 此时，在代码视图中将在<img>标签中添加以下 width 属性和 height 属性：

```
<img src="images/tp.jpg" width="200"
height="300"/>
```

通过以上实例可以看到，图片的显示尺寸是由 width 和 height 两个属性控制的。在 Dreamweaver 中设置网页图像尺寸时，【属性】面板中【切换尺寸约束】按钮的状态决定了图像的高度和宽度是否成比例显示(即改动其中任何一个属性的值后，另一个值是否根据图像的原始比例自动调整)。

知识点滴

网页图像的尺寸单位可以选择百分比或数值。百分比为相对尺寸，数值是绝对尺寸。在 Dreamweaver 的【属性】面板中，用户可以通过单击【宽】或【高】文本框后的 px 按钮，选择图像的尺寸是采用百分比单位还是数值单位。

7.3.2 设置图像提示文字

图像提示文字的作用有两个：其一是当浏览网页时，如果图像下载完成，将鼠标指针放置在图像上，鼠标指针旁边会出现提示文字，为图像提供说明；其二是如果图像没有成功下载，在图像的位置上会显示提示文字。

使用 title 属性可以为网页图像设置提示文字，使用 alt 属性可以为网页设置未成功加载的提示文字。下面通过一个简单的实例介绍其具体方法。

【例 7-5】在 Dreamweaver 中为网页中的图像设置提示文字。
视频+素材 (素材文件\第 07 章\例 7-5)

step① 继续【例 7-2】的操作，在设计视图中选中页面中的图像，在【属性】面板的【标题】文本框中输入“来自 pexels 的图片”，在【替换】文本框中输入“图像未成功加载”，如下图所示。

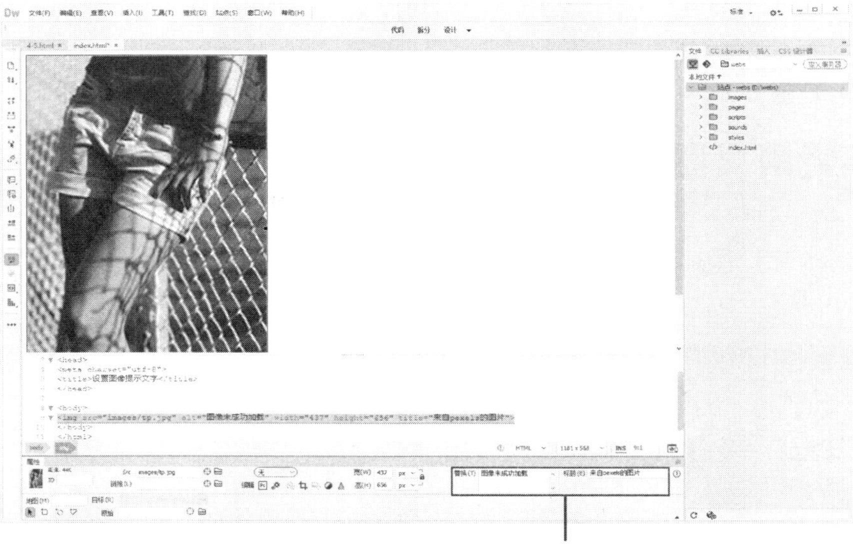

设置提示文字

在 Dreamweaver 中为图像设置替换文字和标题文字

step② 此时，在代码视图的<img>标签中将添加以下 title 属性：

```
<img src="images/tp.jpg" alt="图像未成功加载" width="437" height="656" title="来自 pexels 的图片">
```

step 3 按下 F12 键预览网页，若页面中的图像被成功加载，当鼠标放置在网页图像上时，将显示提示文字“来自 pexels 的图片”。

若页面中的图像未成功加载，网页将显示提示文字“图像未成功加载”。

7.3.3　编辑图像效果

Dreamweaver 提供了基本的图像编辑功能，可以使用户无须使用外部图像编辑应用程序(例如 Photoshop)也可修改图像的效果。用户可以在 Dreamweaver 中对图像进行重新取样并裁切、优化和锐化，或者调整图像的亮度和对比度。

1. 优化图像

在 Dreamweaver 的设计视图内选中网页中的图像后，选择【编辑】|【图像】|【优化】命令(或者单击【属性】面板中的【编辑图像设置】按钮)，打开【图像优化】对话框，在该对话框的【格式】下拉列表中可以设置网页图像的格式，如下图所示。

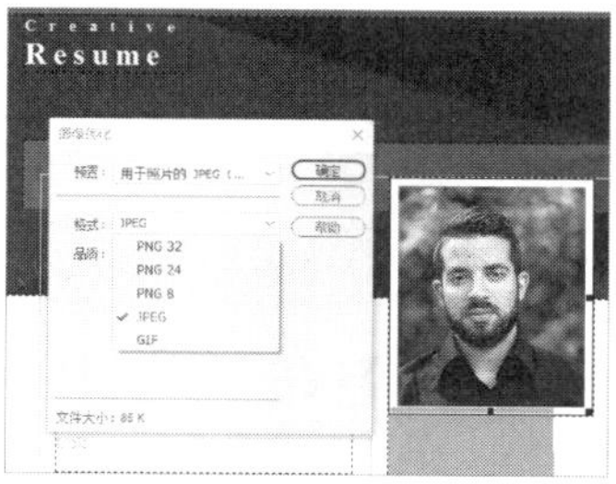

拖动对话框中的【品质】滑块可以设置网页图像的显示品质。

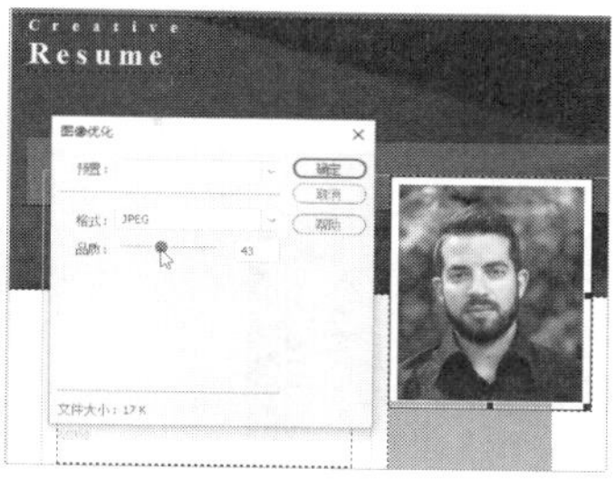

2. 重新取样

在 Dreamweaver 中调整网页图像的高度和宽度后，用户可以选择【编辑】|【图像】|【重新取样】命令(或者单击【属性】面板中的【重新取样】按钮)，使图像适应新的尺寸。对图像进行重新取样以取得更高的分辨率一般不会导致图像品质下降。但如果需要通过重新取样以取得较低分辨率的图像，则会导致图像丢失数据，并且通常会使品质下降。

3. 裁切图像

在 Dreamweaver 的设计视图中选中一个图像后，选择【编辑】|【图像】|【裁切】命令(或者单击【属性】面板中的【裁切】按钮)，可以对图像执行裁切操作。

【例 7-6】在 Dreamweaver 中裁切网页中的图像。
视频+素材 (素材文件\第 07 章\例 7-6)

step 1 在网页中选中需要裁切的图像后，单击【属性】面板中的【裁切】按钮，然后将鼠标放置在图像四周显示的控制点上，按住左键拖动，调整图像四周的裁切线。

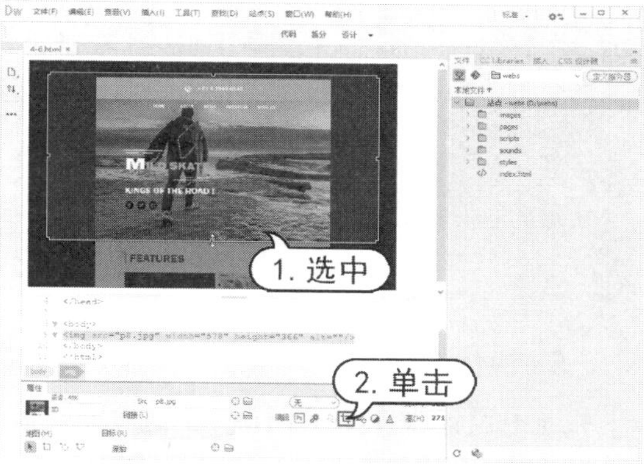

step 2 按下Enter键，即可裁切页面中的图像，效果如下图所示。

4. 调整图像的亮度和对比度

在 Dreamweaver 中用户选择【编辑】|【图像】|【亮度/对比度】命令(或在设计视图中选中图像后单击【属性】面板中的【亮度和对比度】按钮◕)，可以修改图像中像素的对比度或亮度。亮度和对比度会影响图像的高亮、阴影和中间色调，如下图所示。

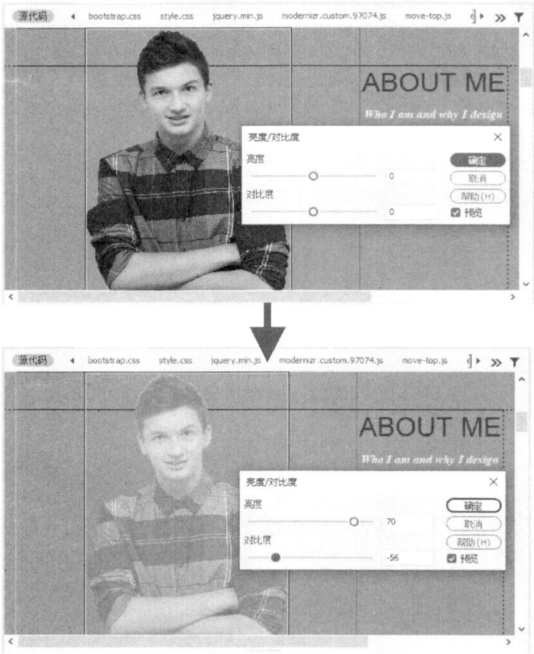

5. 锐化图像

选中设计视图中的图像后，选择【编辑】|【图像】|【锐化图像】命令(或者单击【属性】面板中的【锐化】按钮△)，可以对图像做锐化处理。锐化将增加图像边缘的像素的对比度，从而增加图像清晰度或锐度。

7.3.4 在 Photoshop 中编辑图像

在 Dreamweaver 中制作网页时，用户可以在外部图像编辑器(例如 Photoshop)中打开选定的图像，对图像进行编辑。在保存了经过编辑的图像文件并返回到 Dreamweaver 后，可以在文档窗口中看到对图像进行的所有更改。

【例 7-7】在 Dreamweaver 中设置使用 Photoshop 编辑网页图像。
视频+素材 (素材文件\第 07 章\例 7-7)

step 1 选择【编辑】|【首选项】命令打开【首选项】对话框，在【分类】列表中选择【文件类型/编辑器】选项，在显示的选项区域中单击【编辑器】列表框上的＋按钮。

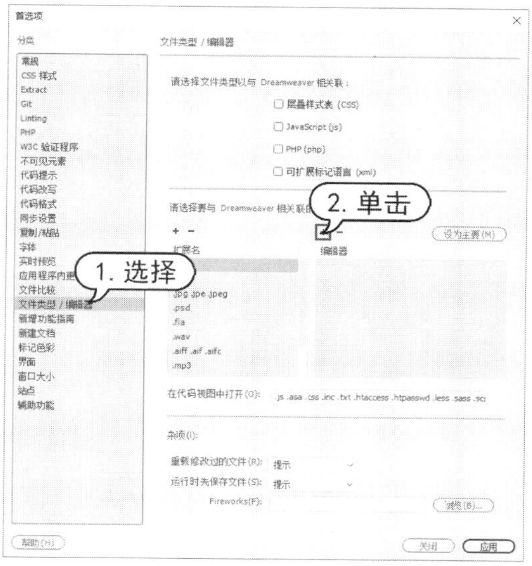

step 2 打开【选择外部编辑器】对话框，选中 Photoshop 软件的启动文件，然后单击【打开】按钮。

step 3 返回【首选项】对话框，依次单击【应用】和【关闭】按钮。

step 4 在 Dreamweaver 的设计视图中选中需要编辑的图像后，选择【编辑】|【图像】|【编辑以】| Photoshop 命令(或者单击【属性】面板中的【编辑】按钮 Ps)，即可启动 Photoshop 软件来编辑图像。

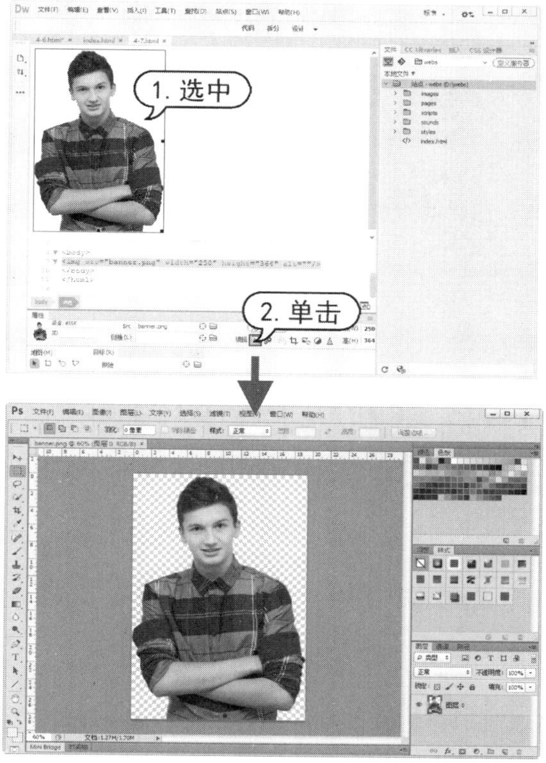

step 5 在 Photoshop 对图片进行处理后，选择【文件】|【存储为】命令，打开【存储为】对话框将图像保存。返回 Dreamweaver 后，可以看到网页中的图像效果也发生了变化。

7.4　设置网页背景图像

在网页中插入图像时，可以根据需要将一些图像设置为网页背景。GIF 和 JPG 文件均可用作 HTML 背景。如果图像小于页面，图像会在页面中重复显示。

【例 7-8】在 Dreamweaver 中为网页设置背景图像。
视频+素材 (素材文件\第 07 章\例 7-8)

step 1 在【属性】面板中单击【页面设置】按钮，在打开的【页面属性】对话框中单击【背景图像】文本框右侧的【浏览】按钮。

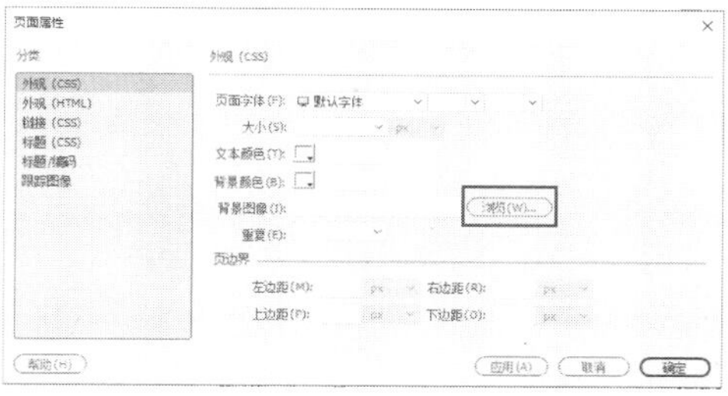

step 2 打开【选择图像源文件】对话框，选择图像文件，单击【确定】按钮。返回【页面属性】对话框，单击【应用】和【确定】按钮，即可为网页设置背景图像。

step 3 此时，代码视图中的网页代码如下：

```
<!doctype html>
<html>
<head>
<title>设置网页背景图像</title>
<style type="text/css">
body {
```

```
        background-image: url(banner-1.jpg);
}
</style>
</head>
<body>
</body>
</html>
```

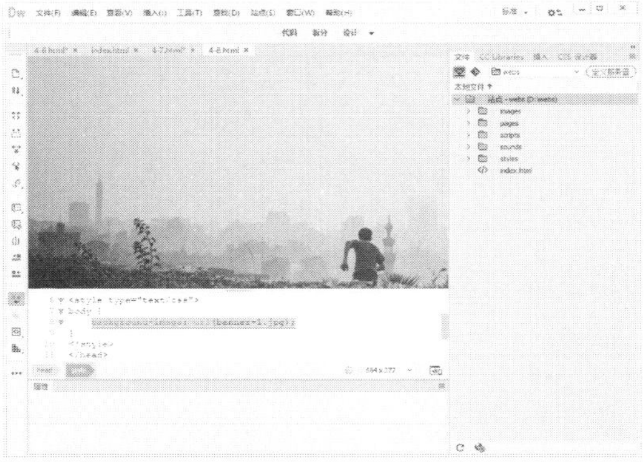

7.5 排列网页中的图像

当用户在网页文本中插入图像后，可以对图像进行排序。常用的排序方式有居中对齐、底部对齐、顶部对齐三种。

【例 7-9】在 Dreamweaver 中排列网页中的图像。

视频+素材 (素材文件\第 07 章\例 7-9)

step 1 在网页中输入文本并在文本中插入图片，然后在代码视图中为<img>标签设置 align 属性，分别设置为底部(bottom)、居中(middle)和顶部(top)三种对齐方式。

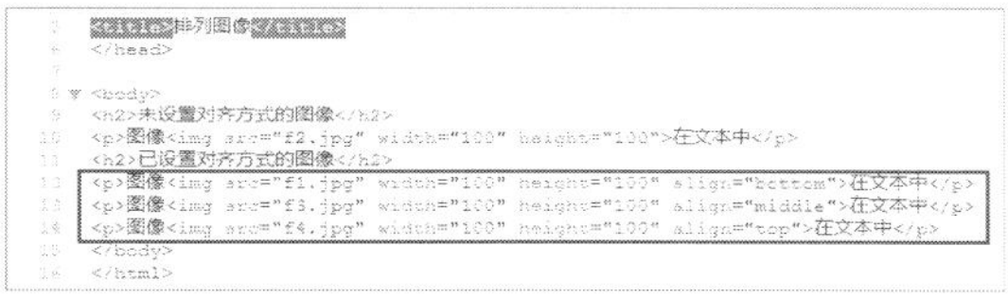

```
<title>排列图像</title>
</head>

<body>
<h2>未设置对齐方式的图像</h2>
<p>图像<img src="f2.jpg" width="100" height="100">在文本中</p>
<h2>已设置对齐方式的图像</h2>
<p>图像<img src="f1.jpg" width="100" height="100" align="bottom">在文本中</p>
<p>图像<img src="f3.jpg" width="100" height="100" align="middle">在文本中</p>
<p>图像<img src="f4.jpg" width="100" height="100" align="top">在文本中</p>
</body>
</html>
```

step 2 按下 F12 键在浏览器中预览网页，效果如下图所示。

7.6 制作鼠标经过图像

浏览网页时经常会看到当光标移到某个图像上方后，原图像变换为另一个图像，如下图所示，而当光标离开后又返回原图像的效果。根据光标移动来切换图像的这种效果称为鼠标经过图像效果，而应用这种效果的图像称为鼠标经过图像。在很多网页中为了进一步强调菜单或图像，经常使用鼠标经过图像效果。

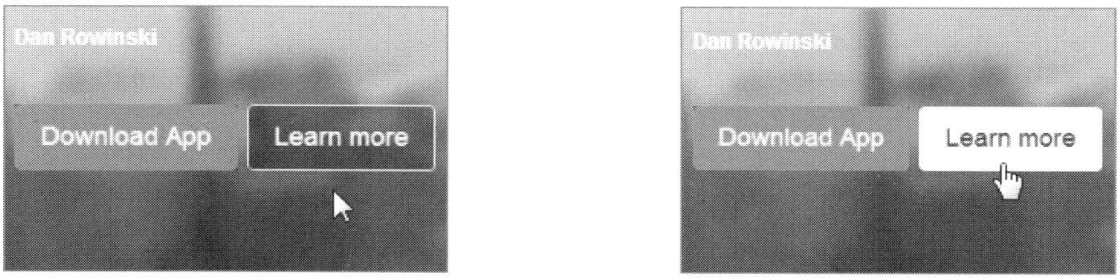

鼠标经过图像效果

下面将通过一个实例，介绍使用 Dreamweaver 在网页中创建鼠标经过图像的具体方法。

【例 7-10 使用 Dreamweaver 在网页中创建鼠标经过图像。
视频+素材 (素材文件\第 07 章\例 7-10)

step 1 将鼠标指针插入网页中需要创建鼠标经过图像的位置。按下 Ctrl+F2 组合键显示【插入】面板，单击其中的【鼠标经过图像】按钮。

step 2 打开【插入鼠标经过图像】对话框，单击【原始图像】文本框右侧的【浏览】按钮。

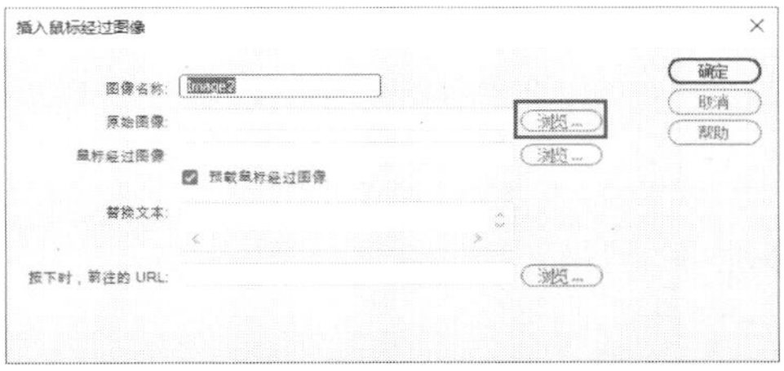

step 3 打开【原始图像】对话框，选择一张图像作为网页打开时显示的图像。

P3.jpg

step 4 单击【确定】按钮，返回【插入鼠标经过图像】对话框，单击【鼠标经过图像】文本框右侧的【浏览】按钮。

step 5 打开【鼠标经过图像】对话框，选择一张图像，作为当鼠标指针移到图像上方时显示的替换图像。

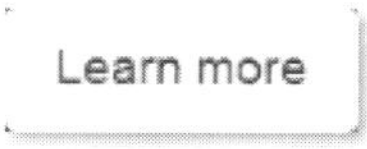

P4.jpg

step 6 单击【确定】按钮，返回【插入鼠标经过图像】对话框，单击【确定】按钮，即可创建鼠标经过图像。

step 7 按下 F12 键，在打开的提示对话框中单击【是】按钮，保存并预览网页，即可查看网页中鼠标经过图像的效果。

下面对【插入鼠标经过图像】对话框中的各项进行说明。

- 【图像名称】文本框：用于指定鼠标经过图像的名称，在不是由 JavaScript 等控制图像的情况下，可以使用软件自动赋予的默认图像名称。
- 【原始图像】文本框：用于指定网页中基本显示的图像。
- 【鼠标经过图像】文本框：用于指定鼠标光标移到图像上方时所显示的替换图像。
- 【替换文本】文本框：用于指定鼠标光标移到图像上时显示的文本。
- 【按下时，前往的 URL】文本框：用于指定单击替换图像时所移到的网页地址或文件名称。

网页中的鼠标经过图像实质是通过 JavaScript 脚本完成的，在<head>标签中添加的代码由 Dreamweaver 软件自动生成，分别定义了 MM_swapImgRestore()、MM_swapImage()和 MM_preloadImages()这 3 个函数。

7.7　插入网页音频

目前，大多数音频是通过插件来播放音频文件的，例如常见的播放插件为 Flash。这就是为什么用户在使用浏览器播放音乐时，常常需要安装 Flash 插件的原因。但并不是所有的浏览器都拥有同样的插件。为此，和 HTML 4.0 相比，HTML5 新增了<audio>标签，规定了一种包含音频的标准方法。

7.7.1 <audio>标签简介

<audio>标签主要用于定义播放声音文件或者音频流的标准。它支持 3 种音频格式，分别为 ogg、mp3 和 wav。如果需要在 HTML5 网页中播放音频，输入的基本格式如下：

```
<audio src="song.mp3" controls="controls">
</audio>
```

其中，src 属性表示要播放的音频的地址，controls 属性用于添加播放、暂停和音量控件。另外，<audio>与</audio>之间插入的内容是供不支持 audio 元素的浏览器显示的。

7.7.2 <audio>标签的属性

<audio>标签的常见属性及说明如下表所示。

<audio>标签的常见属性及说明

属　性	值	说　明
autoplay	autoplay	如果使用该属性，则音频在就绪后马上播放
	controls	如果使用该属性，则向用户显示控件，如【播放】按钮
	loop	如果使用该属性，则当音频结束时重新开始播放
	preload	如果使用该属性，则音频在页面加载时进行加载，并准备播放。如果使用 autoplay 属性，则忽略该属性
	url	要播放的音频的 URL 地址
autobuffer	autobuffer	在网页显示时，该属性表示是由用户代理(浏览器)自动缓冲的内容，还是由用户使用相关 API 进行内容缓冲

另外，可以通过<source>标签为<audio>标签添加多个音频文件，具体如下：

```
<audio controls="controls">
<source src="m1.ogg" type="audio/ogg">
<source src="m2.mp3" type="audio/mpeg">
</audio>
```

7.7.3 音频解码器

音频解码器定义了音频数据流编码和解码的算法。其中，编码器主要是对数据流进行编码操作，用于存储和传输。音频播放器主要是对音频文件进行解码，然后进行播放操作。目前，使用较多的音频解码器是 Vorbis 和 ACC。

7.7.4 设置网页音频文件

在网页中插入音频文件，可以使单调的页面变得生动。本节将主要介绍使用 Dreamweaver CC 2019 为网页添加音频文件的具体方法。

1. 设置网页背景音乐

在本章的前面介绍了网页音频标签<audio>的相关知识。在 Dreamweaver 中，要为网页添加<audio>标签，可以通过执行菜单栏中的【插入】| HTML | HTML5 Audio 命令来实现，具体如下。

【例 7-11】使用 Dreamweaver CC 2019 为网页添加背景音乐。

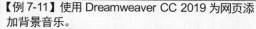

视频+素材 (素材文件\第 07 章\例 7-11)

step 1 将鼠标指针置于设计视图中，选择【插入】| HTML |HTML5 Audio 命令(或单击【插入】面板中的 HTML5 Audio 选项)，在代码视图中插入<audio>标签，然后为<audio>标签添加 src 属性："<audio src=""'"，在 Dreamweaver 提示中选择【浏览】选项。

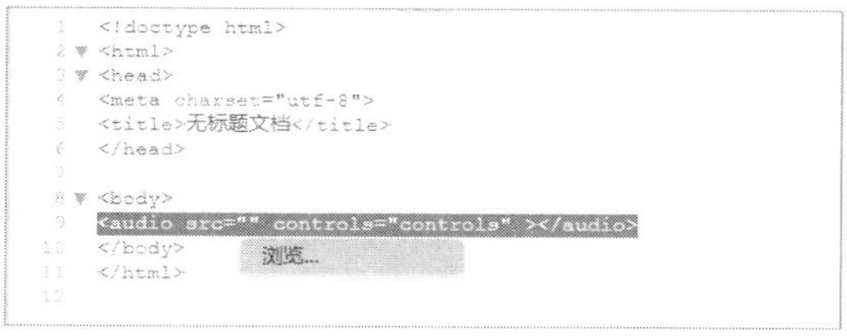

step 2 打开【选择文件】对话框，选择背景音乐文件后，单击【确定】按钮。

step 3 在<audio>标签中输入文本"您的浏览器不支持 audio 标签"，设置当浏览器不支持<audio>标签时，以文字方式向浏览者给出提示。

step 4 按下 F12 键预览网页，可在打开的浏览器中看到所加载的音频播放控制条。

2. 设置音乐循环播放

在<audio>标签中使用 loop 属性可以规定当音频结束后将重新开始播放(如果设置该属性，则音频将循环播放)。其语法格式如下：

```
<audio loop="loop"/>
```

【例 7-12】设置网页中的背景音乐循环播放。

视频+素材 (素材文件\第 07 章\例 7-12)

step 1 继续【例 7-11】的操作，在设计视图内选中页面中添加的音频图标后，在【属性】面板中选中【Loop】复选框，在代码视图中为<audio>标签设置 loop 属性(loop="loop")。

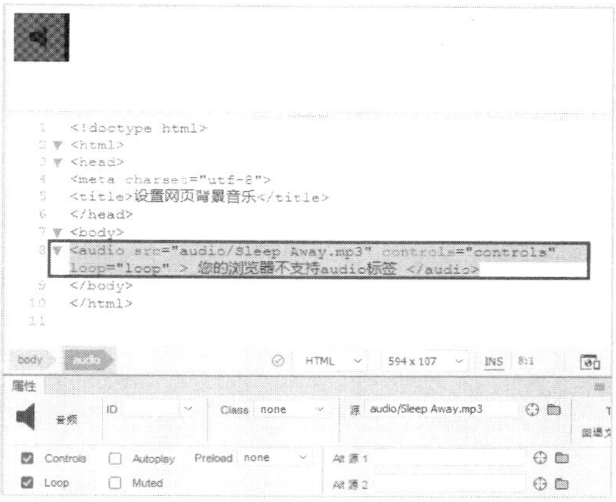

step 2 按下 F12 键预览网页，可以看到所加载的音频控制条并听到加载的音频，当音频播放结束后，将循环播放。

3. 设置音乐自动播放

在<audio>标签中使用 autoplay 属性，可以设置一旦网页中的音频就绪马上开始播放。其语法格式如下：

```
<audio autoplay="autoplay"/>
```

【例 7-13】设置网页中的背景音乐自动播放。

视频+素材 (素材文件\第 07 章\例 7-13)

step 1 继续【例 7-11】的操作，在设计视图内选中页面中添加的音频图标后，在【属性】面板中选中【Autoplay】复选框，在代码视图中为 <audio> 标签设置 autoplay 属性(autoplay="autoplay"):

```
<audio src="audio/Sleep Away.mp3" controls="controls" autoplay="autoplay" >
您的浏览器不支持 audio 标签
</audio>
```

step 2 按下 F12 键预览网页，当网页被浏览器加载时将自动播放其中的音乐文件。

7.8 插入网页视频

与音频文件播放方式一样，大多数视频文件在网页上也是通过插件来播放的，如常见的播放插件为 Flash。由于不是所有浏览器都拥有同样的插件，所以就需要一种统一的包含视频的标准方法。为此，和 HTML 4.0 相比，HTML5 新增了<video>标签。

7.8.1 <video>标签简介

<video>标签主要是定义播放视频文件或视频流的标准。它支持 3 种视频格式，分别为 Ogg、WebM 和 MPEG4。在 HTML5 网页中播放视频的基本代码格式如下：

```
<video src="m2.mp4" controls="controls">
</video>
```

另外，在<video></video>之间插入的内容是供不支持 video 元素的浏览器显示的。

7.8.2 <video>标签的属性

<video>标签的常见属性及说明如下表所示。

<audio>标签的常见属性及说明

属　性	值	说　明
autoplay	autoplay	如果使用该属性，则视频在就绪后马上播放
controls	controls	如果使用该属性，则向用户显示控件，例如【播放】按钮
	loop	如果使用该属性，则当视频播放结束时重新开始播放
	preload	如果使用该属性，则视频在页面加载时进行加载，并准备播放。如果使用 autoplay 属性，则忽略该属性
	url	要播放视频的 URL 地址
width	宽度值	设置视频播放器的宽度
height	高度值	设置视频播放器的高度
poster	url	当视频未响应或缓冲不足时，该属性值链接到一个图像。该图像将以一定比例进行显示

通过上表可以看出，用户可以自定义网页中视频文件显示的大小。例如，如果想让视频以 320 像素×240 像素大小显示，可以加入 width 和 height 属性。其格式如下：

```
<video width="320" height="240" controls src="music.mp4">
</video>
```

另外，可以通过 source 属性为<video>标签添加多个视频文件。其格式如下：

```
<video controls="controls">
<source src="a.ogg" type="video/ogg">
<source src="b.mp4" type="video/mp4">
</video>
```

7.8.3　视频解码器

视频解码器定义了视频数据流编码和解码的算法。其中，编码器主要是对数据流进行编码操作，用于存储和传输。视频播放器主要是对视频文件进行解码，然后进行播放操作。目前，在 HTML5 中使用比较多的视频解码文件是 Theora、H.264 和 VP8。

7.8.4　设置网页视频文件

在网页中添加视频文件，可以使单调的页面变得生动。

1. 在网页中添加视频

使用 Dreamweaver 在网页中添加视频的方式与设置网页背景音乐的方法类似。

【例 7-14】使用 Dreamweaver CC 2019 为网页添加视频文件。

视频+素材 (素材文件\第 07 章\例 7-14)

step 1　将鼠标指针置于设计视图中，选择【插入】|HTML|HTML5 Video 命令，在代码视图中插入<video>标签。在设计视图内选中页面中添加的视频图标后，选中【属性】面板中的【Controls】复选框为网页中的视频显示播放控件。

step 2　在代码视图中使用<source>标签链接不同的视频文件，如下图所示(浏览器会自己选择第一种可以识别的格式)。

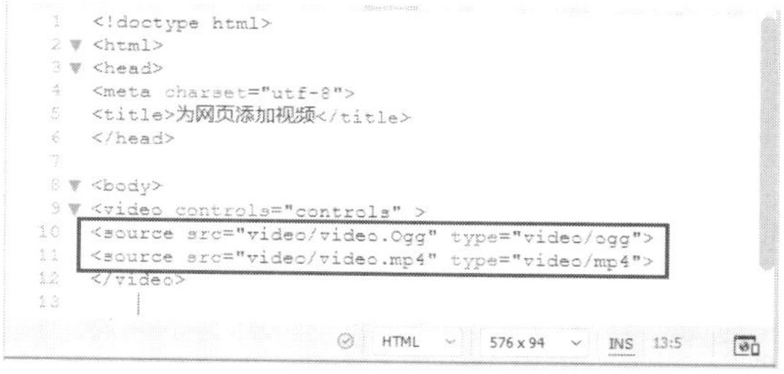

step 3　在<source>标签后输入文本“您的浏览器不支持 video 标签”，设置当浏览器不支持<video>标签时，以文字方式向浏览者给出提示。

step 4　按下 F12 键在浏览器中预览网页，在打开的浏览器窗口中可以看到加载的视频播放界面，如下图所示。单击其中的【播放】按钮即可播放视频。

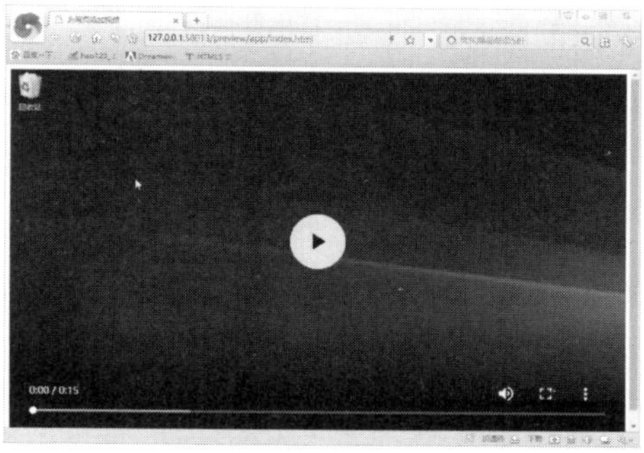

2. 设置网页视频自动播放

在<video>标签中使用 autoplay 属性，可以设置一旦网页中的视频就绪马上开始播放。其语法格式如下：

```
<video autoplay="autoplay"/>
```

【例 7-15】设置网页中的视频文件在网页被加载时自动播放。

视频+素材 (素材文件\第 07 章\例 7-15)

step 1 继续【例 7-14】的操作，在设计视图内选中页面中添加的视频图标后，在【属性】面板中选中【Autoplay】复选框，在代码视图中为 <video> 标签设置 autoplay 属性(autoplay="autoplay"):

```
<video controls="controls" autoplay="autoplay" >
    <source src="video/video.Ogg" type="video/ogg">
    <source src="video/video.mp4" type="video/mp4">
您的浏览器不支持 video 标签
</video>
```

step 2 按下 F12 键预览网页，当网页被浏览器加载时将自动播放其中的视频文件。

用户也可以使用 JavaScript 脚本来控制媒体的播放，例如：

- load()：可以加载音频或者视频文件。
- play()：可以加载并播放音频或视频文件，除非已经暂停，否则默认从头播放。
- pause()：暂停处于播放状态的音频或视频文件。
- canPlayType(type)：检测<video>标签是否支持给定的 MIME 类型的文件。

【例 7-16】使用 JavaScript 脚本设置通过鼠标移动来控制视频播放和暂停。

视频+素材 (素材文件\第 07 章\例 7-16)

step 1 继续【例 7-14】的操作，在设计视图中选中视频图标，取消【属性】面板中的【Controls】复选框的选中状态，然后在代码视图中的<video>标签中添加以下代码:

```
<video id="movies" onMouseMove="this.play()" onMouseOut="this.pause()" autobuffer="true">
    <source src="video/video.Ogg" type="video/ogg">
    <source src="video/video.mp4" type="video/mp4">
您的浏览器不支持 video 标签
</video>
```

step 2 按下 F12 键预览网页，当鼠标指针放置在网页中的视频窗口上时，浏览器将播放网页中的视频。当鼠标指针离开视频窗口时，视频将停止播放。

3. 设置网页视频循环播放

在<video>标签中使用 loop 属性可以规定当视频播放结束后将重新开始播放(如果设置了该属性，则视频将循环播放)。其语法格式如下：

```
<video loop="loop"/>
```

【例 7-17】设置网页中的视频文件在网页加载后循环播放。

视频+素材 (素材文件\第 07 章\例 7-17)

step 1 继续【例 7-14】的操作，在设计视图内选中页面中添加的视频图标后，在【属性】面板中选中【Loop】复选框，在代码视图中为<video>标签设置 loop 属性(loop="loop"):

```
<video controls="controls" autoplay="autoplay" loop="loop">
    <source src="video/video.Ogg" type="video/ogg">
    <source src="video/video.mp4" type="video/mp4">
您的浏览器不支持 video 标签
</video>
```

step 2 按下 F12 键预览网页，当页面中的视频播放结束后，将循环播放。

4. 设置网页视频静音播放

在<video>标签中使用 muted 属性，可以设置在网页中播放视频时不播放视频的声音。其语法格式如下：

```
<video muted="muted"/>
```

【例 7-18】设置网页中的视频静音播放。
视频+素材 (素材文件\第 07 章\例 7-18)

step 1 继续【例 7-14】的操作，在设计视图内选中页面中添加的视频图标后，在【属性】面板中选中【Muted】复选框，在代码视图中为<video>标签设置 muted 属性(muted="muted")：

```
<video controls="controls" muted="muted" >
    <source src="video/video.Ogg" type="video/ogg">
    <source src="video/video.mp4" type="video/mp4">
您的浏览器不支持 video 标签
</video>
```

step 2 按下 F12 键预览网页，当浏览者播放页面中的视频时，视频将不播放声音。

5. 设置视频窗口的高度和宽度

在网页中添加视频后，如果没有设置视频的高度和宽度，在页面加载时会为视频预留出空间，使页面的整体布局发生变化。在 HTML5中视频的高度和宽度分别通过height 和width属性来设置，其语法格式如下：

```
<video width="value" height="value"/>
```

【例 7-19】在 Dreamweaver 中设置页面中视频窗口的高度和宽度。
视频+素材 (素材文件\第 07 章\例 7-19)

step 1 继续【例 7-14】的操作，在设计视图中选中视频图标后，在【属性】面板的 W 文本框中输入“300”，设置视频窗口的宽度为 300 像素；在 H 文本框中输入“200”，设置视频窗口的高度为 200 像素，如右上图所示。

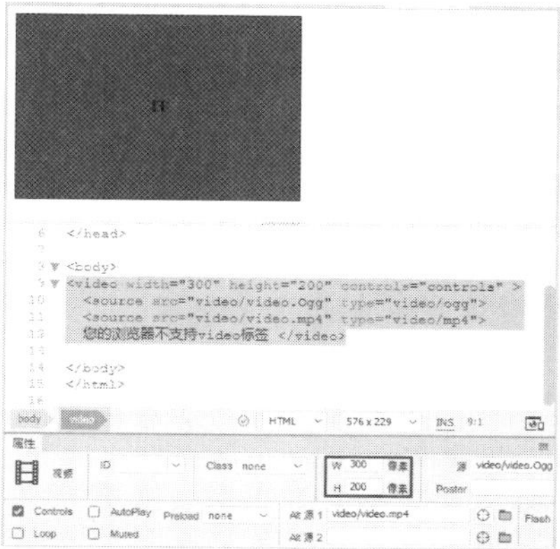

step 2 按下 F12 键预览网页，浏览器中的视频窗口大小如下图所示。

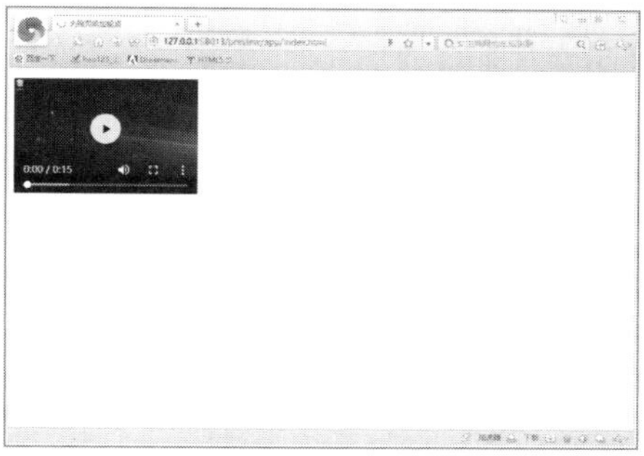

7.9 在网页中添加插件

<embed>标签是 HTML5 中的新标签。该标签定义嵌入的内容(比如插件)，其格式如下：

```
<embed src="url">
```

<embed>标签的常见属性及说明如下表所示。

<embed>标签的常见属性及说明

属　性	值	说　明
height	pixels	设置嵌入内容的高度
src	url	嵌入内容的 URL
type	type	定义嵌入内容的类型
width	pixels	设置嵌入内容的宽度

【例 7-20】使用 Dreamweaver 在网页中添加一个插件。

视频+素材 (素材文件\第 07 章\例 7-20)

step 1 将鼠标指针置于设计视图中，选择【插入】| HTML |【插件】命令(或单击【插入】面板中的【插件】选项)，打开【选择文件】对话框，选择一个多媒体文件(音频或视频)，然后单击【确定】按钮，在网页中插入一个插件。

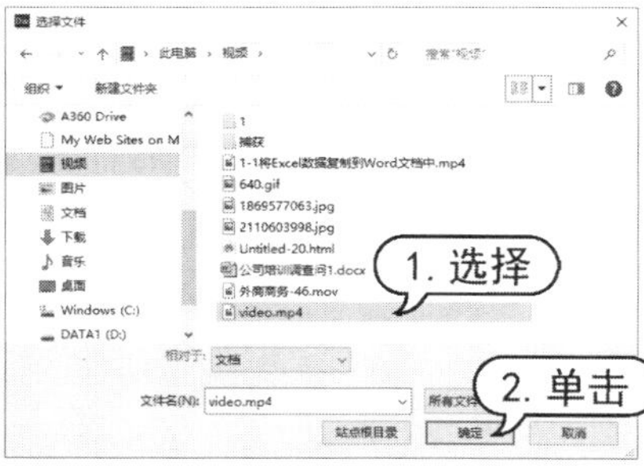

step 2 在设计视图内选中网页中的插件，在【属性】面板的【宽】和【高】文本框中设置插件的宽度和高度。

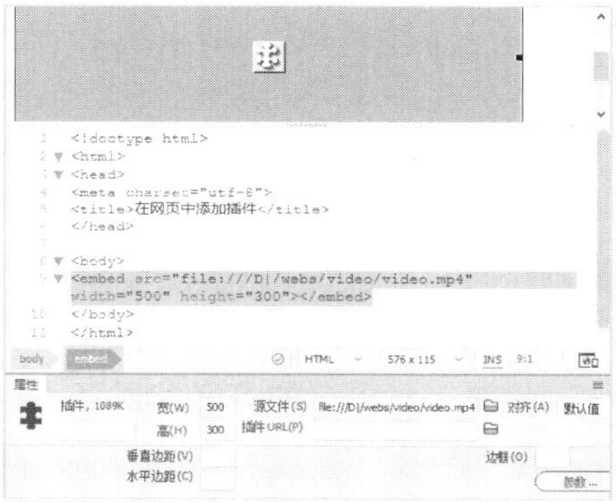

step 3 按下 F12 键，在浏览器中预览网页，效果如下图所示。

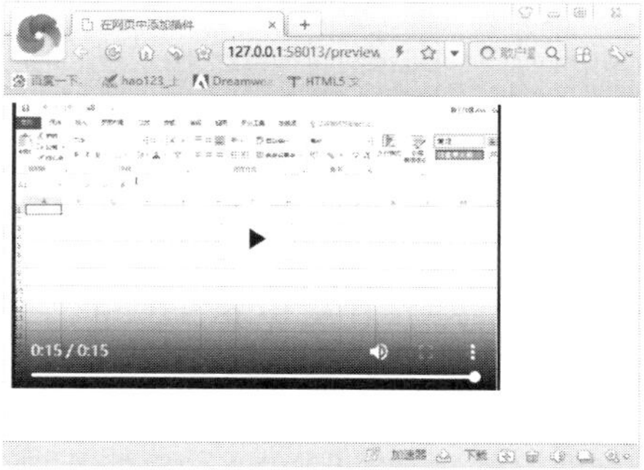

7.10 在网页中添加 SWF 文件

在网页源代码中用于插入 Flash 动画的标签有两个，分别是<object>标签和<param>标签。

- <object>标签：<object>标签最初是 Microsoft 用来支持 ActiveX applet 的，但不久后，

Microsoft 又添加了对 JavaScript、Flash 的支持。该标签的常用属性及说明如下表所示。

<object>标签的常用属性及说明

属　性	说　明
classid	指定包含对象的位置
codebase	提供一个可选的 URL，浏览器从这个 URL 中获取对象
width	指定对象的宽度
height	指定对象的高度

<param>标签：<param>标签将参数传递给嵌入的对象，这些参数是 Flash 对象正常工作所必需的，其属性及说明如下表所示。

<param>>标签的属性及说明

属　性	说　明
name	参数的名称
value	参数的值

在 Dreamweaver 中，还使用了以下 JavaScript 脚本来保证在任何版本的浏览器平台下，Flash 动画都能正常显示。

```
<script src="Scripts/swfobject_modified.js"></script>
```

在页面的正文，使用了以下 JavaScript 脚本实现了对脚本的调用。

```
<script type="text/javascript">
swfobject.registerObject("FlashID");
</script>
```

这里需要注意的是：如果要在浏览器中观看 Flash 动画，需要安装 Adobe Flash Player 播放器，该播放器可以通过 Adobe 官方网站下载。

【例 7-21】使用 Dreamweaver 在网页中添加一个 SWF 文件。

视频+素材 (素材文件\第 07 章\例 7-21)

step 1 按下 Ctrl+N 组合键新建一个空白网页文档，选择【插入】| HTML | Flash SWF 命令(或单击【插入】面板中的 Flash SWF 选项)，在打开的提示对话框中单击【确定】按钮，将所创建的网页文件保存。

step 2 打开【选择 SWF】对话框，选择一个 SWF 文件后，单击【确定】按钮。

step 3 在打开的【对象标签辅助功能属性】对话框中单击【确定】按钮。

step 4 此时，将在设计视图中插入一个 Flash SWF 图标，选中该图标后用户可以在【属性】面板中设置其循环播放、自动播放、宽度、高度、对齐方式、垂直边距、水平边距、品质和比例等参数，如下图所示。

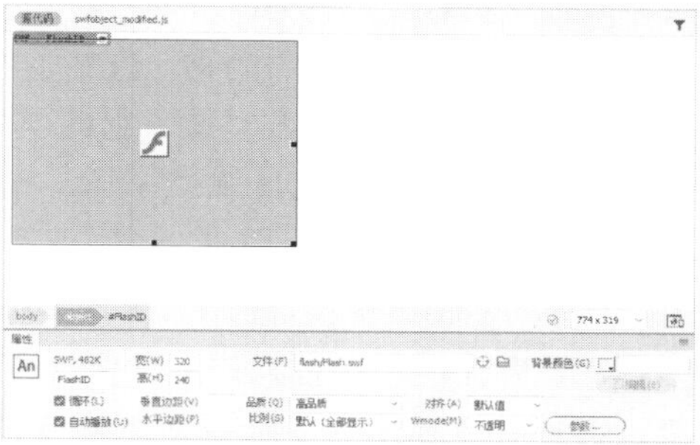

step 5 此时，在代码视图中将生成以下代码：

```
<object id="FlashID" classid="clsid:D27CDB6E-AE6D-11cf-96B8-444553540000" width="320"
height="240">
    <param name="movie" value="Flash.swf" />
    <param name="quality" value="high" />
    <param name="wmode" value="opaque" />
    <param name="swfversion" value="6.0.65.0" />
    <!-- 此 param 标签提示使用 Flash Player 6.0 和更高版本的用户下载最新版本的 Flash Player。如
果您不想让用户看到该提示，请将其删除。 -->
    <param name="expressinstall" value="Scripts/expressInstall.swf" />
    <!-- 下一个对象标签用于非 IE 浏览器。所以使用 IECC 将其从 IE 隐藏。 -->
    <!--[if !IE]>-->
    <object type="application/x-shockwave-flash" data="Flash.swf" width="320" height="240">
      <!--<![endif]-->
      <param name="quality" value="high" />
      <param name="wmode" value="opaque" />
      <param name="swfversion" value="6.0.65.0" />
      <param name="expressinstall" value="Scripts/expressInstall.swf" />
      <!-- 浏览器将以下替代内容显示给使用 Flash Player 6.0 和更低版本的用户。 -->
      <div>
        <h4>此页面上的内容需要较新版本的 Adobe Flash Player。</h4>
        <p><a href="http://www.adobe.com/go/getflashplayer"><img src="http://www.adobe.com/images/
shared/download_buttons/get_flash_player.gif" alt="获取 Adobe Flash Player" width="112" height="33" />
</a></p>
      </div>
      <!--[if !IE]>-->
    </object>
    <!--<![endif]-->
</object>
```

step 6 按下 F12 键，即可在打开的网页中播放 Flash SWF 文件。

7.11 在网页中添加 FLV 文件

FLV 是 Flash Video 的简称，FLV 流媒体格式是随着 Flash MX 的推出发展而来的视频格式。FLV 文件并不是 Flash 动画。它的出现是为了解决 Flash 以前对连续视频只能使用 JPEG 图像进行帧内压缩，并且压缩效率低，文件很大，不适合视频存储的弊端。FLV 文件采用帧间压缩的方法，可以有效地缩小文件大小，并保证视频的质量。

在Dreamweaver中选择【插入】| HTML | Flash Video命令，可以打开下图所示的【插入FLV】对话框，设置在网页中插入FLV文件。在【插入FLV】对话框中单击【视频类型】下拉按钮，用户可以选择【累进式下载视频】和【流视频】两个选项将FLV文件传送给网页浏览者。

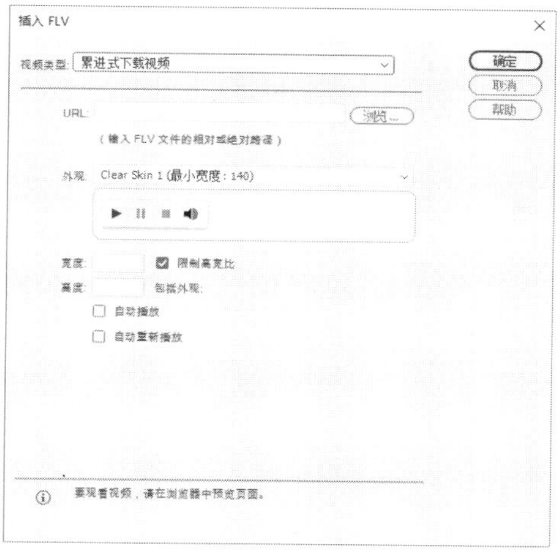

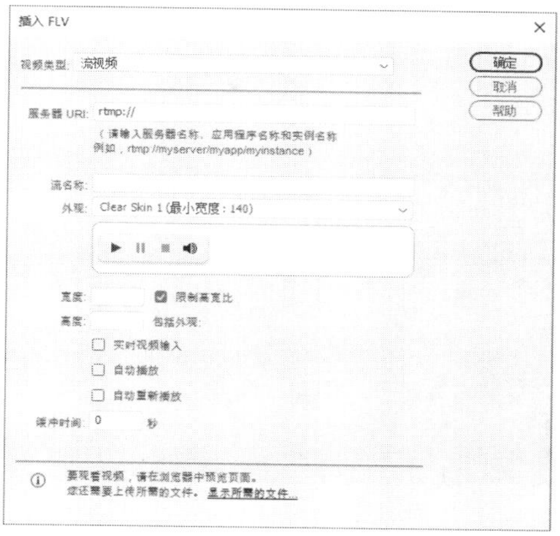

【插入 FLV】对话框

➢ 累进式下载视频：将 FLV 文件下载到网页浏览者的计算机硬盘中，然后进行播放。但与常见的“下载并播放”视频传送方法不同，累进式下载允许在下载完成之前就开始播放视频文件。

➢ 流视频：对视频内容进行流式处理，并在一段可确保流畅播放的很短的缓冲时间后在网页上播放视频。若要在网页上启用流视频，网页浏览者必须具有访问 Adobe Flash Media Server 的权限。

【例 7-22】使用 Dreamweaver 在网页中添加累进式下载视频。
视频+素材 (素材文件\第 07 章\例 7-22)

step 1 将鼠标指针插入设计视图中，选择【插入】| HTML | Flash Video 命令(或单击【插入】面板中的 Flash Video 选项)，打开【插入 FLV】对话框，单击【视频类型】下拉按钮，从弹出的下拉列表中选择【累进式下载视频】选项，然后单击 URL 文本框右侧的【浏览】按钮，打开【选择 FLV】对话框，选择一个 FLV 文件，单击【确定】按钮。

step 2 返回【插入 FLV】对话框，单击【确定】按钮，即可在网页中插入一个 FLV 文件。选中该 FLV 文件，在【属性】面板的 W 和 H 文本框中输入 800，设置网页中 FLV 视频文件的高度和宽度都为 800 像素。

step 3 此时，将在代码视图中自动生成下图所示的代码。

step 4 按下 F12 键预览网页，在视频播放窗口的左下角将显示下图所示的控制条，通过该控制条，浏览者可以控制 FLV 视频的播放、暂停和停止。

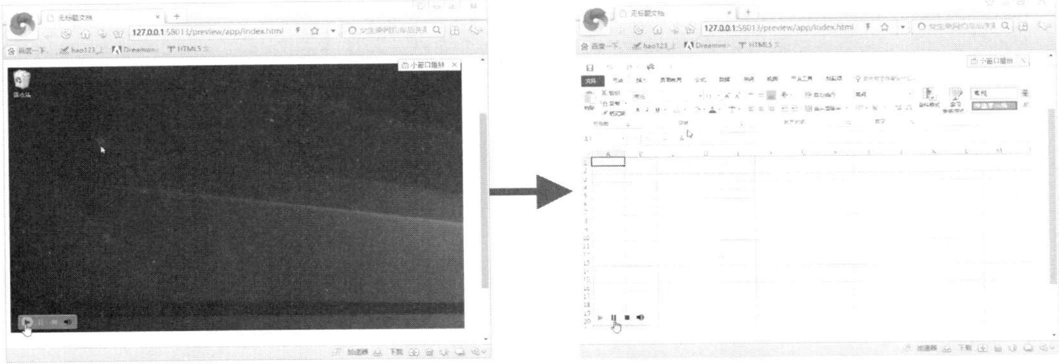

7.12 在网页中添加滚动文字

网页中的多媒体元素一般包括动态文字、动态图像、声音以及动画等，其中在 HTML 中最容易实现的就是在网页中反复显示滚动文字。

7.12.1 设置网页滚动文字

在 HTML 中使用<marquee>标签可以将文字设置为动态滚动的效果。其语法格式如下：

```
<marquee>滚动文字</marquee>
```

【例 7-23】使用 Dreamweaver 在网页中添加一段滚动文字。

视频+素材 (素材文件\第 07 章\例 7-23)

step 1 在设计视图中输入一段文字后，在代码视图中使用<marquee>标签将文字包括于其中，即可创建一段滚动文字。

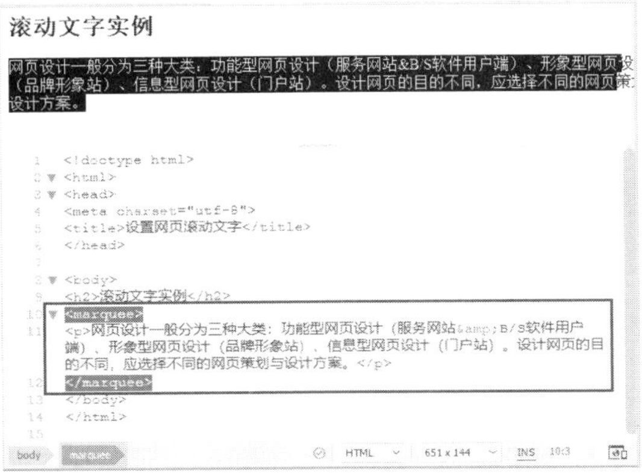

step 2 按下 F12 键在浏览器中预览网页，可以看出滚动文字在未设置宽度时，在网页中独占一行显示。

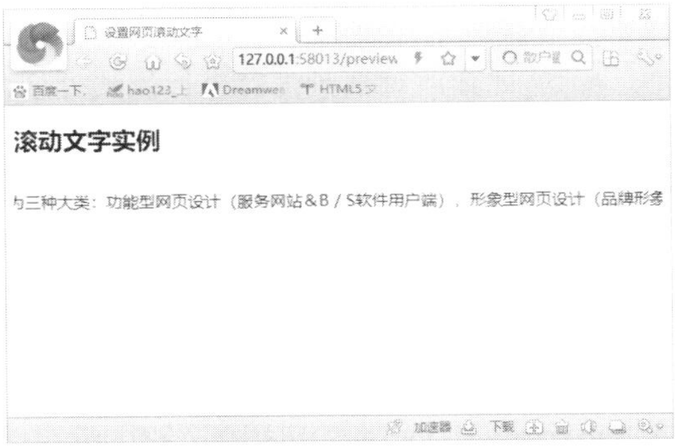

7.12.2 应用滚动方向属性

<marquee>标签的 direction 属性用于设置内容的滚动方向，属性值有 left、right、up、down，分别代表向左、向右、向上、向下，其中向左滚动 left 的效果与上图所示的默认文字滚动效果相同，而向上滚动的文字则常常出现在网站的公告栏中。

direction 属性的语法格式如下：

```
<marquee direction="滚动方向">滚动文字
</marquee>
```

【例 7-24】设置滚动文字的滚动方向。

视频+素材 (素材文件\第 07 章\例 7-24)

step 1　在代码视图中分别为4段文本设置不同的滚动方向。

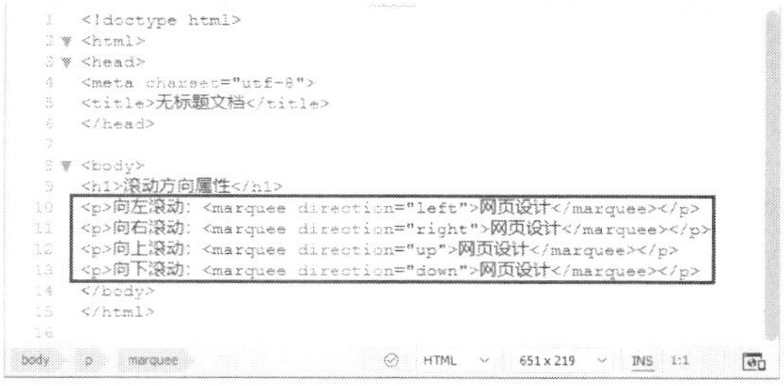

step 2　按下 F12 键预览网页，网页中的第一行文字向左不停循环运行，第二行文字向右不停循环运行，第三行文字向上不停循环运行，第四行文字向下不停循环运行。

7.12.3　应用滚动方式属性

<marquee>标签的 behavior 属性用于设置滚动文本的滚动方式，默认参数值为 scroll，即循环滚动，当其值为 alternate 时，内容将来回循环滚动。当其值为 slide 时，内容滚动一次即停止，不会循环。

behavior 属性的语法格式如下：

```
<marquee behavior="滚动方式">滚动文字
</marquee>
```

【例 7-25】设置滚动文字的滚动方式。
视频+素材 (素材文件\第 07 章\例 7-25)

step 1　在代码视图中分别为3段文本设置不同的滚动方式。

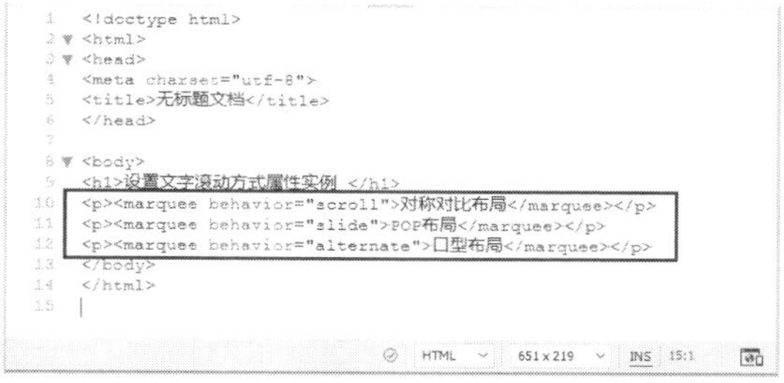

step 2　按下 F12 键在浏览器中预览网页，其中第一行文字不停循环滚动；第二行文字则在第一次到达浏览器边缘时就停止滚动；第三行文字则在滚动到浏览器左侧边缘后开始反方向滚动。

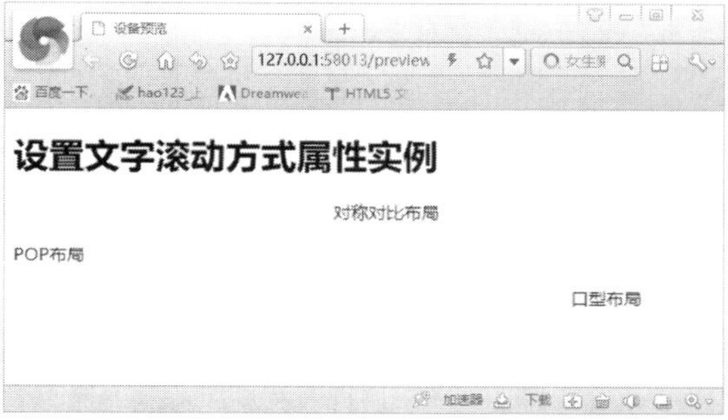

7.12.4　应用滚动速度属性

在网页中设置滚动文字时，有时需要文字滚动得慢一些，有时则需要文字滚动得快一些。使用<marquee>标签的 scrollamount 属性可以调整滚动文字的滚动速度，其语法格式如下：

```
<marquee scrollamount="滚动速度">滚动文字
</marquee>
```

【例 7-26】设置滚动文字的滚动速度。
视频+素材 (素材文件\第 07 章\例 7-26)

step 1　在代码视图中分别为3段文本设置不同的滚动速度。

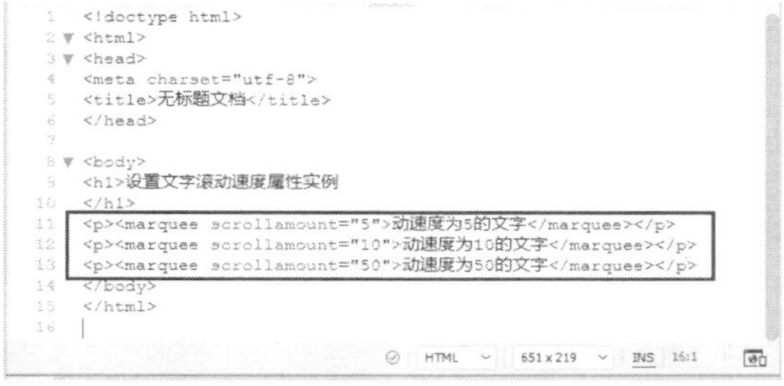

step 2 按下 F12 键在浏览器中预览网页，可以看到页面中的 3 行文字同时开始滚动，但是速度不一样，设置的 scrollamount 属性值越大，滚动文字的速度就越快。

7.12.5 应用滚动延迟属性

<marquee>标签的 scrolldelay 属性用于设置内容滚动的时间间隔，其语法格式如下：

```
<marquee scrolldelay="时间间隔">滚动文字
</marquee>
```

scrolldelay 属性的时间单位是毫秒，也就是千分之一秒。这一时间间隔如果设置的比较长，会造成滚动文字走走停停的效果。另外，如果将 scrolldelay 属性与 scrollamount 属性结合使用，效果会更明显。

【例 7-27】设置滚动文字的滚动延迟时间。
视频+素材 (素材文件\第 07 章\例 7-27)

step 1 在代码视图中分别为 3 段文本设置不同的滚动延迟间隔。

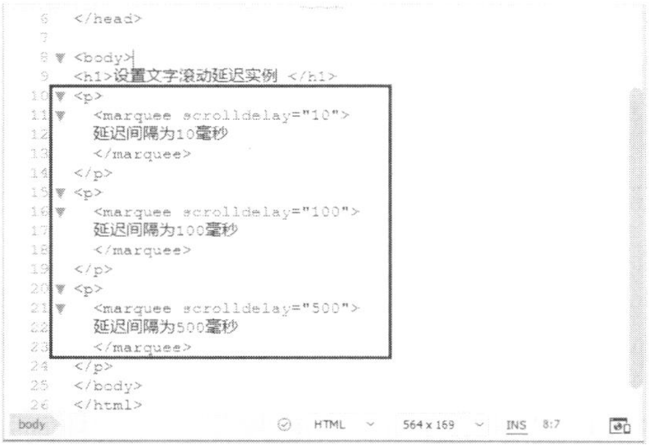

step 2 按下 F12 键在浏览器中预览网页，其中第一行文字设置的延迟较小，因此滚动显示时速度较快，最后一行文字设置的延迟较大，因此滚动显示时速度较慢。

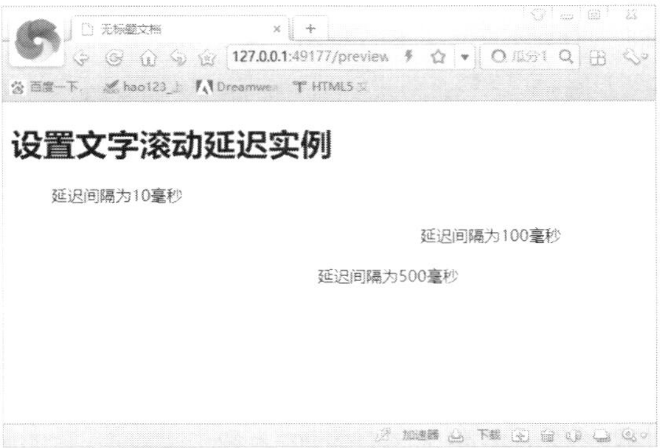

7.12.6 应用滚动循环属性

在网页中设置滚动文字后，在默认情况下文字会不断循环显示。如果用户需要让文字在滚动几次后停止，可以使用 loop 参数来进行设置。其语法格式如下：

```
<marquee loop="循环次数">滚动文字
</marquee>
```

【例 7-28】设置滚动文字的滚动循环次数。
视频+素材 (素材文件\第 07 章\例 7-28)

step 1 在网页中创建滚动文字后，在代码视图的<marquee>标签中添加 loop 属性，并将属性值设置为 3。

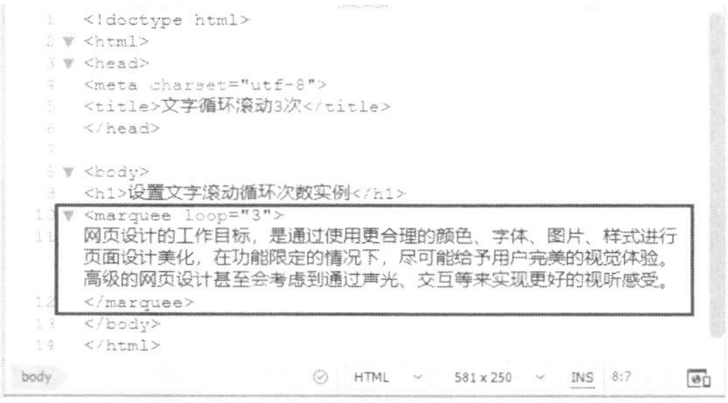

step 2 按下 F12 键在浏览器中预览网页，当页面中的文字循环滚动 3 次之后，滚动文字将不再出现。

7.12.7 应用滚动范围属性

如果不设置滚动文字的背景面积，在默认情况下水平滚动的文字背景与文字一样高、与浏览器窗口一样宽。使用<marquee>标签的 width 和 height 属性可以调整其水平和垂直范围。其语法格式如下：

```
<marquee width=背景宽度 height=背景高度>
滚动文字</marquee>
```

这里设置 width 和 height 属性值的单位均为像素。

7.12.8 应用滚动背景颜色属性

<marquee>标签的 bgcolor 属性用于设置滚动文字内容的背景颜色(类似于<body>标签的背景色设置)。其语法格式如下：

```
<marquee bgcolor="颜色代码">滚动文字
</marquee>
```

【例 7-29】设置滚动文字的范围和背景颜色。
视频+素材 (素材文件\第 07 章\例 7-29)

step 1 在代码视图的<marquee>标签中添加 width、height 和 bgcolor 属性。

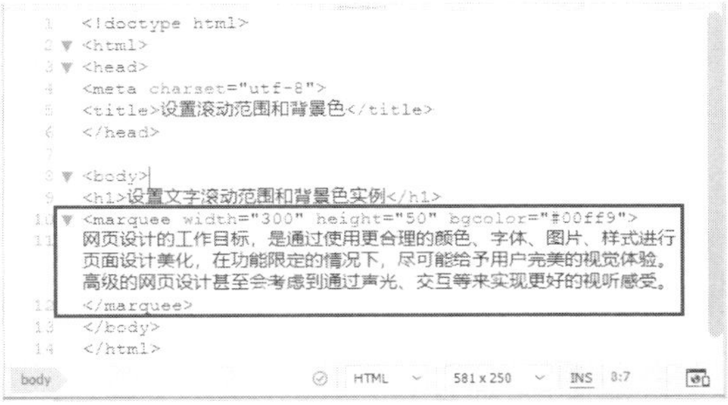

```
<!doctype html>
<html>
<head>
<meta charset="utf-8">
<title>设置滚动范围和背景色</title>
</head>

<body>
<h1>设置文字滚动范围和背景色实例</h1>
<marquee width="300" height="50" bgcolor="#00ff9">
网页设计的工作目标，是通过使用更合理的颜色、字体、图片、样式进行页面设计美化，在功能限定的情况下，尽可能给予用户完美的视觉体验。高级的网页设计甚至会考虑到通过声光、交互等来实现更好的视听感受。
</marquee>
</body>
</html>
```

step 2 按下 F12 键在浏览器中预览网页，页面中滚动文字的效果如下图所示。

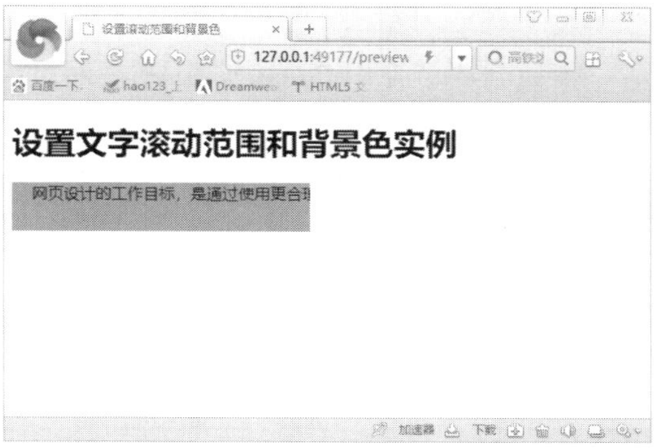

7.12.9 应用滚动空间属性

在默认情况下，滚动文字周围的文字或图像是与滚动背景紧密相关的，使用<marquee>标签中的 hspace 和 vspace 属性可以设置它们之间的空白空间。其语法格式如下：

```
<marquee hspace=水平范围 vspace=垂直范围
>滚动文字</marquee>
```

以上语法中 hspace 和 vspace 属性值的单位均为像素。

【例 7-30】设置滚动文字的滚动空间。
视频+素材 (素材文件\第 07 章\例 7-30)

step 1 在网页中设置滚动文字后，在代码视图的<marquee>标签中添加 hspace、vspace 和 bgcolor 属性。

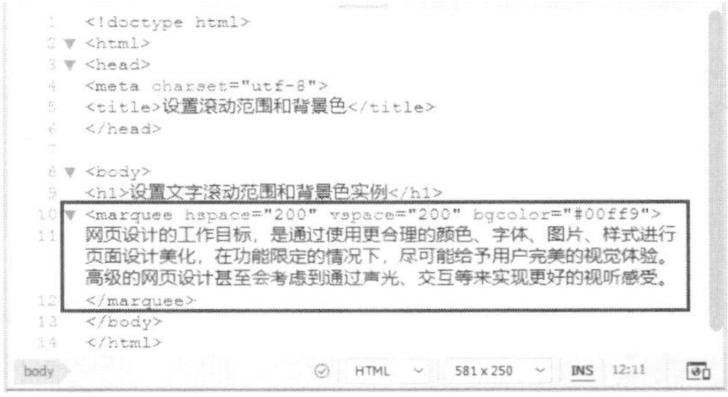

```
<!doctype html>
<html>
<head>
<meta charset="utf-8">
<title>设置滚动范围和背景色</title>
</head>

<body>
<h1>设置文字滚动范围和背景色实例</h1>
<marquee hspace="200" vspace="200" bgcolor="#00ff9">
网页设计的工作目标，是通过使用更合理的颜色、字体、图片、样式进行页面设计美化，在功能限定的情况下，尽可能给予用户完美的视觉体验。高级的网页设计甚至会考虑到通过声光、交互等来实现更好的视听感受。
</marquee>
</body>
</html>
```

step 2 按下 F12 键在浏览器中预览网页，可以看到设置水平和垂直空间属性后的滚动文字效果。

7.13 案例演练

本章介绍了使用 Dreamweaver 在网页中插入图像与多媒体文件的方法。下面的案例演练部分将通过介绍制作图文混排网页和音乐播放按钮，帮助读者巩固所学的知识。

【例 7-31】使用 Dreamweaver 制作一个图文混排网页。

视频+素材 (素材文件\第 07 章\例 7-31)

step 1 创建一个空白网页，在设计视图中输入文本，并为文本设置标题和段落格式。

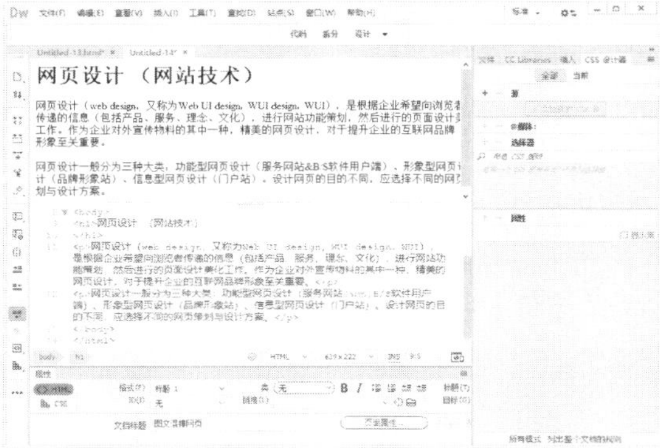

step 2 将鼠标指针置于页面中的文本之前，选择【插入】| Image 命令，在打开的【选择图像源文件】对话框中选择一个图片文件，单击【确定】按钮，在网页中插入图片。

step 3 选中网页中插入的图片，单击【属性】面板中的【切换尺寸约束】按钮🔓，将其状态设置为🔒，然后在【宽】文本框中输入“300”，如下图所示，设置图像宽度。此时，Dreamweaver 将自动为图片设置高度。

step 4 在代码视图的<img>标签中添加 align 属性(align="left")，设置图片在水平方向靠左对齐，如下图所示：

```
<img src="images/Pic04.jpg" width="300"
height="288" align="left" alt=""/>
```

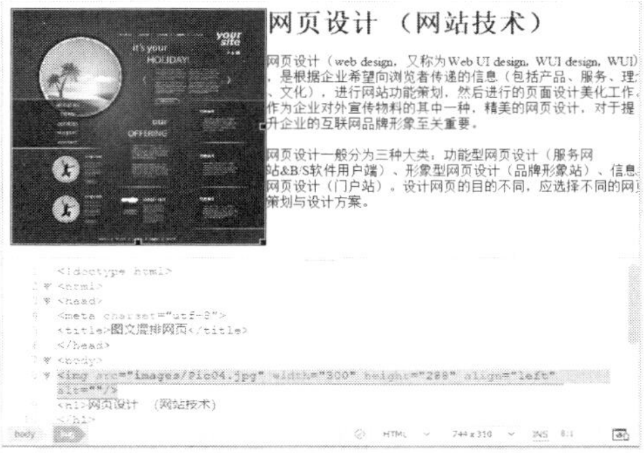

step 5 在<img>标签中添加 hspace 属性(hspace="20")，设置图片的外边框。

```
<img src="images/Pic04.jpg" width="300"
height="288" align="left" hspace="20" alt=""/>
```

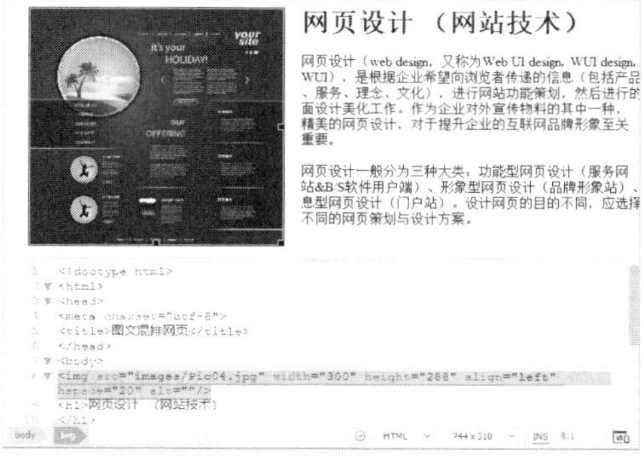

step 6 选择【文件】|【页面属性】命令，打开【页面属性】对话框，在【分类】列表框中选择【外观(HTML)】选项，单击【背景图像】文本框右侧的【浏览】按钮，打开【选择图像源文件】对话框，选择一个图片文件作为网页的背景图像，单击【确定】按钮。

step 7 返回【页面属性】对话框，单击【确定】按钮，如下图所示。为网页设置背景图像。此时，将在代码视图中为<body>标签添加 background 属性：

```
<body background="images/bj.jpg">
```

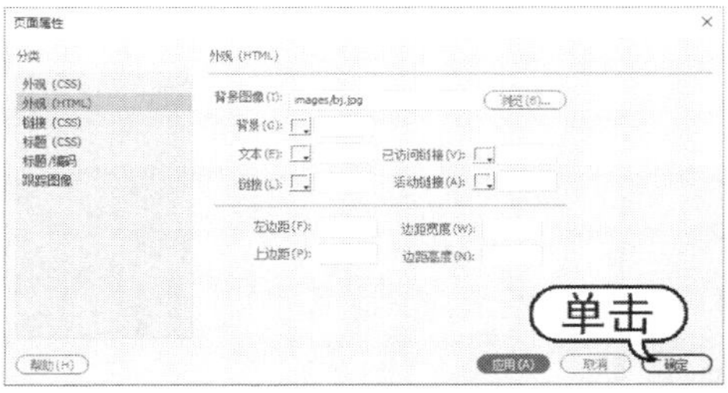

step 8 此时按下 F12 键在浏览器中预览网页，效果如下图所示。

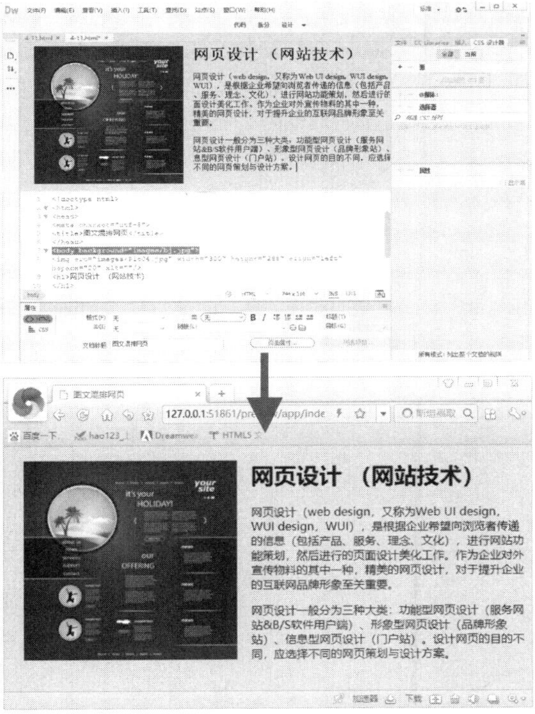

【例 7-32】制作一个音乐播放按钮。

视频+素材 (素材文件\第 07 章\例 7-32)

step 1 打开素材网页后，将鼠标指针插入网页中合适的位置，选择【插入】| HTML | HTML5 Audio 命令，在网页中插入一个<audio>标签。

step 2 在设计视图内选中页面中插入的<audio>标签，在【属性】面板中取消 Controls 复选框的选中状态，在 ID 文本框中输入"music"。

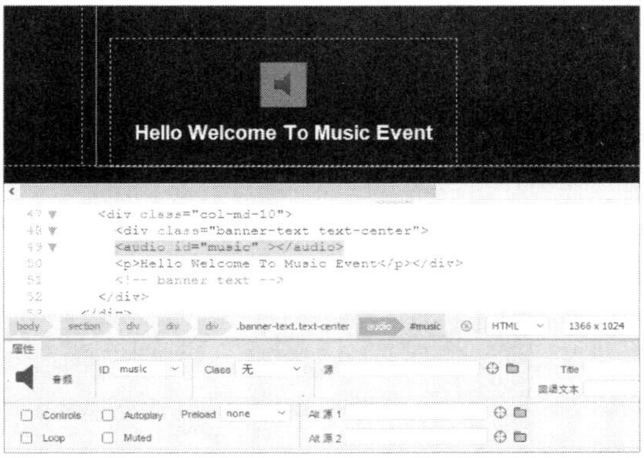

step 3 单击【属性】面板中【源】文本框右侧的【浏览】按钮，在打开的对话框中选择一个音频文件，并单击【确定】按钮。

step 4 将鼠标指针插入网页中的文本"Hello Welcome To Music Event"之后，在代码视图中创建一个具有切换功能的按钮，以脚本的方式控制音频的播放，该按钮在初始化时会提示用户单击它播放音频。每次单击按钮时，都会触发 toggleSound()函数：

```
<button id="toggle" onClick="toggleSound()">
播放</button>
```

step 5 在</button>标签之后添加以下代码，设置 toggleSound()函数首先访问 DOM 中的 audio 元素和 button 元素：

```
<script type="text/javascript">
function toggleSound(){
  var music = document.getElementById("music");
  var toggle = document.getElementById("toggle");
  if (music.paused) {
    music.play();
```

```
        toggle.innerHTML ="暂停";
    }
        }
```

step 6 通过访问 audio 元素的 paused 属性，可以检测到用户是否已经暂停播放音频。如果音频还没有开始播放，那么 paused 属性的默认值为 true，这种情况在用户第一次单击按钮时会遇到。此时，需要调用 play()函数播放音频，同时修改按钮上的文字，提示再次单击就会暂停：

```
    else {
        music.pause();
        toggle.innerHTML = "播放";
```

以上完整的代码如下图所示。

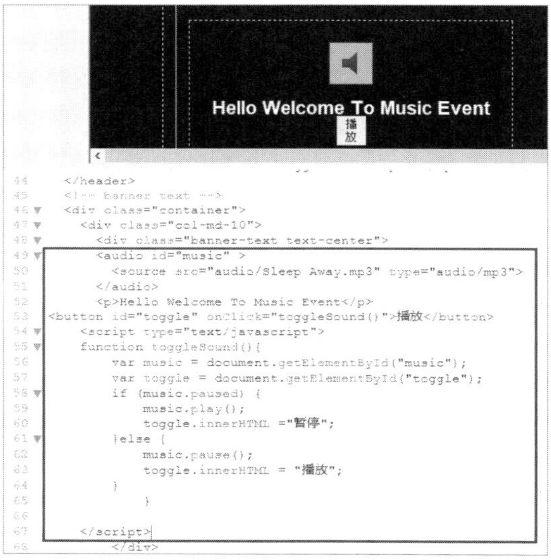

step 7 按下 F12 键预览网页，单击页面中的【播放】按钮即可播放音乐，如右上图所示。在音乐播放时，按钮上显示“暂停”文本，单击【暂停】文本将停止播放音乐。

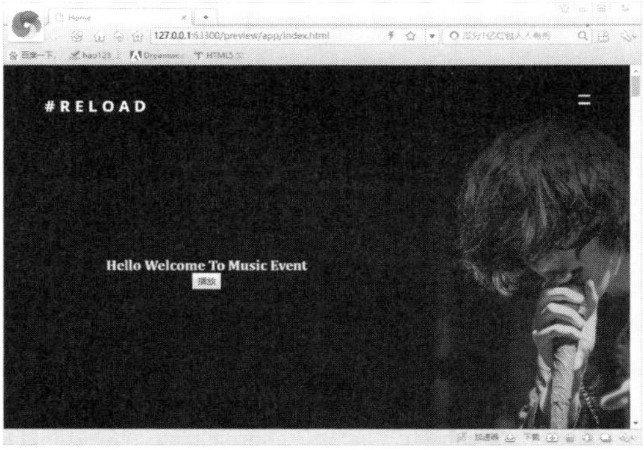

第 8 章

使用 CSS

CSS 是英文 Cascading Style Sheet(层叠样式表)的缩写。它是一种用于表现 HTML 或 XML 等文件样式的计算机语言。用户在制作网页的过程中，使用 CSS 样式，可以有效地对页面的布局、字体、颜色、背景和其他效果实现精确的控制。

本章将通过介绍 CSS 的基础知识，以及在 Dreamweaver 中创建并应用 CSS 样式表，帮助用户初步掌握 CSS 的使用方法。

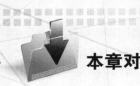

本章对应视频

例 8-1 在网页中附加外部样式表

例 8-2 定义类选择器

例 8-3 定义 id 选择器

例 8-4 定义标签选择器

例 8-5 定义通配符选择器

例 8-6 定义分组选择器

例 8-7 定义后代选择器

本章其他视频参见视频二维码列表

8.1 CSS 概述

由于 HTML 语言本身的一些客观因素，导致了其结构与显示不可分离的特点，这也是阻碍其发展的一个原因。因此，W3C 发布 CSS 解决了这一问题，使不同的浏览器能够正常地显示同一页面。

8.1.1 CSS 样式表的功能

要管理一个系统的网站，使用 CSS 样式可以快速格式化整个站点或多个文档中的字体、图像等网页元素的格式。并且，CSS 样式可以实现多种不能用 HTML 样式实现的功能。

CSS 是用来控制一个网页文档中的某文本区域外观的一组格式属性。使用 CSS 能够简化网页代码，加快下载速度，减少上传的代码量，从而可以避免重复操作。CSS 样式表是对 HTML 语法的一次革新，它位于文档的<head>部分，作用范围由 CLASS 或其他任何符合 CSS 规范的文本来设置。对于其他现有的文档，只要其中的 CSS 样式符合规范，Dreamweaver 就能识别它们。

在制作网页时采用 CSS 技术，可以有效地对页面的布局、字体、颜色、背景和其他效果实现更加精确的控制。CSS 样式表的主要功能有以下几点。

- 几乎在所有的浏览器中都可以使用。
- 以前一些只有通过图片转换实现的功能，现在用 CSS 就可以轻松实现，从而可以更快地下载页面。
- 使页面的字体变得更漂亮、更容易编排，使页面真正赏心悦目。
- 可以轻松地控制页面的布局。
- 可以将许多网页的样式同时更新，不用再逐页更新。

8.1.2 CSS 样式表的规则

CSS 样式表的主要功能就是将某些样式应用于文档统一类型的元素中，以减少网页设计者在设计页面时的工作量。要通过 CSS 功能设置网页元素的属性，使用正确的 CSS 规则至关重要。

1. 基本规则代码

每条规则都包含两个部分：选择器和声明。每条声明实际上是属性和值的组合。每个样式表由一系列规则组成，但规则并不总是出现在样式表里。CSS 最基本的规则代码(例如，声明段落 p 样式)如下。

```
p {text-align:center;}
```

其中，规则左侧的 p 为选择器。选择器是用于选择文档中应用样式的元素。规则的右边 text-align:center;部分是声明，由 CSS 属性 text-align 及其值 center 组成。

声明的格式是固定的，某个属性后跟冒号(：)，然后是其取值。如果使用多个关键字作为一个属性的值，通常用空白符将它们分开。

2. 多个选择器

当需要将同一条规则应用于多个元素时，就需要用到多个选择器(例如，声明段落 p 和二级标题的样式)，代码如下。

```
p,H2{text-align: center;}
```

将多个元素同时放在规则的左边并且用逗号隔开，右边为规则定义的样式，规则将被同时应用于两个选择器。其中的逗号告诉浏览器在这一条规则中包含两个不同的选择器。

8.1.3 CSS 样式表的类型

CSS 指令规则由两部分组成：选择器和声明(大多数情况下为包含多个声明的代码块)。选择器是标识已设置格式元素的术语，如 p、h1、类名称或 id，而声明块则用于定义样式属性。例如，下面的 CSS 规则中，h1 是选择器，大括号({})之间的所有内容都是声明块。

```
h1 {
font-size: 12 pixels;
font-family: Times New Roman;
font-weight:bold;
}
```

每个声明都由属性(如上面规则中的 font-family)和值(如 Times New Roman)两部分组成。在上面的 CSS 规则中，已经创建了<h1>标签样式，即所有链接到此样式的<h1>标签的文本的大小为 12 像素、字体为 Times New Roman、字体样式为粗体。

在 Dreamweaver 中，选择【窗口】|【CSS 设计器】命令，可以打开如下图所示的【CSS 设计器】面板。在【CSS 设计器】面板的【选择器】窗格中单击【+】按钮，可以定义选择器的样式类型，并将其运用到特定的对象。

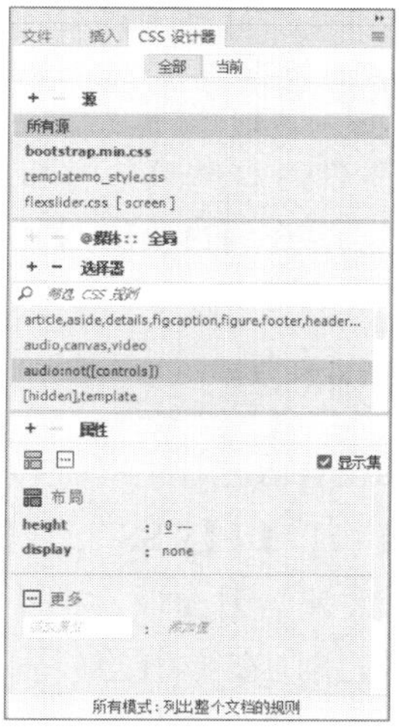

1. 类

在某些局部文本中需要应用其他样式时，可以使用“类”。在将 HTML 标签应用于使用该标签的所有文本中的同时，可以把“类”应用在所需的部分。

类是自定义样式，用来设置独立的格式，可以对选定的区域应用自定义样式。下图所示的 CSS 语句就是【自定义】样式类型，其定义了.large 样式。

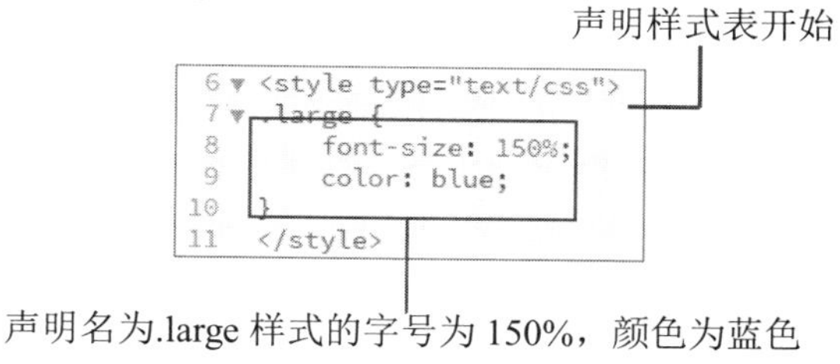

在 Dreamweaver 工作窗口中选中一个区域，应用.large 样式，则选中的区域将变为上图代码中定义的样式。

2. 标签

定义特定的标签样式，可以在使用该标签的不同部分应用同样的模式。例如，如果要在网页中取消所有链接的下画线，可以对制作链接的<a>标签定义相应的样式。若想要在所有文本中统一字体和字体颜色，可以对制作段落的<p>标签定义相应的样式。标签样式只要定义一次，就可以在今后的网页制作中应用。

HTML 标签用于定义某个 HTML 标签的格式，也就是定义某种类型页面元素的格式，如下图所示的 CSS 代码。该代码中 p 这个 HTML 标签用于设置段落样式，如果应用了此 CSS 语句，网页中所有的段落文本都将采用代码中的样式。

3. 复合内容

复合内容有助于用户轻松制作出可应用

在链接中的样式。例如，当光标移到链接上方时出现字体颜色变化或显示/隐藏背景颜色等效果。

复合内容用于定义 HTML 标签的某种类似的格式，CSS“复合内容”的作用范围比 HTML 标签要小，只是定义 HTML 标签的某种类型。下图所示的 CSS 语句就是 CSS“复合内容”类型。该代码中 A 这个 HTML 标签用于设置链接。其中，A:visited 表示链接的已访问类型，如果应用了此 CSS 语句，网页中所有被访问过的链接都将采用语句中设定的格式。

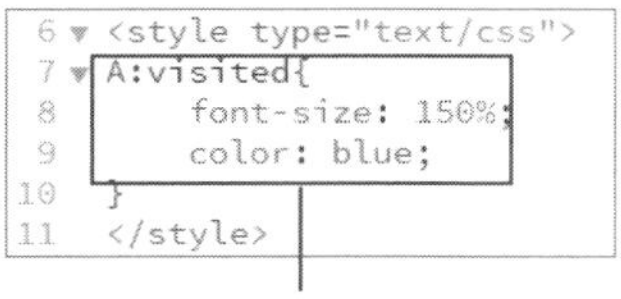

6 <style type="text/css">
7 A:visited{
8 font-size: 150%;
9 color: blue;
10 }
11 </style>

声明已访问链接的样式

4. id

id 选择器类似于类选择器，但其前面必须用符号(#)。类和 id 的不同之处在于，类可以分配给任何数量的元素，而 id 只能在某个 HTML 文档中使用一次。另外，id 对给定元素应用何种样式具有比类更高的优先权。以下代码定义了#id 样式。

```
<style type="text/css">
#id {
 font-size: 150%;
 color: blue;
}
</style>
```

8.2 创建 CSS 样式表

在 Dreamweaver 中，利用 CSS 样式表可以设置非常丰富的样式，如文本样式、图像样式、背景样式以及边框样式等，这些样式决定了页面中的文字、列表、背景、表单、图片和光标等各种元素。本节将介绍在 Dreamweaver 中创建 CSS 样式表的具体操作。

在 Dreamweaver 中，有外部样式表和内部样式表，区别在于应用的范围和存放位置。Dreamweaver 可以判断现有文档中定义的符合 CSS 样式准则的样式，并且在【设计】视图中直接呈现已应用的样式。但要注意的是，有些 CSS 样式在 Microsoft Internet Explorer、Netscape、Opera、Apple Safari 或其他浏览器中呈现的外观不相同，而有些 CSS 样式目前不受任何浏览器支持。下面是对这两种样式表的介绍。

- 外部 CSS 样式表：存储在一个单独的外部 CSS(.css)文件中的若干组 CSS 规则。此文件利用文档头部分的链接或@import 规则链接到网站中的一个或多个页面。
- 内部 CSS 样式表：内部 CSS 样式表是若干组包括在 HTML 文档头部分的 <style>标签中的 CSS 规则。

8.2.1 创建外部样式表

在 Dreamweaver 中按下 Shift+F11 组合键(或选择【窗口】|【CSS 设计器】命令)，打开【CSS 设计器】面板。在【源】窗格中单击【+】按钮，在弹出的列表中选择【创建新的 CSS 文件】选项，如下图所示，可以创建外部 CSS 样式表。具体方法如下。

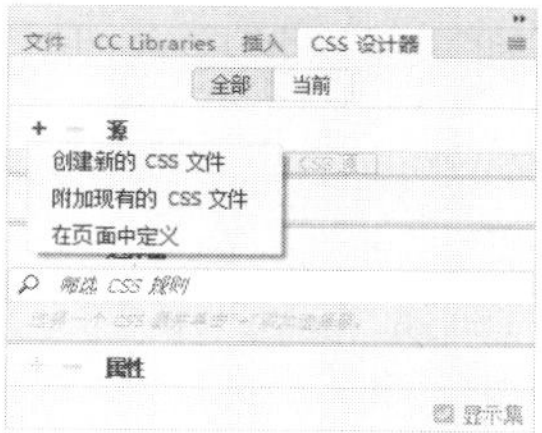

step 1 打开【创建新的 CSS 文件】对话框，单击其中的【浏览】按钮。

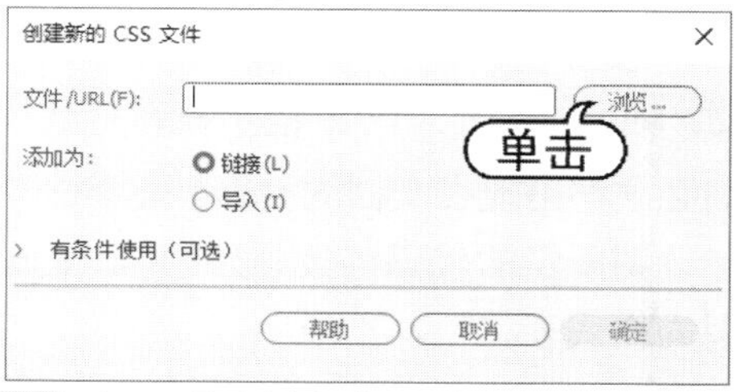

step 2 打开【将样式表文件另存为】对话框，在【文件名】文本框中输入样式表文件的名称，单击【保存】按钮。

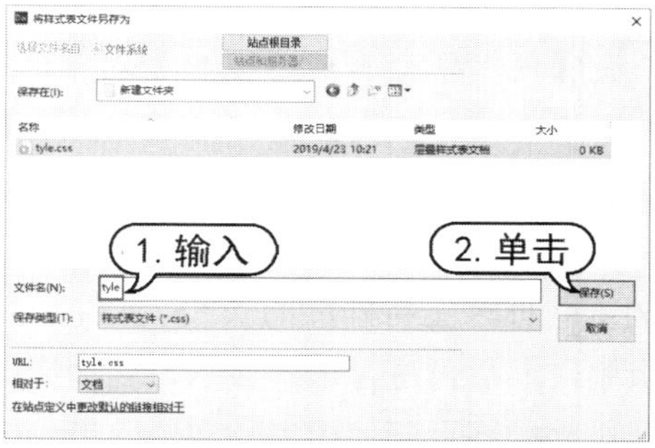

step 3 返回【创建新的 CSS 文件】对话框，单击【确定】按钮，即可创建一个新的外部 CSS 文件。此时，【CSS 设计器】面板的【源】窗格中将显示所创建的 CSS 样式表。

step 4 完成 CSS 样式表的创建后，在【CSS 设计器】面板的【选择器】窗格中单击【+】按钮，在显示的文本框中输入.large，按下回车键，即可定义一个“类”选择器。

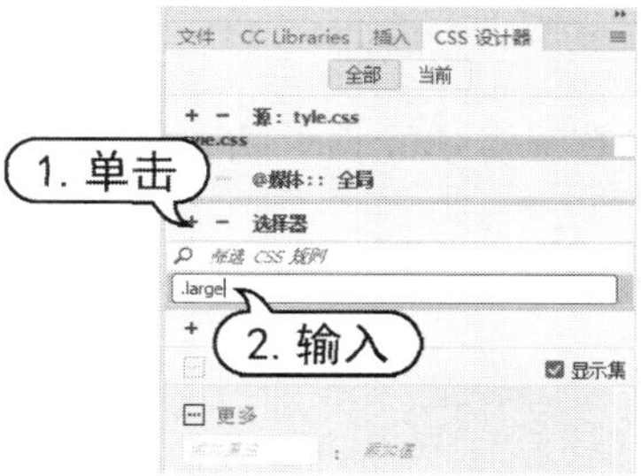

step 5 在【CSS 设计器】面板的【属性】窗格中，取消【显示集】复选框的选中状态，可以为 CSS 样式表设置属性声明(本章将在后面的内容中详细讲解各 CSS 属性值的功能)。

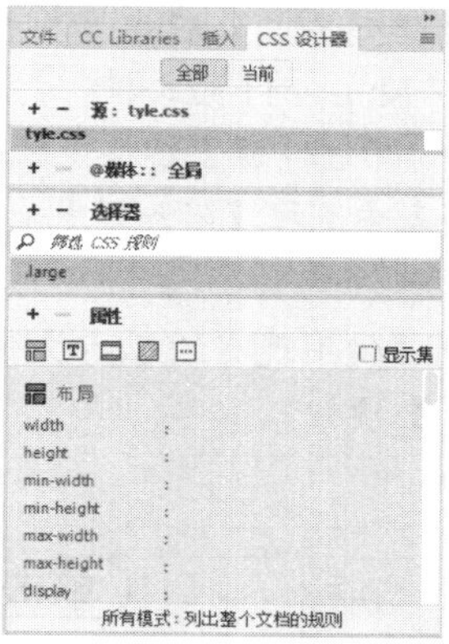

8.2.2 创建内部样式表

要在当前打开的网页中创建一个内部 CSS 样式表，需在【CSS 设计器】面板的【源】窗格中单击【+】按钮，在弹出的列表中选择【在页面中定义】选项即可。

完成内部样式表的创建后，在【源】窗格中将自动创建一个名为<style>的源项目，在【选择器】窗格中单击【+】按钮，设置一个选择器，可以在【属性】窗格中设置 CSS 样式表的属性声明。

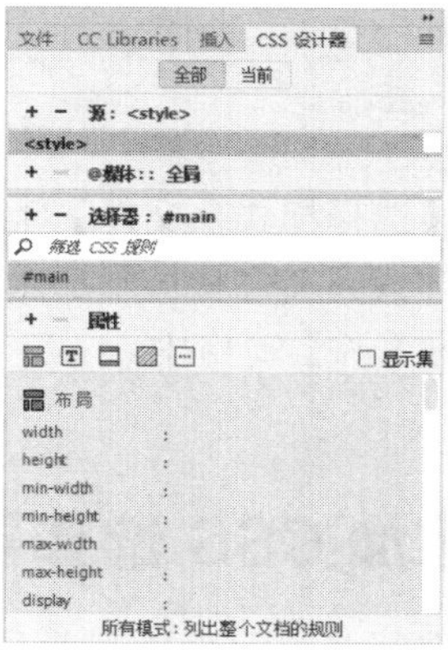

8.2.3 附加外部样式表

根据样式表的使用范围，可以将其分为外部样式表和内部样式表。通过附加外部样式表的方式，可以将一个 CSS 样式表应用到多个网页中。

【例 8-1】使用 Dreamweaver 在网页中附加外部样式表。
视频+素材 (素材文件\第 08 章\例 8-1)

step 1 按下 Shift+F11 组合键，打开【CSS 设计器】面板。单击【源】窗格中的【+】按钮，在弹出的列表中选择【附加现有的 CSS 文件】选项。

step 2 打开【使用现有的 CSS 文件】对话框，单击【浏览】按钮。

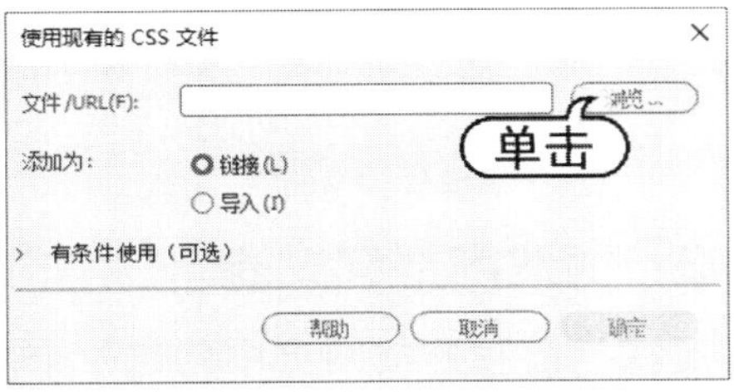

step 3 打开【选择样式表文件】对话框，选择一个 CSS 样式表文件，单击【确定】按钮即可。

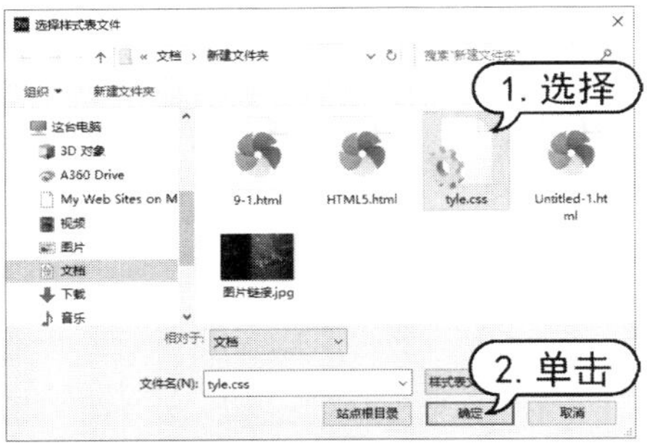

此时，【选择样式表文件】对话框中被选中的 CSS 样式表文件将被附加至【CSS 设计器】面板的【源】窗格中。

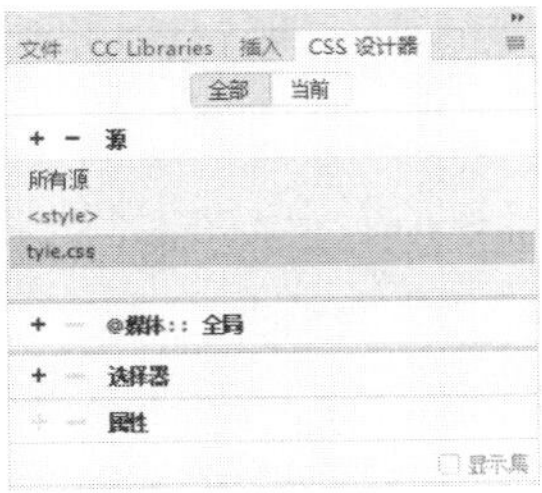

在网页源代码中，<link>标签会将当前文档和 CSS 文档建立一种联系，用于指定样式表的<link>标签，以及 href 和 type 属性，它们必须都出现在文档的<head>标签中。例如，下图所示的代码链接外部的 style.css，类型为样式表。

```
<head>
<meta charset="utf-8">
<title>无标题文档</title>
<link href="style.css"
rel="stylesheet" type="text/css">
</head>
```

在【使用现有的 CSS 文件】对话框中，用户可以在【添加为】选项区域中设置附加外部样式表的方式，包括【链接】和【导入】两种。其中，【链接】外部样式表指的是客户端浏览网页时先将外部的 CSS 文件加载到网页中，然后再进行编译显示，这种情况下显示出来的网页同使用者预期的效果一样；而【导入】外部样式表指的是客户端在浏览网页时先将 HTML 结构呈现出来，再把外部的 CSS 文件加载到网页中，这种情况下显示出来的网页虽然效果与【链接】方式一样，但在网页较慢的环境下，浏览器会先显示没有 CSS 布局的网页。

8.3 添加 CSS 选择器

CSS 选择器用于选择需要添加样式的元素。在 CSS 中有很多功能强大的选择器，可以帮助用户灵活地选择页面元素，如下表所示。

CSS 选择器

选　择　器	示　　例	说　　明
.class	.intro	选择 class="intro" 的所有元素
#id	#firstname	选择 id="firstname" 的所有元素
*	*	选择所有元素
element	p	选择所有<p>元素
element,element	div,p	选择所有<div>元素和所有<p>元素
element element	div p	选择<div>元素内部的所有<p>元素
element>element	div>p	选择父元素为<div>元素的所有<p>元素
element+element	div+p	选择紧接在<div>元素之后的所有<p>元素
[attribute]	[target]	选择带有 target 属性的所有元素
[attribute=value]	[target=_blank]	选择 target="_blank"的所有元素
[attribute~=value]	[title~=flower]	选择 title 属性值中包含单词"flower"的所有元素
[attribute|=value]	[lang|=en]	选择 lang 属性值以"en"开头的所有元素
:link	a:link	选择所有未被访问的链接
:visited	a:visited	选择所有已被访问的链接
:active	a:active	选择活动链接
:hover	a:hover	选择鼠标指针位于其上的链接
:focus	input:focus	选择获得焦点的 input 元素
:first-letter	p:first-letter	选择每个<p>元素的首字母
:first-line	p:first-line	选择每个<p>元素的首行
:first-child	p:first-child	选择属于父元素的第一个子元素的每个<p>元素
:before	p:before	在每个<p>元素的内容之前插入内容
:after	p:after	在每个<p>元素的内容之后插入内容
:lang(language)	p:lang(it)	选择 lang 属性值以"it"开头的每个<p>元素
element1~element2	p~ul	选择前面有<p>元素的每个 <ul>元素
[attribute^=value]	a[src^="https"]	选择其 src 属性值以"https"开头的每个<a>元素
[attribute$=value]	a[src$=".pdf"]	选择其 src 属性值以".pdf"结尾的所有<a>元素
[attribute*=value]	a[src*="abc"]	选择其 src 属性值中包含"abc"子串的每个<a>元素
:first-of-type	p:first-of-type	选择属于其父元素的首个<p>元素的每个<p>元素

(续表)

选　择　器	示　　例	说　　明
:last-of-type	p:last-of-type	选择属于其父元素的最后<p>元素的每个<p>元素
:only-of-type	p:only-of-type	选择属于其父元素唯一的<p>元素的每个<p>元素
:only-child	p:only-child	选择属于其父元素的唯一子元素的每个<p>元素
:nth-child(n)	p:nth-child(2)	选择属于其父元素的第二个子元素的每个<p>元素
:nth-last-child(n)	p:nth-last-child(2)	同上，但是从最后一个子元素开始计数
:nth-of-type(n)	p:nth-of-type(2)	选择属于其父元素第二个<p>元素的每个<p>元素
:nth-last-of-type(n)	p:nth-last-of-type(2)	同上，但是从最后一个子元素开始计数
:last-child	p:last-child	选择属于其父元素最后一个子元素的每个<p>元素
:root	:root	选择文档的根元素
:empty	p:empty	选择没有子元素的每个<p>元素(包括文本节点)
:target	#news:target	选择当前活动的 #news 元素
:enabled	input:enabled	选择每个启用的<input>元素
:disabled	input:disabled	选择每个禁用的<input>元素
:checked	input:checked	选择每个被选中的<input>元素
:not(selector)	:not(p)	选择非<p>元素的每个元素
::selection	::selection	选择被用户选取的元素部分

下面将举例介绍在 Dreamweaver 中添加常用选择器的方法。

1. 添加类选择器

在【CSS 设计器】面板的【选择器】窗格中单击【+】按钮，然后在所显示的文本框中输入符号(.)和选择器的名称，即可创建一个类选择器，例如，右图中所创建的.large 类选择器。

类选择器用于选择指定类的所有元素。下面通过一个简单的示例说明其应用。

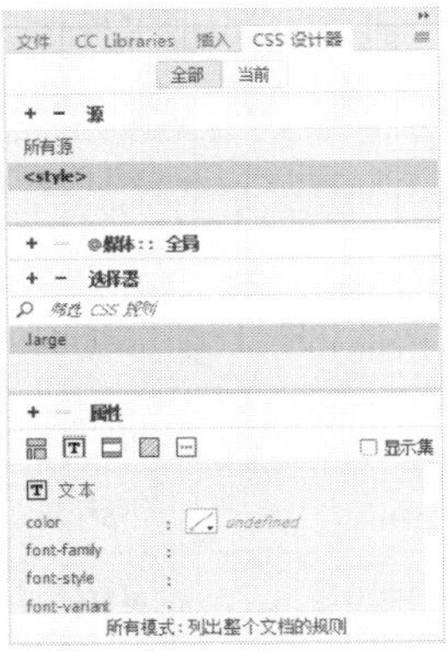

【例 8-2】定义一个名为.large 的类选择器，其属性用于改变文本颜色(红色)。

视频+素材 (素材文件\第 08 章\例 8-2)

step 1 按下 Shift+F11 组合键，打开【CSS 设

计器】窗口，在【选择器】窗格中单击【+】按钮，添加一个选择器，设置其名称为.large。

step 2 在【属性】窗格中，取消【显示集】复选框的选中状态，单击【文本】按钮，在所显示的属性设置区域中单击 color 按钮。

step 3 打开颜色选择器，单击红色色块，然后在页面空白处单击。

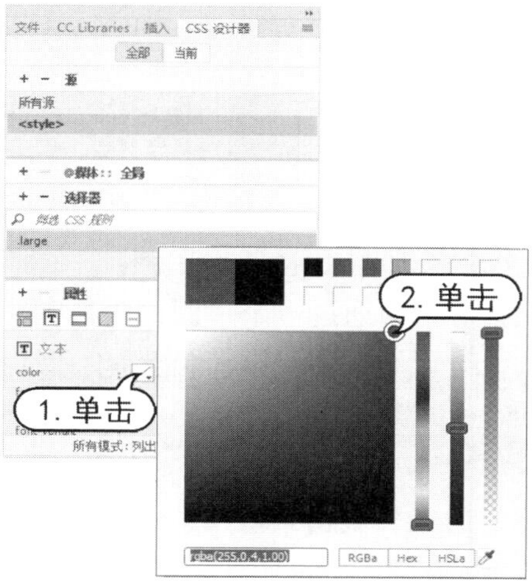

此时，若选中页面中的文本，在 HTML【属性】面板中单击【类】按钮，在弹出的列表中选择 large 选项，即可将选中文本的颜色设置为【红色】。

step 4 在设计视图中输入一段文本，选中该文本后在【属性】面板中单击【类】下拉按钮，从弹出的列表中选择 large 选项。

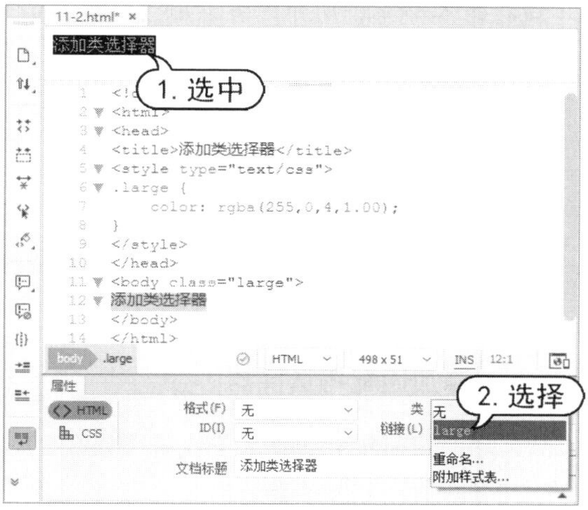

step 5 按下F12键预览网页，效果如下图所示。

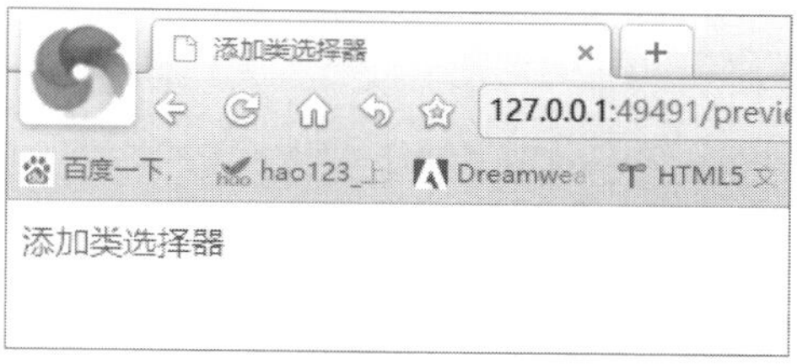

2. 添加 id 选择器

在【CSS 设计器】面板的【选择器】窗格中单击【+】按钮，然后在所显示的文本框中输入符号(#)和选择器的名称，即可创建一个 id 选择器(例如，#Welcome 选择器)。

id 选择器用于选择具有指定 id 属性的元素。下面通过一个示例说明其应用。

【例 8-3】定义名为“#Welcome”的 id 选择器，其属性用于设置网页对象大小。
视频+素材 (素材文件\第 08 章\例 8-3)

step 1 按下 Shift+F11 组合键，打开【CSS 设计器】窗口。在【选择器】窗格中单击【+】按钮，添加一个选择器，设置其名称为#sidebar。

step 2 打开【属性】窗格，单击【布局】按钮，在所显示的选项设置区域中将 width 参数的值设置为 200px，将 height 参数的值设置为 100px。

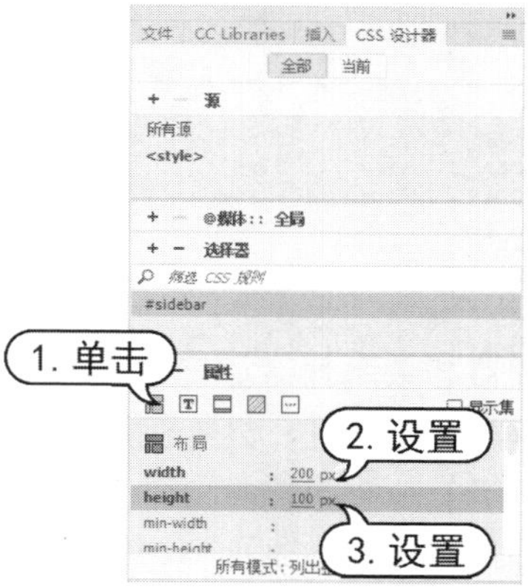

step 3 单击【文本】按钮，设置 color 属性，为文本选择一种颜色，如下图所示，然后单击页面空白处。

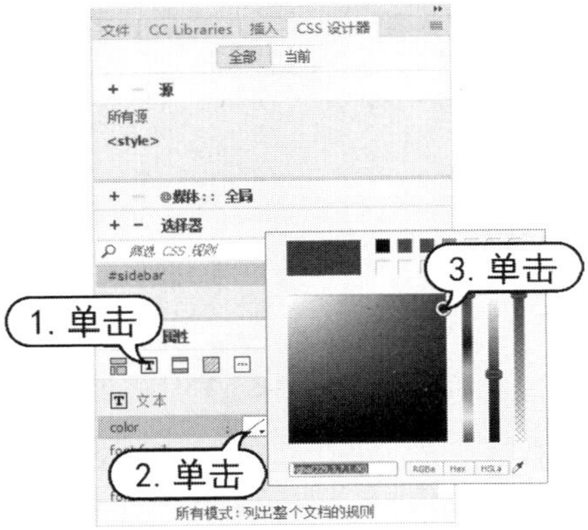

step 4 选择【插入】| Div 命令，打开【插入 Div】对话框，在 ID 文本框中输入 sidebar，单击【确定】按钮。

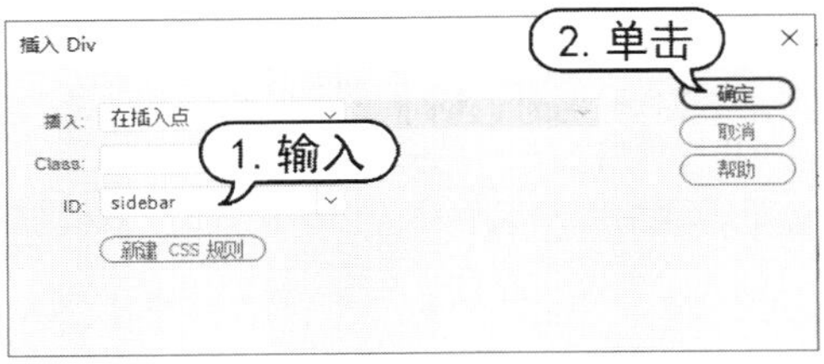

step 5 此时，将在网页中插入一个宽 200 像素，高 100 像素的 Div 标签。

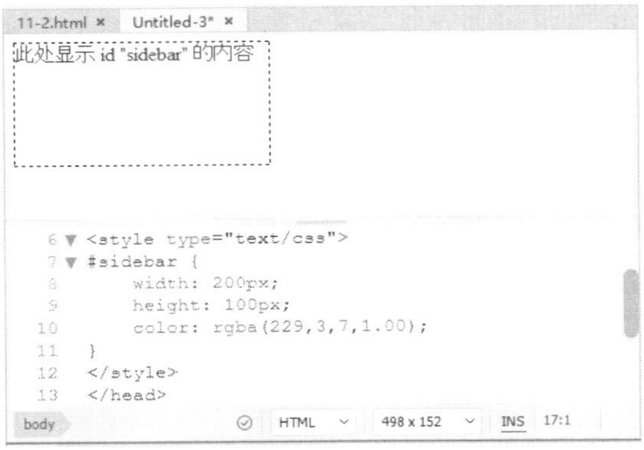

id 选择器和类选择器最主要的区别就在于 id 选择器不能重复，只能使用一次，一个 id 只能用于一个标签对象。而类选择器可以重复使用，同一个类选择器可以定义在多个标签对象上，且一个标签可以定义多个类选择器。

3. 添加标签选择器

在【CSS 设计器】面板的【选择器】窗格中单击【+】按钮，然后在所显示的文本框中输入一个标签，即可创建一个标签选择器，例如，下图中所添加的 a 标签选择器。

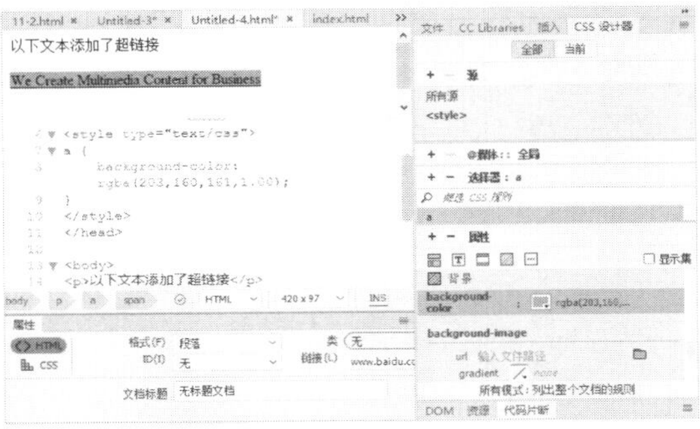

标签选择器用于选择指定标签名称的所有元素。下面通过一个示例说明其应用。

【例 8-4】定义名为 a 的标签选择器，其属性用于给网页文本链接添加背景颜色。
视频+素材 (素材文件\第 08 章\例 8-4)

step 1 在设计视图中输入文本，并为文本设置超链接。按下 Shift+F11 组合键，打开【CSS 设计器】窗口。在【选择器】窗格中单击【+】按钮，添加一个选择器，设置其名称为 a。

step 2 在【属性】窗格中单击【背景】按钮，在所显示的选项设置区域中单击 background-color 选项右侧的按钮，打开颜色选择器，选择一个背景颜色。

step 3 按下 F12 键在浏览器中查看网页，文本链接将添加下图所示的背景颜色。

4. 添加通配符选择器

通配符指的是使用字符代替不确定的字符。因此通配符选择器是指对对象可以使用模糊指定的方式进行选择的选择器。CSS 的通配符选择器可以使用“*”作为关键字，其使用方法如下。

【例 8-5】定义通配符选择器。
视频+素材 (素材文件\第 08 章\例 8-5)

step 1 选择【插入】| Div 命令和【插入】| Image 命令，在网页中分别插入一个 Div 标签和一个图像。

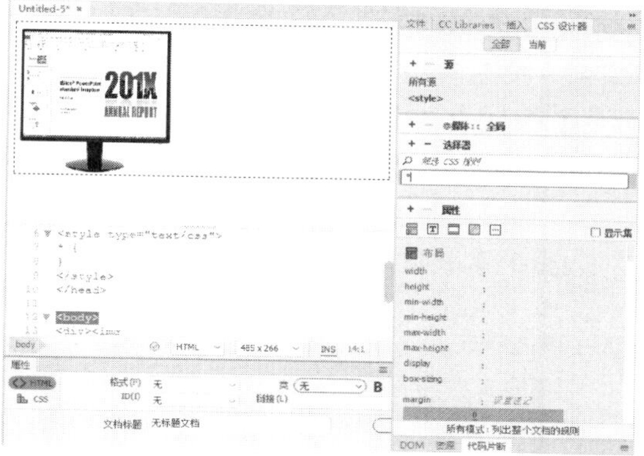

step 2 按下 Shift+F11 组合键，打开【CSS 设计器】面板，在【选择器】窗格中单击【+】按钮，添加一个选择器，设置名称为“*”。

step 3 在【属性】窗格中将 width 的值设置为 300px，将 height 的值设置为 250px，此时 Div 标签和其中的图片效果将如下图所示。

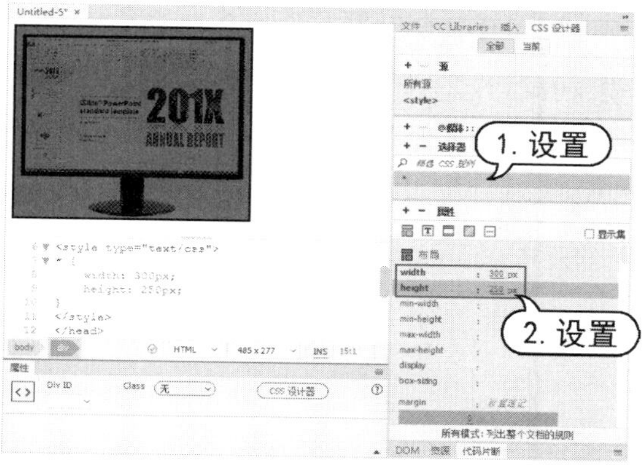

在上图所示的代码视图中，“*”表示所有对象，包含所有不同 id、不同 class 的 HTML 的所有标签。

5. 添加分组选择器

对于 CSS 样式表中具有相同样式的元素，可以使用分组选择器，把所有元素组合在一起。元素之间用逗号分隔，这样只需要定义一组 CSS 声明。

【例 8-6】定义分组选择器，将页面中所有的 h1~h6 元素以及段落的颜色设置为红色。
视频+素材 (素材文件\第 08 章\例 8-6)

step 1 在网页中输入文本，并为文本设置下图所示的标题和段落标签。

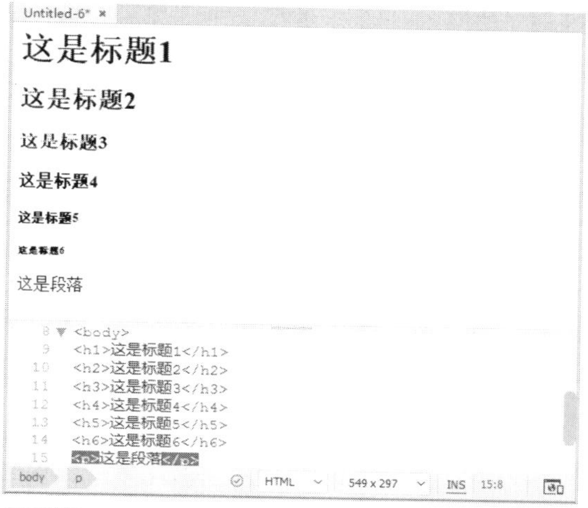

step 2 按下 Shift+F11 组合键，打开【CSS 设计器】面板。在【选择器】窗格中单击【+】按钮，添加一个选择器，设置名称为“h1,h2,h3,h4,h5,h6,p”。

step 3 在【属性】面板中单击【文本】按钮，在所显示的选项设置区域中，将 color 文本框中的参数值设置为 red。

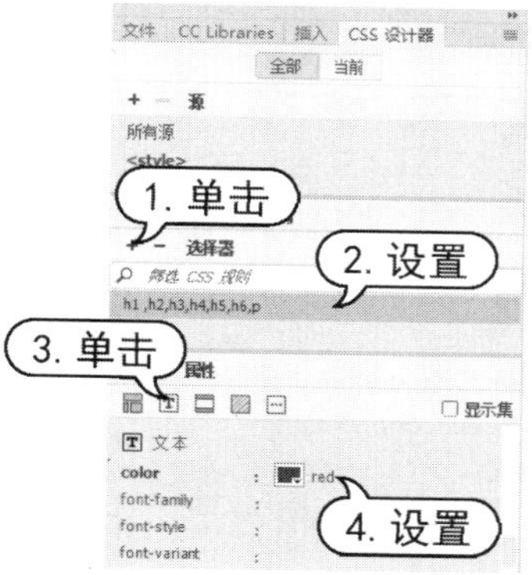

step 4 此时，设计视图中所有的 h1~h6 元素及段落文本的颜色将变为红色。

6. 添加后代选择器

后代选择器用于选择指定元素内部的所有子元素。例如，在制作网页时若不需要去掉页面中所有链接的下画线，而只需去掉所有列表链接的下画线，这时就可以使用后代选择器。

【例 8-7】利用后代选择器取消网页中所有列表链接的下画线。
视频+素材 (素材文件\第 08 章\例 8-7)

step 1 按下 Shift+F11 组合键，打开【CSS 设计器】面板，在【选择器】窗格中单击【+】按钮，添加一个选择器，设置名称为“li a”。

step 2 在【属性】窗格中单击【文本】按钮，在所显示的选项设置区域中单击 text-decoration 选项右侧的 none 按钮。

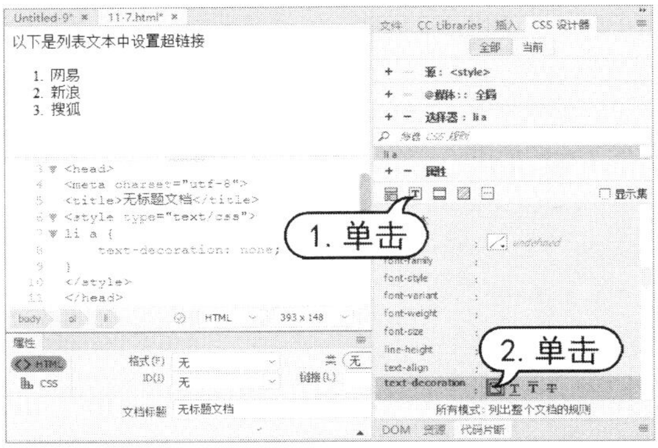

step 3 此时，页面中所有列表文本上设置的链接将不再显示下画线。

7. 添加伪类选择器

伪类是一种特殊的类，由 CSS 自动支持，属于 CSS 的一种扩展类型和对象，其名称不能由用户自定义，在使用时必须按标准格式使用。下面通过一个示例进行介绍。

【例 8-8】定义用于将网页中未访问文本链接的颜色设置为红色的伪类选择器。
视频+素材 (素材文件\第 08 章\例 8-8)

step 1 按下 Shift+F11 组合键，打开【CSS 设计器】面板，在【选择器】窗格中单击【+】按钮，添加一个选择器，设置名称为“a:link”。

step 2 在【属性】窗格中单击【文本】按钮，将 color 的参数值设置为 red。

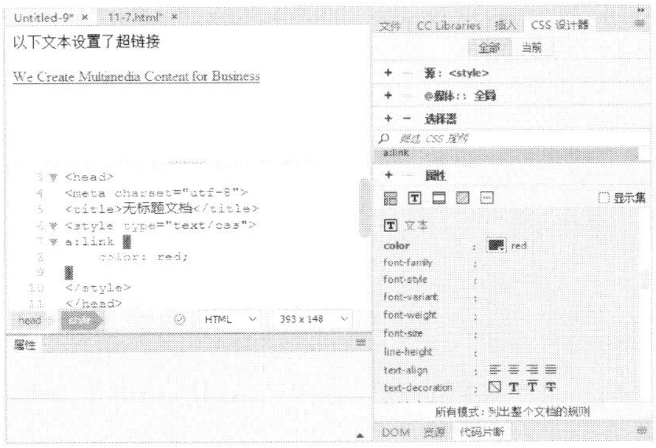

在上图所示的代码视图中，:link 就是伪类选择器设定的标准格式，其作用在于选择所有未访问的链接。下表中列出了几个常用的伪类选择器及其说明。

常用的伪类选择器及其说明

属　性	说　明
:link	选择所有未访问的链接
:visited	选择所有访问过的链接
:active	选择活动的链接，当单击一个链接时，它就会成为活动链接，该选择器主要用于向活动链接添加特殊样式
:target	选择当前活动的目标元素
:hover	用于当鼠标移入链接时添加的特殊样式(该选择器可用于所有元素，不仅是链接，主要用于定义鼠标滑过的效果)

8. 添加伪元素选择器

CSS 伪元素选择器有许多独特的使用方法，可以实现一些非常有趣的网页效果，常用来添加一些选择器的特殊效果。下面通过一个简单的示例介绍伪元素选择器的使用方法。

【例 8-9】在网页的所有段落之前添加文本“转载自《实用教程系列》”。
视频+素材（素材文件\第 08 章\例 8-9）

step 1 在网页中输入多段文本，并为其设置段落格式。按下 Shift+F11 组合键，打开【CSS 设计器】面板。在【选择器】窗格中单击【+】按钮，添加一个选择器，设置名称为“p:before”。

step 2 在【CSS 设计器】面板的【属性】窗格中单击【更多】按钮，在所显示的文本框中输入 content。

step 3 按下回车键，在 content 选项右侧的文本框中输入以下文字。

```
"转载自《实用教程系列》"
```

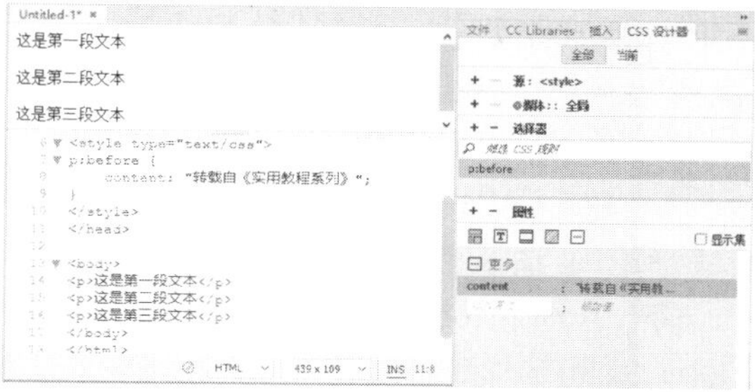

step 4 按下 Ctrl+S 组合键保存网页，按下 F12 键预览网页，效果如下图所示。

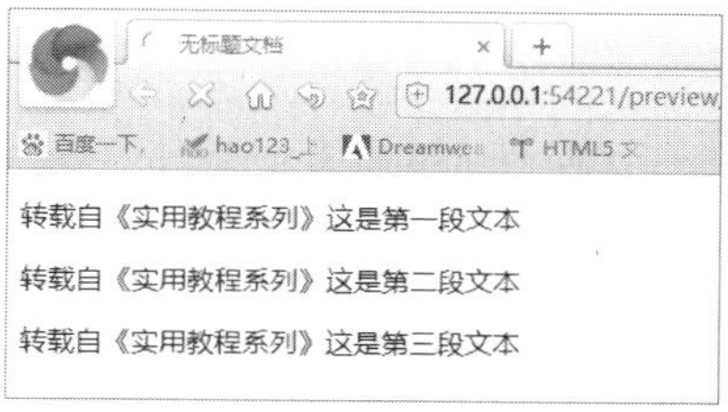

除了【例 8-9】介绍的应用以外，使用“:before”选择器结合其他选择器，还可以实现各种不同的效果。例如，要在列表中将列表前的小圆点去掉，并添加一个自定义的符号，可以采用以下操作。

step 1 在【CSS 设计器】面板的【选择器】窗格中单击【+】按钮，添加一个名为 li 的标签选择器。在【属性】窗格中单击【更多】按钮，在所显示的文本框中输入 list-style，按下回车键后在该选项右侧的参数栏中选择 none 选项。

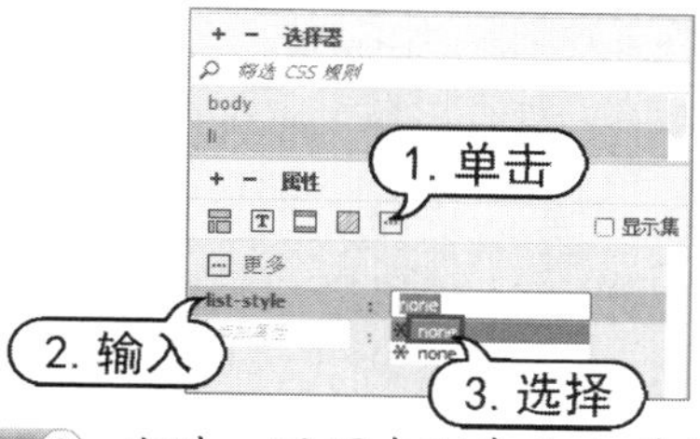

step 2 此时，网页中列表文本前的小圆点就被去掉了。

软件下载页面
新闻推送页面
用户登录页面
网站留言页面

step 3 在【选择器】窗格中单击【+】按钮，添加一个名为 li:before 的选择器。

step 4 在【属性】窗格中单击【更多】按钮，在所显示的文本框中输入 content，并在其右侧的文本框中输入"★"。

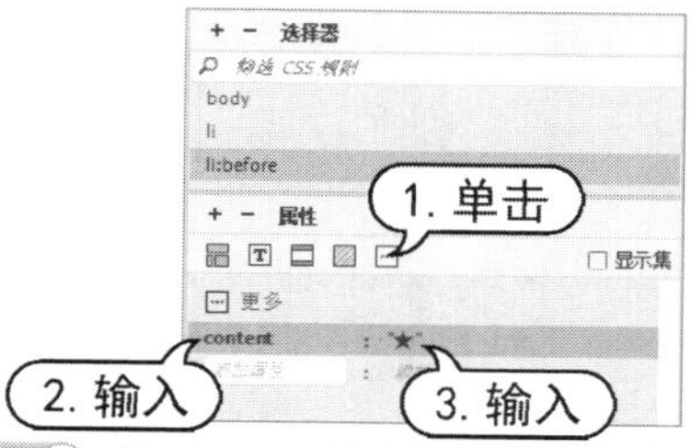

step 5 按下 F12 键预览网页，页面中列表的效果如下图所示。

★软件下载页面
★新闻推送页面
★用户登录页面
★网站留言页面

下表所示为常用的伪元素选择器及其说明。

常用的伪元素选择器及其说明

属　性	说　明
:before	在指定元素之前插入内容
:after	在指定元素之后插入内容
:first-line	对指定元素的第一行设置样式
:first-letter	选取指定元素的首字母

8.4　编辑 CSS 样式效果

通过上面的示例可以看出，使用【CSS 设计器】的【属性】面板可以为 CSS 设置非常丰富的样式，包括文字样式、背景样式和边框样式等各种常见效果，这些样式决定了页面中的文字、列表、背景、表单、图片和光标等各种元素。

在制作网页时，如果用户需要对页面中具体对象上应用的 CSS 样式效果进行编辑，可以在 CSS【属性】面板的【目标规则】列表中选中需要编辑的选择器，单击【编辑规则】按钮，打开【CSS 规则定义】对话框进行设置。

8.4.1　CSS 类型设置

在【CSS 规则定义】对话框的【分类】列表中选中【类型】选项后，在对话框右侧的选项区域中，可以编辑 CSS 样式最常用的属性，包括字体、字号、文字样式、文字修饰、字体粗细等。

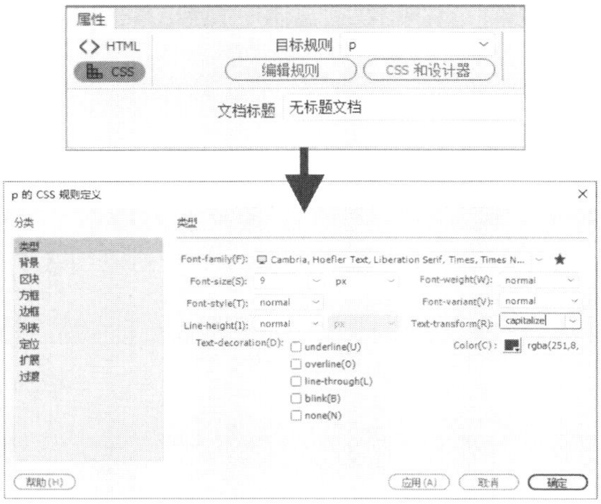

➤ Font-family：用于为 CSS 样式设置字体。

➤ Font-size：用于定义文本大小，可以通过选择数字和度量单位来选择特定的大小，也可以选择相对大小。

➤ Font-style：用于设置字体样式，可选择 normal(正常)、italic(斜体)或 oblique(偏斜体)等选项。

➤ Line-height：用于设置文本所在行的高度。通常情况下，浏览器会用单行距离，也就是下一行的上端到上一行的下端只有几磅间隔的形式显示文本框。在 Line-height 下拉列表中可以选择文本的行高，若选择 normal 选项，则由软件自动计算行高和字体大小；如果希望指定行高值，在其中输入需要的数值，然后选择单位即可。

➤ Text-decoration：向文本中添加下画线(underline)、上画线(overline)、删除线(line-through)或闪烁线(blink)。选择该选项区域中相应的复选框，会激活相应的修饰格式。如果不需要使用格式，可以取消相应复选框的选中状态；如果选中 none(无)复选框，则不设置任何格式。在默认状态下，普通文本的修饰格式为 none(无)，而链接文本的修饰格式为 underline(下画线)。

➤ Font-weight：对字体应用特定或相对的粗体量。在该文本框中输入相应的数值，可以指定字体的绝对粗细程度。若使用 bolder 和 lighter 值可以得到比父元素字体更粗或更细的字体。

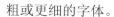

➤ Font-variant：设置文本的小写大写字母变形。在该下拉列表中，可以选择所需字体的某种变形。这个属性的默认值是normal，表示字体的常规版本。也可以指定small-caps 来选择字体的形式，在这个形式中，小写字母都会被替换为大写字母(但在文档窗口中不能直接显示，必须按下 F12 键，在浏览器中才能看到效果。)

➤ Color：用于设置文本的颜色，单击该按钮，可以打开颜色选择器。

➤ Text-transform：将所选内容中的每个单词的首字母大写，或将文本设置为全部大写或小写。在该选项中如果选择capitalize(首字母大写)选项，则可以指定将每个单词的首字母大写；如果选择 uppercase(大写)或 lowercase(小写)选项，则可以分别将所有被选择的文本都设置为大写或小写；如果选择 none(无)选项，则会保持选中字符本身带有的大小写格式。

【例 8-10】通过编辑 CSS 样式类型，设置网页中滚动文本的字体格式和效果。

视频+素材 (素材文件\第 08 章\例 8-10)

step 1 打开网页素材文档后，将指针置入滚动文本中，在 CSS【属性】面板中单击【编辑规则】按钮。

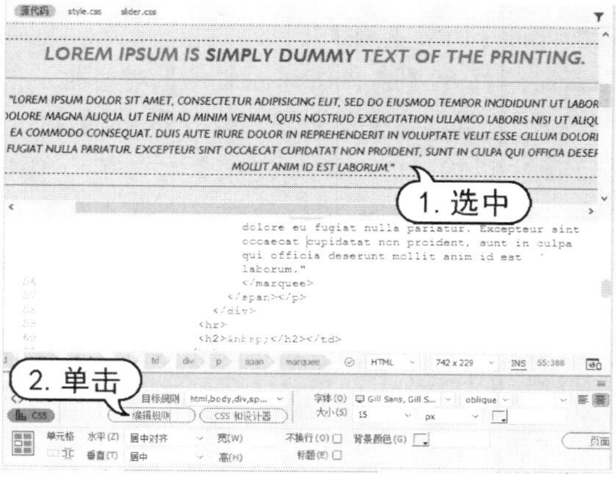

step 2 打开【CSS 规则定义】对话框，在【分类】列表中选中【类型】选项，在对话框右侧的选项区域中单击 Font-family 按钮，在弹出的列表中选中一种字体。

step 3 在 Font-size 文本框中输入 15，单击该文本框右侧的按钮，在弹出的列表中选择 px 选项。

step 4 单击Font-style按钮，在弹出的列表中选择oblique选项，设置滚动文本为偏斜体。

step 5 单击 Font-variant 按钮，在弹出的列表中选择 small-caps 选项，将滚动文本中的小写字母替换为大写字母。

step 6 在 Text-decoration 选项区域中选中 none 复选框，设置滚动文本无特殊修饰，如下图所示，然后单击【确定】按钮。

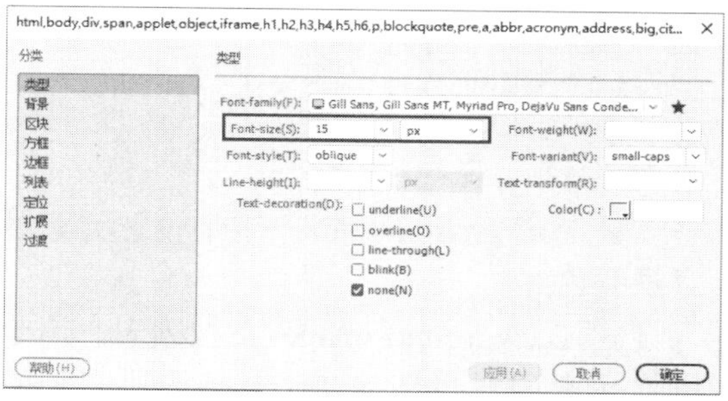

step 7 按下 F12 键在浏览器中预览网页，可以看到修改后的滚动文本效果。

在编辑 CSS 样式的文本字体后，在源代码中需要使用一个不同的<font>标签。CSS3 标准提供了多种字体属性，使用它们可以修改受影响标签内所包含文本的外观，CSS 的类型属性及说明如下表所示。

CSS 的类型属性及说明

属 性	说 明
Font-family	设置字体
Font-size	设置字号
Font-style	设置文字样式
Line-height	设置文字行高
Font-weight	设置文字粗细
Font-variant	设置英文字母大小写转换
Text-transform	控制英文大小写
Color	设置文字颜色
Text-decoration	设置文字修饰

8.4.2 CSS 背景设置

在【CSS 规则定义】对话框中选中【背景】选项后，将显示如下图所示的【背景】选项区域，在该选项区域中用户不仅能够设定 CSS 样式对网页中的任何元素应用背景属性，还可以设置背景图像的位置。

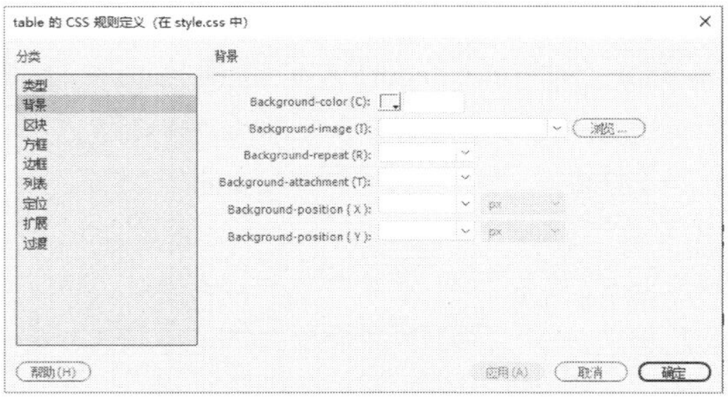

➢ Background-color：用于设置元素的背景颜色。

➢ Background-image 下拉列表：用于设置元素的背景图像。单击该选项右侧的【浏览】按钮可以打开【选择图像源文件】对话框。

➢ Background-repeat：确定是否以及如何重复背景图像。该选项一般用于图片面积小于页面元素面积的情况，其共有 no-repeat、repeat、repeat-x 和 repeat-y 这 4 个选项。

➢ Background-attachment：确定背景图像是固定在其原始位置还是随内容一起滚动。其中包括 fixed 和 scroll 两个选项。

➢ Background-position(X)和 Background-position(Y)：指定背景图像相对于元素的初始位置。可以选择 left、right、center 或 top、bottom、center 选项，也可以直接输入数值。如果前面的 Background-attachment 选项设置为 fixed，则元素的位置相对于文档窗口，而不是元素本身。可以为 Background-position 属性指定一个或两个值，如果使用一个值，它将同时应用于垂直和水平位置；如果使用两个值，那么第一个值表示水平偏移，第二个值表示垂直偏移。

下面通过一个示例来介绍设置 CSS 背景效果的具体方法。

【例 8-11】通过编辑 CSS 样式背景，替换网页的背景图像。
视频+素材 (素材文件\第 08 章\例 8-11)

step 1 打开如下图所示的网页后，按下 Shift+F11 组合键，显示【CSS 设计器】面板。

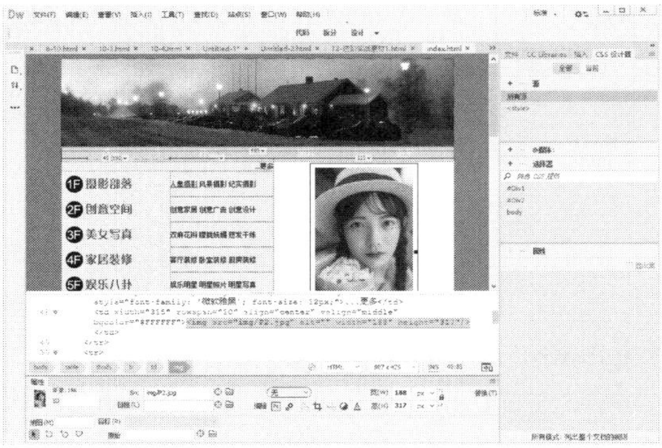

step 2 在【CSS 设计器】面板的【选择器】窗格中单击【+】按钮，创建一个名称为 body 的标签选择器。

step 3 单击状态栏上的<body>标签，按下 Ctrl+F3 组合键打开【属性】面板，在 HTML【属性】面板中单击【编辑规则】按钮。

step 4 打开【CSS 规则定义】对话框，在【分类】列表中选择【背景】选项，在对话框右侧的选项区域中单击 Background-image 选项右侧的【浏览】按钮。

step 5 打开【选择图像源文件】对话框，选择一个背景图像素材文件，单击【确定】按钮。

step 6 返回【CSS 规则定义】对话框，单击 Background-repeat 下拉按钮，在弹出的列表中选择 no-repeat 选项，设置背景图像在网页中不重复显示。

step 7 单击 Background-position(X)下拉按钮，在弹出的列表中选择 center 选项，设置背景图像在网页中水平居中显示。

step 8 单击 Background-position(Y)下拉按钮，在弹出的列表中选择 top 选项，设置背景图像在网页中垂直靠顶端显示。

step 9 在 Background-color 文本框中输入 rgba(138,135,135,1)，设置网页中不显示背景图像的背景区域的颜色，如右图所示。

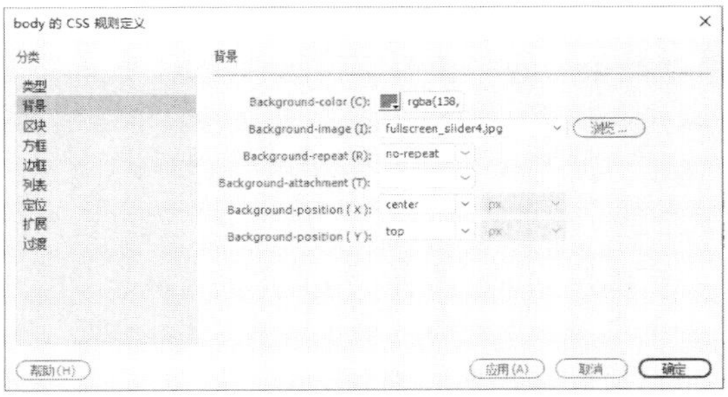

step 10 单击【确定】按钮，网页背景图像的效果如图所示。

文档中的每个元素都有前景色和背景色。有些情况下，背景不是颜色，而是一幅色彩丰富的图像。Background 样式属性可以控制这些图像。CSS 的背景属性如下表所示。

CSS 的背景属性说明

属　性	说　明
Background-color	设置元素的背景颜色
Background-image	设置元素的背景图像
Background-repeat	设置一个指定背景图像的重复方式
Background-attachment	设置背景图像是否固定显示
Background-position	设置水平和垂直方向上的位置

8.4.3　CSS 区块设置

在【CSS 规则定义】对话框中选中【区块】选项，将显示【区块】选项区域，如下图所示。在该选项区域中，用户可以定义标签和属性的间距及对齐设置。

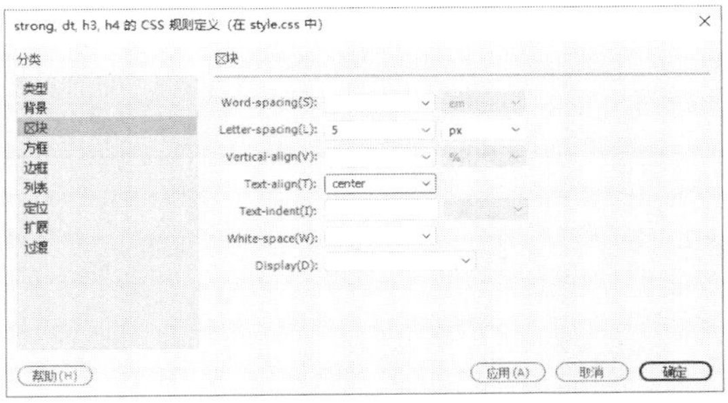

- Word-spacing：用于设置字词的间距。如果要设置特定的值，在下拉列表中选择【值】选项后输入数值。
- Letter-spacing：用于设置增加或减小字母或字符的间距。与单词间距的设置相同，该选项可以在字符之间添加额外的间距。用户可以输入一个值，然后在 Letter-spacing 选项右侧的下拉列表中选择数值的单位(是否可以通过负值来缩小字符间距要根据浏览器的情况而定。另外，字母间距的优先级高于单词间距)。
- Vertical-align：用于指定应用此属性的元素的垂直对齐方式。
- Text-align：用于设置文本在元素内的对齐方式，包括 left、right、center 以及 justify 等几个选项。
- Text-indent：用于指定第一行文本缩进的程度(允许负值)。

➢ White-space：用于确定如何处理元素中的空白部分。其中有 3 个属性值，选择 normal 选项，按照正常方法处理空白，可以使多个空白合并成一个；选择 pre 选项，则保留应用样式元素中空白的原始状态，不允许多个空白合并成一个；选择 nowrap 选项，则长文本不自动换行。

➢ Display：用于指定是否以及如何显示元素(若选择 none 选项，它将禁用指定元素的 CSS 显示)。

下面通过一个示例来介绍设置 CSS 区块效果的具体方法。

【例 8-12】通过定义 CSS 样式区块设置，调整网页中文本的排列方式。
视频+素材 (素材文件\第 08 章\例 8-12)

step 1 打开网页文档后，选中页面中如下图所示的标题文本。

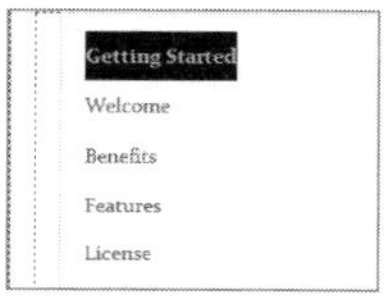

step 2 在 CSS【属性】面板中单击【编辑规则】按钮，打开【CSS 规则定义】对话框，在【分类】列表中选中【区块】选项。

step 3 在对话框右侧的选项区域中的 Letter-spacing 文本框中输入数值 5，然后单击该文本框后的按钮，在弹出的列表中选择 px 选项，设置所选中文本的字母间距为 5 像素。

step 4 单击 Text-align 下拉按钮，在弹出的列表中选择 center 选项，设置选中文本在 Div 标签中水平居中对齐。单击【确定】按钮后，页面中的文本效果如下图所示。

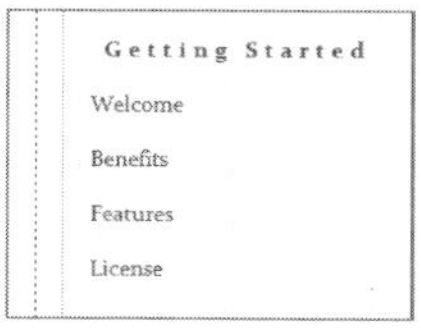

CSS 样式表可以对字体属性和文本属性加以区分，前者控制文本的大小、样式和外观，而后者控制文本对齐和呈现给用户的方式。CSS 的区块属性及说明如下表所示。

CSS 的区块属性及说明

属　性	说　明
Word-spacing	定义一个附加在单词之间的间距
Letter-spacing	定义一个附加在字母之间的间距
Text-align	设置文本的水平对齐方式
Text-indent	设置文字的首行缩进
Vertical-align	设置水平和垂直方向上的位置
White-space	设置对空白的处理方式
Display	设置如何显示元素

8.4.4 CSS 方框设置

在【CSS 规则定义】对话框中选中【方框】选项，将显示【方框】选项区域，如右图所示。在该选项区域中，用户可以设置用于控制元素在页面上放置方式的标签和属性。

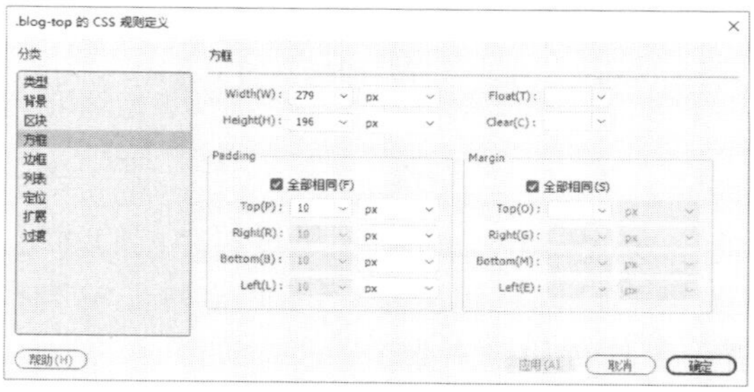

➤ Width 和 Height：用于设置元素的宽度和高度。选择 Auto 选项表示由浏览器自行控制，也可以直接输入一个值，并在右侧的下拉列表中选择值的单位。只有当该样式应用到图像或分层上时，才可以直接从文档窗口中看到所设置的效果。

➤ Float：用于在网页中设置各种页面元素(如文本、Div、表格等)应围绕元素的哪边具体边进行浮动。利用该选项可以将网页元素移到页面范围之外，如果选择 left 选项，则将元素放置到网页左侧空白处；如果选择 right 选项，则将元素放置到网页右侧空白处。

➤ Clear：在该下拉列表中可以定义允许分层。如果选择 left 选项，则表示不允许分层出现在应用该样式的元素左侧；如果选择 right 选项，则表明不允许分层出现在应用该样式的元素右侧。

➤ Padding：用于指定元素内容与元素边框之间的间距，取消【全部相同】复选框的选中状态，可以设置元素各个边的填充。

➤ Margin：该选项区域用于指定一个元素的边框与另一个元素之间的间距。取消【全部相同】复选框的选中状态，可以设置元素各条边的边距。

在网页源代码中，CSS 的方框属性及说明如下表所示。

CSS 的方框属性及说明

属　性	说　明
Float	设置文字环绕在一个元素的四周
Clear	指定在某一元素的某一条边上是否允许有环绕的文字或对象
Width	设定对象的宽度
Height	设定对象的高度
Margin-Left、Margin-Right、Margin-Top 和 Margin-Bottom	分别设置在边框与内容之间的左、右、上、下的空间距离
Padding-Left 、 Padding-Right 、Padding-Top 和 Padding-Bottom	分别设置边框外侧的左、右、上、下的空白区域大小

8.4.5　CSS 边框设置

在【CSS 规则定义】对话框中选中【边框】选项后，将显示【边框】选项区域，如下图所示。在该选项区域中，用户可以设置网页元素周围的边框属性，如宽度、颜色和样式等。

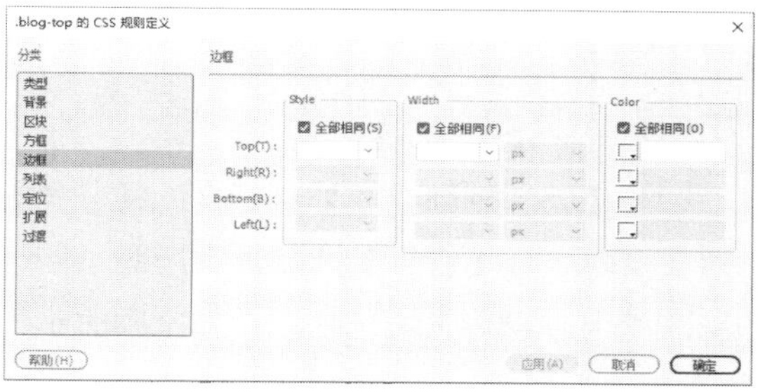

➤ Style：设置边框的样式外观，有 9 个选项，每个选项代表一种边框样式。

➤ Width：可以定义应用该样式元素的边框宽度。在 Top、Right、Bottom 和 Left 这 4 个下拉列表中，可以分别设置边框上每个边的宽度。用户可以选择相应的宽度选项，如细、中、粗或直接输入数值。

➤ Color：可以分别设置上、下、左、右边框的颜色，或选中【全部相同】复选框为所有边线设置相同的颜色。

边框属性用于设置元素边框的宽度、样式和颜色等。CSS 的边框属性及其说明如下。

➤ border-color：边框颜色。

- border-style：边框样式。
- border：设置文本的水平对齐方式。
- width：边框宽度。
- border-top-color：上边框颜色。
- border-left-color：左边框颜色。
- border-right-color：右边框颜色。
- border-bottom-color：下边框颜色。
- border-top-style：上边框样式。
- border-left-style：左边框样式。
- border-right-style：右边框样式。
- border-bottom-style：下边框样式。
- border-top-width：上边框宽度。
- border-left-width：左边框宽度。
- border-right-width：右边框宽度。
- border-bottom-width：下边框宽度。
- border：组合设置边框属性。
- border-top：组合设置上边框属性。
- border-left：组合设置左边框属性。
- border-right：组合设置右边框属性。
- border-bottom：组合设置下边框属性。

边框属性只能设置 4 种边框，为了给出一个元素的 4 种边框的不同值，网页制作者必须用一个或更多属性，如上边框、右边框、下边框、左边框、边框颜色、边框宽度、边框样式、上边框宽度、右边框宽度、下边框宽度或左边框宽度等。

其中，border-style 属性根据 CSS3 模型，可以为 HTML 元素边框应用许多修饰，包括 none、dotted、dashed、solid、double、groove、ridge、inset 和 outset。对这些属性的说明如下。

- none：无边框。
- dotted：边框由点组成。
- dashed：边框由短线组成。
- solid：边框是实线。
- double：边框是双实线。
- groove：边框带有立体感的沟槽。
- ridge：边框成脊形。
- inset：边框内嵌一个立体边框。
- outset：边框外嵌一个立体边框。

8.4.6 CSS 列表设置

在【CSS 规则定义】对话框的【分类】列表框中选择【列表】选项，在对话框右侧将显示相应的选项区域，如下图所示。其中，各选项的功能说明如下。

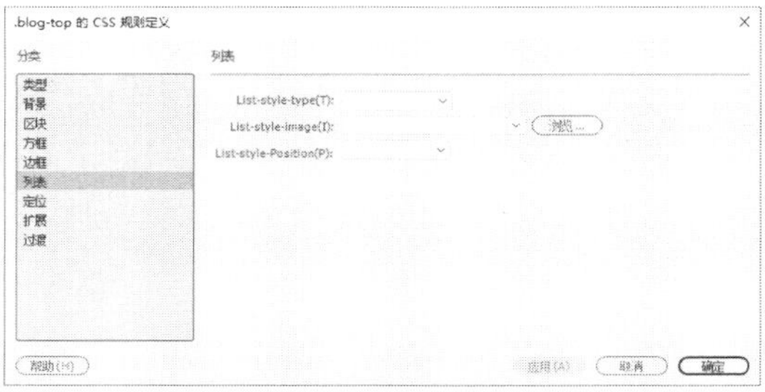

- List-style-type：该属性决定了有序和无序列表项如何显示在能识别样式的浏览器中。可在每行的前面加上项目符号或编号，用于区分不同的文本行。
- List-style-image：用于设置以图片作为无序列表的项目符号。可以在其中输入图片的 URL 地址，也可以通过单击【浏览】按钮，从磁盘上选择图片文件。
- List-style-Position：设置列表项的换行位置。有两种方法可以用来定位与一个列表项有关的记号，即在与项目有关的块外面或里面。List-style-Position 属性接受 inside 或 outside 两个值。

CSS 中有关列表的属性丰富了列表的外观，CSS 的列表属性及说明如下。

- List-style-type：设置引导列表项的符号类型。
- List-style-image：设置列表样式为图像。
- List-style-Position：决定列表项缩进的程度。

8.4.7 CSS 定位设置

在【CSS 规则定义】对话框的【分类】列表框中选择【定位】选项，在所显示的选项区域中可以定义定位样式，如下图所示。

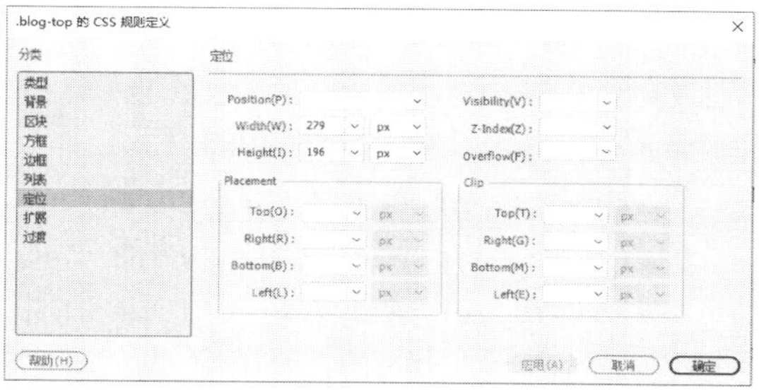

1. Position

用于设置浏览器放置 APDiv 的方式，包含以下 4 项参数。

- static：应用常规的 HTML 布局和定位规则，并由浏览器决定元素的框的左边缘和上边缘。
- relative：使元素相对于其他包含的流移动，可以在某种情况下使 top、bottom、left 和 right 属性都用于计算框相对于其在流中正常位置所处的位置。随后的元素都不会受到这种位置改变的影响，并且放在流中的方式就像没有移动过该元素一样。
- absolute：可以从包含文本流中去除元素，并且随后的元素可以相应地向前移动，然后使用 top、bottom、left 和 right 属性，相对于包含块计算出元素的位置。这种定位允许将元素放在其包含元素的固定位置，但会随着包含元素的移动而移动。
- fixed：将元素相对于其显示的页面或窗口进行定位。像 absolute 定位一样，从包含流中去除元素时，其他的元素也会相应发生移动。

2. Visibility

该选项用于设置层的初始化显示位置，包含以下 3 个选项。

- Inherit：继承分层父级元素的可见性属性。
- Visible：无论分层的父级元素是否可见，都显示层内容。
- Hidden：无论分层的父级元素是否可见，都隐藏层内容。

3. Width 和 Height

这两个选项用于设置元素本身的大小。

4. Z-Index

定义层的顺序，即层重叠的顺序。可以选择 Auto 选项，或输入相应的层索引值。索引值可以为正数或负数。较高值所在的层会位于较低值所在层的上端。

5. Overflow

定义层中的内容超出了层的边界后发生的情况，包含以下选项。

- Visible：当层中的内容超出层范围时，层会自动向下或向右扩展大小，以容纳分层内容使之可见。
- Hidden：当层中的内容超出层范围时，层的大小不变，也不会出现滚动条，超出分层边界的内容不显示。
- Scroll：无论层中的内容是否超出层范围，层上总会出现滚动条，这样即使分层内容超出分层范围，也可以利用滚动条进行浏览。
- Auto：当层中的内容超出分层范围时，层的大小不变，但是会出现滚动条，以便通过滚动条的滚动显示所有分层内容。

6. Placement

设置层的位置和大小。在 top、right、bottom 和 left 这 4 个下拉列表中，可以分别输入相应的值，在右侧的下拉列表中，可以选择相应的数值单位，默认的单位是像素。

7. Clip

定义可视层的局部区域的位置和大小。如果指定了层的碎片区域，则可以通过脚本语言(如 JavaScript)进行操作。在 top、right、bottom 和 left 这 4 个下拉列表中，可以分别输入相应的值，在右侧的下拉列表中，可以选择相应的数值单位。

CSS 的定位属性及其说明如下。

- Width：用于设置对象的宽度。
- Height：用于设置对象的高度。
- Overflow：当层内的内容超出层所能容纳的范围时的处理方式。
- Z-index：决定层的可见性设置。
- Position：用于设置对象的位置。
- Visibility：针对层的可见性设置。

8.4.8 CSS 扩展设置

在【CSS 规则定义】对话框的【分类】列表框中选择【扩展】选项，可以在所显示的选项区域中定义扩展样式，如下图所示。

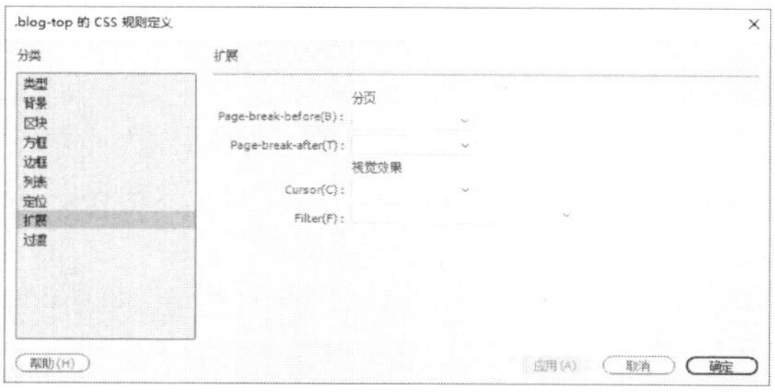

- 分页：通过样式为网页添加分页符号，允许用户指定在某元素前或后进行分页。分页是指打印网页中的内容时在某指定的位置停止，然后将接下来的内容继续打在下一页纸上。
- Cursor：改变光标形状，光标放置于此设置修饰的区域上时，形状会发生改变。
- Filter：使用 CSS 语言实现的滤镜效果，在其下拉列表中有多种滤镜可供选择。

CSS 的扩展属性及其说明如下。

- Cursor：设定光标。
- Page-break：控制分页。
- Filter：设置滤镜。

其中，对 cursor 属性值的说明如下。

- hand：显示为“手”形。
- crosshair：显示为交叉十字。
- text：显示为文本选择符号。
- wait：显示为 Windows 沙漏形状。
- default：显示为默认的光标形状。
- help：显示为带问号的光标。
- e-resize：显示为向东的箭头。
- n-resize：显示为向北的箭头。
- nw-resize：显示为指向西北的箭头。
- w-resize：显示为指向西的箭头。
- sw-resize：显示为指向西南的箭头。
- s-resize：显示为指向南的箭头。
- se-resize：显示为指向东南的箭头。
- ne-resize：显示为指向东北方向的箭头。

8.4.9 CSS 过渡设置

在【CSS 规则定义】对话框的【分类】列表框中选择【过渡】选项，可以在所显示的选项区域中定义过渡样式，如下图所示。

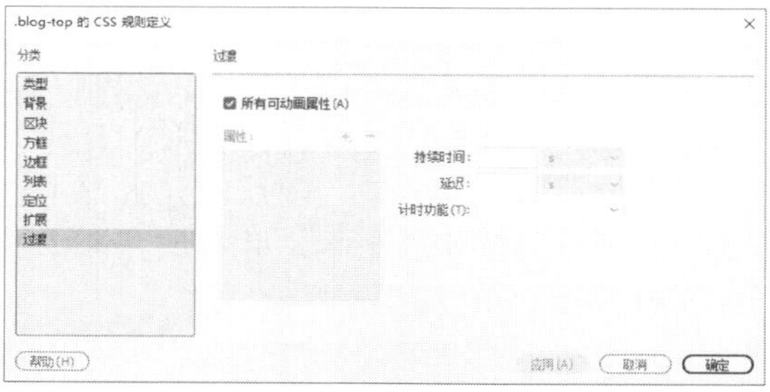

- 所有可动画属性：如果需要为过渡的所有 CSS 属性指定相同的持续时间、延迟和计时功能，可以选中该复选框。
- 属性：向过渡效果添加 CSS 属性。
- 持续时间：以秒(s)或毫秒(ms)为单位输入过渡效果的持续时间。
- 延迟：设置过渡效果开始之前的时间，以秒或毫秒为单位。
- 计时功能：从可用选项中选择过渡效果样式。

CSS 的过渡属性及其说明如下。

- transition-property：指定某种属性进行渐变效果。
- transition-duration：指定渐变效果的时长，单位为秒。
- transition-timing-function：描述渐变效果的变化过程。
- transition-delay：指定渐变效果的延

迟时间，单位为秒。

- transition：组合设置渐变属性。

其中，transition-property 可以指定元素中属性发生改变时的过渡效果，其属性值及说明如下。

- none：没有属性发生改变。
- ident：指定元素的某一个属性值。
- all：所有属性发生改变。

transition-timing-function 控制变化过程，其属性值及说明如下。

- ease：逐渐变慢。
- ese-in：由慢到快。
- ease-out：由快到慢。
- cubic-bezier：自定义 cubic 贝塞尔曲线。
- linear：匀速线性过渡。
- east-in-out：由慢到快再到慢。

8.5 案例演练

本章介绍了在 Dreamweaver 中创建并应用 CSS 样式表的方法，下面的案例演练部分将指导用户使用 CSS 样式表美化网站留言页面。

【例 8-13】使用 Dreamweaver 制作一个网站留言页面。
视频+素材 (素材文件\第 08 章\例 8-13)

step 1 将鼠标指针插入网页素材中的 Div 标签内，在【插入】面板中单击【表单】按钮，在 Div 标签中插入一个表单。

step 2 按下 Shift+F11 组合键，打开【CSS 设计器】面板。在【选择器】窗格中单击【+】按钮，添加名称为.form 的选择器。

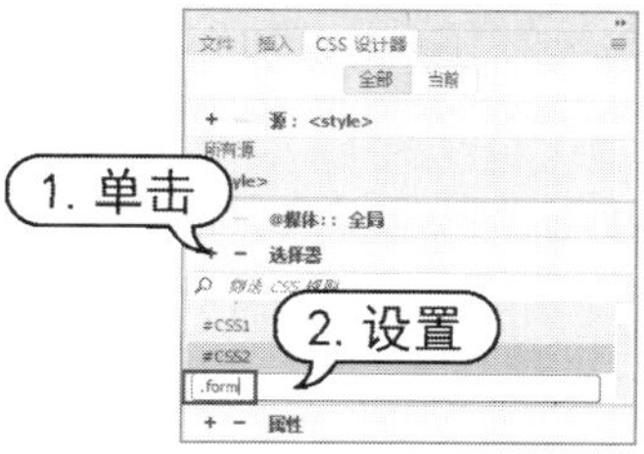

step 3 在表单【属性】面板中单击 Class 按钮，在弹出的列表中选择 form 选项。

step 4 在【CSS 设计器】面板的【选择器】窗格中选中.form 选择器，然后在【属性】窗格中单击【布局】按钮。在展开的选项区域中设置 margin 顶部参数的值为 2%，左侧和右侧间距参数的值为 15%。

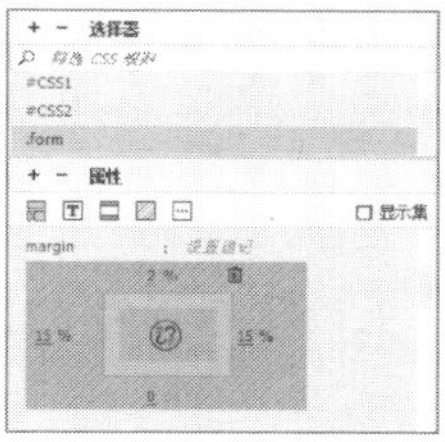

step 5 将鼠标指针插入表单中，输入文本并插入一条水平线。

step 6 将鼠标指针置于水平线的下方，在【插入】面板中单击【文本】按钮，在表单中插入一个文本域。

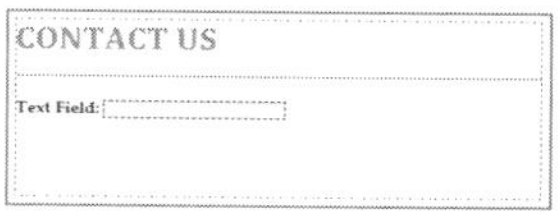

step 7 选中表单中的文本域，在【属性】面板中的 value 文本框中输入“You Name...”。

step 8 编辑表单中文本域前的文本，并设置文本的字体格式，选中文本域。

step 9 在【CSS 设计器】的【选择器】窗格中单击【+】按钮，添加一个名称为.b1 的选择器。

step 10 单击【属性】面板中的 Class 选项，在弹出的列表中选择 b1 选项，为文本域应用 b1 类样式。

step 11 在【CSS 设计器】面板的【属性】窗格中单击【边框】按钮，在展开的选项区域中单击【所有边】按钮，将 color 参数的值设置为 rgba(211,209,209,1.00)。

step 12 单击【左侧】按钮，将 width 参数的值设置为 5px。

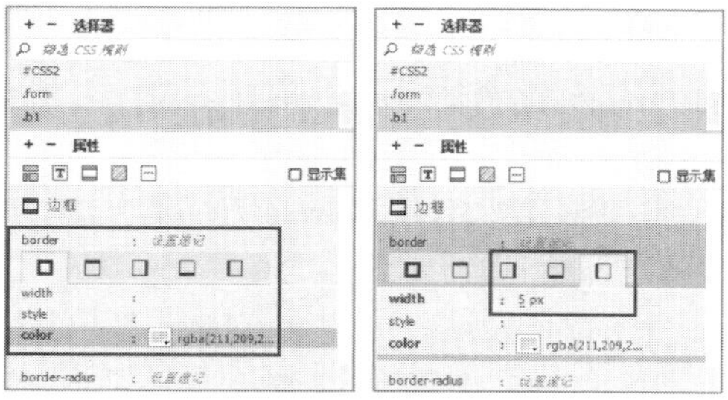

step 13 单击【属性】窗格中的【布局】按钮，在所显示的选项区域中将width参数的值设置为200px，height参数的值设置为25px。

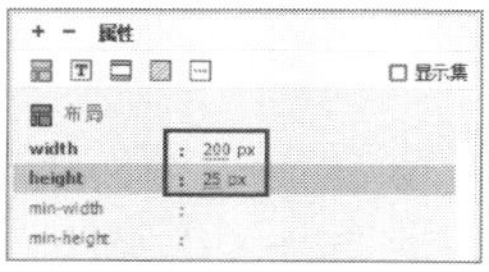

step 14 将鼠标指针插入至文本域的下方，在【插入】面板中单击【电子邮件】按钮和【文本】按钮，在表单中插入一个【电子邮件】对象和一个【文本域】对象。

step 15 编辑表单中软件自动插入的文本，分别选中【电子邮件】和【文本域】对象，在【属性】面板中单击Class按钮，为其应用b1类样式，并设置对象的value值。

step 16 将鼠标指针插入SUBJECT文本域之后，在【插入】面板中单击【文本区域】按钮，在表单中插入一个文本域，并编辑文本域前的文本。

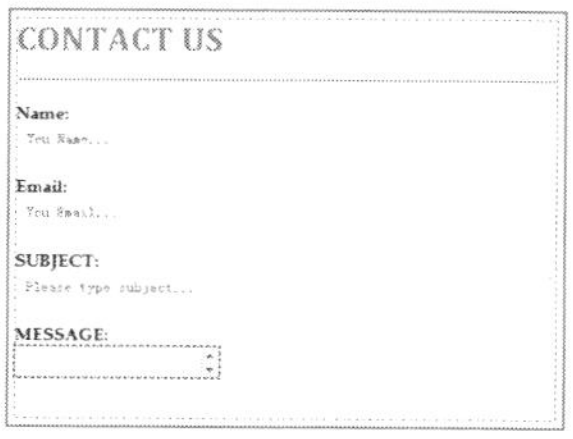

step 17 在【CSS设计器】窗口的【选择器】窗格中右击.b1选择器，在弹出的菜单中选择【直接复制】命令。复制一个.b1选择器，将复制后的选择器命名为.b2。

step 18 在【选择器】窗格中选中.b2选择器，在【属性】窗格中单击【布局】按钮，在展开的属性设置区域中将width设置为500像素，将height设置为100像素。

step 19 选中表单中的文本域，在【属性】面板中单击Class按钮，在弹出的列表中选择b2选项。将鼠标指针插入文本域的下方，在【插入】面板中单击【提交】按钮，在表单中插入一个【提交】按钮。

step 20 在【CSS设计器】窗格的【选择器】窗格中单击【+】按钮，添加一个名称为.b3的选择器。

step 21 在【选择器】窗格中选中.b3选择器，在【属性】面板中单击【布局】按钮，在展开的属性设置区域中将width设置为150像素，将height设置为25像素。

step 22 在【属性】窗格中单击【背景】按钮，在展开的属性设置区域中单击background-image选项下的【浏览】按钮。

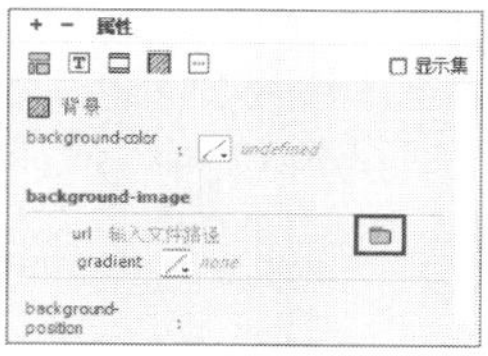

step 23 打开【选择图像源文件】对话框，选中一个图像素材文件，单击【确定】按钮。

step 24 在【属性】窗格中单击【文本】按钮，在展开的属性设置区域中将color的值设置为rgba(150,147,147,1.00)，将font-size的值设置为12px。

step 25 选中表单中的按钮，在【属性】面板中单击Class按钮，在弹出的列表中选择b3选项，在value文本框中将文本"提交"修改为SEND MESSAGE。

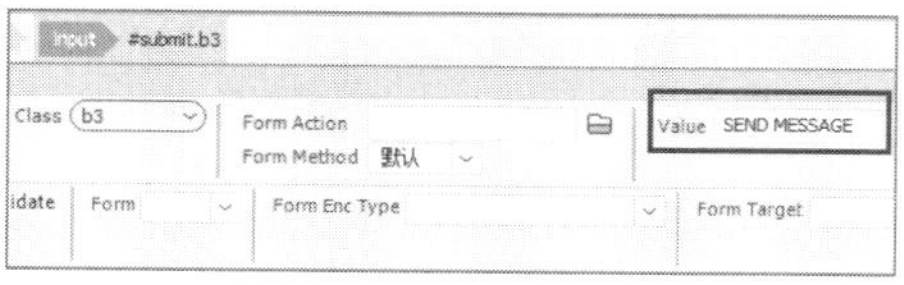

step 26 完成以上设置后，按F12键在浏览器中预览网页效果。

【例 8-14】在 Dreamweaver 中编写一段代码，制作一个网页，利用链接外部样式表，控制以无序列表方式排列 4 行×5 列共 20 幅图片的样式，网页浏览者可以通过在页面中的图片上移动鼠标，实现图片放大效果。

视频+素材 (素材文件\第 08 章\例 8-14)

step 1 启动 Dreamweaver 创建一个空白网页，然后将网页保存为 ImageGallery.html 文件，并在代码视图中输入以下代码:

```
<!doctype html>
<html lang="en">
<head>
    <meta charset="utf-8">
    <title>ImageGallery</title>
    <link type="text/css" rel="stylesheet" href='hoverbox.css' />
</head>
<body>
   <div id="" class="">
   <h1>鼠标经过图片显示大图(Image Gallery)</h1>
   <ul class="hoverbox">
   <li><a href="#">
   <img src="photo01.jpg" alt="description" class="preview" />
   <img src="photo01.jpg" alt="description" /></a>
   </li>
   <li><a href="#">
   <img src="photo02.jpg" alt="description" class="preview" />
   <img src="photo02.jpg" alt="description" /></a>
   </li>
   <li><a href="#">
   <img src="photo03.jpg" alt="description" class="preview" />
   <img src="photo03.jpg" alt="description" /></a>
   </li>
   <li><a href="#">
   <img src="photo04.jpg" alt="description" class="preview" />
   <img src="photo04.jpg" alt="description" /></a>
   </li>
   <li><a href="#">
   <img src="photo05.jpg" alt="description" class="preview" />
   <img src="photo05.jpg" alt="description" /></a>
   </li>
   <li><a href="#">
   <img src="photo06.jpg" alt="description" class="preview" />
   <img src="photo06.jpg" alt="description" /></a>
   </li>
```

```
        <li><a href="#">
        <img src="photo07.jpg" alt="description" class="preview" />
        <img src="photo07.jpg" alt="description" /></a>
        </li>
        <li><a href="#">
        <img src="photo08.jpg" alt="description" class="preview" />
        <img src="photo08.jpg" alt="description" /></a>
        </li>
        <li><a href="#">
        <img src="photo09.jpg" alt="description" class="preview" />
        <img src="photo09.jpg" alt="description" /></a>
        </li>
        <li><a href="#">
        <img src="photo10.jpg" alt="description" class="preview" />
        <img src="photo10.jpg" alt="description" /></a>
        </li>
      </ul>
   </div>
   </body>
</html>
```

step 2 按下 Ctrl 键，打开【新建文档】对话框，在【文档类型】列表中选择 CSS 选项，然后单击【创建】按钮。

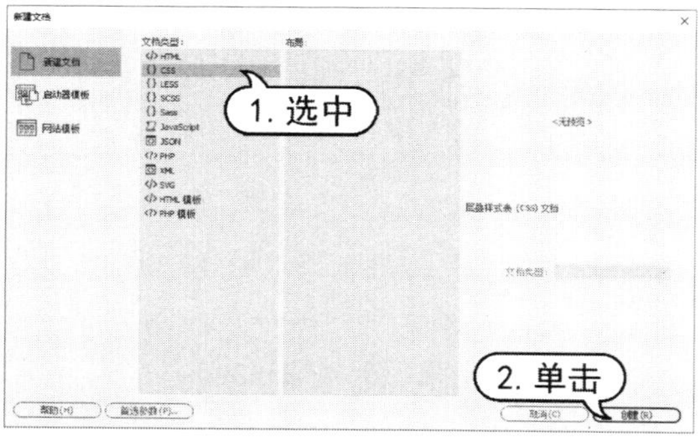

step 3 创建一个 CSS 文件，按下 Ctrl+S 组合键，打开【另存为】对话框，单击其中的【站点根目录】按钮，在【文件名】文本框中输入“hoverbox.css”，然后单击【保存】按钮。

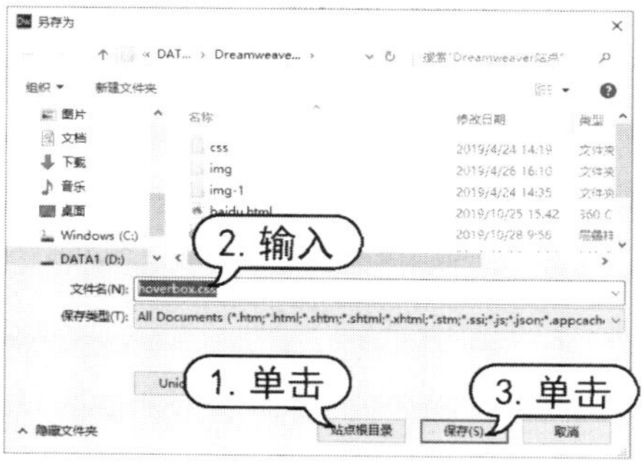

step 4 在代码视图中输入以下代码，创建外部样式表文件：

```
@charset "utf-8";
/* CSS Document */
*{                                          /* 全局声明 */
  border: 0;
  margin: 0;
```

```
    padding: 0;
  }
  /* =Basic HTML, Non-essential
  ---------------------------------------------------------------------------*/
  a{      text-decoration:none;}
  div {                                          /*定义图层的演示*/
    width:720px;
    height:500px;
    margin:0 auto;
    padding:30px;
    text-align:center                            /* 定义内容居中显示*/
  }
  body{                                          /* 定义主体样式*/
    position:relative;                           /* 位置属性为相对的*/
    text-align:center
  }
  h1{                                            /* 定义 h1 的样式*/
    background:inherit;                          /* 定义背景属性取值为继承*/
    border-bottom: 1px dashed #097;
    color:#000099;
    font:17px Georgia,serif;
    margin:0 0 10px;
    padding:0 0 35px;
    text-align:center;
  }
  /* =Hoverbox Code
  ---------------------------------------------------------------------------*/
  .hoverbox{cursor: default;list-style: none}    /* 去掉列表项前的符号 */
  .hoverbox a{cursor: default}
  .hoverbox a.preview{display:none;}             /* 大图初始加载为不显示 */
  .hoverbox a:hover .preview{                    /* 派生选择器声明 */
  display:block;                                 /* 以块方式显示 */
  position:absolute;                             /* 以绝对方式显示，图可以层叠 */
  top:-33px;                                     /* 相对当前位置偏移量*/
  left:-45px;                                    /* 相对当前位置偏移量*/
  z-index:1;                                     /* 表示在上层(原小图在底层)*/
  }
  .hoverbox img{                                 /* 定义图像样式 */
  background:#fff;
  border-color: #aaa #ccc #ddd #bbb;
```

```
 border-style:solid;
 border-width:1px;
 color:inherit;
 padding:2px;
 vertical-align:top;
 width:100px;
 height:75px;
}
.hoverbox li{                              /* 定义列表项样式 */
 background:#eee;                          /* #eee 等同于#eeeeee，以下格式相同 */
 border-color:#ddd #bbb #aaa #ccc;
 border-style:solid;
 border-width:1px;
 color:inherit;
 float:left;
 display:inline;
 margin:3px;
 padding:5px;
 position:relative;                        /* 位置为相对的方式 */
}
.hoverbox.preview{                         /* 定义大图样式 */
 border-color:#000;
 width:200px;
 height:150px;
}
ul {padding:40px;margin:0 auto;}           /* 定义 ul 样式 */
```

step 5 保存所创建的CSS文件，选择ImageGallery.html文件，按下F12键预览网页，效果如下图所示。

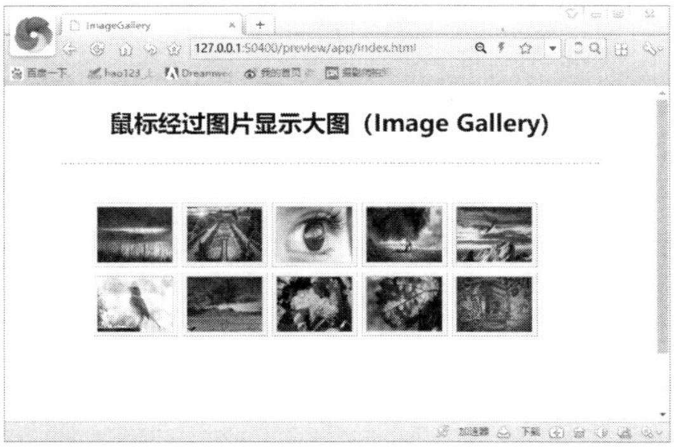

step 6 将鼠标指针放置在页面中的图片上，图片将自动放大显示，如下图所示。

第 9 章

制作 Div+CSS 页面布局

Dreamweaver中的Div元素实际上来自CSS中的定位技术，只不过是在软件中对其进行了可视化操作。Div体现了网页技术从二维空间向三维空间的一种延伸，是一种新的发展方向。通过Div，用户不仅可以在网页中制作出诸如下拉菜单、图片与文本等各种网页效果，还可以实现对页面整体内容的排版布局。

本章对应视频

- 例 9-1 在网页中插入 Div 标签
- 例 9-2 创建高度自适应的Div标签
- 例 9-3 制作首字下沉效果
- 例 9-4 制作图文混排网页
- 例 9-5 制作伸缩菜单
- 例 9-6 制作二级导航菜单
- 例 9-7 使用 Div+CSS 设计网站首页

9.1 Div 与盒模型简介

Div 的英文全称是 Division(中文翻译为“区分”)，是一个区块容器标签，即<div>与</div>标签之间的内容，可以容纳段落、标题、表格、图片等各种 HTML 元素。

9.1.1 Div

<div>标签是用来为 HTML 文档中的大块(Block-Level)内容提供结构的背景元素。<div>起始标签和结束标签之间的所有内容都是用于构成这个块的，其中包含元素的特性由<div>标签的属性来控制，或者通过使用样式表格式化这个块来进行控制。

<div>标签常用于设置文本、图像、表格等网页对象的摆放位置。当用户将文本、图像或其他对象放置在<div>标签中时，可称为 div 块(层次)。

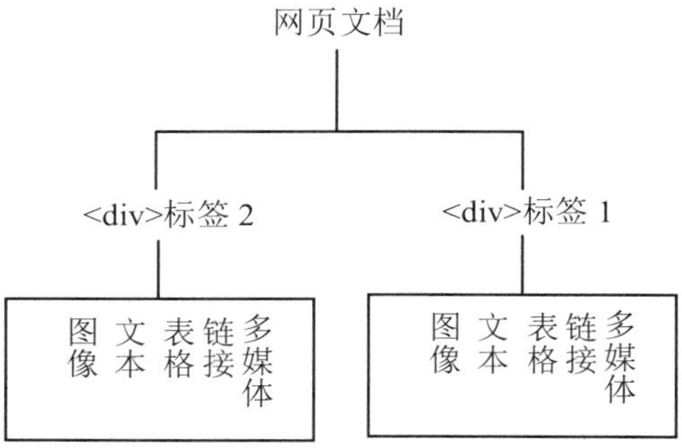

9.1.2 盒模型

盒模型是 CSS 控制页面时的一个重要概念，用户只有很好地掌握了盒模型以及其中每个元素的用法，才能真正地控制页面中每个元素的位置。

CSS假定所有的HTML文档元素都生成一个描述该元素在HTML文档布局中所占空间的矩形元素框(element box)，可以形象地将其视为盒子。CSS围绕这些盒子产生了“盒模型”的概念，通过定义一系列与盒子相关的属性，可以极大地丰富和促进各个盒子乃至整个HTML文档的表现效果和布局结构。

HTML 文档中的每个盒子都可以看成由从内到外的 4 个部分构成，即内容(content)、填充(padding)、边框(border)和边界(margin)。另外，在盒模型中还有高度与宽度两个辅助属性。

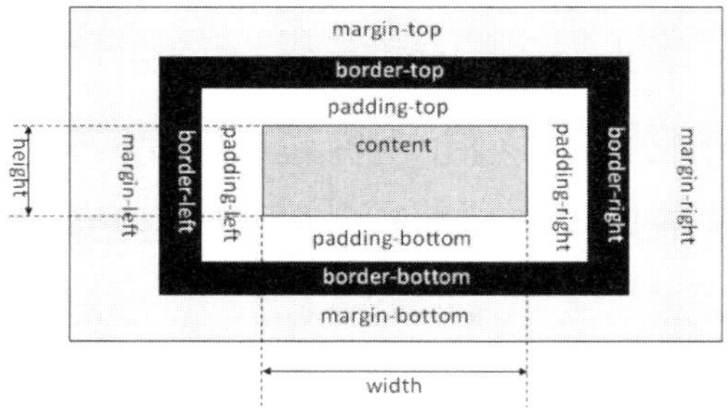

内容是盒模型的中心，呈现了盒子的主要信息。这些信息可以是文本、图片等多种类型。内容是盒模型必需的组成部分，其他三部分都是可选的。内容区域有 3 个属性：width、height 和 overflow。使用 width 和 height 属性可以指定盒子内容区域的宽度和高度，其值可以是长度计量值或百分比值。

填充区域是内容区域和边框之间的空间，可视为内容区域的背景区域。填充属性有 5 个，即 padding-top、padding-bottom、padding-left、padding-right 以及综合了以上 4 个填充方向的快捷填充属性 padding。使用这 5 个属性可以指定内容区域的信息与各方向边框间的距离，其值的类型与 width 和 height 相同。

边框是环绕内容区域和填充区域的边界。边框属性有 border-style、border-width、border-color 以及综合了以上 3 个属性的快捷边框属性 border。border-style 是边框最重要的属性。根据 CSS 规范，如果没有指定边框样式，其他的边框属性都会被忽略，边框将不存在。

边界位于盒子的最外围，不是一条边线，而是添加在边框外面的空间。边界使元素的盒子之间不必紧凑地连接在一起，是 CSS 布局的一个重要手段。边界属性有 5 个，即 margin-top、margin-bottom、margin-left、margin-right 以及综合了以上 4 个属性的快捷边界属性 margin。

知识点滴

以上就是对盒模型 4 个组成部分的简单介绍。利用盒模型的相关属性，可以使 HTML 文档内容的表现效果变得丰富，而不再像只使用 HTML 标签那样单调。

9.2　理解标准布局

站点标准不是某个标准，而是一系列标准的集合。网页主要由结构(Structure)、表现(Presentation)和行为(Behavior)三部分组成，对应的标准也分为三个方面，其中结构标准语言主要包括XHTML和XML，表现标准语言主要为CSS，行为标准语言主要为DOM和ECMAScript等。这些标准大部分是由W3C起草和发布的，也有一些标准是由其他标准组织制定的。

9.2.1　网页标准

1. 结构标准语言

结构标准语言包括 XML 和 XHTML。XML 是 Extensible Markup Language 的缩写，意为“可扩展标记语言”。XML 是用于网络上数据交换的语言，具有与描述网页的 HTML 语言相似的格式，但它们是具有不同用途的两种语言。XHTML 是 Extensible HyperText Markup Language 的缩写，意为“可扩展超文本标记语言”。W3C 于 2000 年发布了 XHTML 1.0 版本。XHTML 是一门基于 XML 的语言，所以从本质上说，XHTML 是过渡语言，它结合了 XML 的部分强大功能以及 HTML 的大多数简单特征。

2. 表现标准语言

表现标准语言主要指 CSS。将纯 CSS 布局与结构式的 XHTML 相结合，能够帮助网页设计者分离外观与结构，使站点的访问及维护更容易。

3. 行为标准语言

行为标准语言指的是 DOM 和 ECMAScript，DOM 是 Document Object Model 的缩写，意为“文档对象模型”。DOM 是一种用于浏览器、平台和语言的接口，可以使用户访问页面的其他标准组件。DOM 解决了 Netscape 的 JavaScript 和 Microsoft 的 JavaScript 之间的冲突难题，给予网页设计者和开发者一种标准的方法，让他们访问站点中的数据、脚本和表现层对象。ECMAScript 是 ECMA 制定的标准脚本语言。

使用网页标准有以下几个好处：

- 开发与维护更简单：使用更具语义和结构化的 HTML，用户可以更容易、快速地理解他人编写的代码，便于开发与维护。
- 更快的网页下载和读取速度：更少的 HTML 代码带来的是更小的文件和更快的下载速度。
- 更好的可访问性：更具语义的 HTML 可以让使用不同浏览设备的网页访问者很容易看到内容。
- 更高的搜索引擎排名：内容和表现的分离使内容成为文本的主体，与语义化的标记相结合能提高网页在搜索引擎中的排名。
- 更好的适应性：可以很好地适应打印设备和其他显示设备。

9.2.2　内容、结构、表现和行为

HTML 和 XHTML 页面都由内容、结构、表现和行为这 4 个方面组成。内容是基础，附上结构和表现，最后对它们加上行为。

- 内容：放在页码中，是想要网页浏览

者看到的信息。

- 结构：对内容部分加上语义化、结构化的标记。
- 表现：用于改变内容外观的一种样式。
- 行为：对内容的交互及操作效果。

9.3 Div+CSS

Div 布局页面主要通过 Div+CSS 技术来实现。在这种布局中，Div 全称为 Division，意为“区分”，Div 的使用方法与其他标签一样，其承载的是结构；采用 CSS 技术可以有效地对页面布局、文字等方面实现更精确的控制，其承载的是表现。结构和表现的分离对于所见即所得的传统表格布局方式有很大的冲击。

CSS 布局的基本构造块是<div>标签，它属于 HTML 标签，在大多数情况下用作文本、图像或其他页面元素的容器。当创建 CSS 布局时，会将<div>标签放在页面上，向这些标签中添加内容，然后将它们放在不同的位置。与表格单元格(被限制在表格的行和列中的某个现有位置)不同，<div>标签可以出现在网页上的任何位置，可以用绝对方式(指定 x 和 y 坐标)或相对方式(指定与其他页面元素的距离)来定位<div>标签。

使用 Div+CSS 布局可以将结构与表现相分离，减少 HTML 文档内的大量代码，只留下页面结构的代码，方便对其进行阅读，还可以提高网页的下载速度。

用户在使用 Div+CSS 布局网页时，必须知道每个属性的作用，它们或许目前与要布局的页面并没有关系，但在后面遇到问题时可以尝试利用这些属性来解决。如果需要为 HTML 页面启动 CSS 布局，不需要考虑页面外观，而要考虑页面内容的语义和结构。也就是需要分析内容块，以及每块内容的作用，然后根据这些内容的作用建立相应的HTML结构。

一个页面按功能块划分，可以分成：标志和站点名称、主页面内容、站点导航、子菜单、搜索框、功能区、页脚等。通常使用 Div 元素来定义这些结构，如下表所示。

使用 Div 元素定义页面结构

方　法	代　码
声明 header 的 Div 区	<div id="header"</div>
声明 content 的 Div 区	<div id="content"</div>
声明 globalnav 的 Div 区	<div id="globalnav"</div>
声明 subnav 的 Div 区	<div id="subnav"</div>
声明 search 的 Div 区	<div id="search"</div>
声明 shop 的 Div 区	<div id="shop"</div>
声明 footer 的 Div 区	<div id="footer"</div>

每个内容块可以包含任意的 HTML 元素——标题、段落、图片、表格等。每个内容块都可以放在页面上的任何位置，再指定这个内容块的颜色、字体、边框、背景以及对齐属性等。

id 名称是控制某个内容块的方法，通过给内容块套上Div并加上唯一的id，就可以用CSS选择器来精确定义每个页面元素的外观表现，包括标题、列表、图片、链接等。例如，为#header编写一条CSS规则后，就可以使用完全不同于#content中的样式规则。另外，也可以通过不同的规则来定义不同内容块中的链接样式，例如#globalnav a:link、#subnav a:link或#content a:link。也可以将不同内容块中相同元素的样式定义得不一样。例如，通过#content p和#footer p分别定义#content和#footer中p元素的样式。

9.4 插入 Div 标签

用户可以通过选择【插入】| Div 命令，打开【插入 Div】对话框，插入 Div 标签并对其应用 CSS 定位样式来创建页面布局。Div 标签用于定义 Web 页面内容的逻辑区域。可以使用 Div 标签将内容块居中，创建列效果以及定义不同区域的颜色等。

【例 9-1】使用 Div 标签创建用于显示网页 logo 的内容编辑区。

视频+素材 (素材文件\第 09 章\例 9-1)

step 1 选择【插入】| Div 命令，打开【插入 Div】对话框，在 ID 文本框中输入 wrapper，单击【新建 CSS 规则】按钮。

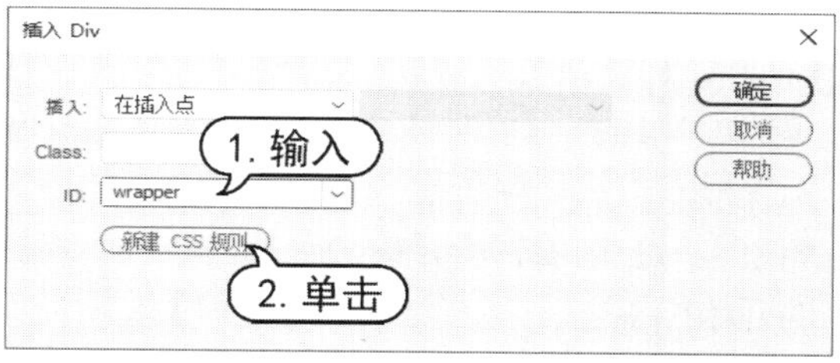

step 2 打开【新建 CSS 规则】对话框，保持默认设置，单击【确定】按钮。

step 3 打开【CSS 规则定义】对话框，在【分类】列表框中选择【方框】选项，在对话框右侧的选项区域中将 Hight 设置为 800px，取消 Margin 选项区域中【全部相同】复选框的选中状态，将 Top 和 Bottom 设置为 20px，将 Right 和 Left 设置为 40px，单击【确定】按钮。

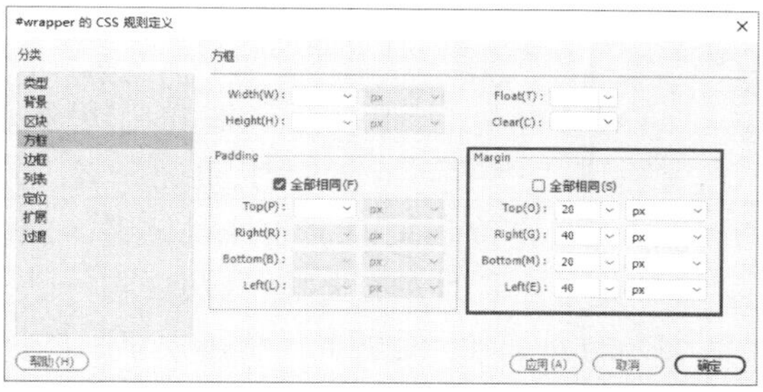

step 4 返回【插入 Div】对话框，单击【确定】按钮，在设计视图的页面中插入 Div 标签。

step 5 将鼠标光标插入Div标签中，删除软件自动生成的文本，再次选择【插入】| Div命令，打开【插入Div】对话框，在ID文本框中输入logo，单击【新建CSS规则】按钮，打开【新建CSS规则】对话框，单击【确定】按钮。

step 6 打开【CSS规则定义】对话框，在【分类】列表框中选择【背景】选项，在对话框右侧的Background-color文本框中输入颜色代码。

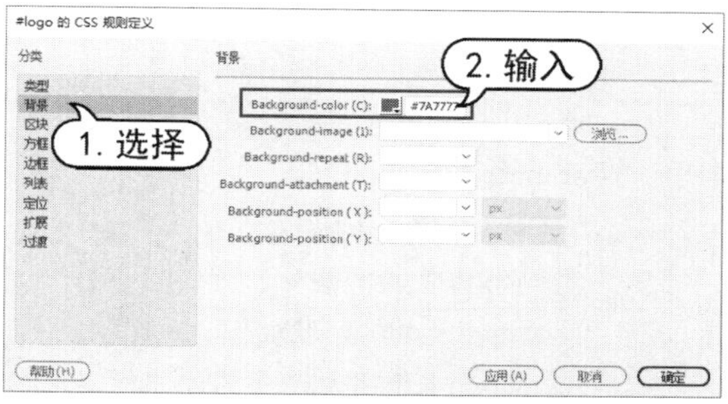

step 7 在【分类】列表框中选择【定位】选项，将 Position 设置为 absolute，将 Width 设置为 23%，单击【确定】按钮。

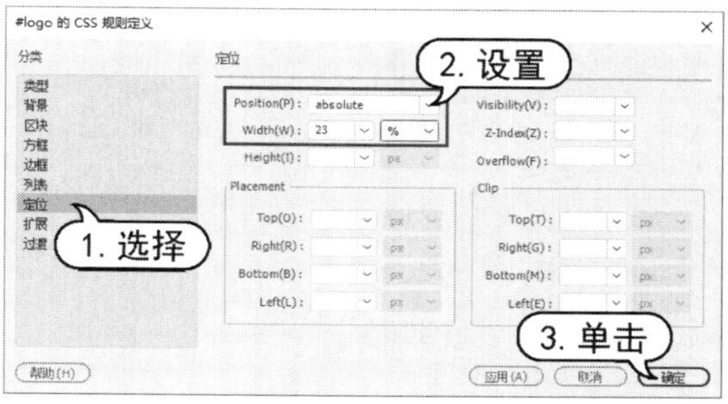

step 8 返回【插入 Div】对话框，单击【确定】按钮，即可插入一个嵌套的 Div 标签，用于插入 logo 图像。

step 9 删除 Div 标签中软件自动生成的文本，按下 Ctrl+Alt+I 组合键，在嵌套的 Div 标签中插入 logo 图像文件。

该示例在代码视图中生成的代码如下：

```
<!doctype html>
<html>
<head>
<meta charset="utf-8">
<title>插入 Div 标签</title>
<style type="text/css">
#wrapper {
      margin-top: 20px;
      margin-right: 40px;
      margin-bottom: 20px;
      margin-left: 40px;
}
#logo {
      background-color: #7A7777;
      position: absolute;
      width: 23%;
}
</style>
</head>
<body>
<div id="wrapper">
   <div id="logo"><img
src="images/Pic01.jpg" width="416"
height="69" alt=""/></div>
</div>
</body>
</html>
```

在【插入Div】对话框中，各项参数的含义如下：

- 【插入】下拉列表：包括【在插入点】【在开始标签结束之后】和【在结束标签之前】等选项。其中，【在插入点】选项表示会将 Div 标签插入当前光标所指示的位置；【在开始标签结束之后】选项表示会将 Div 标签插入所选择的开始标签之后；【在结束标签之前】选项表示会将 Div 标签插入所选择的结束标签之前。
- 【开始标签】下拉列表：若在【插入】下拉列表中选择【在开始标签结束之后】或【在结束标签之前】选项，就可以在该下拉列表中选择文档中所有的可用标签作为开始标签。
- Class(类)下拉列表：用于定义 Div 标签可用的 CSS 类。
- 【新建 CSS 规则】：根据 Div 标签的 CSS 类或编号标记等，为 Div 标签建立 CSS 样式。

在设计视图中，可以使 CSS 布局块可视化。CSS 布局块是一个 HTML 页面元素，用户可以将它定位到页面上的任意位置。Div 标签就是一个标准的 CSS 布局块。

Dreamweaver 提供了多个可视化助理，供用户查看 CSS 布局块。例如，在设计时可以为 CSS 布局块启用外框、背景和模型模块。将光标移到布局块上时，也可以查看显示了选定 CSS 布局块属性的工具提示。

另外，选择【查看】|【设计视图选项】|【可视化助理】命令，在弹出的子菜单中，Dreamweaver 可以使用以下几个命令，为每个助理呈现可视化的内容：

- CSS 布局外框：显示页面上所有 CSS 布局块的效果。
- CSS 布局背景：显示各个 CSS 布局块的临时指定背景颜色，并隐藏通常出现在页面上的其他所有背景颜色或图像。
- CSS 布局框模型：显示所选 CSS 布局块的框模型(即填充和边距)。

9.5 常用的 Div+CSS 布局方式

CSS 布局方式一般包括自适应布局、网页内容居中布局、网页元素浮动布局等几种。本节将详细介绍这些常见的布局方式。

9.5.1 高度自适应布局

高度自适应是指相对于浏览器而言，盒模型的高度随着浏览器高度的改变而改变，这时需要用到高度的百分比。当一个盒模型不设置宽度时，它默认是相对于浏览器显示的。

【例 9-2】在网页中新建高度自适应的 Div 标签。
视频+素材 (素材文件\第 09 章\例 9-2)

step 1 按下 Ctrl+N 组合键，打开【新建文档】对话框，创建一个网页。

step 2 选择【插入】| Div 命令，打开【插入 Div】对话框，在 ID 文本框中输入 box，然后单击【新建 CSS 规则】按钮。

step 3 打开【新建 CSS 规则】对话框，保持默认设置，单击【确定】按钮。

step 4 打开【CSS 规则定义】对话框，在【分类】列表框中选择【背景】选项，在对话框右侧的选项区域中设置 Background-color 的值为“#FCF”。

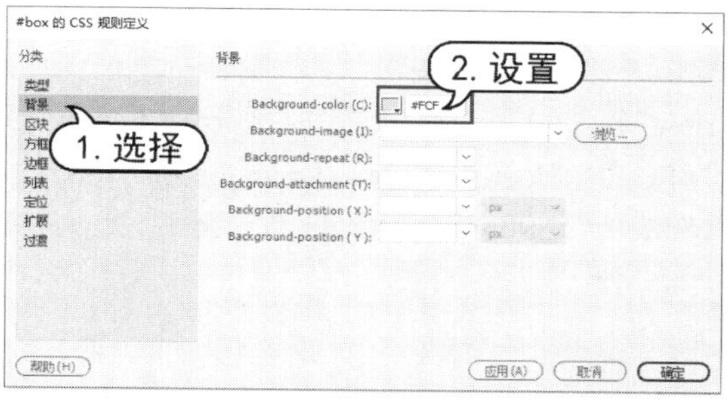

step 5 在【分类】列表框中选择【方框】选项，在对话框右侧的选项区域中设置 Width 和 Hight 的值分别为 800px 和 600px，然后单击【确定】按钮。此时将生成下图所示的代码。

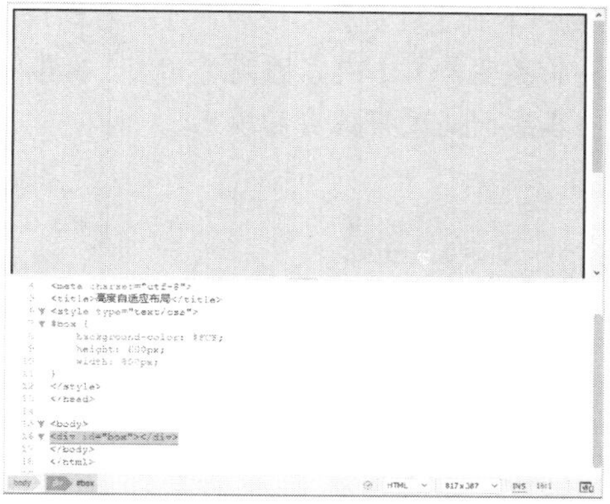

step 6 返回【插入 Div】对话框，单击【确定】按钮，即可看到网页中新建的 Div 标签，删除标签中的文本。

step 7 创建一个 id 为 left 的 Div，具体设置如下：Background-color 为“#CF0”、Width 为“200px”、Float 为“left”、Height 为“590px”、Clear 为“none”(所生成的代码如下图所示)。

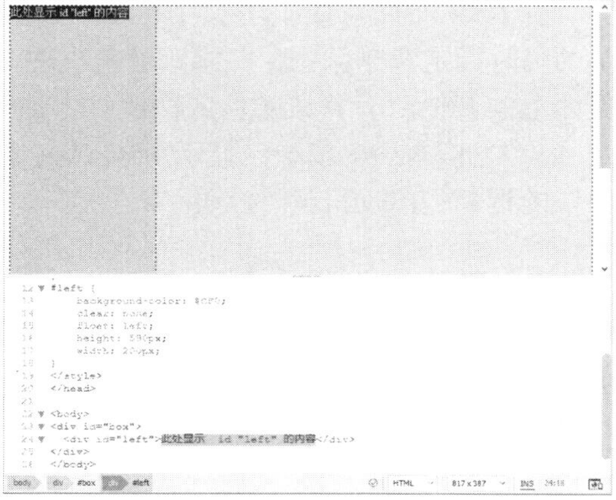

step 8 继续执行相同的操作，插入一个名为 right 的 Div 标签，设置 Background-color 为“#FC3”、Float 为“right”、Height 为“100%”、width 为“590px”、Margin 为“5px”。

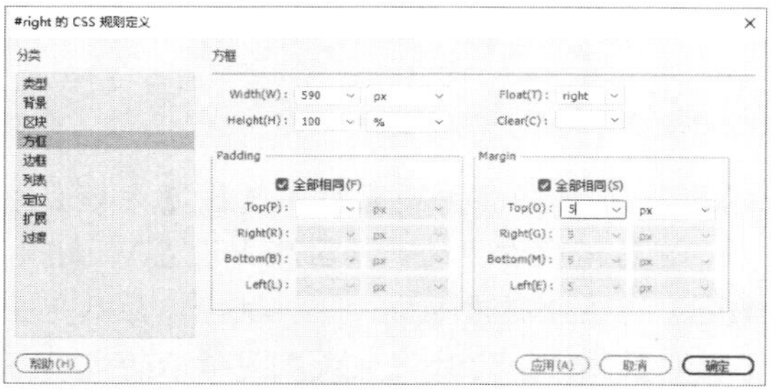

step 9 单击【确定】按钮后，可以看到该 Div 标签的高度与文本内容的高度相同。在其中输入内容后，高度将被自动填充。

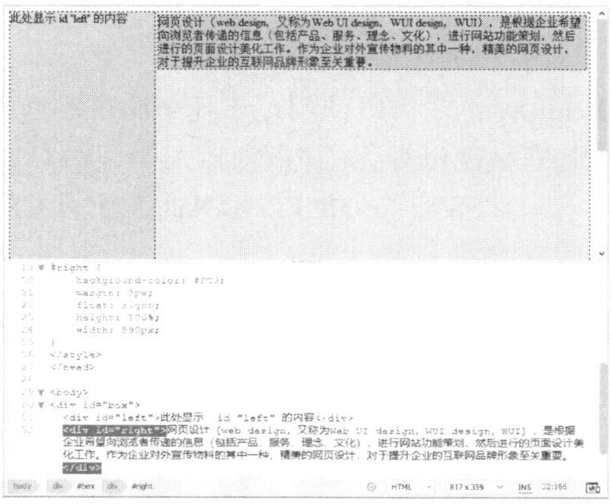

9.5.2 网页内容居中布局

Dreamweaver 默认的布局方式为左对齐，如果需要使网页中的内容居中，需要结合元素的属性进行设置，可通过设置自动外边距居中、结合相对定位与负边距以及设置父容器的 padding 属性来实现。

1. 自动外边距居中

自动外边距居中指的是设置 margin 属性的 left 和 right 值为“auto”。但在实际设置时，可为需要进行居中的元素创建一个 Div 容器，并为该容器指定宽度，以避免出现在不同的浏览器中观看效果不同的现象。

例如，以下代码在网页中定义一个 Div 标签及其 CSS 属性：

```
<!doctype html>
<html>
<head>
<meta charset="utf-8">
<title>无标题文档</title>
<style type="text/css">
#content {
 font-family: Cambria, "Hoefler Text", "Liberation Serif", Times, "Times New Roman", serif;
 font-size: 18px;
 height: 500px;
 width: 600px;
 margin-right: auto;
 margin-left: auto;
```

```
}
</style>
</head>
<body>
<div id=" content ">居中显示的内容</div>
</body>
</html>
```

此时，在设计视图中显示的网页效果如下图所示。

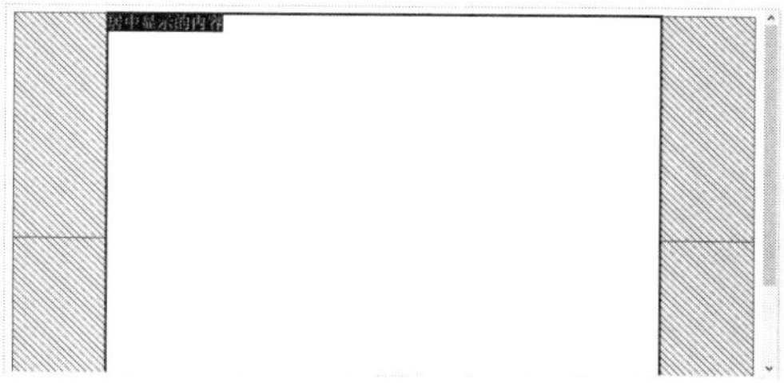

2. 结合相对定位与负边距

结合相对定位与负边距布局的原理是：通过设置 Div 标签的 position 属性为 relative，使用负边距抵消边距的偏移量。

例如，在网页中定义以下 Div 标签(在设计视图中显示的网页效果如下图所示)：

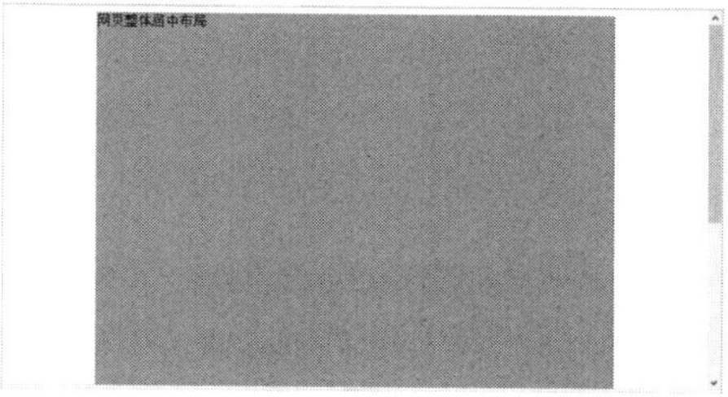


```
<!doctype html>
<html>
<head>
<meta charset="utf-8">
<title>无标题文档</title>
<style type="text/css">
#content {
    background-color: #38DBD8;
    height: 800px;
    width: 600px;
    position: relative;
    left: 50%;
  margin-left: -300px;
}
</style>
</head>
<body>
<div id="content">网页整体居中布局</div>
</body>
</html>
```

以上代码中的“position:relative;”表示内容是相对于父元素 body 标签进行定位的；“left: 50%;”表示将左边框移到页面的正中间；“margin-left: -300px;”表示从中间位置向左偏移一半的距离，具体值需要根据 Div 标签的宽度值来计算。

3. 设置父容器的 padding 属性

使用前面介绍的两种方法需要先确定父容器的宽度，但当一个元素处于一个容器中时，如果想让其宽度随窗口大小的变化而改变，同时保持内容居中，可以通过 padding 属性进行设置，使其父元素左右两侧的填充相等。

例如，以下所示的代码在HTML中定义了一个Div标签与一个CSS属性(此时，若按下F12键在浏览器中预览网页，效果将如下图所示)：

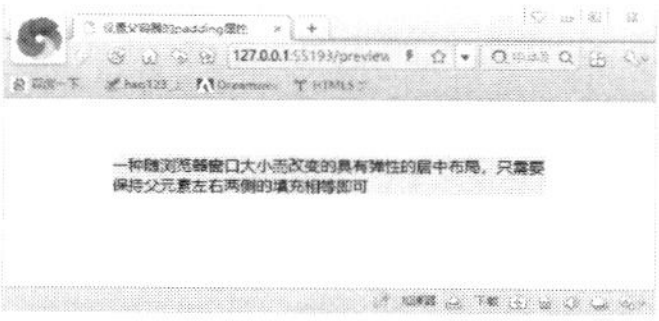

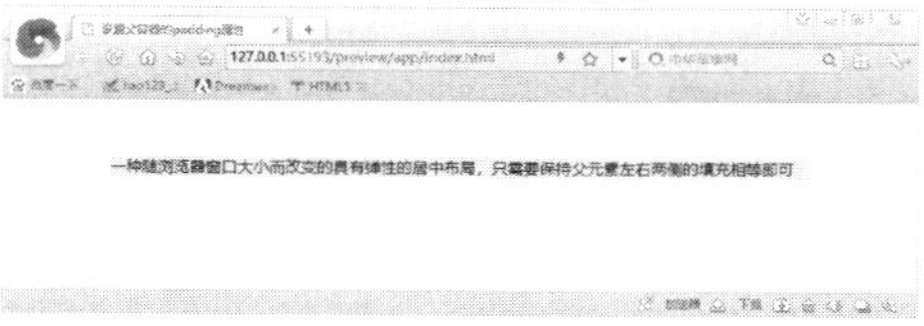


```
<!doctype html>
<html>
<head>
<meta charset="utf-8">
<title>设置父容器的 padding 属性</title>
<style type="text/css">
body {
    padding-top: 50px;
    padding-right: 100px;
    padding-bottom: 50px;
    padding-left: 100px;
}
#content {
    border: 1px;
    background-color: #CEF5D7;
}
</style>
</head>
<body>
<div id="content">一种随浏览器窗口大小而改变的具有弹性的居中布局，只需要保持父元素左右两侧
的填充相等即可</div>
</body>
</html>
```

9.5.3 网页元素浮动布局

CSS 中的任何元素都可以浮动，浮动布局是指通过 float 属性来设置网页元素的对齐方式。通过将该属性与其他属性结合使用，可使网页元素达到特殊的效果，如首字下沉、

图文混排等。同时在进行布局时，还要适当地清除浮动，以避免因元素超出父容器的边距而造成布局效果的不一致。

1. 首字下沉

首字下沉指的是将文章中的第一个字放大并与其他文字并列显示，以吸引浏览者的关注。在 Dreamweaver 中，可以通过 CSS 的 float 与 padding 属性进行设置。

【例 9-3】制作首字下沉效果。

视频+素材 (素材文件\第 09 章\例 9-3)

step 1 按下 Ctrl+N 组合键，打开【新建文档】对话框，创建一个空白网页，并通过<p>和<span>标签输入一段文本，代码如下：

```
<!doctype html>
<html>
<head>
<meta charset="utf-8">
<title>首字下沉实例</title>
<style type="text/css">
.span {
}
</style>
</head><body>
<p><span>由</span>于 Python 语言的简洁性、易读性以及可扩展性，在国外用 Python 做科学计算的研究机构日益增多，一些知名大学已经采用 Python 来教授程序设计课程。例如卡内基梅隆大学的编程基础、麻省理工学院的计算机科学及编程导论就使用 Python 语言讲授。众多开源的科学计算软件包都提供了 Python 的调用接口，例如著名的计算机视觉库 OpenCV、三维可视化库 VTK、医学图像处理库 ITK。而 Python 专用的科学计算扩展库就更多了，例如如下 3 个十分经典的科学计算扩展库：NumPy、SciPy 和 matplotlib，它们分别为 Python 提供了快速数组处理、数值运算以及绘图功能。因此 Python 语言及其众多的扩展库所构成的开发环境十分适合工程技术、科研人员处理实验数据、制作图表，甚至开发科学计算应用程序。 </p>
</body>
</html>
```

step 2 选择【窗口】|【CSS 设计器】命令，打开【CSS 设计器】面板，单击【添加 CSS 源】按钮(+)，在弹出的下拉列表中选择【在页面中定义】选项。

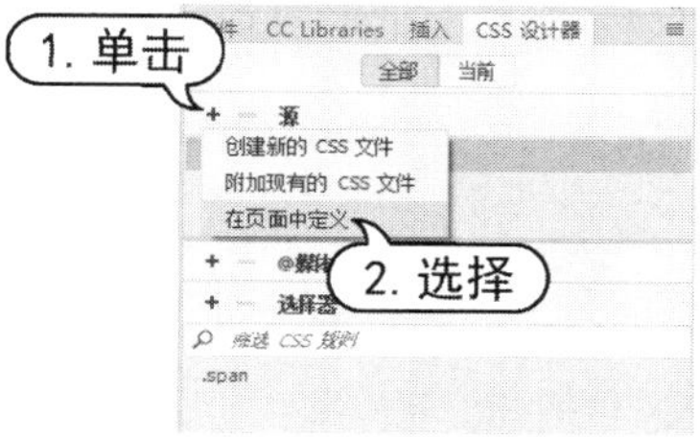

step 3 在【选择器】窗格中单击【添加选择器】按钮，在显示的文本框中输入.span，然后按下回车键。

step 4 在【属性】面板中选择 CSS 选项卡，在【目标规则】下拉列表中选择【.span】选项，然后单击【编辑规则】按钮。

step 5 打开【CSS 规则定义】对话框，在【分类】列表框中选择【类型】选项，在对话框右侧的选项区域中设置 Font-size 为 60px、Color 为“#E7191C”、Font-weight 为 bolder。

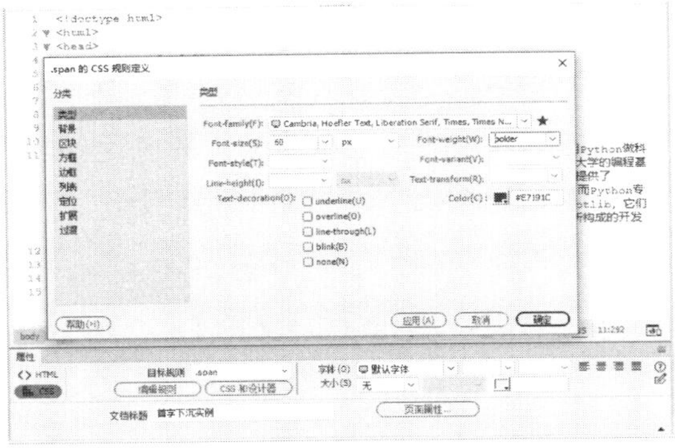

step 6 在【分类】列表框中选择【方框】选项，在对话框右侧的选项区域中设置 Float 为 left、Padding 区域中的 Right 为 5px，然后单击【确定】按钮(如上右图所示)。

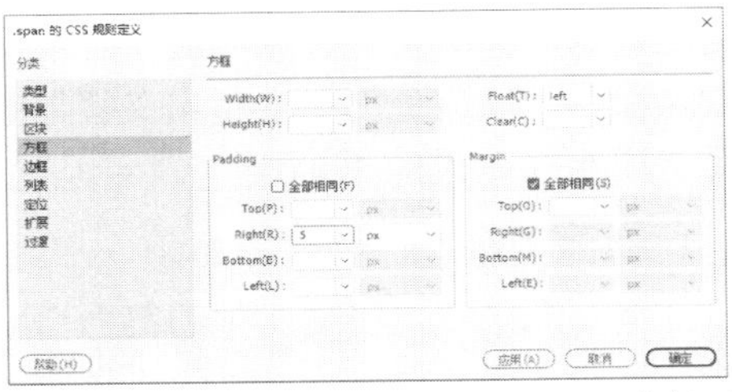

step 7 在【CSS 设计器】面板的【选择器】窗格中双击“.span”选择器，删除其前面的“.”，如下图所示。此时切换至代码视图，可以查看添加 CSS 后的源代码如下：

```
span {
    font-family: Cambria, "Hoefler Text", "Liberation Serif", Times, "Times New Roman", serif;
    font-size: 60px;
    font-weight: bolder;
    color: #E7191C;
    float: left;
    padding-right: 5px;
}
```

step 8 切换回设计视图，可以看到应用 CSS 后的网页效果如下图所示。

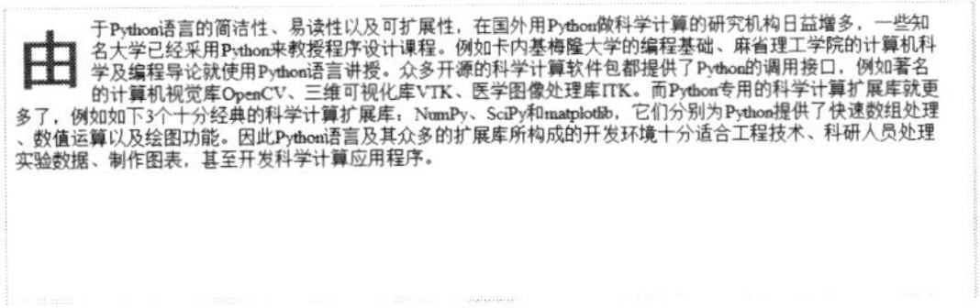

2. 图文混排

图文混排就是将图片与文字混合排列，文字可在图片的四周、嵌入图片下方或浮于图片上方等。在 Dreamweaver 中可以通过 CSS 的 float、padding、margin 等属性进行设置。

【例 9-4】制作左图右文的图文混排效果。
视频+素材 (素材文件\第 09 章\例 9-4)

step 1 继续使用【例 9-3】创建的网页，将鼠标置于设计视图中，选择【插入】| Image 命令在页面中插入图片并输入下图所示的文本。

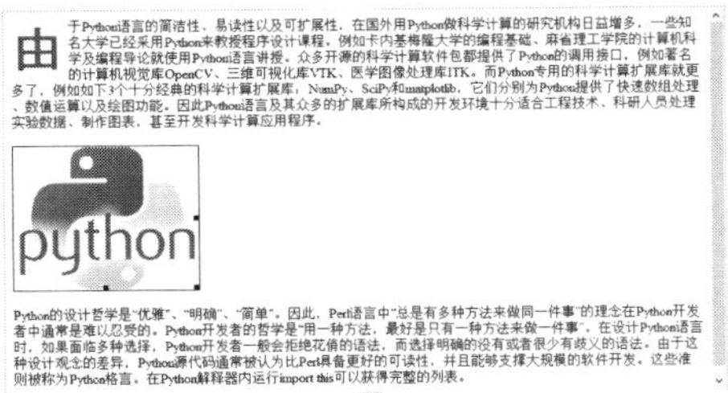

step 2 在<style>标签中输入以下代码，设置<img>标签的 CSS 属性：

```
img {
  float: left;
  margin: 15px 20px 20px 0px;
}
```

step 3 此时网页中的图片将向左浮动，且与文本的上、右、下和左的距离分别为 15px、20px、20px 和 0px。

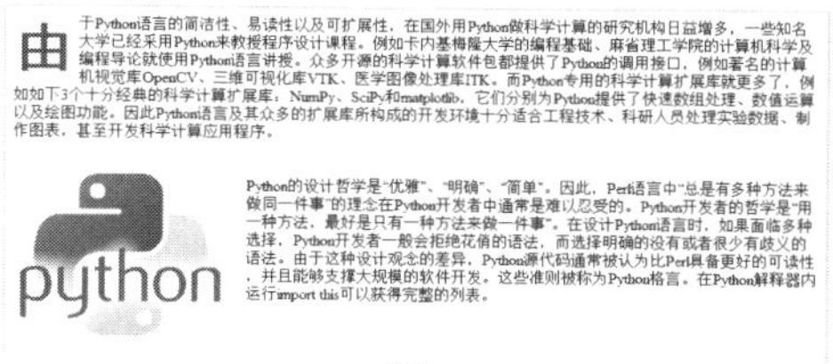

3. 清除浮动

如果页面中的 Div 元素太多，且使用 float 属性较为频繁，可通过清除浮动的方法来消除页面中溢出的内容，使父容器与其中的内容契合。清除浮动的常用方法有以下几种：

- 定义<div>或<p>标签的 CSS 属性 clear:both。
- 在需要清除浮动的元素中定义其 CSS 属性 overflow:auto。
- 在浮动层下设置 Div 元素。

9.6　案例演练

本章的案例演练将指导用户设计两个网站的置顶导航栏，其中一个导航栏能够响应设备的类型，根据打开网页的设备显示不同的伸缩盒布局效果，另一个导航栏可以弹出二级导航菜单。

【例 9-5】在 Dreamweaver 中制作一个伸缩菜单。
视频+素材 (素材文件\第 09 章\例 9-5)

step 1 按下 Ctrl+N 组合键，打开【新建文档】对话框，创建一个空白网页。

step 2 在代码视图中输入以下代码：

```
<!doctype html>
<html>
<head>
<meta charset="utf-8">
<title>伸缩菜单实例</title>
<style type="text/css">
/* 默认伸缩布局 */
.navigation {
	list-style: none;
	background-color: deepskyblue;
	margin: 3px;
	display: -WebKit-box;
	display: -moz-box;
	display: -ms-flexbox;
```

```
    display: -WebKit-flex;
    display: flex;
    -WebKit-flex-flow:row wrap;
/* 所有列面向主轴终点位置靠齐 */
justify-content: flex-end;}
.navigation a {
    text-decoration: none;
    display: block;
    padding: 1em;
    color: white;}
.navigation a:hover { background: blue;}
/* 在小于 800 像素设备下伸缩布局 */ }
@media all and {max-width:800px} {
    ./* 在中等屏幕中，导航项目居中显示，并且剩余空间平均分布在列表之间 */
.navigation {justify-content: space-around;}}
/* 在小于 600 像素设备下伸缩布局 */
@media all and (max-width: 600px) {
.navigation { /* 在小屏幕下，没有足够空间行排列，可以换成列排列 */
    -WebKit-flex-flow: column wrap;
    flex-flow: column wrap;
    padding: 0;}
    .navigation a {
    text-align: center;
    padding: 10px;
    border-top: 1px solid ridge(255,255,255,0.3);
    border-bottom: 1px solid rgba(0,0,0,0.1);}
.navigation li:last-of-type a { border-bottom: none;}
  }
</style>
</head>
<body >
 <ur class="navigation">
 <li><a href="#">主站</a></li>
 <li><a href="#">资源</a></li>
 <li><a href="#">服务</a></li>
 <li><a href="#">联系</a></li>
 </ur>
</body>
</html>
```

step 3 单击【文档】工具栏中的【设计】下拉按钮，从弹出的列表中选择【实时视图】选项，将文档窗口的上半部分切换为实时视图，预览网页，效果如下图所示。

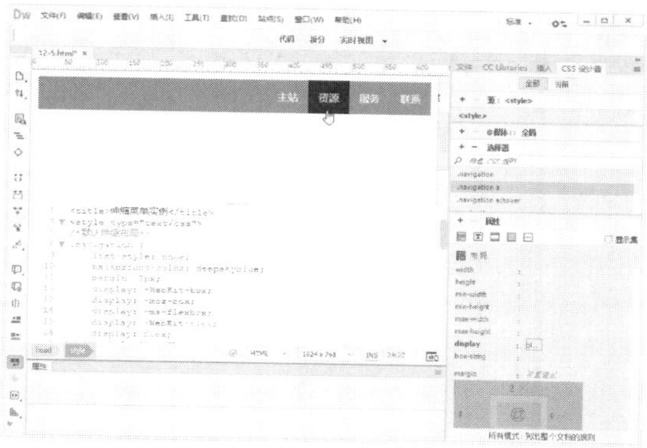

step 4 单击状态栏中的【窗口大小】下拉按钮，从弹出的下拉列表中选择 600 像素以内的选项，在设计视图中显示当网页浏览设备的屏幕小于 600 像素时的网页显示效果，如下图所示。

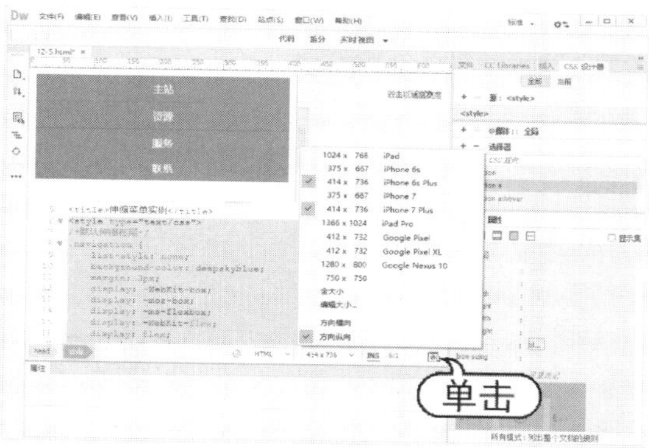

step 5 按下 F12 键预览网页，伸缩菜单会随着浏览器窗口的变化而变化。

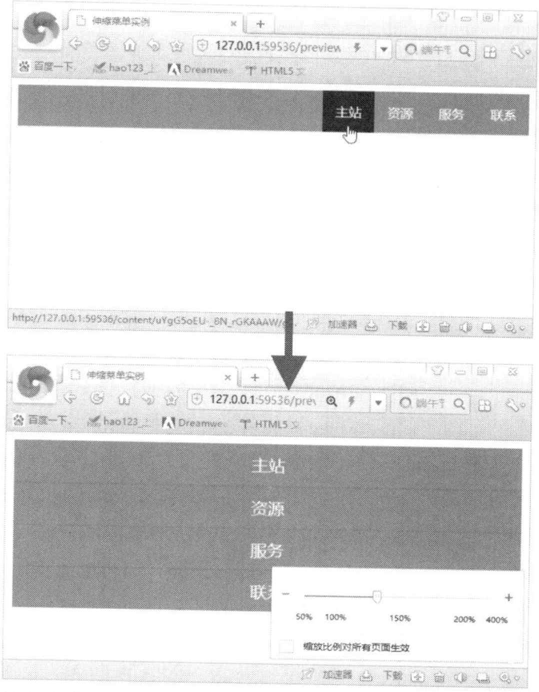

【例 9-6】制作二级导航菜单。

视频+素材 (素材文件\第 09 章\例 9-6)

step 1 借助 JavaScript 设计网站下拉菜单比较多见，而采用纯 CSS 设计网站下拉菜单需要对样式进行详细定义才能实现(不过要考虑不同浏览器之间的兼容性)。在 Dreamweaver 代码视图中编写下拉菜单的 HTML 代码，链接外部样式，代码如下：

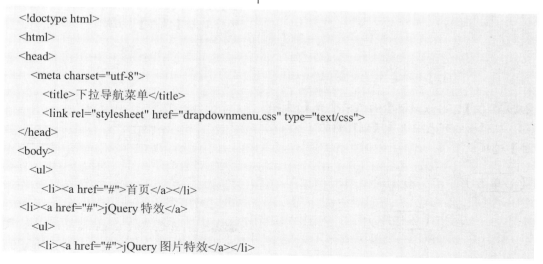

```
<!doctype html>
<html>
<head>
    <meta charset="utf-8">
        <title>下拉导航菜单</title>
        <link rel="stylesheet" href="drapdownmenu.css" type="text/css">
</head>
<body>
    <ul>
        <li><a href="#">首页</a></li>
<li><a href="#">jQuery 特效</a>
    <ul>
      <li><a href="#">jQuery 图片特效</a></li>
```

```
        <li><a href="#">jQuery 导航栏特效</a></li>
        <li><a href="#">jQuery 选项栏特效</a></li>
        <li><a href="#">jQuery 文本特效</a></li>
      </ul>
    </li>
    <li><a href="#">javaScript 特效</a></li>
    <li><a href="#">Flash 特效</a>
      <ul>
          <li><a href="#">Flash 图片特效</a></li>
        <li><a href="#">Flash 导航栏特效</a></li>
        <li><a href="#">Flash 选项栏特效</a></li>
        <li><a href="#">Flash 文本特效</a></li>
    </ul>
      </li>
    <li><a href="#">Div+CSS 案例</a></li>
    <li><a href="#">网页制作</a></li>
    </ul>
  </body>
  </html>
```

step 2 在不设计任何 CSS 类的情况下，在 Dreamweaver设计视图中下拉菜单的页面效果如下图所示。

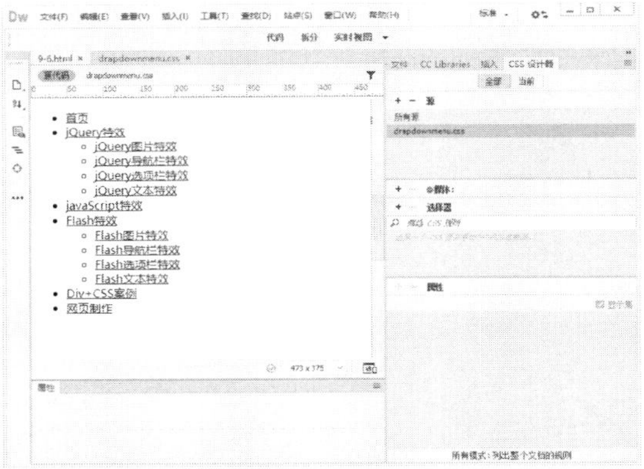

step 3 在【CSS 设计器】面板中单击【+】按钮，从弹出的列表中选择【创建新的 CSS 文件】选项。

step 4 打开【创建新的 CSS 文件】对话框，单击【浏览】按钮。

step 5 打开【将样式表文件另存为】对话框，在【文件名】文本框中输入 drapdownmenu.css，然后单击【保存】按钮。

step 6 打开创建的 drapdownmenu.css 文件，定义 ul 的样式，设置边距和填充均为 0px。

```
ul {margin: 0px; padding: 0px;} /* 考虑到不同浏览器的兼容性 */
```

step 7 定义列表项样式，将导航栏由垂直排列改为水平排列：

```
ul li {height: 30px; width: 115px; list-style: none; float: left; display: inline; font: 0.9em Arial, Helevetica, sans-serif;}
```

以上规则定的义网页效果如下图所示。

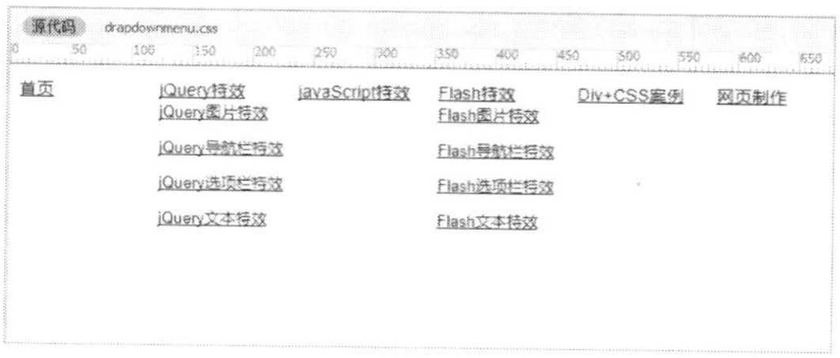

step 8 在 drapdownmenu.css 文件中定义超链接样式：

```
ul li a {color: #fff; width: 113px; margin: 0px; padding: 0px 0px 0px 8px; text-decoration: none; display: block; background: #808080; line-height: 29px; border-right: 1px solid #ccc;
border-bottom: 1px solid #ccc;}
```

这条规则的作用就是为导航栏加上背景和菜单间的隔离线，并将默认有下画线的蓝色文字变为白色无下画线的样式。

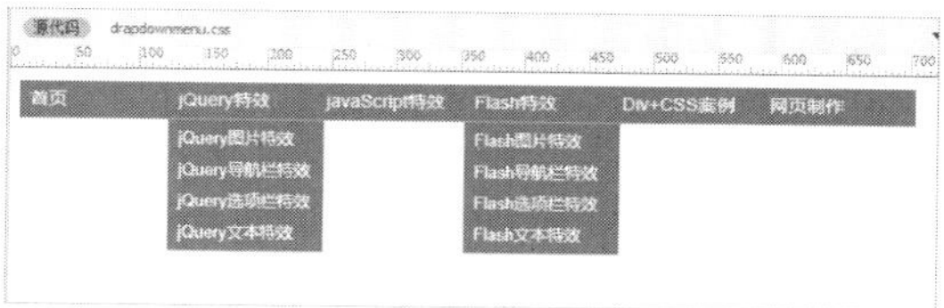

step 9 在 drapdownmenu.css 文件中定义嵌套列表项和子菜单超链接的规则：

```
ul li ul li {height:25px;}
ul li ul li a {background: #666; line-height: 24px;} /* #666 等同于#666666 */
```

此处第一条规则设置子菜单的列表项高度为 25px，以区别主菜单列表项；第二条规则是子菜单项中的超链接的背景改为#666，并将行高调整为 24px。应用样式后的页面效果如下图所示。

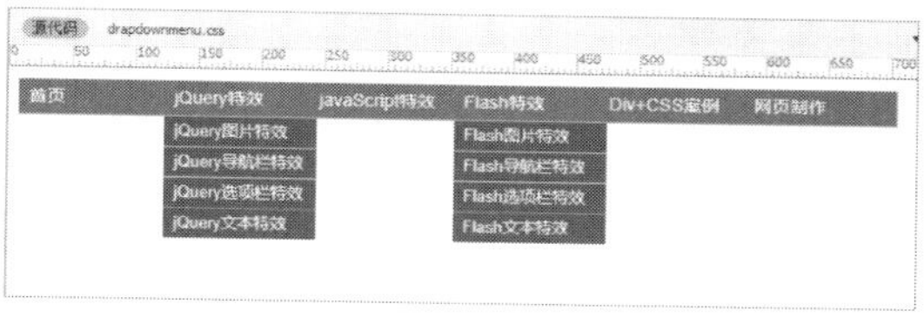

step 10 在 drapdownmenu.css 文件中定义鼠标滑过某个菜单项时的样式：

```
ul li a:hover {background: #666;
border-bottom: 1px dashed #ff0000;}
```

以上规则定义了鼠标滑过时导航栏的背景色和子菜单的背景色一致，定义了底边框为 1px、点画线、红色，如下图所示。

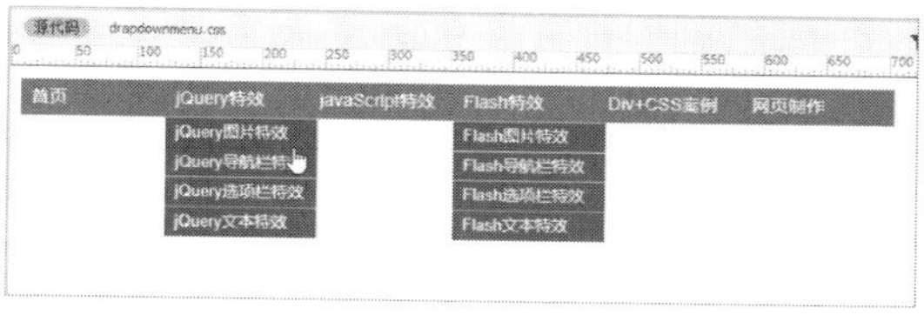

step 11 在 drapdownmenu.css 文件中定义子菜单项的初始状态为隐藏：

```
ul li ul {visibility: hidden;} /* 也可以设置 display:none */
```

此时，页面效果如下图所示。

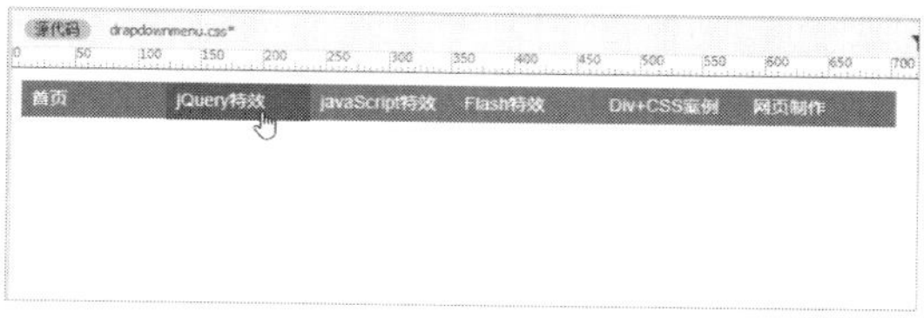

step 12 在 drapdownmenu.css 文件中定义鼠标滑过时下拉子菜单的显示样式：

```
ul li:hover ul {visibility: visible;} /* 也可以设置 display:block */
ul li ul li a:hover {background: #333;} /* #333 等同于#333333 */
```

此时，页面效果如下图所示。

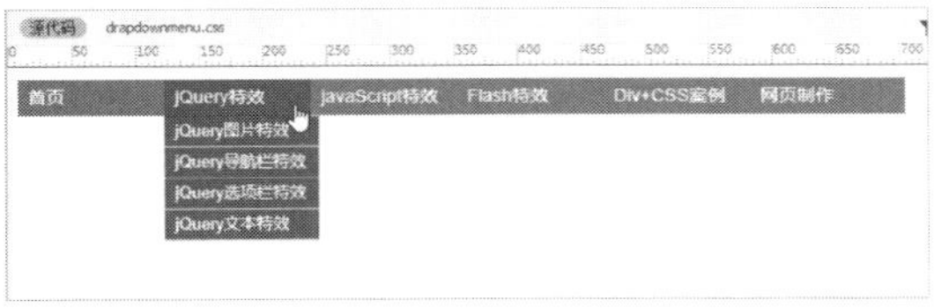

step 13 本例中 drapdownmenu.css 文件的完整代码如下：

```
@charset "utf-8";
ul {margin: 0px; padding: 0px;} /*  考虑到不同浏览器的兼容性  */
ul li {height: 30px; width: 115px; list-style: none; float: left; display: inline; font: 0.9em Arial, Helevetica, sans-serif;}
ul li a {color: #fff; width: 113px; margin: 0px; padding: 0px 0px 0px 8px; text-decoration: none; display: block; background: #808080; line-height: 29px; border-right: 1px solid #ccc; border-bottom: 1px solid #ccc;}
ul li ul li {height:25px;}
ul li ul li a {background:#666; line-height:24px;} /*  #666 等同于#666666  */
ul li a:hover {background: #666; border-bottom: 1px dashed #ff0000;}
ul li ul {visibility: hidden;} /*  也可以设置 display:none  */
ul li:hover ul {visibility: visible;} /*  也可以设置 display:block  */
ul li ul li a:hover {background: #333;} /*  #333 等同于#333333  */
```

【例 9-7】使用 Div+CSS 设计网站首页。

视频+素材 (素材文件\第 09 章\例 9-7)

step 1 启动 Dreamweaver 后，按下 Ctrl+N 组合键创建一个空白网页，然后按下 Ctrl+S 组合键打开【另存为】对话框将网页文档以文件名 Index-6.html 保存至本地站点根目录中，并在代码视图中输入以下代码，设计网页在浏览器窗口界面的 Div 布局：

```
<!doctype html>
<html lang="en">
<head>
 <meta charset="utf-8">
 <meta name="Keywords" content="从设计开始学做 PPT">
 <meta name="Description" content="PPT 从入门到精通">
 <link rel="stylesheet" href="pac.css" type="text/css">
 <title>新手从设计开始学做 PPT</title>
</head>
<body>
 <div class="body-top">
 <div class="header">
 <div class="logo">
 <div class="nav_wrap">
   <div id="nav">
     <ul class="clearfix">
     <li><span class="v">
```

```
    <a href="#" target="_blank">首页</a>
    <span class="cut_line">|</span></span>
    </li>
      <li><span class="v">
     <a href="#">专辑概况</a></span>
        <span class="cut_line">|</span>
     <div class="kind_menu" style="left: 40px">
         <a href="#">专辑简介</a><span>|</span>
         <a href="#">精品篇章</a><span>|</span>
         <a href="#">预定专辑</a><span>|</span>
         <a href="#">课件下载</a><span>|</span>
         <a href="#">在线课程</a><span>|</span>
         <a href="#">实体图书</a><span>|</span>
     </div>
    </li>
      <li><span class="v">
        <a href="#">更新公告</a></span>
        <span class="cut_line">|</span>
     <div class="kind_menu" style="left: 40px">
        <a href="#">专辑动态</a><span>|</span>
     <a href="#">技术更新</a><span>|</span>
     </div>
    </li>
      <li><span class="v">
     <a href="#">作者留言</a><span class="cut_line">|</span></span>
    </li>
    <li><span class="v">
     <a href="#">读者留言</a></span><span class="cut_line">|</span>
    <div class="kind_menu" style="left: 40px">
     <a href="#">作者答复</a><span>|</span>
     <a href="#">问答精选</a><span>|</span>
    </div>
    </li>
    <li><span class="v">
     <a href="#">更新预告</a></span><span class="cut_line">|</span>
    <div class="kind_menu" style="left: 40px">
    </div>
   </li>
   <li><span class="v">
       <a href="#">章节评论</a></span><span class="cut_line">|</span>
```

```
    <div class="kind_menu" style="left: 40px">
    </div>
  </li>
  <li><span class="v">
    <a href="#">读者服务</a></span><span class="cut_line">|</span>
    <div class="kind_menu" style="left: 40px">
        <a href="#">会员注册</a><span>|</span>
        <a href="#">会员服务</a><span>|</span>
        <a href="#">会员风采</a><span>|</span>
        <a href="#">会员变更</a><span>|</span>
        <a href="#">会员动态</a><span>|</span>
        <a href="#">会员维权</a><span>|</span>
        <a href="#">建言献策</a><span>|</span>
    </div>
  </li>
  <li><span class="v">
    <a href="#">外事</a></span><span class="cut_line">|</span>
    <div class="kind_menu" style="left: 40px">
    </div>
  </li>
  <li><span class="v">
    <a href="#">作者访谈</a></span><span class="cut_line">|</span>
    <div class="kind_menu" style="left: 40px">
    </div>
  </li>
  <li><span class="v">
    <a href="#">展会</a></span><span class="cut_line">|</span>
    <div class="kind_menu" style="left: 40px">
    </div>
  </li>
  <li><span class="v">
    <a href="#">技术研究</a></span>
    <div class="kind_menu" style="left: 40px">
        <a href="#">高端视点</a><span>|</span>
        <a href="#">理论专题</a><span>|</span>
        <a href="#">案例演练</a><span>|</span>
        <a href="#">在线调研</a><span>|</span>
    </div>
  </li>
  </ul>
```

```
    </div><!--nav-->
  </div><!--nav_wrap-->
  </div>
  </div>
  </div>
  <div class="changediv">
    <a href="#"><img src="PPT.jpg" width="960" height="298" alt="PPT 学习" /></a>
  </div>
  <div class="footer">
    <div class="" style="padding-top: 10px;margin-bottom: 10px;" >
              <a href="#">关于作者</a>
              <a href="#">网站地图</a>
              <a href="#">版权声明</a>
              <a href="#">人才招聘</a>
    </div>
    <div>
      <span>备案号：宁 ICP 备 12345678 号</span><span>版权所有：从设计开始学做 PPT 专题网站
      </span>
         <span>技术支持：<a href="#">南京 xxxxx 文化传媒有限公司</a></span>
    </div>
         <span>办公地址：南京市鼓楼区南京大学鼓楼校区</span>
         <span>邮编：100000</span><span>电话：025-12345678</span>
         <span>电子邮件：miaofa@sina.com</span>
    </div>
</body>
</html>
```

step 2 按下 Ctrl+N 组合键创建一个 CSS 文件，然后按下 Ctrl+S 组合键将 CSS 文件以文件名 pac.css 保存至本地站点的根目录，然后在代码视图中输入以下代码:

```
/* 网站：新手从设计开始学做 PPT
   样式表文件名：pac.css
   应用对象：Index-6.html
*/
body{color: #010101;background: #fff;margin-top: 0px;margin-left: 0px;margin-right: 0px;}
body, html{font: 12px/1.5 normal,italic,small-caps;display: block;}
.body-top{height: 297px;background: url("bj-1.jpg");}
.header,.header .logo{width: 960px;margin:0 auto;height: 297px;background: url("bj-3.jpg") no-repeat center;}
/* New Nav Style */
#nav ul{margin: 0px;padding: 0px;}
#nav li{text-align: center;font-size: 14px;font-weight: 700;}
```

```
#nav_wrap{width: 960px;overflow: hidden;padding-top: 223px}

#nav{height: 69px;width: 960px;margin: 0 auto;padding: 0px 5px;position: relative;}
#nav li{float: left;list-style: none;}
#nav li .v a{padding: 0 4px;height: 39px;line-height: 33px;display: block;color: #0d2972;float: left;}
#nav li .v a:hover{color: #d62e38;text-decoration: none;}
#nav .kind_menu{height: 30px;width: 880px;top: 26px;left: 70px;line-height: 30px;vertical-align:
middle;position: absolute;padding-top: 18px;font-weight: normal;color: #152026;font-size: 12px;text-align:
left;display: none; /* 初始不显示 */}
#nav .kind_menu a{color: #152026;text-align: center;padding: 0 10px;font-family: Cambria, "Hoefler Text",
"Liberation Serif", Times, "Times New Roman", "serif""sans-serif";}
#nav .kind_menu a:hover{text-decoration: none;}
#nav .kind_menu span{font-size: 10px;color: #cecece;line-height: 30px;}
.cut_line{padding-top: 4px;display: inline-block;font-size: 14px;}
/* 鼠标滑过时显示二级菜单 */
#nav ul li:hover .kind_menu{display: block;left: 100px; /* 显示子菜单 */}
.changediv{text-align: center;}
.footer{text-align: center;}
img{border: 0px;}
```

step 3 按下 Ctrl+S 组合键保存编写的 CSS 文件，然后切换到 Index-6.html 文档，按下 F12 键预览网页，效果如下图所示。

第 10 章

使用表格

网页内容的布局方式取决于网站的主题定位。在 Dreamweaver 中，表格是最常用的网页布局工具，通过它不仅可以在网页中排列数据，还可以对页面中的图像、文本、动画等元素进行准确定位，使网页页面效果显得整齐而有序。

本章将重点介绍如何在 Dreamweaver 中创建、调整与设置表格。

本章对应视频

例 10-1 创建表格
例 10-2 创建带标题的表格
例 10-3 定义表格边框类型
例 10-4 定义表格的表头
例 10-5 定义表格的单元格间距
例 10-6 定义表格的单元格边距
例 10-7 定义表格的宽度
本章其他视频参见视频二维码列表

10.1 表格概述

在网页中用户可以使用表格将一组相关数据直观、明了地展现给网页浏览者。表格由行、列和单元格组成，如下图所示。

在 HTML5 中用于标记表格的标签如下。

<table>标签

<table>标签用于标识一个表格对象的开始，</table>标签用于标识一个表格对象的结束。在一个表格中，只允许出现一对<table>标签。HTML5 中已不再支持它的任何属性。

<tr>标签

<tr>标签用于标识表格一行的开始，</tr>标签用于标识表格一行的结束。表格内有多少对<tr>标签，就表示有多少行。HTML5 中已不再支持它的任何属性。

<td>标签

<td>标签用于标识表格某行中的一个单元格开始，</td>标签用于标识表格某行中的一个单元格的结束。<td></td>标签书写在<tr></tr>标签内，一对<tr></tr>标签内有多少对<td></td>标签，就表示该行有多少个单元格。在 HTML5 中，它仅有 colspan 和 rowspan 两个属性。

最基本的表格必须包含一对<table></table>标签、一对或几对<tr></tr>标签以及一对或几对<td></td>标签。一对<table></table>标签定义一个表格，一对<tr></tr>标签定义一行，一对<td></td>标签定义一个单元格。

【例 10-1】 使用 Dreamweaver 在网页中定义一个 3 行 4 列的表格。
视频+素材 (素材文件\第 10 章\例 10-1)

step 1 创建一个空白网页后，将鼠标指针置于设计视图中合适的位置，选择【插入】| Table 命令，打开 Table 对话框，在【行数】文本框中输入 3，在【列】文本框中输入 4，然后单击【确定】按钮。

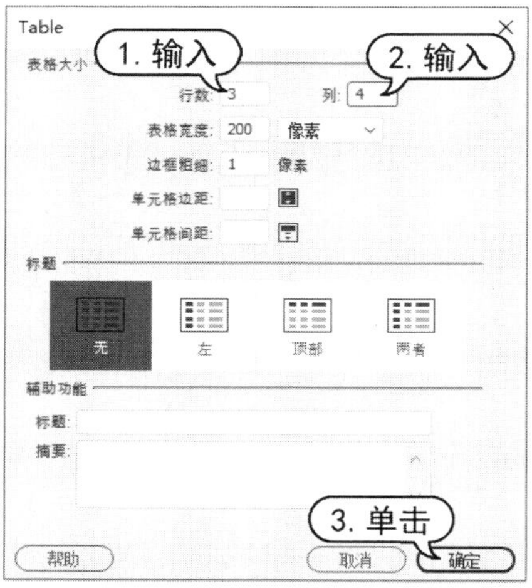

step 2 此时，将在代码视图中自动生成以下代码：

```
<table width="200" border="1">
  <tbody>
```

```
  <tr>
    <td> </td>
    <td> </td>
    <td> </td>
    <td> </td>
  </tr>
  <tr>
    <td> </td>
    <td> </td>
    <td> </td>
    <td> </td>
  </tr>
  <tr>
    <td> </td>
    <td> </td>
    <td> </td>
    <td> </td>
  </tr>
  </tbody>
</table>
```

step 3 其中“ ”表示一个空格。当在设计视图中表格内的每个单元格中输入内容时，“ ”将被自动替换成所输入的内容。

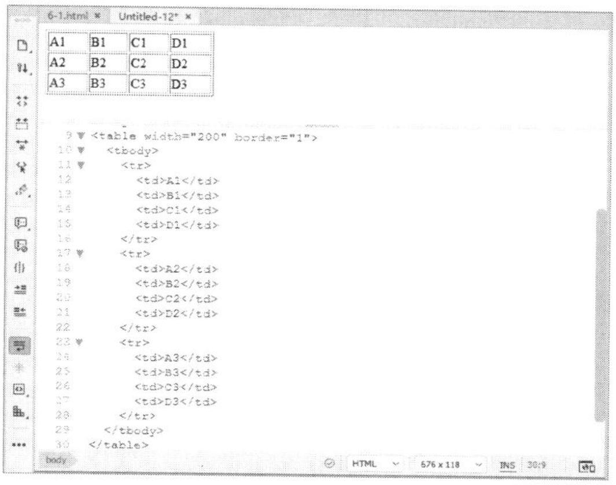

10.2 创建表格

在 Dreamweaver 中，用户不仅可以利用软件提供的 Table 对话框创建上图所示的普通表格，还可以在所创建的表格中设置表格的标题、边框、表头、单元格间距等。

10.2.1 创建带标题的表格

在网页中使用表格时，有时为了方便表述表格，用户可以使用<caption>标签来定义表格标题，创建一个带有标题的表格。

【例 10-2】使用 Dreamweaver 在网页中创建一个带有标题的表格。
视频+素材 (素材文件\第 10 章\例 10-2)

step 1 选择【插入】| Table 命令，打开 Table 对话框，在【行数】文本框中输入 3，在【列】文本框中输入 4，在【标题】文本框中输入“一季度销售统计”。

step 2 单击【确定】按钮，即可在设计视图中插入带标题的表格，在表格中输入数据后，将在网页中插入下图所示的表格(表格顶部自带标题)。

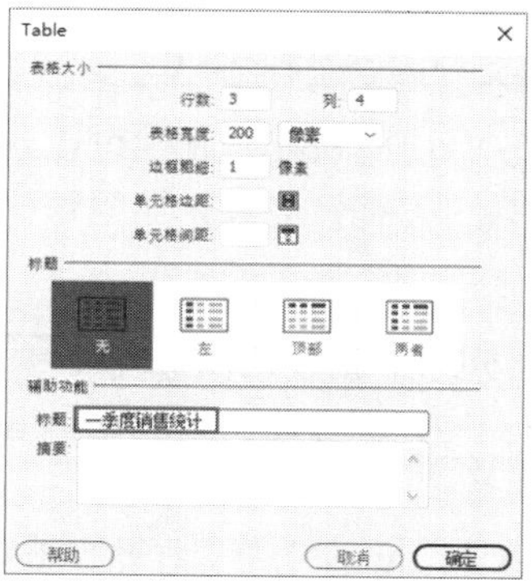

step 3 此时，将在代码视图中自动生成以下代码：

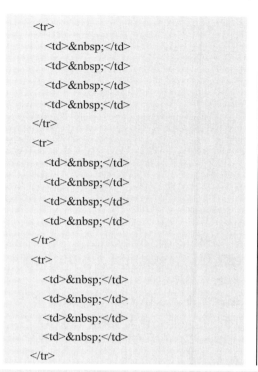

```
<table width="200" border="1">
  <caption>
    一季度销售统计
  </caption>
  <tbody>
```

```
        <tr>
            <td>100</td>
            <td>50</td>
            <td>125</td>
            <td>100</td>
        </tr>
        <tr>
            <td>150</td>
            <td>75</td>
            <td>175</td>
            <td>110</td>
        </tr>
        <tr>
            <td>200</td>
            <td>125</td>
            <td>200</td>
            <td>120</td>
        </tr>
    </tbody>
</table>
```

step 4 按下 F12 键，即可在浏览器中预览网页效果。

10.2.2 定义表格的边框类型

在<table>标签中使用 border 属性可以定义表格的边框类型，从而获得诸如加粗边框的表格效果。

【例 10-3】在网页中分别插入边框粗细为 1 和 8 的两个表格。
视频+素材 (素材文件\第 10 章\例 10-3)

step 1 选择【插入】| Table 命令，打开 Table 对话框，在【行数】和【列】文本框中输入 2，在【边框粗细】文本框中输入 1，在【标题】文本框中输入“普通边框”，然后单击【确定】按钮。

step 2 此时，将在设计视图中插入一个下图所示的两行两列表格，该表格包含标题“普通边框”(Dreamweaver 会在代码视图中为<table>标签自动使用 border 属性 1)。

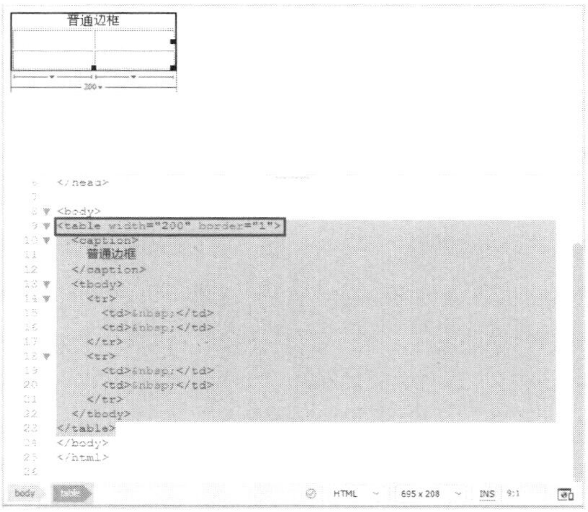

step 3 将鼠标指针放置在设计视图中的表格之后，按下回车键另起一行。

step 4 再次选择【插入】| Table 命令，打开 Table 对话框，在【行数】和【列】文本框中都输入 2，在【边框粗细】文本框中输入 8，在【标题】文本框中输入“加粗边框”，然后单击【确定】按钮。

step 5 此时，将在设计视图中插入一个下图所示的两行两列的加粗边框表格，在代码视图中为<table>标签自动设置 border 属性的值为 8。

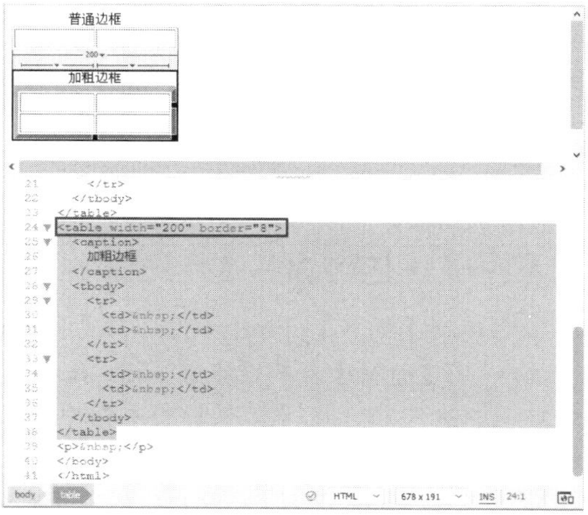

step 6 按下 F12 键在浏览器中预览网页，效果与设计视图中表格的效果一致。

10.2.3 定义表格的表头

表格中常见的表头分为垂直表头、水平

表头和垂直水平表头 3 种。在 HTML 中，用户可以通过为<th>标签设置 scope 属性将表格中的单元格设置为表头。

【例 10-4】定义表格的表头。
视频+素材 (素材文件\第 10 章\例 10-4)

step 1 选择【插入】| Table 命令，打开 Table 对话框，在【行数】文本框中输入 2，在【列】文本框中输入 3，在【标题】选项区域中选中【顶部】选项，在【标题】文本框中输入“水平表头”，然后单击【确定】按钮。

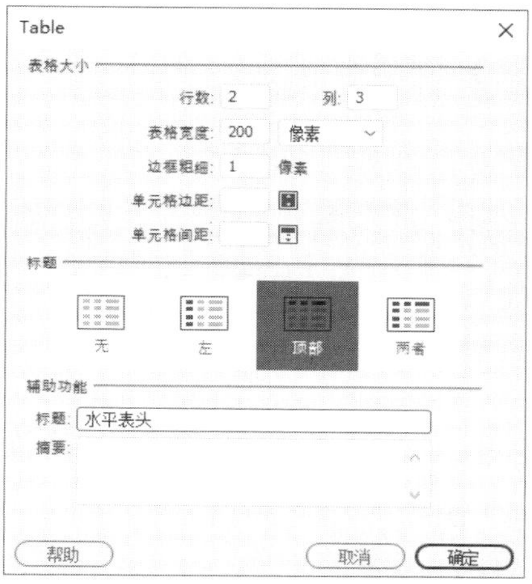

step 2 此时，将在设计视图中插入一个 2 行 3 列的表格，并在代码视图中为<th>标签设置 scope 属性。在表格中输入数据，表格第一行表头的效果如下图所示。

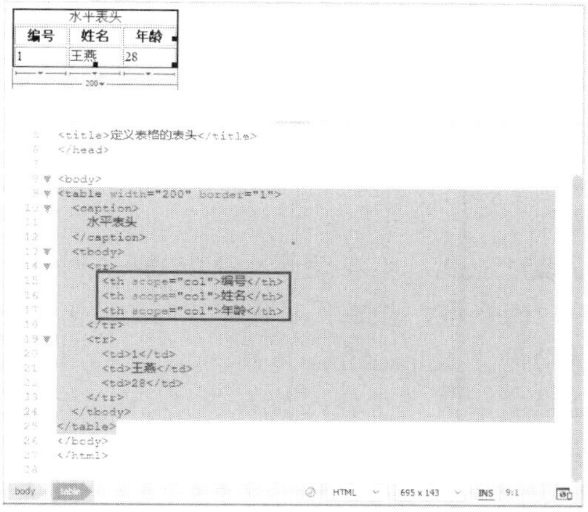

step 3 重复步骤①的操作，在打开的 Table 对话框中的【标题】选项区域中选中【左】选项，在【标题】文本框中输入“垂直表头”，单击【确定】按钮可以在设计视图中插入一个 2 行 3 列的表格，并在代码视图中为<th>标签设置 scope 属性。

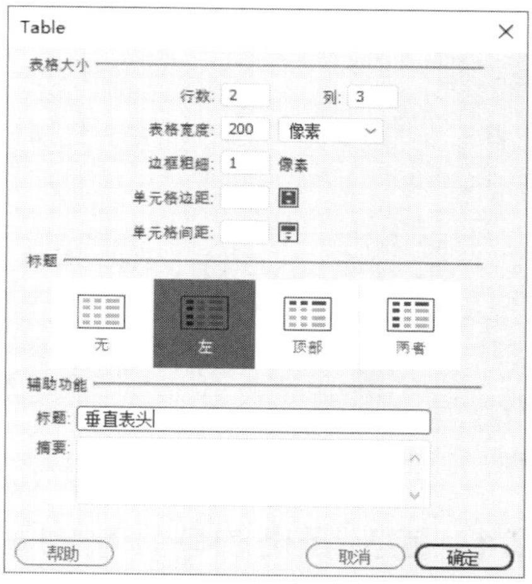

step 4 在表格中输入数据，表格第一列表头的效果如下图所示。

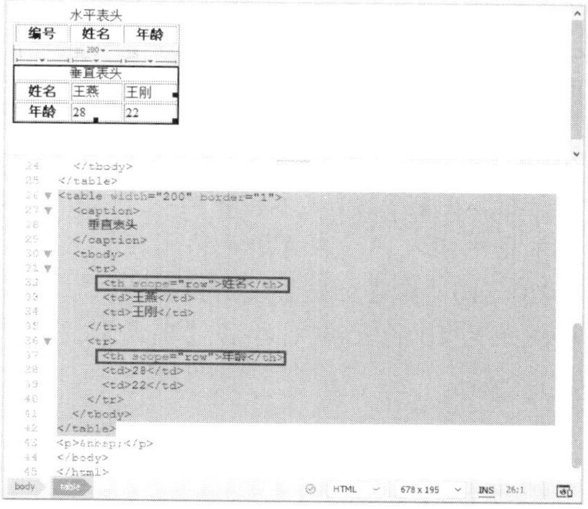

step 5 再次选择【插入】| Table 命令，打开 Table 对话框，在【行数】文本框中输入 3，在【列】文本框中输入 4，在【标题】选项区域中选中【两者】选项，在【标题】文本框中输入“垂直水平表头”，然后单击【确定】按钮。

step 6 此时，将在设计视图中插入一个 3 行 4 列的表格，并在代码视图中为<th>标签设置 scope 属性。在表格中输入数据，表格第一行和第一列表头的效果如下图所示。

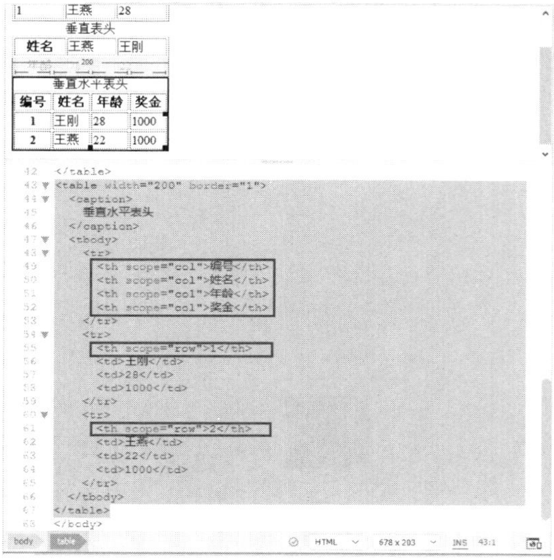

10.2.4 定义表格的单元格间距

在创建表格时，用户可以通过在<table>标签中设置 cellspacing 属性规定单元格之间的距离。

【例 10-5】定义表格的单元格间距。
视频+素材 (素材文件\第 10 章\例 10-5)

step 1 选择【插入】| Table 命令，打开 Table 对话框，在【行数】文本框中输入 2，在【列】文本框中输入 3，在【单元格间距】文本框中输入 10，在【标题】文本框中输入“单元格间距为 10 的表格”，单击【确定】按钮。

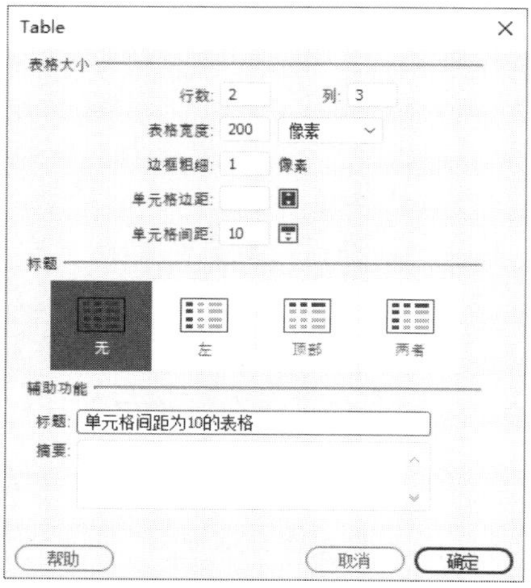

step 2 此时，将在设计视图中插入一个 2 行 3 列的表格，并在代码视图中为<table>标签自动设置 cellspacing 属性。

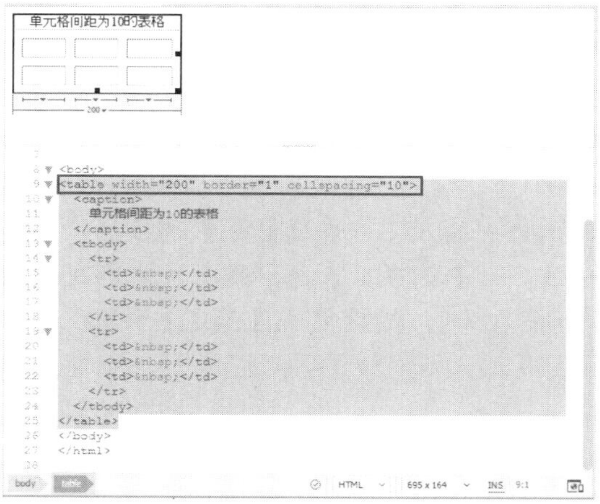

实用技巧

在制作网页时用户应注意勿将 cellspacing 属性与 cellpadding 属性相混淆，cellpadding 属性规定的是单元格边沿与单元格内容之间的空间。

10.2.5 定义表格的单元格边距

在<table>标签中使用 cellpadding 属性，用户可以规定表格中单元格边沿与单元格内容之间的空间。

【例 10-6】定义表格的单元格边距。
视频+素材 (素材文件\第 10 章\例 10-6)

step 1 选择【插入】| Table 命令，打开 Table 对话框，在【行数】文本框中输入 2，在【列】文本框中输入 3，在【单元格边距】文本框中输入 10，在【标题】文本框中输入“带 cellpadding 属性的表格”，然后单击【确定】按钮。

step 2 此时，将在设计视图中插入一个 2 行 3 列的表格，并在代码视图中为<table>标签自动设置 cellpadding 属性。

step 3 在表格中输入数据后，表格单元格与单元格内容之间的边距如下图所示。对比前面示例中制作的表格，用户可以看到为表格设置 cellpadding 属性后表格的变化情况。

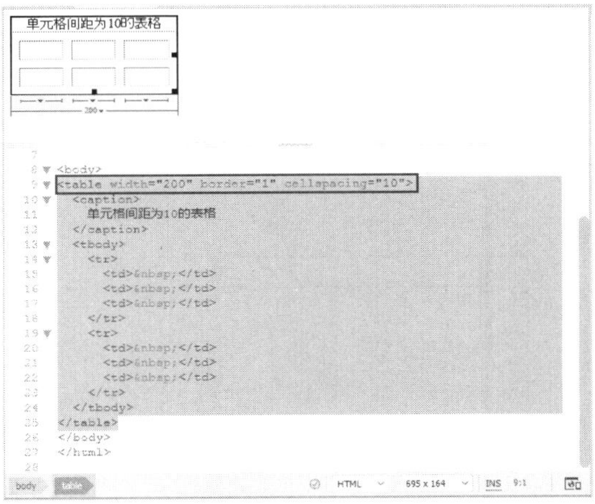

10.2.6　定义表格的宽度

在网页中创建表格时，在<table>标签中使用 width 属性可以设定表格的宽度(可使用像素或百分比单位)。如果没有设置 width 属性，表格会占用需要的空间来显示表格数据。

【例 10-7】定义表格的宽度。
视频+素材 (素材文件\第 10 章\例 10-7)

step 1 选择【插入】| Table 命令，打开 Table 对话框，在【行数】文本框中输入 2，在【列】文本框中输入 3，在【表格宽度】文本框中输入 100，然后单击该文本框右侧的下拉按钮，从弹出的列表中选择【百分比】选项，然后单击【确定】按钮。

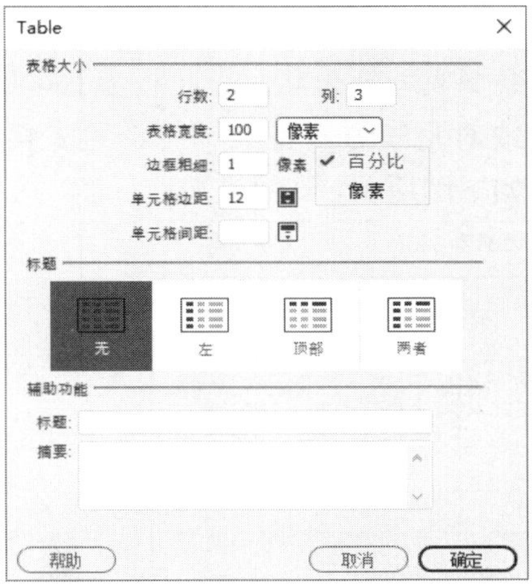

step 2 此时，将在设计视图中插入一个 2 行 3 列的表格，并在代码视图中为<table>标签自动设置 width 属性。

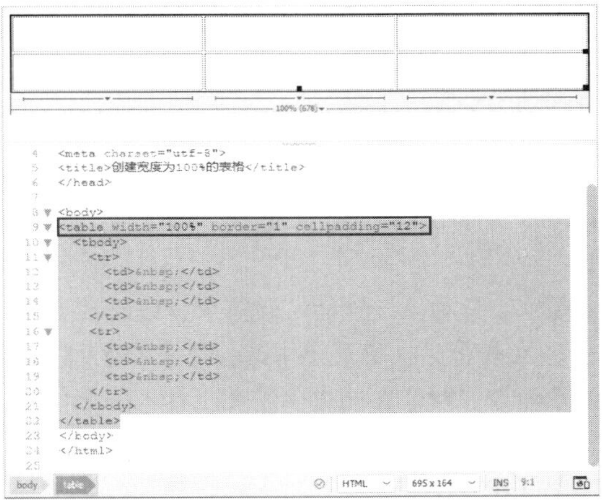

实用技巧

在实际工作中，用户可以在创建表格时定义表格宽度，也可以使用 CSS 样式来为表格设置宽度。

10.3　调整表格

使用 Dreamweaver 在网页中插入表格后，用户可以通过调整表格大小、添加与删除行和列等操作，使表格的形状符合网页制作的需求。

10.3.1　调整表格大小

在 Dreamweaver 的设计视图中，当表格四周出现黑色边框时，就表示表格已经被选中。

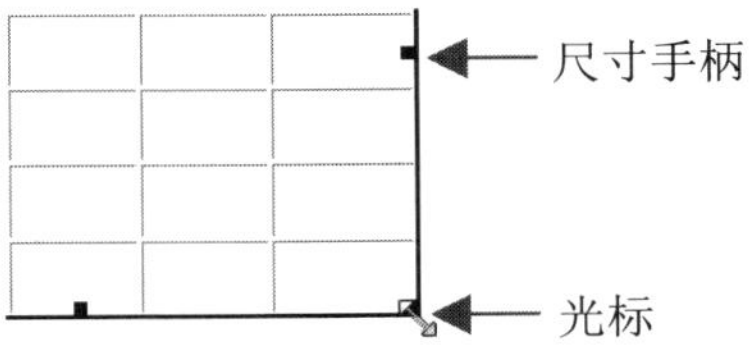

将光标移到表格右下方的尺寸手柄上时，会变成或形状。在此状态下向左右、上下或对角线方向拖动即可调整表格的大小，如下图所示。

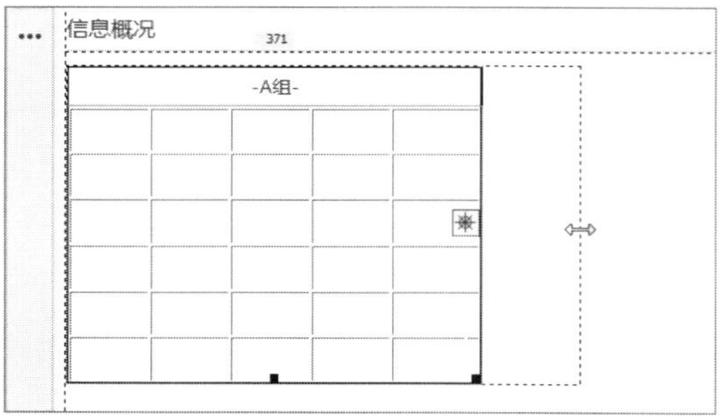

当鼠标指针移到表格右下方的手柄处，光标变为形状时，可以通过向下拖动可增大表格的高度。

10.3.2 添加行与列

在网页中插入表格后，在操作过程中可能会出现表格的中间需要嵌入单元格的情况。此时，在 Dreamweaver 中执行以下操作即可。

step 1 将鼠标指针插入表格中合适的位置，右击，在弹出的快捷菜单中选择【表格】|【插入行】命令，即可在选中位置之上插入一个空行。

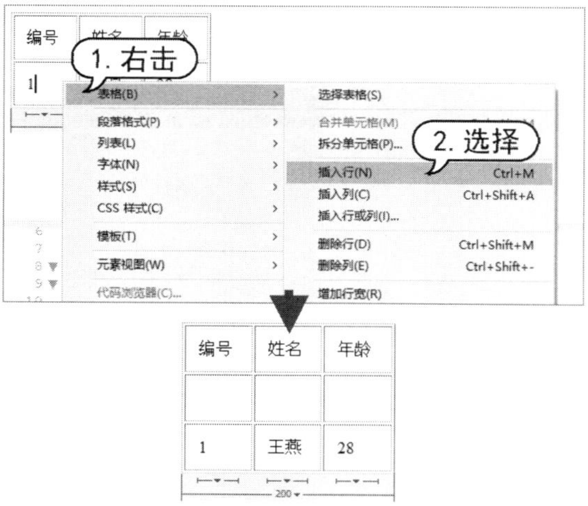

step 2 若用户在上图所示的菜单中选择【插入列】命令，将在选中位置的左侧插入一个空列。

10.3.3 删除行与列

删除表格行最简单的方法是将鼠标指针移到行左侧边框处，当光标变为→形状时单击，选中想要删除的行，然后按下 Delete 键即可。

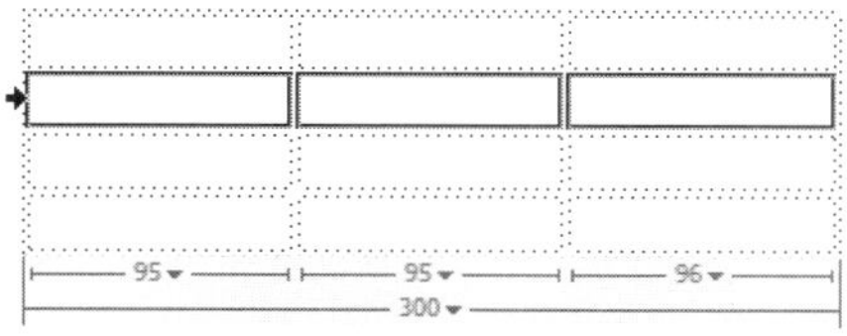

要删除表格中的列，可以将鼠标指针移到列上方的边缘处，当光标变为↓形状时单击，选中想要删除的列，然后按下 Delete 键。

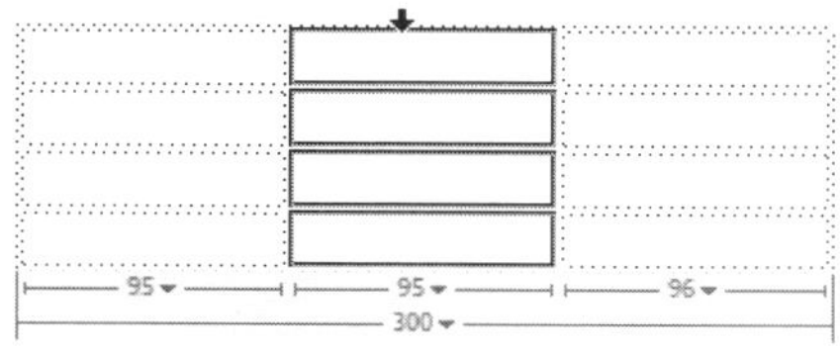

10.3.4 合并单元格

在实际应用中，并非所有的页面都是规范的几行几列，有时需要将某些单元格进行合并，以符合某些页面内容的需要。在 HTML 中合并表格单元格的方法有两种，一种是上下合并，另一种是左右合并。要实现这两种方式的合并，只需要在<td>标签中使用 colspan 和 rowspan 属性即可。

1. 使用 colspan 属性合并左右单元格

左右单元格的合并需要在<td>标签中使用 colspan 属性来实现，其语法格式如下：

```
<td colspan="数值">单元格内容</td>
```

其中，colspan 属性的取值为数值型整数，代表几个单元格进行左右合并。例如，要将 A1 和 A2 单元格合并成一个单元格，就需要为表格第一行的第一个<td>标签增加 colspan="2"，并且将 A2 单元格的<td>标签删除。

【例 10-8】在 Dreamweaver 中使用 colspan 属性合并表格的左右单元格。

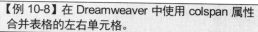

视频+素材 (素材文件\第 10 章\例 10-8)

step 1 在设计视图内选中表格中的 A1 和 A2 单元格，单击【属性】面板中的【合并所选单元格，使用跨度】按钮 。

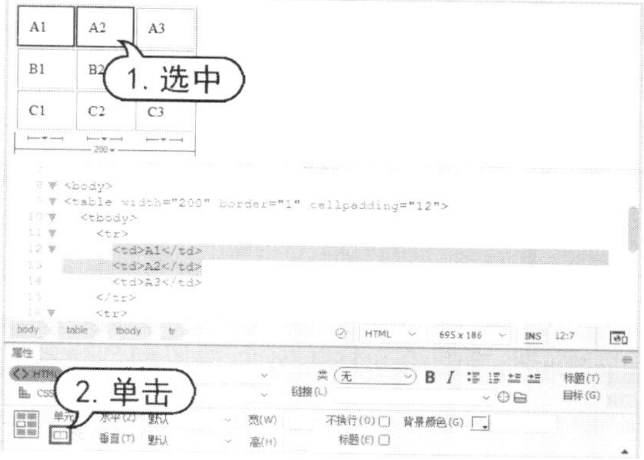

step 2 此时，Dreamweaver 将在<td>标签中使用 colspan 属性合并所选的单元格。

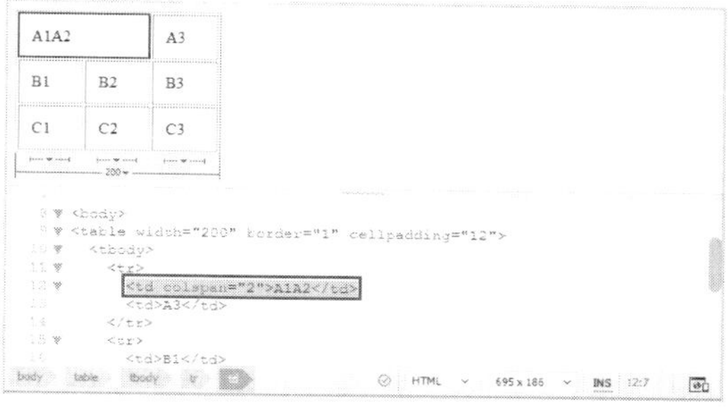

2. 使用 rowspan 属性合并上下单元格

上下单元格的合并需要为<td>标签增加 rowspan 属性，其代码格式如下：

```
<td rowspan="数值">单元格内容</td>
```

其中，rowspan 属性的取值为数值型整数，表示几个单元格进行上下合并。例如，要在表格中合并 A1 和 B1 单元格，需要为第一行的第一个<td>标签增加 rowspan="2"，并将 B1 单元格的<td>标签删除。

【例 10-9】在 Dreamweaver 中使用 rowspan 属性合并表格的上下单元格。

视频+素材 (素材文件\第 10 章\例 10-9)

step 1 在设计视图内选中表格中的 A1 和 B1 单元格，单击【属性】面板中的【合并所选单元格，使用跨度】按钮 。

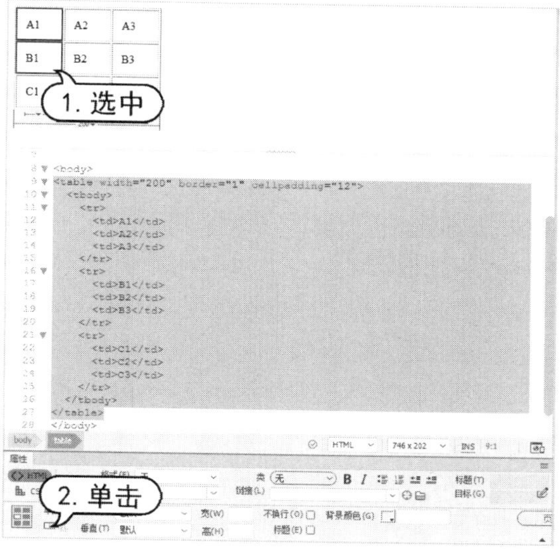

step 2 此时，Dreamweaver 将在<td>标签中使用 rowspan 属性合并所选的单元格。

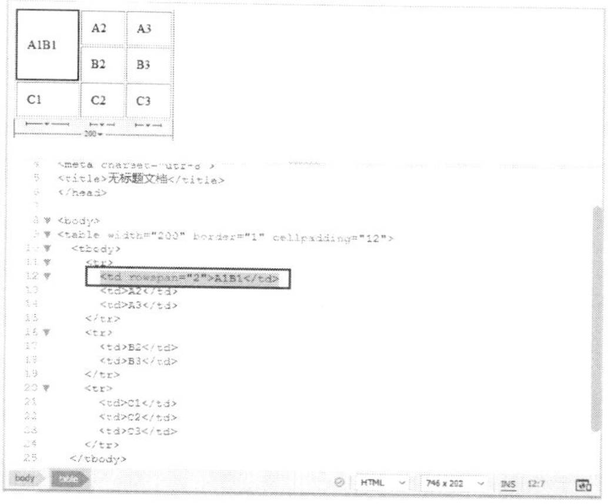

通过上面介绍的两个示例，读者会发现，在对表格中的左右单元格和上下单元格进行合并操作时，实际上就是“丢弃”某些单元格。对于左右合并，以左侧的单元格为准，将右侧要合并的单元格“丢弃”；对于上下合并，将以上方的单元格为准，将下方要合并的单元格“丢弃”。如果一个单元格既要向右合并，又要向下合并，该如何实现呢？下面将通过一个示例详细介绍。

【例 10-10】在 Dreamweaver 中同时合并左右和上下方向的单元格。
视频+素材 (素材文件\第 10 章\例 10-10)

step 1 在设计视图内选中表格中的 A1、A2、B1 和 B2 单元格，单击【属性】面板中的【合并所选单元格，使用跨度】按钮。

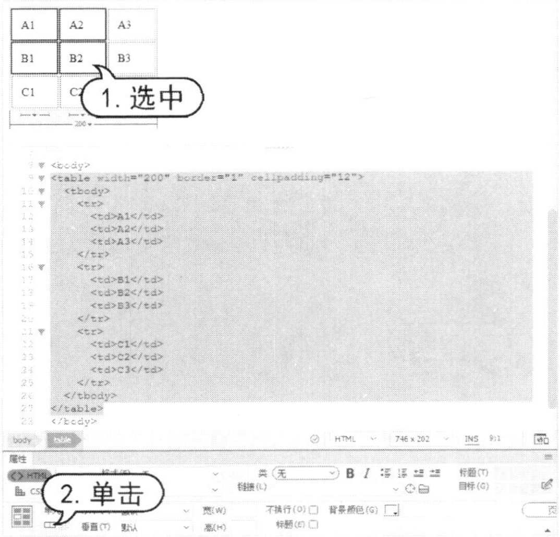

step 2 此时，Dreamweaver 将在<td>标签中同时使用 colspan 和 rowspan 属性合并所选的单元格。

从上图所示的代码可以看到，A1 单元格向右合并 A2 单元格，向下合并 B1 单元格，并且 B1 单元格向右合并 B2 单元格。

10.3.5 拆分单元格

在设计视图中选择需要拆分的单元格，选择【编辑】|【表格】|【拆分单元格】命令，或单击【属性】面板中的按钮，打开【拆分单元格】对话框。

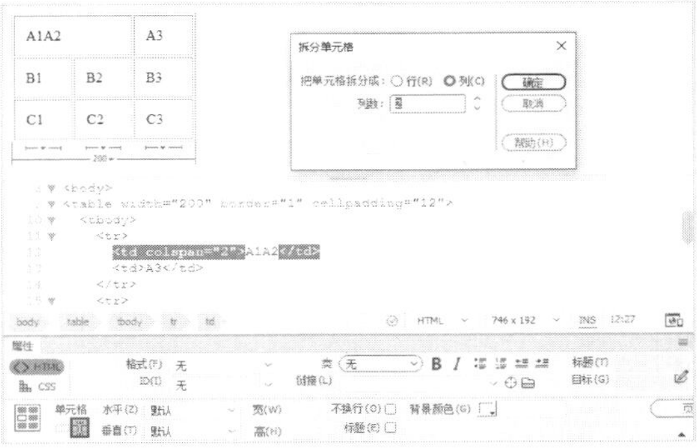

选择要把单元格拆分成行或列，然后再设置要拆分的行数或列数，单击【确定】按钮即可拆分单元格。

10.3.6 设置单元格的高度与宽度

在 HTML 中通过为<td>标签设置 height 和 width 属性可以规定表格单元格的高度和宽度。

【例 10-11】在 Dreamweaver 中设置表格单元格的行高和列宽。
视频+素材 (素材文件\第 10 章\例 10-11)

step 1 将鼠标指针置于表格的单元格中后，在【属性】面板的【宽】文本框中输入 30，设置单元格的宽度为 30(像素)。

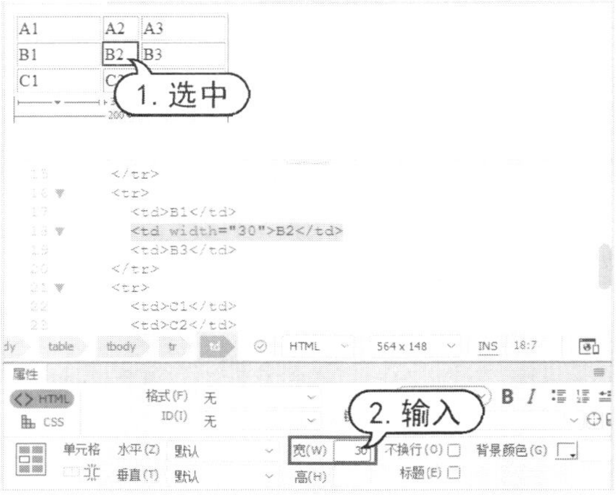

step 2 若在【属性】面板的【高】文本框中输入 50，可以将选中单元格的高度设置为 50 像素(用户可以自行尝试)。

10.4　设置表格背景

在网页中创建表格后，为了美化表格效果，用户可以为表格设置颜色背景或图片背景。

10.4.1　定义表格的背景颜色

在 HTML 中，用户可以通过为<table>标签设置 bgcolor 属性，为表格定义背景色。

【例 10-12】定义表格的背景色。
视频+素材 (素材文件\第 10 章\例 10-12)

step 1　打开【例 10-2】创建的表格，在设计视图中单击表格右上角，选中整个表格。

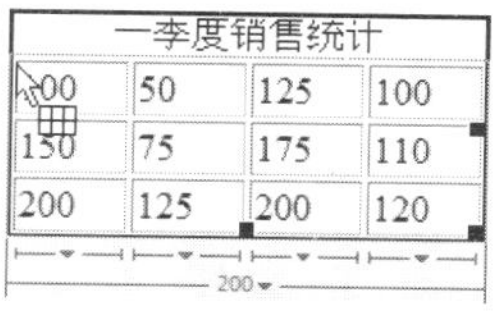

step 2　在代码视图中将鼠标指针置于<table>标签中，按下空格键，从弹出的列表中选择 bgcolor 选项。

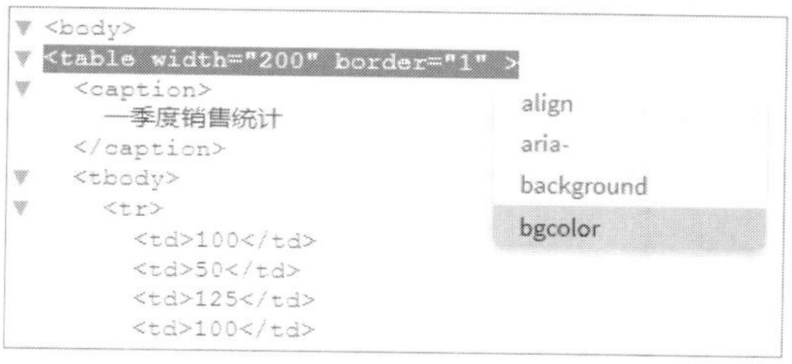

step 3　在所显示的列表中按下回车键，选择 Color Picker...选项，在打开的颜色选择器中选择一种颜色作为表格的背景色。

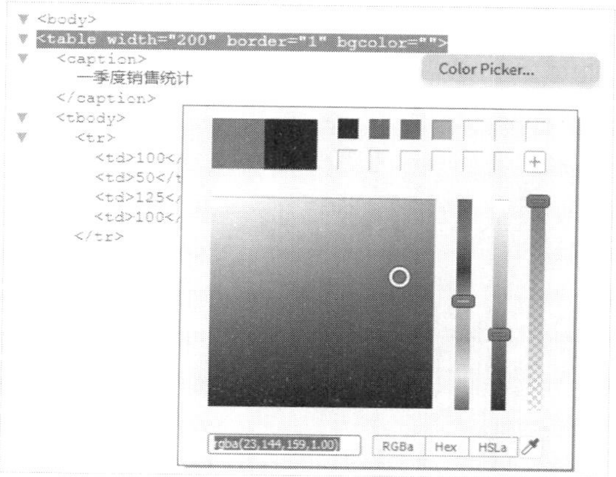

step 4　此时，即可在设计视图中预览设置背景色后的表格效果。

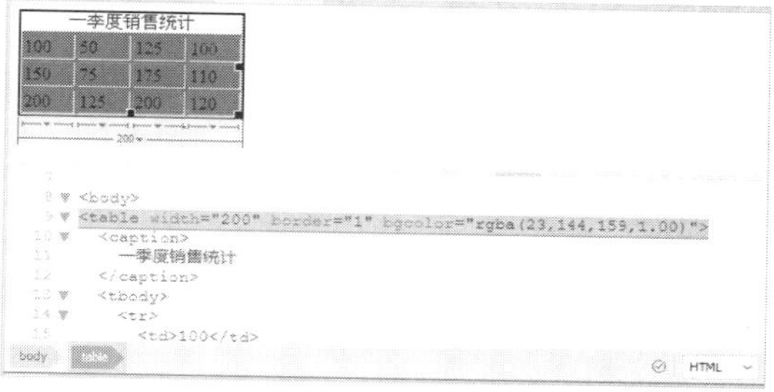

10.4.2　定义表格的背景图片

除了可以为表格添加背景色以外，用户还可以通过在<table>标签中添加 background 属性，为表格设置背景图片。

【例 10-13】定义表格的背景图片。
视频+素材 (素材文件\第 10 章\例 10-13)

step 1　在网页中插入表格后，在代码视图中将鼠标指针置于<table>标签中，按下空格键，从弹出的列表中选择 background 选项。

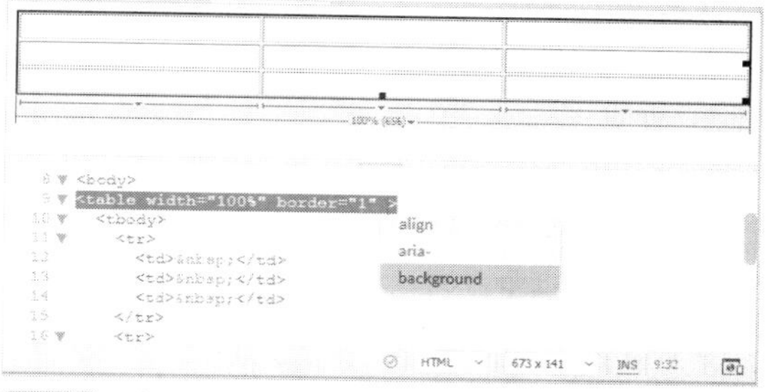

step 2　在所显示的列表中按下回车键，选择【浏览】选项，打开【选择文件】对话框，选中一个图片文件后，单击【确定】按钮。

step 3　此时，即可在设计视图中预览表格背景图片的效果。

10.4.3　定义表格单元格的背景

与为整个表格设置背景色和背景图片一样，用户可以通过在<td>标签中添加 bgcolor 和 background 属性，为单元格设置背景色和背景图片。

【例 10-14】设置网页中表格单元格的背景。
视频+素材 (素材文件\第 10 章\例 10-14)

step 1 在设计视图中将鼠标指针置于表格的单元格中，单击【属性】面板中的【背景颜色】按钮，从弹出的颜色选择器中选择一种颜色，即可为单元格设置背景色。

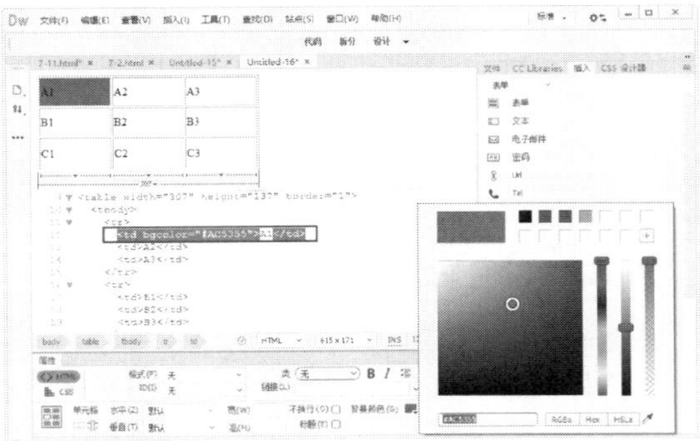

step 2 在设计视图中将鼠标指针置于表格的另一个单元格中，在代码视图中将选中相应的<td>标签，将鼠标指针置于<td>标签中，按下空格键，从弹出的列表中选择 background 选项。

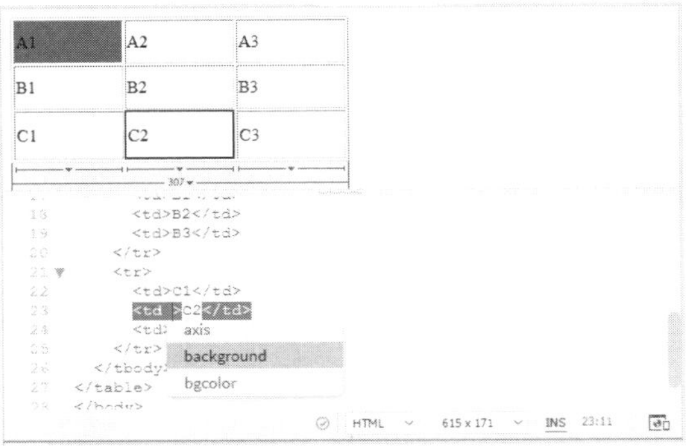

step 3 在弹出的列表中按下回车键，选择【浏览】选项。在打开的【选择文件】对话框中，选择一个图片文件后，单击【确定】按钮。

step 4 此时，即可在设计视图中预览单元格的背景图片效果。

10.5 排列单元格的内容

在<td>标签中使用 align 属性可以规定单元格中内容的水平排列方式，使用 valign 属性可以规定单元格中内容的垂直排列方式。

【例 10-15】在 Dreamweaver 中排列表格单元格的内容。
视频+素材 (素材文件\第 10 章\例 10-15)

step 1 在网页中插入表格后，在设计视图中选中表格的第一列和第二列，在【属性】面板中单击【水平】下拉按钮，从弹出的下拉列表中选择【居中对齐】选项。

step 2 此时，Dreamweaver 将在代码视图中为选中单元格的<td>标签添加 align 属性(align="center")，设置单元格的内容居中对齐排列。

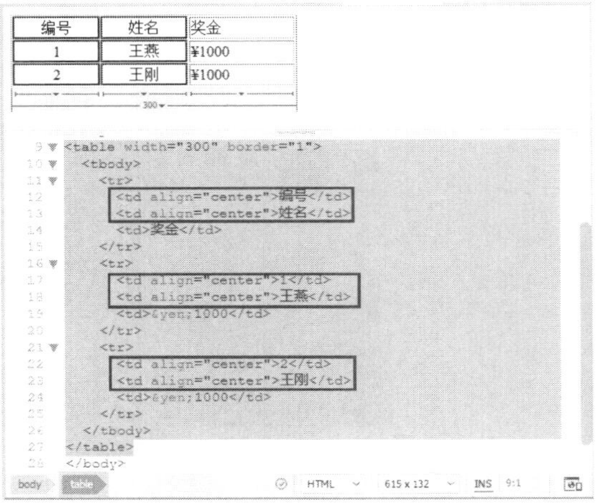

step 3 在设计视图中选中表格的第三列，在【属性】面板中单击【水平】下拉按钮，从弹出的下拉列表中选择【右对齐】选项，在代码视图中为选中单元格的<td>标签添加 align 属性(align="right")，设置单元格的内容靠右对齐排列。

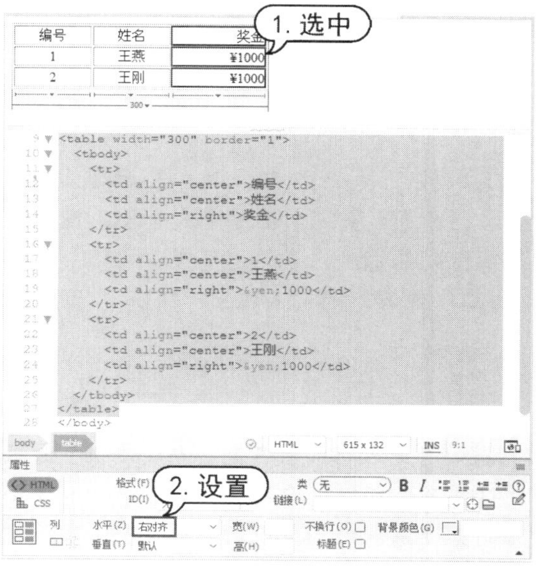

step 4 在设计视图中选中表格的第二行和第三行，在【属性】面板中单击【垂直】下拉按钮，从弹出的下拉列表中选择【底部】选项。

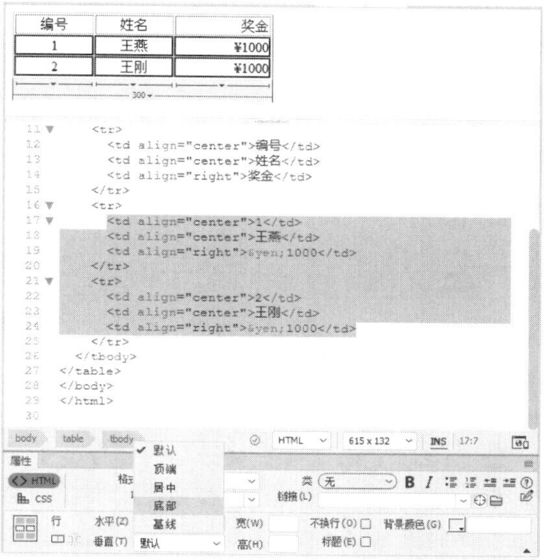

step 5 此时，Dreamweaver 将在代码视图中为选中单元格的<td>标签添加 valign 属性(valign="bottom")。

step 6 按下 F12 键预览网页，页面中表格的效果如下图所示。

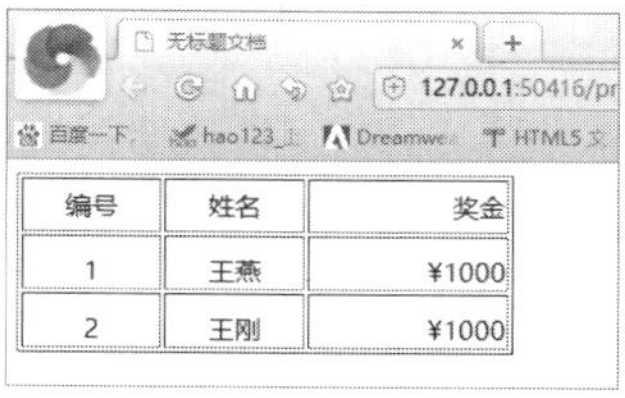

10.6 设置单元格内容不换行

用户可以通过在<td>标签中添加 nowrap 属性，定义当表格单元格中输入的内容过多时，内容不会自动换行。

【例 10-16】在 Dreamweaver 中设置单元格内容不自动换行。
视频+素材 (素材文件\第 10 章\例 10-16)

step 1 在网页中插入一个宽度为 400 像素的 1 行 2 列表格后，在表格的每个单元格中分别输入内容。在默认设置下，单元格中的内容将自动换行。

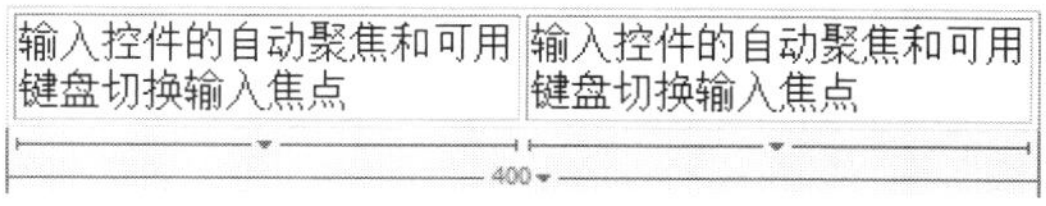

step 2 将鼠标指针插入表格的单元格中，选中【属性】面板中的【不换行】复选框，即可在当前单元格的<td>标签中设置 nowrap 属性，设置单元格内容不换行。

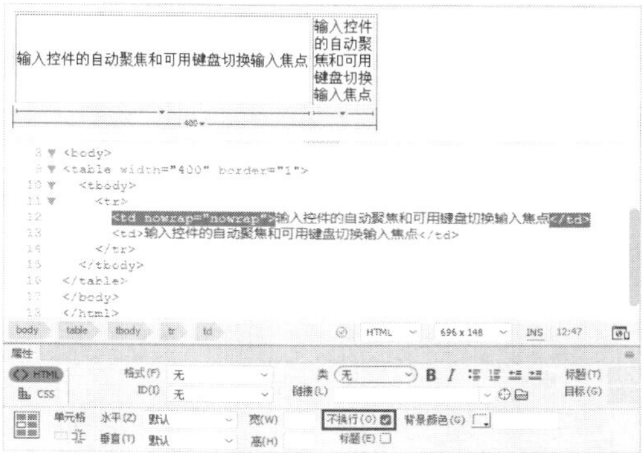

10.7 案例演练

本章主要介绍了使用 Dreamweaver 在网页中创建、调整与设置表格的方法，下面的案例演练部分将通过实例操作，帮助用户巩固所学的知识。

【例 10-17】使用 Dreamweaver 制作一个网站引导页面。
视频+素材 (素材文件\第 10 章\例 10-17)

step 1 按下 Ctrl+Shift+N 组合键创建一个空白网页，选择【文件】|【页面属性】命令，打开【页面属性】对话框。

step 2 在【页面属性】对话框的【分类】列表框中选中【外观(CSS)】选项，然后在对话框右侧的选项区域中将【左边距】【右边距】【上边距】和【下边距】都设置为 0，单击【确定】按钮。

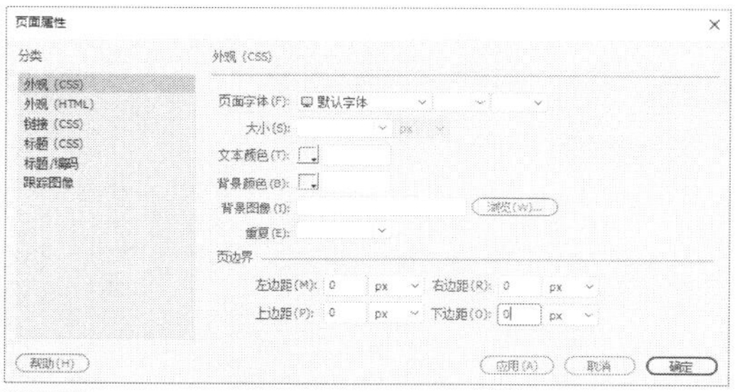

step 3 按下 Ctrl+Alt+T 组合键，打开 Table 对话框，在【行数】和【列】文本框中都输入 3，在【表格宽度】文本框中输入 100，并单击该文本框后的下拉按钮，在弹出的下拉列表中选择【百分比】选项。

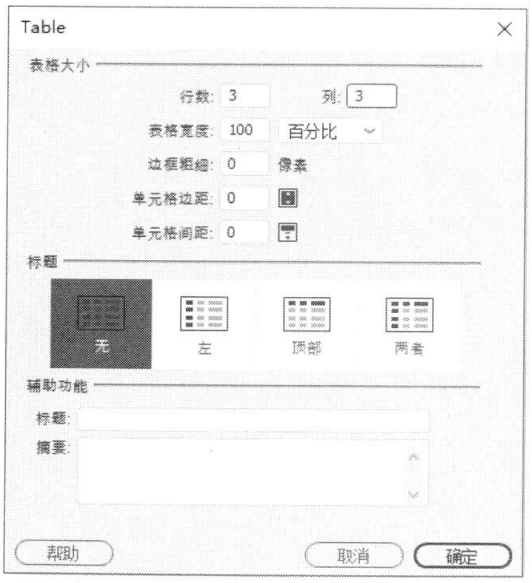

step 4 单击【确定】按钮，在页面中插入一个 3 行 3 列的表格，选中表格的第 1 列。

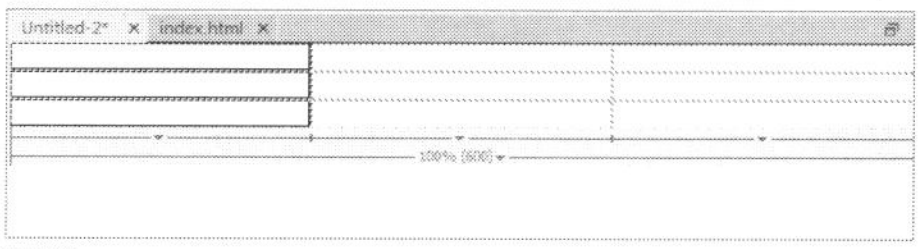

step 5 按下 Ctrl+F3 组合键，显示【属性】面板，在【宽】文本框中输入 25%，设置表格第 1 列的宽度占表格总宽度的 25%。

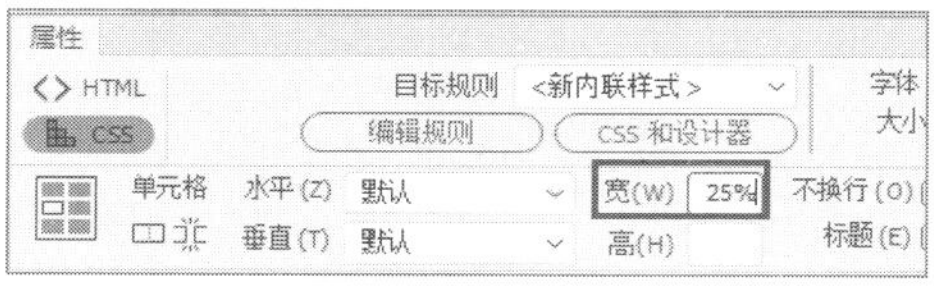

step 6 选中表格的第 3 列，在【属性】面板的【宽】文本框中输入 45%，设置表格第 3 列的宽度占表格总宽度的 45%。

step 7 将鼠标指针置于表格第 2 行第 2 列的单元格中，按下 Ctrl+Alt+T 组合键，打开 Table 对话框，设置在该单元格中插入一个 3 行 2 列且宽度为 300 像素的嵌套表格。

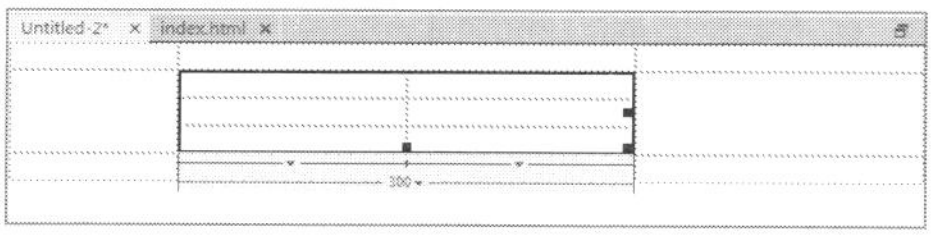

step 8 选中嵌套表格的第 1 行，单击【属性】面板中的【合并所选单元格，使用跨度】按钮□，将该行中的两个单元格合并，在其中输入文本并设置文本格式。

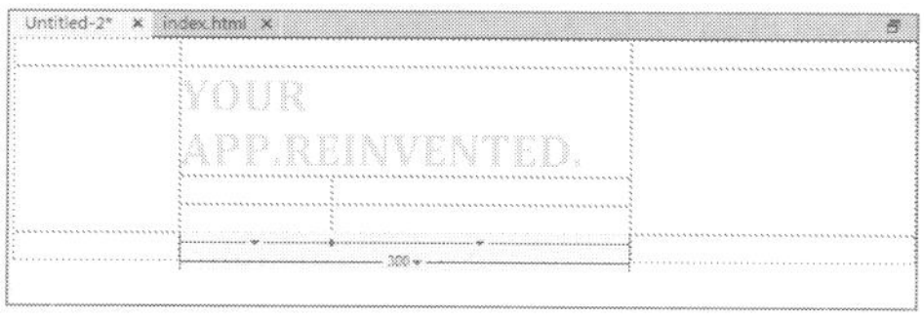

step 9 使用同样的方法，合并嵌套表格的第 2 行，并在其中输入文本。

step 10 选中嵌套表格的第 3 行，在【属性】面板中将单元格的水平对齐方式设置为【左对齐】，然后按下 Ctrl+Alt+I 组合键，在该行的两个单元格中插入如下图所示的图像。

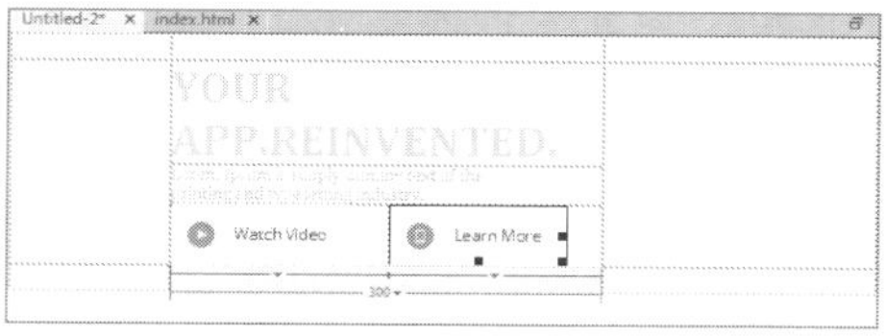

step 11 按下 Shift+F11 组合键，显示【CSS 设计器】面板，在【源】窗格中单击【+】按钮，在弹出的列表中选择【在页面中定义】选项。

step 12 在【选择器】窗格中单击【+】按钮，在显示的文本框中输入.t1，创建一个选择器。

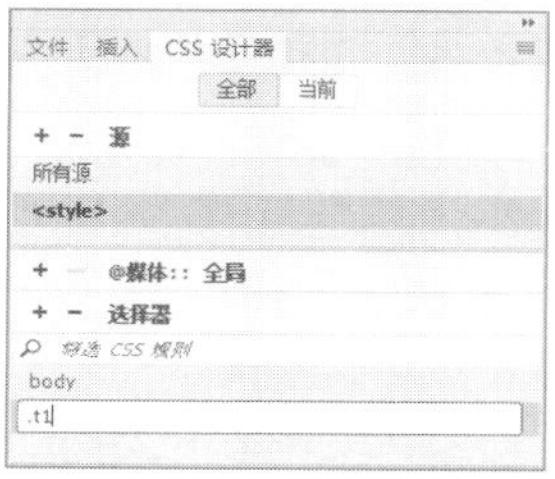

step 13 在【属性】窗格中单击【布局】按钮▤，在所显示的选项区域中将 height 设置为 550px。

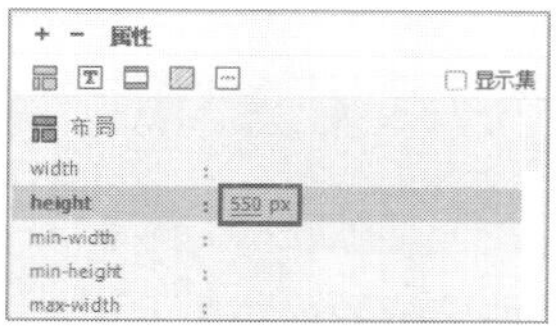

step 14 单击【属性】窗格中的【背景】按钮▨，在所显示的选项区域中单击 background-image 选项后的【浏览】按钮▭。

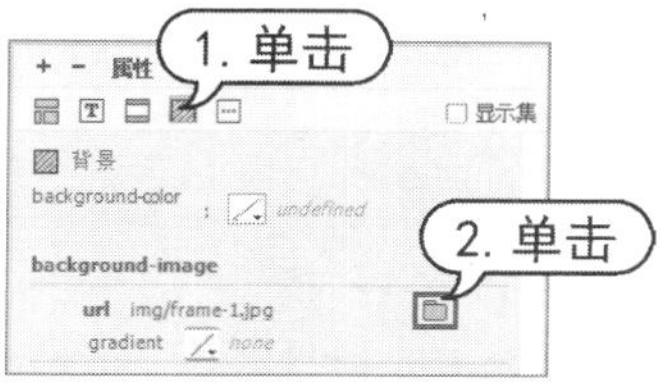

step 15 打开【选择图像源文件】对话框，选择一个图像素材文件后，单击【确定】按钮。

step 16 选中网页中插入的表格，在【属性】面板中单击 class 按钮，在弹出的列表中选择 t1 选项。此时网页中的表格效果将如下图所示。

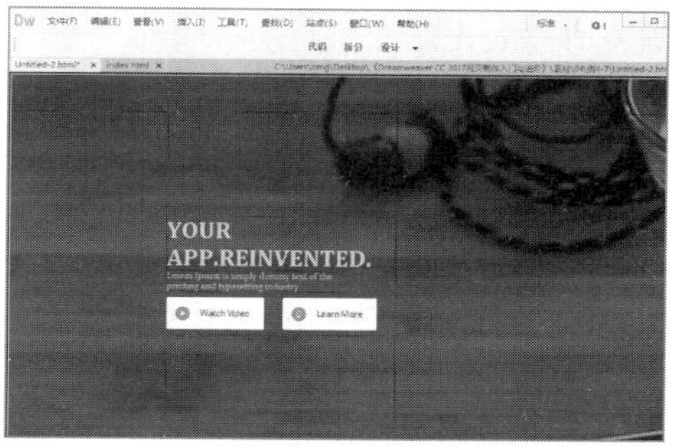

step 17 将鼠标指针置于网页中的表格之后，按下 Ctrl+Alt+T 组合键，打开 Table 对话框，设置在网页中插入一个 5 行 2 列，宽度为 800 像素的表格。

step 18 选中页面中插入的表格，在【属性】面板中单击 align 按钮，在弹出的列表中选择【居中对齐】选项。

step 19 选中表格的第 1 行第 1 列单元格，在【属性】面板中将该单元格内容的水平对齐方式设置为【右对齐】。

step 20 选中表格的第 1 行第 2 列单元格，在【属性】面板中将该单元格内容的水平对齐方式设置为【左对齐】。

step 21 将鼠标指针置入表格第 1 行的单元格中，按下 Ctrl+Alt+I 组合键，打开【选择图像源文件】对话框。在该行中的两个单元格内分别插入一张图片。

step 22 选中表格第 2 行的单元格，在【属性】面板中单击【合并所选单元格，使用跨度】按钮▭，将该行单元格合并，并将单元格内容的水平对齐方式设置为【居中对齐】。

step 23 将鼠标指针置于合并后的单元格中，

按下 Ctrl+Alt+I 组合键，打开【选择图像源文件】对话框。选择在该单元格中插入一个如下图所示的图像素材文件。

step 24 选中表格第 3、4 行第 1 列的单元格，在【属性】面板中将单元格内容的水平对齐方式设置为【右对齐】。

step 25 选中表格第 3、4 行第 2 列的单元格，在【属性】面板中将单元格内容的水平对齐方式设置为【左对齐】。

step 26 将鼠标指针置于表格第 3 行第 1 列的单元格中，按下 Ctrl+Alt+T 组合键，打开 Table 对话框，在单元格中插入一个 2 行 2 列，宽度为 260 像素的嵌套表格。

step 27 将鼠标指针置于表格第 1 行第 1 列的单元格中，在【属性】面板中将表格内容的水平对齐方式设置为【左对齐】，【宽】设置为 50 像素。

step 28 按下 Ctrl+Alt+I 组合键，打开【选择图像源文件】对话框，在选中的单元格中插入一个素材图像。

step 29 选中嵌套表格第 2 列的单元格，在【属性】面板中将单元格内容的对齐方式设置为【左对齐】。

step 30 将鼠标指针置于嵌套表格第 1 行第 2 列的单元格中，单击【属性】面板中的【拆分单元格为行或列】按钮，打开【拆分单元格】对话框。选中【行】单选按钮，在【行数】文本框中输入 2，单击【确定】按钮，将该单元格拆分成如下图所示的两个单元格。

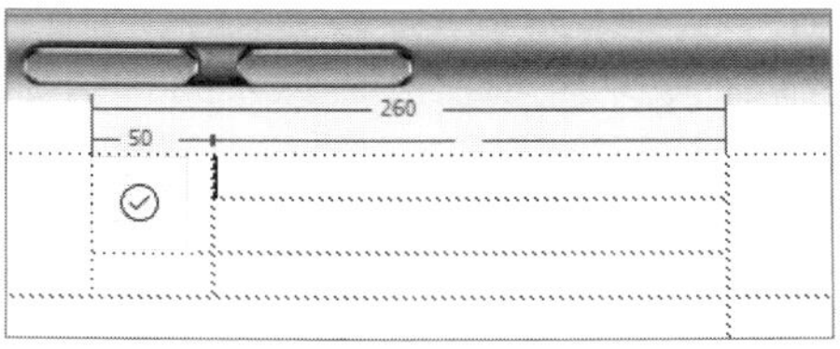

step 31 将鼠标指针分别置于拆分后的两个单元格中，在其中输入文本。

step 32 选中嵌套表格，使用 Ctrl+C(复制)、Ctrl+V(粘贴)组合键，将其复制到表格第 3、4 行其余的单元格中。

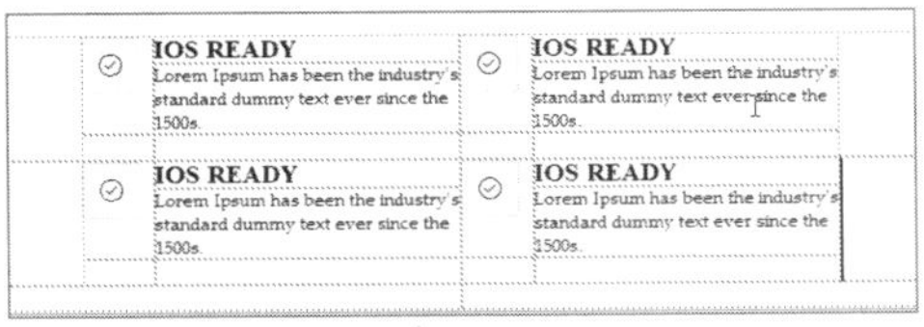

step 33 选中表格的第 5 行，在【属性】面板中设置该行单元格的【高】为 80。将鼠标指针置于表格之后，选择【插入】| HTML |【水平线】命令，插入一条水平线，并在【属性】面板中设置水平线的宽度为 100%。

step 34 在水平线下方输入网页底部文本。按下 Ctrl+S 组合键，打开【另存为】对话框，将制作的网页文件以文件名 index.html 保存。按下 F12 键，在浏览器中查看网页的效果。

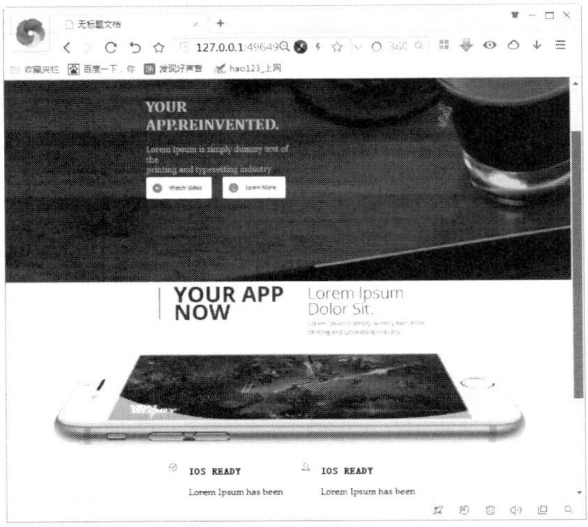

【例 10-18】使用 Dreamweaver 制作一个网站首页，利用表格进行页面布局设计，使用表格标记及标记属性来美化表格。

视频+素材 (素材文件\第 10 章\例 10-18)

step 1 按下 Ctrl+N 组合键创建一个空白网页，然后按下 Ctrl+S 组合键，打开【另存为】对话框，将网页以文件名 Index-5.html 保存至

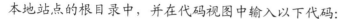

本地站点的根目录中，并在代码视图中输入以下代码：

```
<!doctype html>
<html>
<head>
    <meta charset="utf-8">
    <meta name="Description" content="PPT 模板设计">
<title>从设计的角度学做 PPT</title>
<link rel="stylesheet" href="edu_5.css" type="text/css">
</head>
<body>
    <table id="table" align="center">
 <tr>
 <td colspan="2">
  <div id="logo">
  <div id="floatl">
   <img src="logo.jpg" alt="" border="0px"/>
  </div>
  <div id="floatr">
   <a href="#">设为首页</a>
   <a href="#">收藏本站</a>
  </div>
  </div>
 </td>
 </tr>
     <tr id="nav">
      <td colspan="2">
      <table id="table2">
      <tr>
      <td><a href="#">首页</a></td>
      <td><a href="#">订阅专辑</a></td>
      <td><a href="#">阅读单篇</a></td>
      <td><a href="#">查询资料</a></td>
      <td><a href="#">下载模板</a></td>
      <td><a href="#">联系作者</a></td>
      </tr>
      </table>
  </td>
 </tr>
<tr>
 <td colspan="2"><img src="PPT.jpg" alt=""></td>
```

```
</tr>
<tr>
    <td class="td_left">
    <dl>
     <dt><strong>关于专辑</strong></dt>
       <dd><a href="#">专辑简介</a></dd>
       <dd><a href="#">知识体系</a></dd>
       <dd><a href="#">内容简介</a></dd>
       <dd><a href="#">在线咨询</a></dd>
    <dd><a href="#">分组讨论</a></dd>
    </dl>
 </td>
<td rowspan="2" id="td_right">
 <p id="bt1"><strong>您现在的位置：</strong>首页>关于专辑>获取 PPT 素材</p>
 <div class="div1">
      <a href="#" title="">
 <img src="PPT-1.jpg" style="width: 250px; height: 135px; margin: 10px; float: left; border: 0px;" alt=""
/></a>
 <span style="font-size: 12px;">在制作一个 PPT 之前，学会收集素材，并根据 PPT 制作要求整理素材，使其能够辅助 PPT 内容设计，让结构看上去更清晰、逻辑的表述更合理，是我们学习制作 PPT 的第一步。素材，指的是从现实生活或网络中搜集到的、未经整理加工的、分散的原始材料。这些材料并不是都能加入 PPT 中，但是经过设计者的加工、提炼和改造，并合理地融入 PPT 之后，即可成为为 PPT 主题服务的元素。</span>
 </div>
 <div> </div>
 <div class="div1">
 <span style="font-size: 12px;">在 PPT 中，内容的字体和颜色有着独特的魅力。除了文字本身的表达外，选择美观的字体并为其搭配上合适的颜色，可以让整个作品的效果更上一层楼。对于许多新手来说，在 PPT 制作时选择字体是个令人烦恼的过程。从正规传统的字体到各种效果“神奇”的小拐棍儿字体、复活节小兔子字体，PPT 中似乎有着无法掌握的无穷无尽的选择，而且即便可以通过网络找到字体素材，也有着永无止境的列表和推荐，让人摸不着头脑。实际上，为不同的 PPT 选择合适的字体是一项综合原则和感觉的工作，需要多年的经验去实现。</span>
 </div>
 <div> </div>
 <div class="div1">
 <span style="font-size: 12px;">一个完整的 PPT 由许许多多的页面组成，每一张 PPT 页面都包含着制作者的设计理念。利用 PowerPoint 软件(以 2016 版为例)，我们完全可以通过改变文字的字体、颜色、版面位置，或是利用线条、简单的图形修饰页面，增加 PPT 整体的设计感。在正式开始设计 PPT 页面之前，我们将利用一节的内容先对 PowerPoint 软件的一些页面设计基础知识和功能做一个简单的介绍。
</span>
```

```
  </div>
      </td>
 </tr>
 <tr>
  <td class="td_left">
     <p id="bt1"><strong>联系方式</strong></p>
     <b>从设计的角度学做 PPT</b>
        <ul>
          <li>电    话：025-12345678</li>
          <li>传    真：025-87654321</li>
          <li>网    址：http://learning.snssdk.com</li>
          <li>邮    箱：miaofa@sina.com</li>
          <li>地    址：南京大学鼓楼校区</li>
          <li>邮    编：200000</li>
     <li>售    后：025-1111111</li>
   </ul>
  </td>
  </tr>
  <tr>
      <td colspan="2">
        <div id="footer">
        <ul>
        <li>PPT 设计  版权所有  2019-2022  宁 ICP 备 88888888</li>
        <li>地址：南京市鼓楼区南京大学鼓楼校区  电话：12345678 E-mail：miaofa@sina.com</li>
        <li>Powered by MetInfo 6.6.6 2019-2022</li>
        </ul>
      </div>
  </td>
 </tr>
</table>
</body>
</html>
```

step 2 按下 Ctrl+N 组合键创建一个 CSS 文件，将其保存为 edu_5.css，然后在代码视图中输入以下代码：

```
@charset "utf-8";
/* CSS Document */
*{font-size: 12px;padding: 0px;margin: 0px; }
a{font-size: 14px;}
#table{padding: 0px;margin: 0px auto;width: 1004px;border: 0px;}
```

```
#logo{background: #D3D6DD;width: 1004px;height: 40px;}
#floatl{float: left;width: 141px;height: 35px;}
#floatr{float: right;text-align: right;width: 862px;height: 25px;padding: 5px 0px;}
#floatr a{text-decoration: none;color: #000000;}
#table2{padding: 0px;margin: 0px;width: 100%;height: 40px;text-align: center;}
#nav{background: url("bj-2.jpg");text-align: center;}
#nav a:link,a:visited,a:hover,a:active{text-decoration: none; color: #ffffff;font-size: 14px;font-weight: bold;}
#nav td{text-align: center;vertical-align: middle;width: 15%;}
.td_left{width: 24%;height: 145px;font-size: 14px;background: #ecf0f1;color: #67f78;}
.td_left a:link,a:visited,a:hover,a:active{color: #000000;text-decoration: none;}
#td_right{
	padding: 25px;
	width: 76%;
	height: 350px;
	font-size: 12px;
	color: #67f78;
}
.td_left ul,dl{height: 180px;line-height: 1.5em;}
li,dd,b{padding-left: 25px;display: block;color: #67f78;}
dt,#bt1{background: url(bj-1.jpg")left center no-repeat;font-size: 16px;margin-left: 15px;padding: 5px auto;height: 24px;border-bottom: 1px solid #d2d2d2;margin: 10px auto;}
#img_bg{width: 5px;height: 24px;padding: 2px;border: 0px;}
strong{padding: top:0px;font-size: 16px;font-weight: bold;}
.div1{line-height: 1.5em;text-indent: 2em;color: #67f78;}
#footer{text-align: center;margin: 15px auto;/* footer */}
#footer ul li{list-style: none;line-height: 1.5em;}
```

step 3 按下 Ctrl+S 组合键保存 Index-5.css 文件，此时 Index-5.html 文档在 Dreamweaver 的实时视图中的效果如下图所示。

step 4 按下 F12 键在浏览器中预览网页，效果如下图所示。

第 11 章

使用表单

在网页中，表单的作用比较重要。表单提供了从网页中收集浏览者信息的方法。它可用于调查、订购和搜索等。一般情况下，表单由两部分组成，一部分是描述表单元素的 HTML 源代码，另一部分是客户端脚本或者是服务器端脚本(用来处理用户信息的程序)。

本章将通过一些示例介绍使用 Dreamweaver CC 2019 在网页中创建表单和各种表单元素的方法。

本章对应视频

例 11-1 制作简单的表单网页
例 11-2 制作单行文本框
例 11-3 制作多行文本框
例 11-4 制作密码输入框
例 11-5 制作一组单选按钮
例 11-6 制作一组复选框
例 11-7 制作下拉列表框
本章其他视频参见视频二维码列表

11.1 表单概述

表单主要用于收集网页浏览者的信息。表单的标签为<form></form>，其基本语法格式如下：

```
<form action="url" method="get|post" enctype="mime"></form>
```

其中 action="url"指定处理提交表单的格式，它可以是一个 URL 地址或一个电子邮件地址。method="get|post"指明提交表单的 HTTP 方法。enctype="mime"指明用来把表单提交给服务器时的互联网媒体形式。

表单是一个能够包含表单元素的区域。通过添加不同的表单元素，将显示不同的效果。

【例 11-1】使用 Dreamweaver 制作一个包含文本框和密码框的简单表单网页。

视频+素材 (素材文件\第 11 章\例 11-1)

step 1 在浮动面板组中选择【插入】面板，单击该面板左上角的下拉按钮，从弹出的下拉列表中选择【表单】选项。

step 2 在所显示的选项区域中单击【表单】选项，即可在网页中插入一个下图所示的表单，并在代码视图中添加<form>标签。

```
form id="form1" name="form1"
method="post">
</form>
```

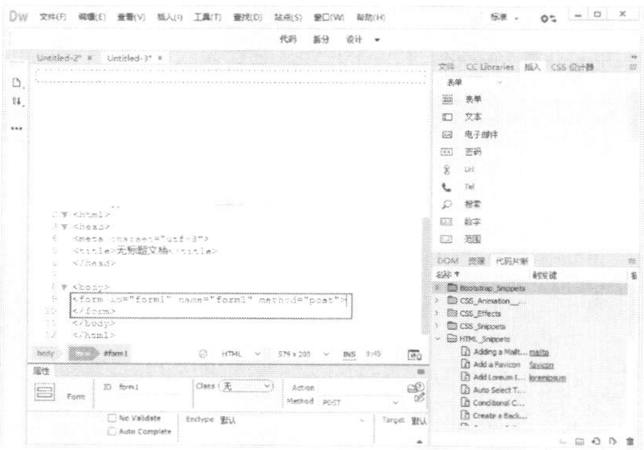

step 3 将鼠标指针插入设计视图中的表单内，在代码视图<form>标签中输入以下代码：

```
<form id="form1" name="form1"
method="post">
用户登录信息
    <br>
    用户名称
<input type="text" name="user">
    <br>
    用户密码
<input type="password" name="password">
    <br>
<input type="submit" value="登录">
    <br>
</form>
```

step 4 此时，将在设计视图中显示下图所示的表单页面。

step 5 按下 F12 键，即可在浏览器中预览网页的效果。

11.2　定义基本表单元素

表单元素是能够让用户在表单中输入信息的元素。常见的有文本框、密码框、下拉菜单、单选按钮、复选框等。下面将介绍在 Dreamweaver 的表单中定义基本表单元素的方法。

11.2.1　单行文本框

单行文本框是一种能让网页访问者自己输入内容的表单对象，通常被用来填写单个字或者简短的回答，例如，用户姓名和地址等。其代码格式如下：

```
<input type="text" name="..." size="..."
maxlength="..." value="...">
```

其中，type="text"定义单行文本框的输入框，name 属性定义文本框的名称，要保证数据的准确采集，必须定义一个独一无二的名称；size 属性定义文本框的宽度，单位是单个字符宽度；maxlength 属性定义最多输入的字符数；value 属性定义文本框的初始值。

【例 11-2】使用 Dreamweaver 在表单中设置一个单行文本框。

视频+素材 (素材文件\第 11 章\例 11-2)

step 1 重复【例 11-1】的操作在网页中插入一个表单后，将鼠标指针插入设计视图的表单中，然后单击【插入】面板中的【文本】选项，在表单中插入一个单行文本框。

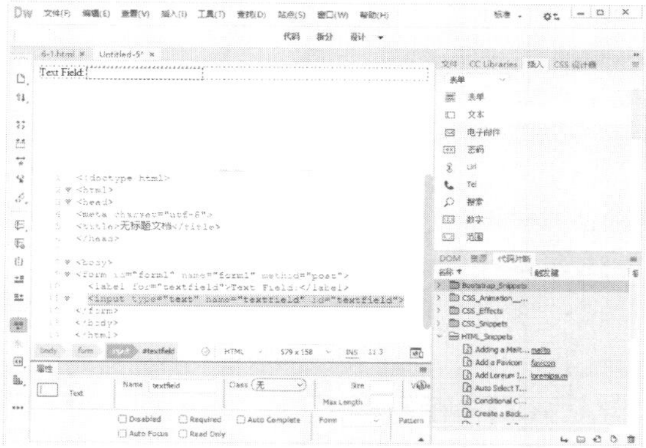

step 2 此时，将在代码视图中的<form>标签内添加以下代码：

```
<label for="textfield">Text Field:</label>
<input type="text" name="textfield"
id="textfield">
```

其中<label>标签用于为 input 元素定义标注。

step 3 在设计视图中将软件自动生成的文本“Text Field:”改为“请输入您的姓名:”。

step 4 选中页面中的文本框，在【属性】面板中用户可以设置文本框的各种属性，例如 Name、Size、Max Length 等，将 Size 和 Max Length 文本框中的参数分别设置为 20 和 15，在 Name 文本框中输入 yourname，如下图所示。设置文本框的名称为 yourname，大小为 20 个字符，最多可以显示 15 个字符。

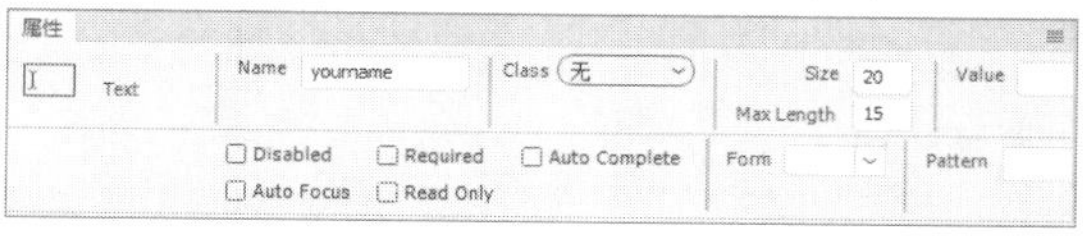

step 5 此时，代码视图中<form>标签内的代码将变为：

```
<label for="yourname">请输入您的姓
名:</label>
<input name="yourname" type="text"
id="yourname" size="20" maxlength="15">
```

step 6 保存网页后按下 F12 键预览网页，单行文本框在浏览器中的效果如下图所示。

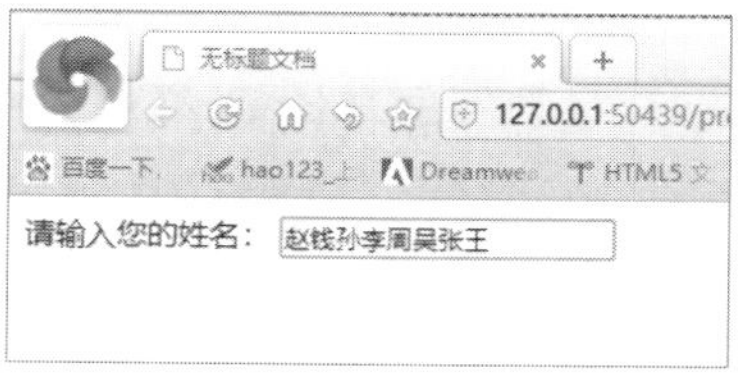

11.2.2　多行文本框

多行文本框(textarea)主要用于输入较长的文本信息。其代码格式如下：

```
<textarea name="..." cols="..." rows="..."
wrap="..."></textarea>
```

其中 name 属性定义多行文本框的名称，要保证数据的准确采集，必须定义一个独一无二的名称；cols 属性定义多行文本框的宽度，单位是单个字符宽度；rows 属性定义多行文本框的高度，单位是单个字符宽度；wrap 属性定义输入内容大于文本域时显示的方式。

【例 11-3】使用 Dreamweaver 在表单中设置一个多行文本框。
视频+素材 (素材文件\第 11 章\例 11-3)

step 1 重复【例 11-1】的操作，在网页中插入一个表单后，将鼠标指针插入设计视图的表单中，然后单击【插入】面板中的【文本区域】选项，在表单中插入一个多行文本框。

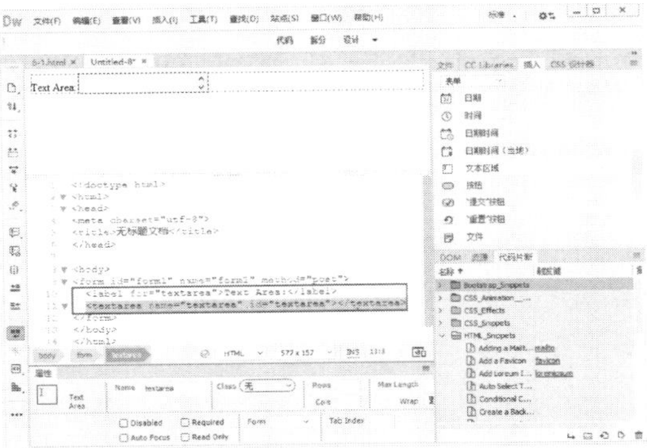

step 2 此时，将在代码视图中的<form>标签内添加以下代码：

```
<label for="textarea">Text Area:</label>
<textarea name="textarea"
id="textarea"></textarea>
```

其中<label>标签用于为 input 元素定义标注。

step 3 在设计视图中将软件自动生成的文本“Text Area:”改为“请输入您的反馈意见:”。

step 4 选中页面中的多行文本框，在【属性】面板中用户可以设置文本框的各种属性，在 Name 文本框中输入 view，在 Cols 文本框中输入 35，在 Rows 文本框中输入 5，如下图所示。设置文本区域的元素名称为 view，行数为 5，列数为 35。

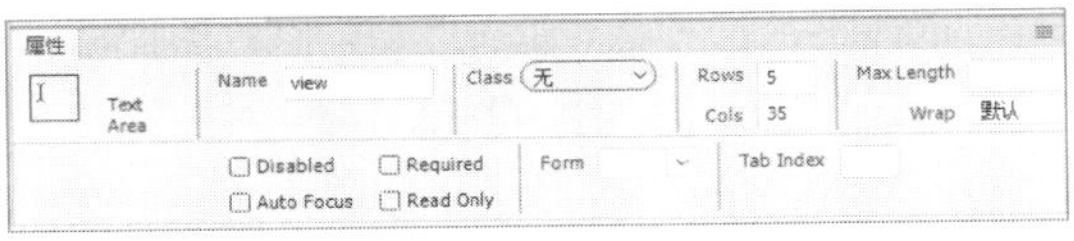

step 5 在代码视图中的<form>标签内增加一个换行标签
。

```
<label for="view">请输入您的反馈意
见:</label><br>
<textarea name="view" cols="35" rows="5"
id="view"></textarea>
```

step 6 保存网页后按下 F12 键预览网页，多行文本框在浏览器中的效果如下图所示。

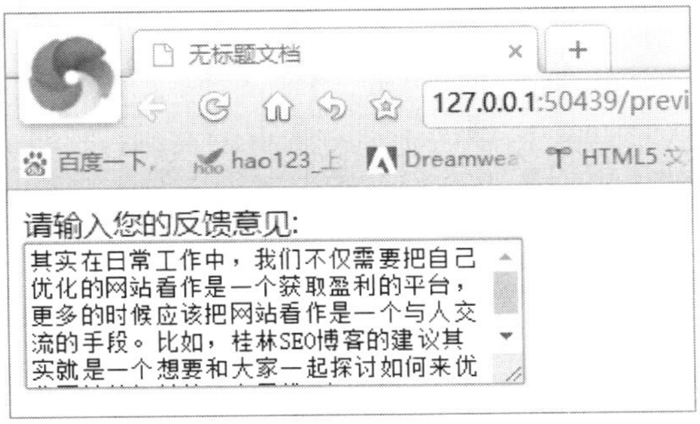

11.2.3　密码输入框

密码输入框是一种特殊的文本域，主要用于输入一些保密信息。当网页浏览者在其中输入文本时，显示的是黑点或者其他符号，这样就增加了输入文本的安全性。其代码格式如下：

```
<input type="password" name="..." size="..."
maxlength="...">
```

其中，type="password"定义密码输入框；name 属性定义密码输入框的名称(要保证唯一性)；size 属性定义密码输入框的宽度，单位是单个字符的宽度；maxlength 属性定义最多输入的字符数。

【例 11-4】使用 Dreamweaver 在表单中设置一个密码输入框。
视频+素材 (素材文件\第 11 章\例 11-4)

step 1 继续【例 11-2】的操作，在代码视图中的单行文本框后输入一个换行标签
，然后将鼠标指针置于该标签之后。

```
<input name="yourname" type="text"
id="yourname" size="20" maxlength="15"><br>
```

step 2　在【插入】面板中单击【密码】选项，即可在网页中插入一个密码输入框。

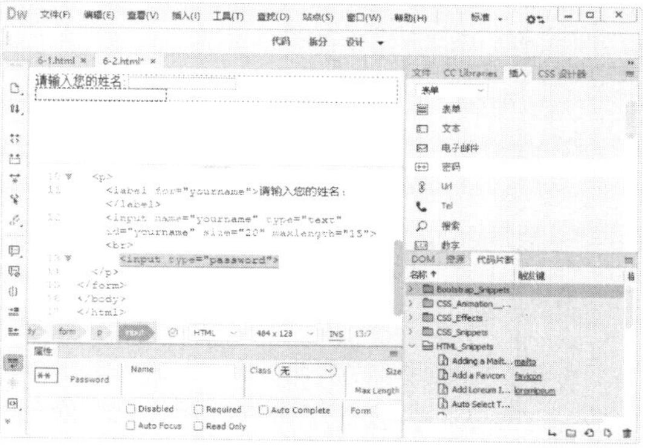

step 3　再次将鼠标指针插入
标签之后，输入“请输入您的密码:”，然后在设计视图中选中本例插入的密码输入框，在【属性】面板的 Name 文本框中输入 yourpw，将 Size 和 Max Length 文本框中的参数分别设置为 20 和 15，如下图所示。设置密码输入框的名称为 yourpw，大小为 20 个字符，最多可以显示 15 个字符。

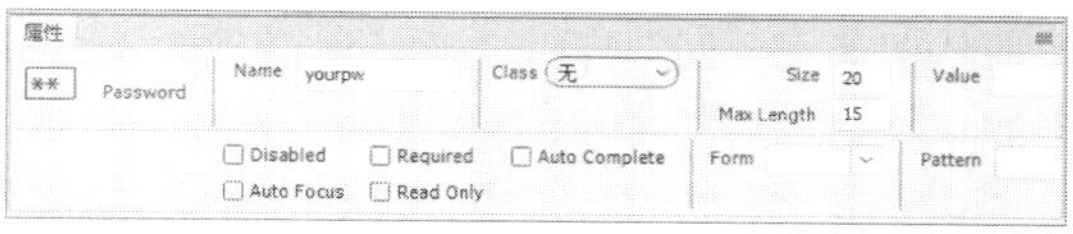

step 4　此时，代码视图中
标签后的代码将变为：

```
<br>请输入您的密码:
<input name="yourpw" type="password"
id="yourpw" size="20" maxlength="15">
```

step 5　保存网页后按下 F12 键预览网页，密码输入框在浏览器中的效果如下图所示。

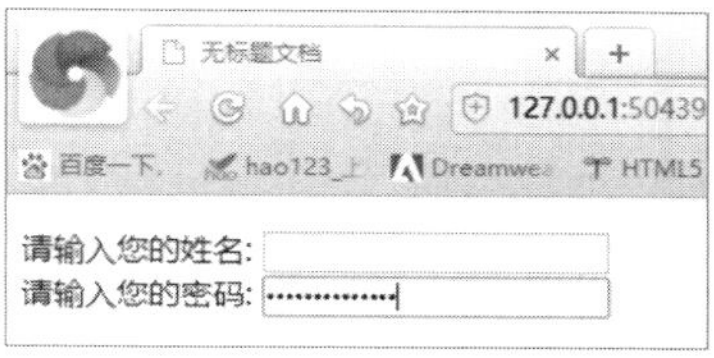

11.2.4　单选按钮

单选按钮的主要作用是让网页浏览者在一组选项中只能选择一个选项。其代码格式如下：

```
<input type="radio" name="..." value="...">
```

其中 type="radio"定义单选按钮，name 属性定义单选按钮的名称，单选按钮都是以组为单位使用的，在同一组中的单选项都必须用同一个名称；value 属性定义单选按钮的值，在同一组单选按钮中，它们的值必须是不同的。

【例 11-5】使用 Dreamweaver 在表单中设置一组单选按钮。

视频+素材 (素材文件\第 11 章\例 11-5)

step 1　重复【例 11-1】的操作在网页中插入一个表单后，将鼠标指针插入设计视图的表单中，单击【插入】面板中的【单选按钮】选项，在网页中插入一个单选按钮。

step 2　此时，将在代码视图中的<form>标签内添加以下代码：

```
<input type="radio" name="radio" id="radio"
value="radio">
<label for="radio">Radio Button </label>
```

其中<label>标签用于为 input 元素定义标注。

step 3　若在【插入】面板中单击【单选按钮组】按钮，在打开的【单选按钮组】对话框中用户可设置在表单中插入一组单选按钮。

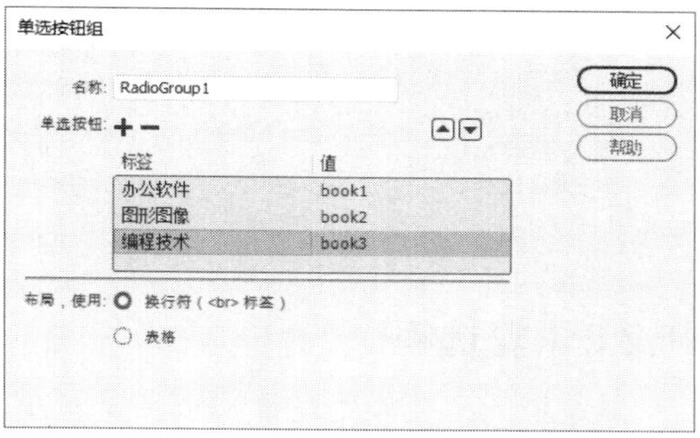

step 4　此时，将在代码视图中的<form>标签内添加以下代码：

```
<p>
    <label>
      <input type="radio" name="RadioGroup1" value="book1" id="RadioGroup1_0">
      办公软件</label>
    <br>
    <label>
      <input type="radio" name="RadioGroup1" value="book2" id="RadioGroup1_1">
      图形图像</label>
    <br>
    <label>
      <input type="radio" name="RadioGroup1" value="book3" id="RadioGroup1_2">
      编程技术</label>
    <br>
  </p>
```

step 5 选中单选按钮组中的一个单选按钮，在【属性】面板中用户可以设置该单选按钮的属性参数，例如选中 Radio 单选按钮，将设置网页在加载后默认选中该单选按钮。

step 6 保存网页后按下 F12 键，即可在浏览器中预览单选按钮的效果。

11.2.5 复选框

复选框的主要作用是让网页浏览者在一组选项中可以同时选择多个选项。每个复选框都是一个独立的元素，都必须有一个唯一的名称。其代码格式如下：

```
<input type="checkbox" name="..." value="...">
```

其中 type="checkbox"定义复选框；name 属性定义复选框的名称；value 属性定义复选框的值。

【例 11-6】使用 Dreamweaver 在表单中设置一组复选框。
视频+素材 (素材文件\第 11 章\例 11-6)

step 1 重复【例 11-1】的操作在网页中插入一个表单后，将鼠标指针插入设计视图的表单中，单击【插入】面板中的【复选框组】选项。

step 2 打开【复选框组】对话框，单击+按钮在【标签】组中添加 3 个复选框，在【名称】文本框中输入 Group，在【标签】组中为每个复选框设置不同的名称和值，然后单击【确定】按钮，如下图所示。

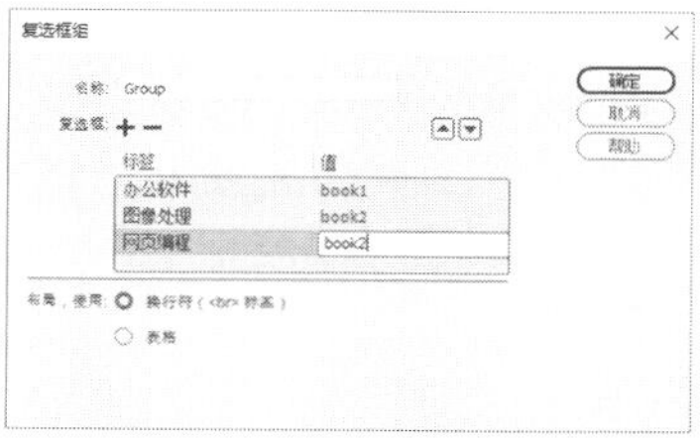

step 3 此时，将在代码视图中的<form>标签内添加以下代码：

```
<p>
    <label>
      <input type="checkbox" name="Group" value="book1" id="Group_0">
      办公软件</label>
    <br>
    <label>
      <input type="checkbox" name="Group" value="book2" id="Group_1">
      图像处理</label>
    <br>
    <label>
      <input type="checkbox" name="Group" value="book3" id="Group_2">
      网页编程</label>
    <br>
</p>
```

step 4 在设计视图中选中文本“网页编程”前的复选框，在【属性】面板中选中 Checked 复选框，为“网页编程”文本前的复选框设置 checked 属性，该属性用于设置复选框组中的默认选项。

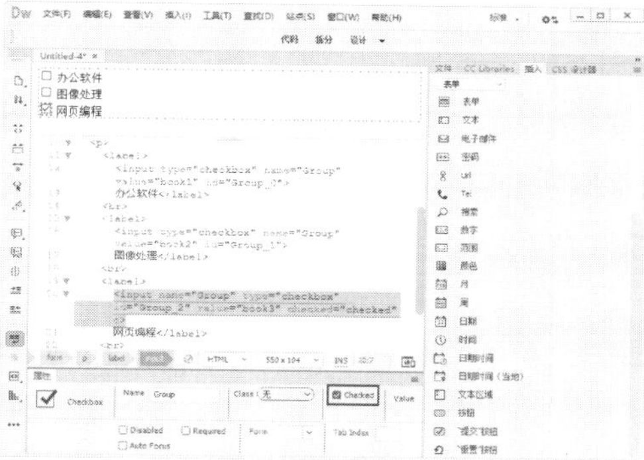

step 5 按下 F12 键预览网页，即可在浏览器中预览复选框的效果，其中“网页编程”复选框默认被选中。

11.2.6　下拉列表框

下拉列表框主要用于在有限的空间中设置多个选项。下拉列表既可以用作单选，也可以用作复选，其代码格式如下：

```
<select name="..." size="..." multiple>
<option value="..." selected>
...
</option>
...
</select>
```

其中 size 属性定义下拉列表框的行数；name 属性定义下拉列表框的名称；multiple 属性表示可以多选，如果不设置该属性，下拉列表框中的选项只能单选；value 属性定义下拉列表框中选项的值；selected 属性表示默认已经选择了下拉列表框中的某个选项。

【例 11-7】使用 Dreamweaver 在表单中设置下拉列表框。
视频+素材 (素材文件\第 11 章\例 11-7)

step 1 重复【例 11-1】的操作在网页中插入一个表单后，将鼠标指针插入设计视图的表单中，单击【插入】面板中的【选择】选项，然后单击【属性】面板中的【列表值】按钮。

step 2 打开【列表值】对话框，设置【项目标签】和【值】参数后，单击+按钮添加新的列表项(如下图所示)。

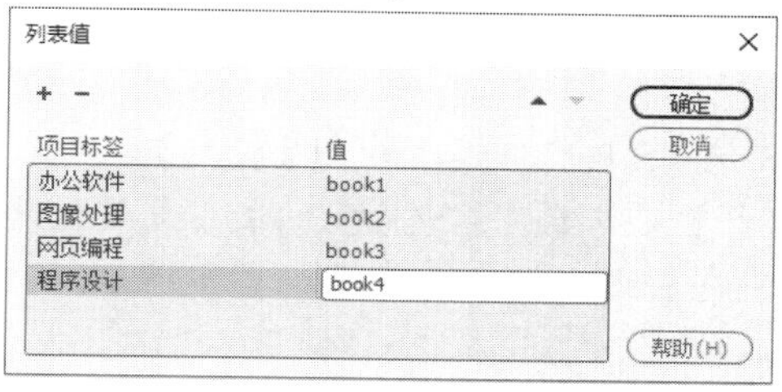

step 3 单击【确定】按钮，将在代码视图中的<form>标签内添加以下代码：

```
<label for="select">Select:</label>
<select name="select" id="select">
    <option value="book1">办公软件</option>
    <option value="book2">图像处理</option>
    <option value="book3">网页编程</option>
    <option value="book4">程序设计</option>
</select>
```

step 4 在【属性】面板中的 Selected 列表框中选中【图像处理】选项，在<option>标签中设置 selected 属性。

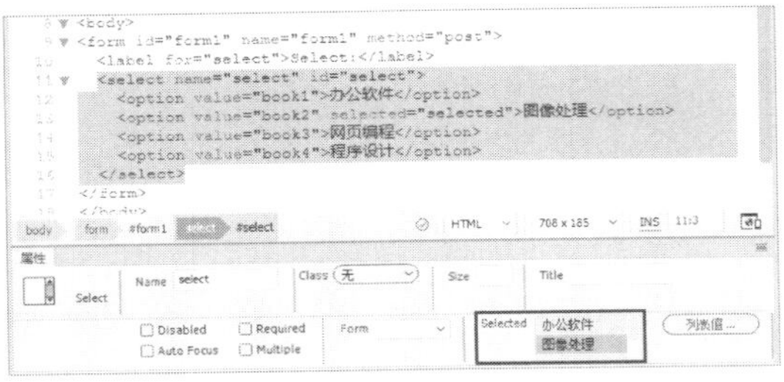

step 5 按下 F12 键在浏览器中预览网页。

11.2.7 普通按钮

普通按钮用来控制其他定义了处理脚本的处理工作，其代码格式如下：

```
<input type="button" name="..." value="..."
onClick="...">
```

其中，type="button"定义普通按钮；name 属性定义普通按钮的名称；value 属性定义按钮的显示文字；onClick 属性表示单击行为，也可以是其他事件，通过指定脚本函数来定义按钮的行为。

【例 11-8】使用 Dreamweaver 在表单中设置普通按钮。

视频+素材 (素材文件\第 11 章\例 11-8)

step 1 在下图所示的表单中插入两个文本框后，单击【插入】面板中的【按钮】选项，在表单中插入一个按钮。

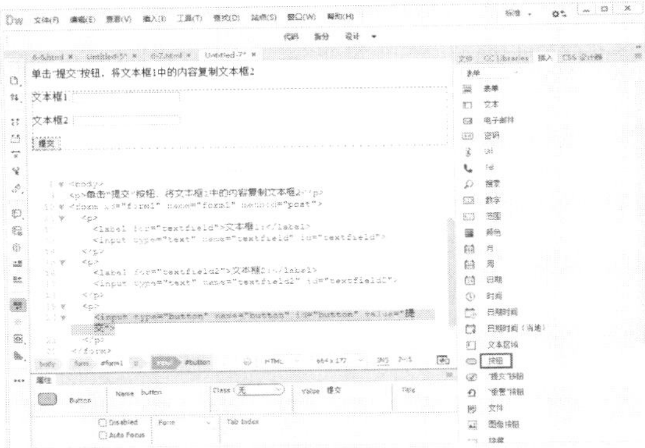

step 2 在代码视图中为按钮设置 onClick 属性：

```
<input type="button" name="form1" id="button" value="提交"
onClick="document.getElementById('textfield2').value=document.getElementById('textfield').value">
```

step 3 按下 F12 键在浏览器中预览网页，在【文本框 1】文本框中输入“学习 Dreamweaver”，然后单击【提交】按钮，可以将【文本框 1】中输入的文本复制到【文本框 2】文本框中，效果如右图所示。

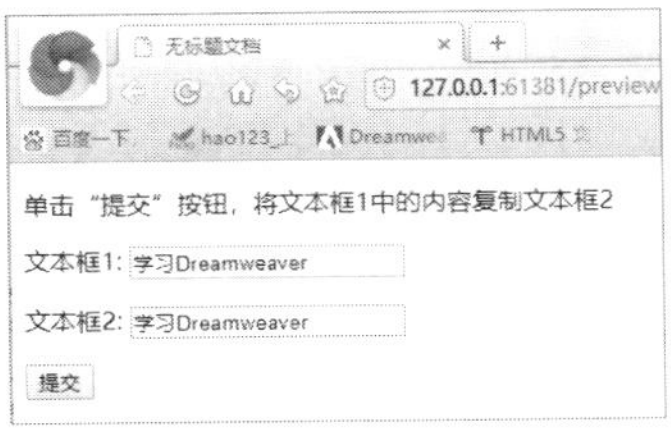

11.2.8　提交按钮

提交按钮在网页中用于将输入的信息提交到服务器，其代码格式如下：

```
<input type="submit" name="..." value="...">
```

其中，type="submit"定义提交按钮；name属性定义提交按钮的名称；value属性定义提交按钮的显示文字。通过提交按钮可以将表单中的信息提交给表单中的action所指向的文件。

【例 11-9】使用 Dreamweaver 在表单中设置提交按钮。
视频+素材 (素材文件\第 11 章\例 11-9)

step 1 在下图所示的表单中插入4个文本框后，单击【插入】面板中的【“提交”按钮】选项，在表单中插入一个提交按钮。

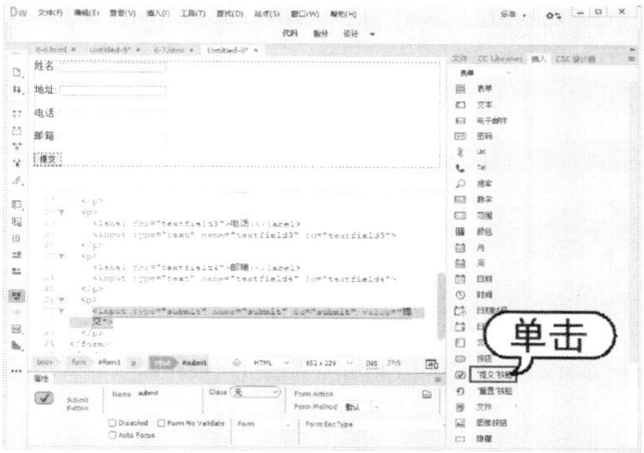

step 2 按下 F12 键在浏览器中预览网页，效果如下图所示。此时，在网页的文本框中输入内容后，单击【提交】按钮，即可实现将表单中的数据发送到指定的文件。

11.2.9　重置按钮

重置按钮用于重置表单中输入的信息，其代码格式如下：

```
<input type="reset" name="..." value="...">
```

其中，type="reset"定义重置按钮；name 属性定义重置按钮的名称；value 属性定义重置按钮的显示文字。

【例 11-10】使用 Dreamweaver 在表单中设置重置按钮。
视频+素材 (素材文件\第 11 章\例 11-10)

step 1 继续【例 11-9】的操作，在设计视图中将鼠标指针置于提交按钮之后，单击【插入】面板中的【“重置”按钮】选项，在表单中插入一个下图所示的重置按钮。

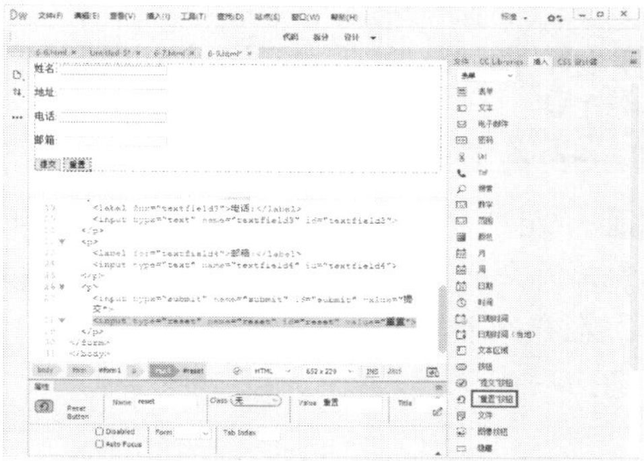

step 2 按下 F12 键在浏览器中预览网页的效果，在网页的文本框中输入下图所示的文本后单击【重置】按钮，将会立即清空所输入的数据。

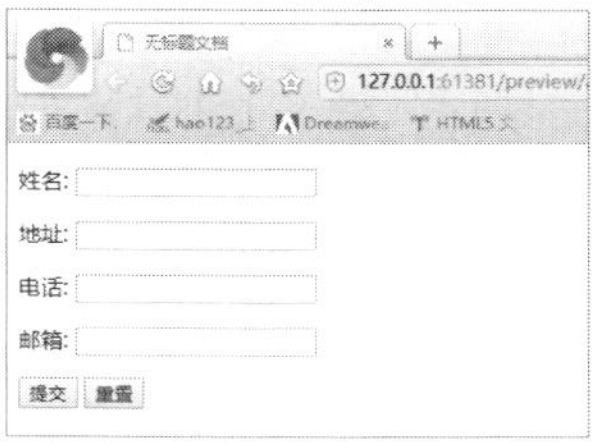

11.3　HTML5 增强输入类型

在网页中除了上面介绍的基本表单元素以外，HTML5 还新增了多个输入型表单控件，以实现更好的输入控制和验证，包括 url、email、time、range、search 等类型。对于这些增强输入控件，Dreamweaver 中都提供有相对应的功能设置，用户可以通过【插入】面板中的选项，在可视化的页面中完成这些元素的应用与设置。

11.3.1 url 类型

url 类型的 input 元素用于说明网站地址。它在网页中显示为一个文本字段，用于输入 URL 地址。在提交表单时，会自动验证 url 的值。其代码格式如下：

```
<input type="url" name="userurl"/>
```

另外，用户可以使用普通属性设置 url 输入框，例如，可以使用 max 属性设置其最大值、min 属性设置其最小值、step 属性设置合法的数字间隔，利用 value 属性规定其默认值(下面对于其他高级属性中同样的设置不再重复阐述)。

【例 11-11】使用 Dreamweaver 在表单中插入一个 url 输入框。
视频+素材 (素材文件\第 11 章\例 11-11)

step 1 在设计视图中将鼠标指针置于网页的表单内，单击【插入】面板中的【Url】选项，在代码视图的<form>标签中添加以下代码：

```
<label for="url">Url:</label>
<input name="url" type="url" id="url">
```

step 2 在设计视图内选中表单中的文本框，在【属性】面板的 value 文本框中输入一个网址，为其设置默认值，如下图所示。

step 3 按下 F12 键在浏览器中预览网页，效果如下图所示。

11.3.2 email 类型

email 类型的 input 元素用于让网页浏览者在网页中输入 email 地址。在提交表单时，会自动验证 email 域的值。其代码格式如下：

```
<input type="email" name="user_email"/>
```

【例 11-12】使用 Dreamweaver 在表单中插入一个 email 输入框。
视频+素材 (素材文件\第 11 章\例 11-12)

step 1 在设计视图中将鼠标指针置于网页的表单内，单击【插入】面板中的【电子邮件】选项，在代码视图的<form>标签中添加以下代码：

```
<label for="email">Email:</label>
<input type="email" name="email"
id="email">
```

step 2 在设计视图中将鼠标指针置于 email 属性之后，单击【插入】面板中的【"提交"按钮】选项，在表单中插入一个提交按钮。

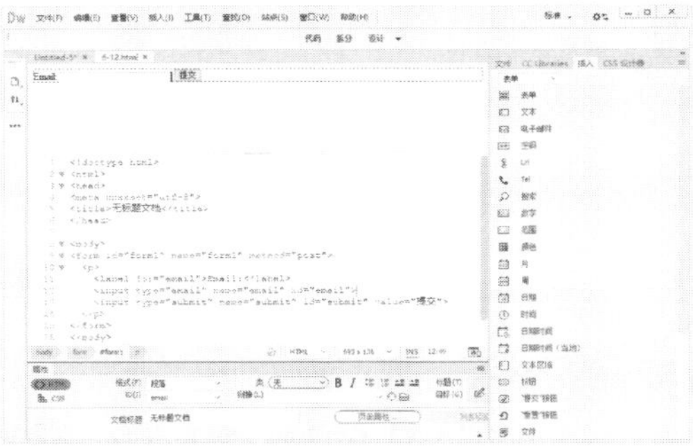

step 3 按下 F12 键在浏览器中预览网页的效果，用户可以使用页面中的文本框输入邮箱地址。若输入的邮箱地址不合法，单击【提

交】按钮后会显示下图所示的提示信息。

11.3.3　date 和 time 类型

在 HTML5 中，新增了一些日期和时间输入类型，包括 date、datetime、datetime-local、month、week 和 time。有关这些类型的具体说明如下表所示。

时间和日期输入类型

属　性	说　明
date	选取日、月、年
month	选取月、年
week	选取周和年
time	选取时间
datetime	选取时间、日、月、年
datetime-local	选取时间、日、月、年(本地时间)

上述属性的代码格式都十分类似，下面以 date 类型为例进行说明，其代码格式如下：

```
<input type="date" name="user_date"/>
```

【例 11-13】使用 Dreamweaver 在表单中插入一个 date 选择器。

视频+素材 (素材文件\第 11 章\例 11-13)

step 1　将鼠标指针置于页面中的表单内，单击【插入】面板中的【日期】选项，在代码视图的<form>标签中添加以下代码：

```
<label for="date">Date:</label>
<input type="date" name="date" id="date">
```

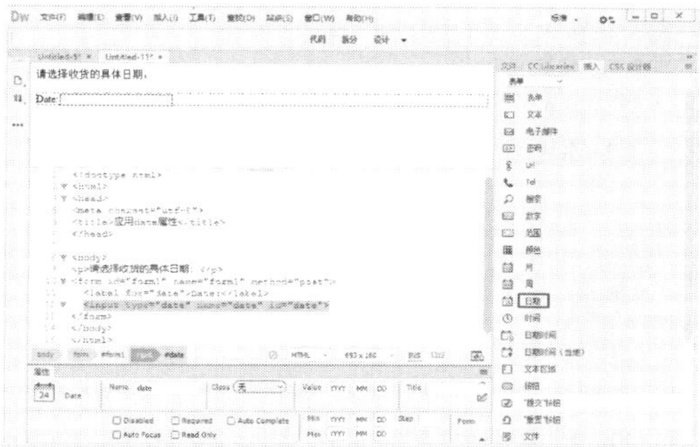

step 2　按下 F12 键在浏览器中预览网页的效果，单击页面中输入框右侧的向下按钮，即可在弹出的列表窗口中选择需要的日期。

11.3.4　number 类型

number 类型的 input 元素提供了一个输入数字的控件。用户可以在其中直接输入数字或者通过单击微调框中的向上或向下按钮选择数据。其代码格式如下：

```
<input type="number" name="..."/>
```

【例 11-14】使用 Dreamweaver 在表单中插入一个数字输入控件。

视频+素材 (素材文件\第 11 章\例 11-14)

step 1　将鼠标指针置于页面中的表单内，单击【插入】面板中的【数字】选项，如下图所示，在代码视图的<form>标签中添加以下代码：

```
<label for="number">Number:</label>
<input type="number" name="number"
id="number">
```

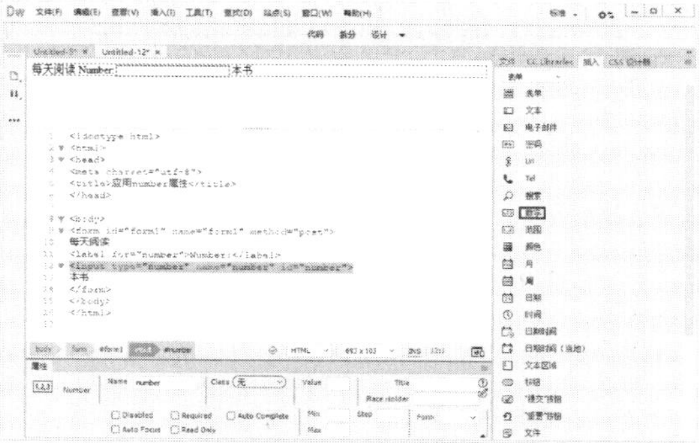

step 2 在设计视图中删除软件自动生成的文本“Number:”，选中表单中的文本框，在【属性】面板的 Max 文本框中输入 5，在 Min 文本框中输入 0，设置 number 属性的最大值为 5，最小值为 0。

step 3 按下 F12 键在浏览器中预览网页的效果，用户可以在页面中的文本框内直接输入数字，也可以通过单击文本框进行输入。

11.3.5 range 类型

range 类型的 input 元素在网页中显示为一个滚动控件。和 number 类型一样，用户可以使用 max、min 和 step 属性来控制控件的范围。其代码格式如下：

```
<input type="range" name="..." min="..."
max="..."/>
```

其中 min 和 max 属性分别控制滚动控件的最小值和最大值。

【例 11-15】使用 Dreamweaver 在表单中插入一个滚动控件。

视频+素材 (素材文件\第 11 章\例 11-15)

step 1 将鼠标指针置于页面中的表单内，单击【插入】面板中的【范围】选项，在代码视图的<form>标签中添加以下代码：

```
<label for="range">Range:</label>
<input type="range" name="range" id="range">
```

step 2 在设计视图中删除表单中系统自动生成的文本“Range:”，选中页面中的控件，在【属性】面板的 Min 文本框中输入 1，在 Max 文本框中输入 10，在 Step 文本框中输入 2，设置 range 属性的最大值、最小值和调整数字的合法间隔。

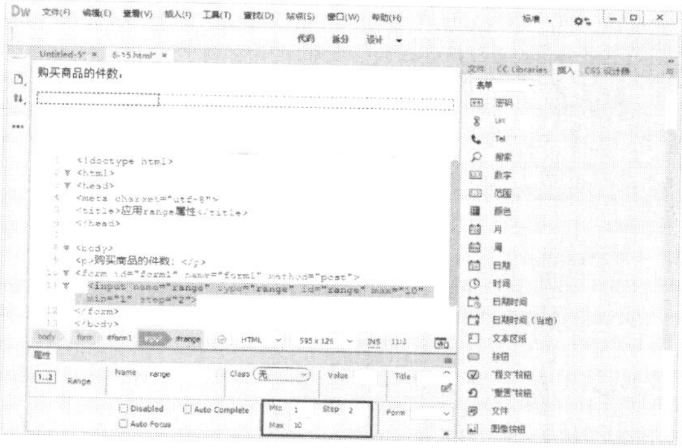

step 3　按下 F12 键在浏览器中预览网页的效果，用户可以拖动页面中的滑块，选择合适的数字，如下图所示。

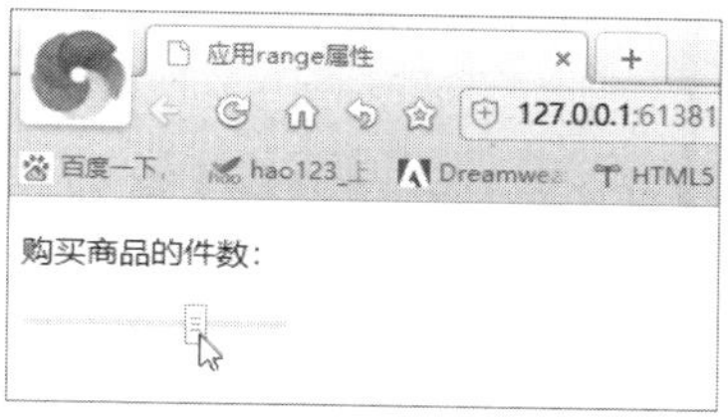

11.3.6　search 类型

search 类型的 input 元素提供专门用于输入搜索关键词的文本框，其代码格式如下：

```
<input type="search" name="…" id="…">
```

【例 11-16】使用 Dreamweaver 在表单中插入一个搜索框。
视频+素材 (素材文件\第 11 章\例 11-16)

step 1　将鼠标指针置于页面中的表单内，选择【插入】|【表单】|【搜索】命令(或单击【插入】面板中的【搜索】选项)，在代码视图的<form>标签中添加以下代码：

```
<label for="search">Search:</label>
<input type="search" name="search"
id="search">
```

step 2　在设计视图中删除表单中系统自动生成的文本“Search:”，将鼠标指针置于搜索控件之后，选择【插入】|【表单】|【“提交”按钮】选项，在表单中插入一个如下图所示的【提交】按钮。

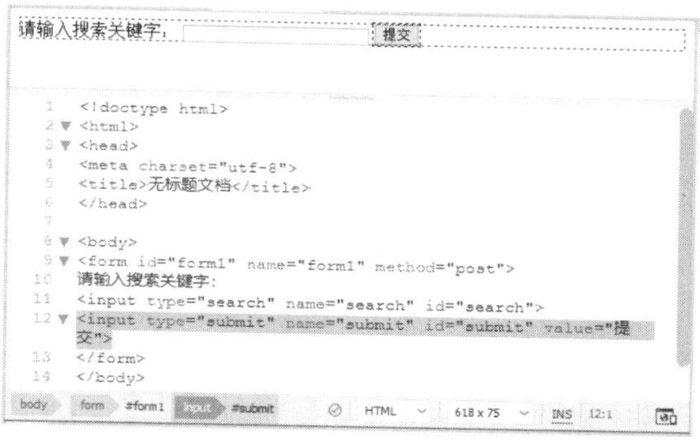

step 3　按下 F12 键预览网页，效果如下图所示。如果在搜索框中输入要搜索的关键词，在搜索框右侧就会出现一个“×”按钮。单击该按钮可以清除已经输入的文本内容。

11.3.7　tel 类型

tel 类型的 input 元素提供专门用于输入电话号码的文本框，它并不限于只能输入数字，因此很多电话号码也包括其他的字符，例如“+”“-”等。其代码格式如下：

```
<input type="tel" name="…" id="…">
```

【例 11-17】使用 Dreamweaver 在表单中插入一个用于输入电话号码的文本框。
视频+素材 (素材文件\第 11 章\例 11-17)

step 1　将鼠标指针置于页面中的表单内，选择【插入】|【表单】| tel 命令(或单击【插入】面板中的【Tel】选项)，在代码视图的<form>标签中添加以下代码：

```
<label for="tel">Tel:</label>
<input type="tel" name="tel" id="tel">
```

step 2　在设计视图中删除表单中系统自动生成的文本“Tel:”，将鼠标指针置于 tel 控件之后，选择【插入】|【表单】|【“提交”

按钮】选项，在表单中插入一个【提交】按钮。

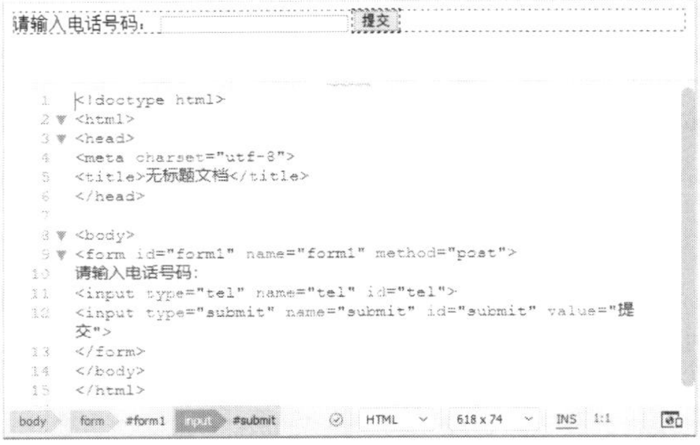

step 3 保存文档后，按下 F12 键预览网页，效果如下图所示。

11.3.8 color 类型

color 类型的 input 元素提供专门用于输入颜色的控件。当 color 类型的文本框获取焦点后，会自动调用系统的颜色窗口(打开颜色选择器)。其代码格式如下：

```
<input type="color" name="…" id="…">
```

【例 11-18】使用 Dreamweaver 在表单中插入一个颜色选择控件。
视频+素材 (素材文件\第 11 章\例 11-18)

step 1 将鼠标指针置于页面中的表单内，选择【插入】|【表单】|【颜色】命令(或单击【插入】面板中的【颜色】选项)，在代码视图的<form>标签中添加以下代码：

```
<label for="color">Color:</label>
<input type="color" name="color" id="color">
```

step 2 在设计视图中删除表单中系统自动生成的文本“Color:”，将鼠标指针置于颜色控件之后，选择【插入】|【表单】|【“提交”按钮】选项，在表单中插入一个【提交】按钮。

step 3 按下 F12 键预览网页，单击页面中的颜色选择控件，将打开颜色选择器，在其中选择一个颜色后单击【确定】按钮，将在颜色控件中选中所选择的颜色。

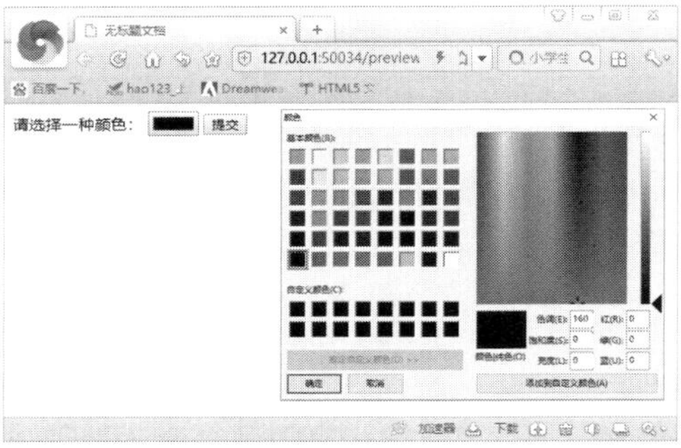

11.4 HTML5 input 属性

HTML5 为 input 元素新增了多个属性，用于限制输入行为或格式。下面将分别进行介绍。

11.4.1 autocomplete 属性

目前，大部分浏览器都带有辅助用户完成输入的自动完成功能，只要开启了该功能，用户在网页中下次输入相同的内容时，浏览器就会自动完成内容的输入。

HTML5 新增的 autocomplete 属性可以帮助用户在 input 类型的输入框中实现自动完成内容的输入，这些 input 类型包括 text、search、url、tel、email、password、range 以及 color 等。不过，在有些浏览器中，可能需要首先启用浏览器本身的自动完成功能后，才能使 autocomplete 属性起作用。

autocomplete 属性同样适用于<form>标签。默认状态下，表单的 autocomplete 属性是处于打开状态的，其中的输入类型继承所在表单的 autocomplete 状态。用户也可以单独将表单中某一输入类型的 autocomplete 状态设置为打开或者关闭状态，这样可以更好地实现自动完成功能。

autocomplete 属性有两个值：on 和 off。下面通过两个示例介绍其使用方法。

【例 11-19】分别设置表单和表单输入控件的 autocomplete 属性值。

视频+素材 (素材文件\第 11 章\例 11-19)

step 1 打开【例11-10】中创建的网页，在状态栏的标签选择器中选择 form 标签。在【属性】面板中选中 Auto Complete 复选框，将表单的 autocomplete 属性值设置为 “on”，此时，将在代码视图中为<form>设置 autocomplete 属性：

```
<form method="post" name="form1"
id="form1" autocomplete="on">
```

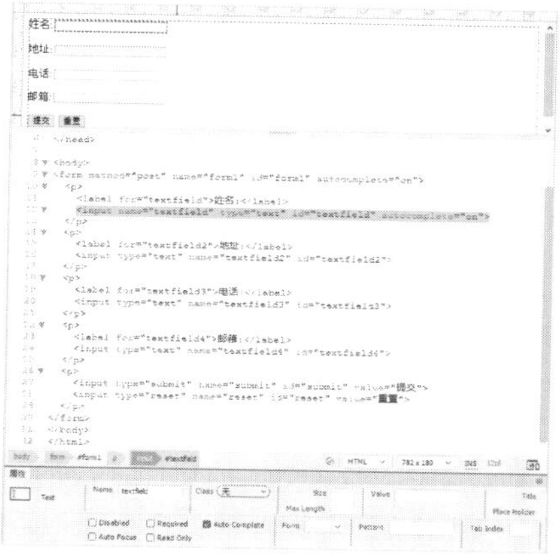

step 2 选中表单中的【姓名】文本框控件，在【属性】面板中选中 Auto Complete 复选框，然后在代码视图中将 autocomplete 属性设置为 “off”。

step 3 按下 F12 键预览网页，当用户将焦点定位在【姓名】文本框中时，将不会自动填充用户上次输入的内容，而将焦点定位在网页中的其他文本框中时，将在下图所示的列表中显示上次输入的内容。

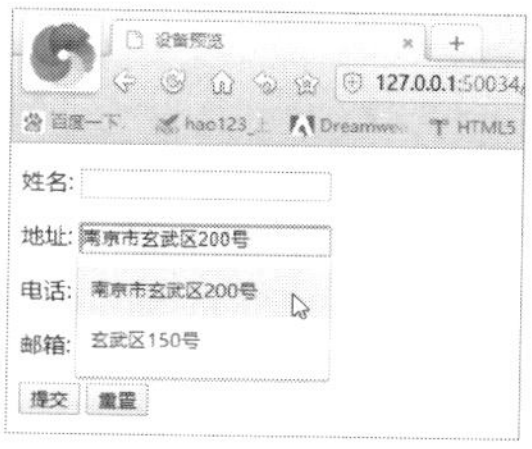

当 autocomplete 属性设置为 “on” 时，用户可以使用 HTML5 中新增的<datalist>标签和 list 属性提供一个数据列表供用户进行选择。

【例 11-20】应用 autocomplete 属性、<datalist>标签和 list 属性实现自动完成功能。

视频+素材 (素材文件\第 11 章\例 11-20)

step 1 打开【例 11-10】中创建的网页，在设计视图内选中表单中的【姓名】文本框，在【属性】面板中选中 Auto Complete 复选框，在 List 文本框中输入 name，为该表单元素添加 autocomplete 和 list 属性，如下图所示。

```
<input name="textfield" type="text"
id="textfield" list="name" autocomplete="on">
```

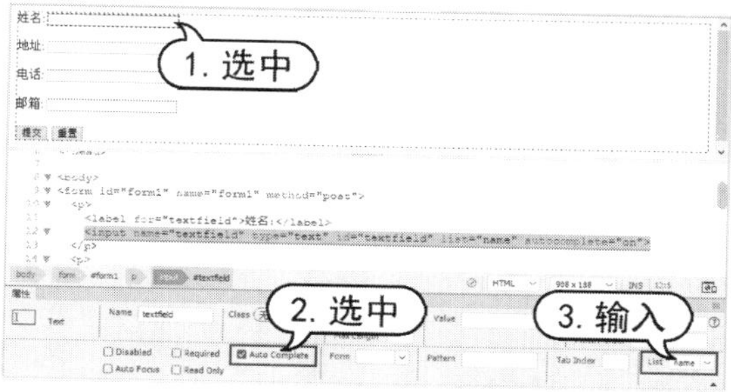

step 2 在代码视图中的<input>标签后添加以下代码：

```
<datalist id="name" style="display: none; ">
  <option value="王先生">王先生</option>
  <option value="王女士">王女士</option>
  <option value="张女士">张女士</option>
  <option value="张先生">张先生</option>
</datalist>
```

step 3 按下 F12 键预览网页，当用户将焦点定位在【姓名】文本框中，会自动出现一个列表供用户选择，如下图所示。而当用户单击页面的其他位置时，这个列表将会消失。

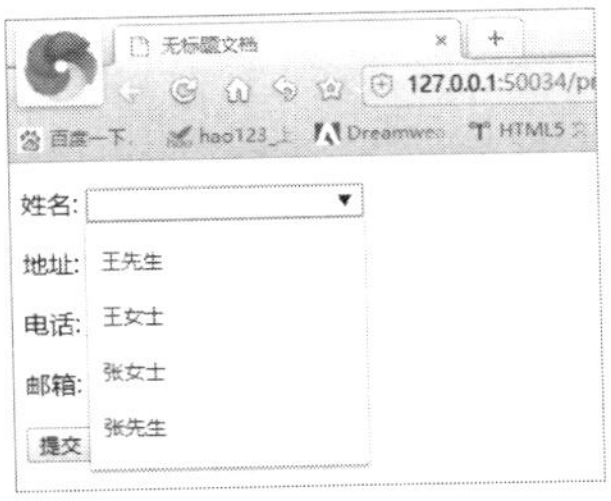

step 4 当用户在【姓名】文本框中输入“王”或“张”时，随着用户输入不同的内容，自动完成数据列表中的选项并发生变化。

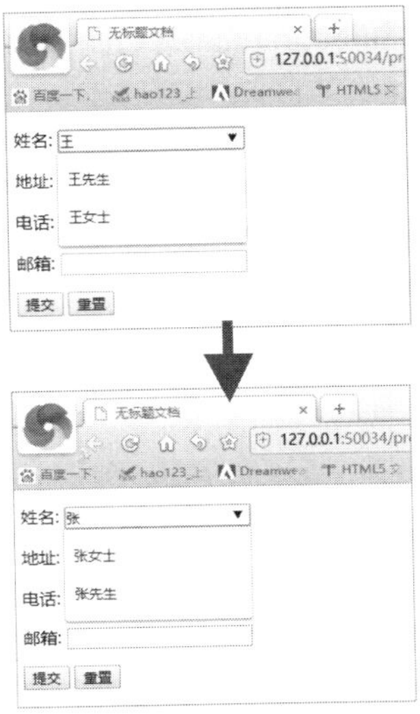

11.4.2 autofocus 属性

当用户在访问百度搜索引擎首页时，页面中的搜索文本框会自动获得光标焦点，以方便输入搜索关键词。这对大部分用户而言是一项非常方便的功能。传统网站多采用 JavaScript 来实现让表单中某控件自动获取焦点。具体而言，通常是使用 JavaScript 的 focus()方法来实现这一功能。

在 HTML5 中，新增了 autofocus 属性，它可以实现在页面加载时，使某表单控件自动获得焦点。这些控件可以是文本框、复选框、单选按钮、普通按钮等所有<input>标签的类型。

下面通过一个示例来介绍 autofocus 属性的使用方法。

【例 11-21】使用 Dreamweaver 在表单中应用 autofocus 属性。

视频+素材 (素材文件\第 11 章\例 11-21)

step 1 打开【例11-10】中创建的网页，在设计视图中选中【电话】后的文本框，在【属性】面板中选中 Auto Focus 复选框，如下图所示。此时，将在代码视图中为文本框设置 autofocus 属性。

```
<input name="textfield3" type="text"
autofocus="autofocus" id="textfield3">
```

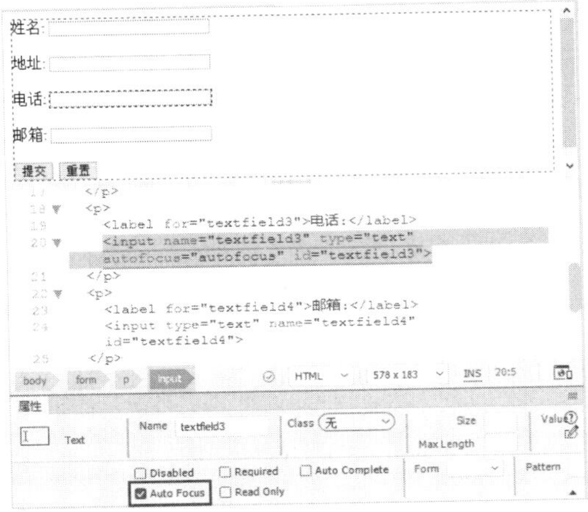

step 2 按下 F12 键在浏览器中预览网页，页面中的【电话】文本框将自动获得焦点，用户可以优先在其中输入内容。

知识点滴

在同一页面中只能指定一个 autofocus 属性值，所以必须谨慎使用。

如果浏览器不支持 autofocus 属性，则会将其忽略。此时，要使所有浏览器都能实现自动获得焦点，用户可以在 JavaScript 中添加一小段脚本，以检测浏览器是否支持 autofocus 属性，例如：

```
<!doctype html>
<html>
<head>
<meta charset="utf-8">
</head>
<body>
<form id="form1" name="form1" method="post">
  <p>
    <label for="textfield">姓名:</label>
    <input name="textfield" type="text" autofocus="autofocus" id="textfield">
  </p>
  <p>
    <input type="submit" name="submit" id="submit" value="提交">
    <input type="reset" name="reset" id="reset" value="重置">
  </p>
</form>
<script>
if (!("autofocus" in document.createElement("input")))
{
document.getElementById("ok").focus();
}
</script>
</body>
</html>
```

11.4.3　form 属性

在 HTML5 之前，如果用户要提交一个表单，必须把相关的控件元素都放在表单内部，即放在<form></form>标签之间。在提交表单时，<form></form>标签之外的控件将被忽略。HTML5 中新增了一个 form 属性，使这一问题得到了很好的解决。使用 form 属性，可以把表单内的元素写在页面中的任意一个位置，然后只需要为这个元素指定 form 属性并为其指定属性值为表单 id 即可。如此，便规定了该表单元素属于指定的这一表单。此外，form 属性也允许规定一个表单元素从属于多个表单。form 属性适用于所有 input 输入类型，在使用时，必须引用所属表单的 id。

【例 11-22】为表单之外的控件设置 form 属性。
视频+素材 (素材文件\第 11 章\例 11-22)

step 1　打开【例11-10】中创建的网页，在页面中的表单(id 为 form1)之外插入一个文本框，在设计视图中选中所插入的文本框控件，在【属性】面板中单击 Form 下拉按钮，从弹出的下拉列表中选择 form1选项。

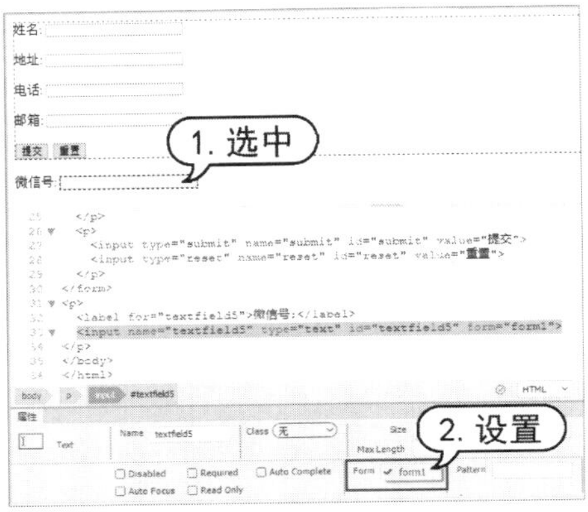

step 2 此时将为文本框控件设置 form 属性：

```
<input name="textfield5" type="text"
id="textfield5" form="form1">
```

step 3 按下 F12 键预览网页，效果如下图所示。页面中的【微信号】文本框在 form 元素之外，但因为使用了 form 元素，并且值为表单的 id(form1)，所以该文本框仍然是表单的一部分。

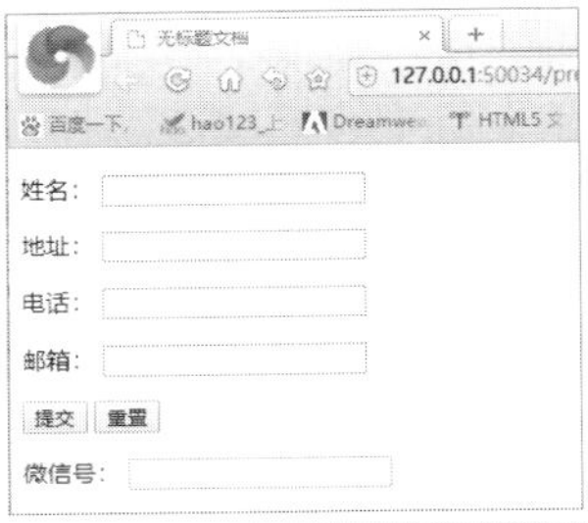

知识点滴

如果一个 form 属性要引用两个或两个以上的表单，则需要使用空格将表单的 id 分隔开。例如：<input name="textfield5" type="text" id="textfield5" form="form1 form2 form3">。

11.4.4 height 和 width 属性

height 和 width 属性分别用于设置 image 类型的 input 元素图像的高度和宽度，这两个属性只适用于 image 类型的<input>标签。下面通过一个示例介绍其用法。

【例 11-23】使用 height 和 width 属性设置图像按钮的高度和宽度。
视频+素材 (素材文件\第 11 章\例 11-23)

step 1 在设计视图中将鼠标指针置于表单中后，选择【插入】|【表单】|【图像按钮】命令(或单击【插入】面板中的【图像按钮】选项)，打开【选择图像源文件】对话框，选择一个作为图像按钮的图片文件后，单击【确定】按钮。

step 2 选中设计视图中的图像按钮后，在【属性】面板中设置【宽】为 100，【高】为 60，如下图所示。

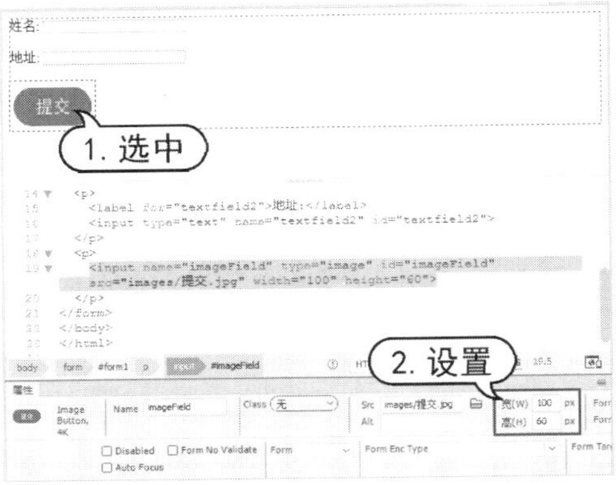

step 3 此时，将为 image 类型的<input>标签添加 height 和 width 属性：

```
<input name="imageField" type="image"
id="imageField" src="images/提交.jpg"
width="100" height="60">
```

step 4 按下 F12 键预览网页，页面中图像按钮的大小被限制为 100 像素×60 像素。

11.4.5 list 属性

HTML5 中新增了一个 datalist 元素，可以实现数据列表的下拉效果，其外观类似于 autocomplete 属性的效果，用户可以从列表中选择，也可以自行输入，而 list 属性用于指定输入框应绑定哪一个 datalist 元素，其值是某个 datalist 元素的 id。

【例 11-24】使用 list 属性为文本框设置弹出列表。
视频+素材 (素材文件\第 11 章\例 11-24)

step 1 在设计视图内选中页面中的 url 控件，在【属性】面板的 list 文本框中输入“url_list”，为<input>标签添加 list 属性：

```
<input name="url" type="url" id="url" list="url_list">
```

step 2 在代码视图中的上述代码之后输入以下代码：

```
<datalist id="url_list">
  <option label="新浪" value="http://www.sina.com.cn"/>
  <option label="网易" value="http://www.163.com"/>
  <option label="搜狐" value="http://www.sohu.com"/>
  </datalist>
```

step 3 按下 F12 键预览网页，单击页面中的网址输入框后，将弹出预定的网址列表。

知识点滴

list 属性适用的 input 输入类型有：text、search、url、tel、email、date、number、range 和 color。

11.4.6 min、max 和 step 属性

HTML5 新增的 min、max 和 step 属性用于为包含数字或日期的 input 输入类型设置限制值，适用于 date、number 和 range 等 input 元素类型。其具体说明如下表所示。

min、max 和 step 属性的用途说明

属　性	说　明
min	设置输入框所允许的最小值
max	设置输入框所允许的最大值
step	为输入框设置合法的数字间隔，或称为步长。例如 step= " 4"，则表示合法的数值为 0、4、8、…

【例 11-25】将 min、max 和 step 属性应用于数值输入框。

视频+素材 (素材文件\第 11 章\例 11-25)

step 1 在设计视图内选中页面中的数字输入控件，在【属性】面板的 Max 文本框中输入 10，为<input>标签添加 max 属性；在 Min 文本框中输入 0，为<input>标签添加 min 属性；在 Step 文本框中输入 2，为<input>标签添加 step 属性。

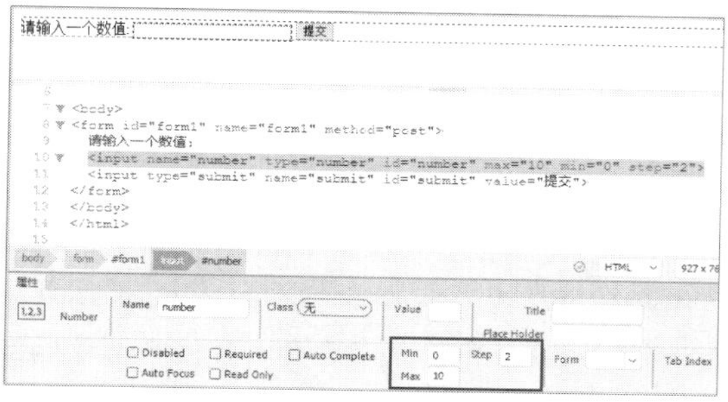

step 2 按下 F12 键预览网页，单击数字输入框上的微调按钮，数字将以 2 为步长发生变化。

step 3 如果用户在数字输入框中输入一个0~10以外的数字，浏览器将弹出提示文本；如果用户在数字输入框中输入一个不合法的数值，例如5，浏览器将弹出下图所示的提示文本。

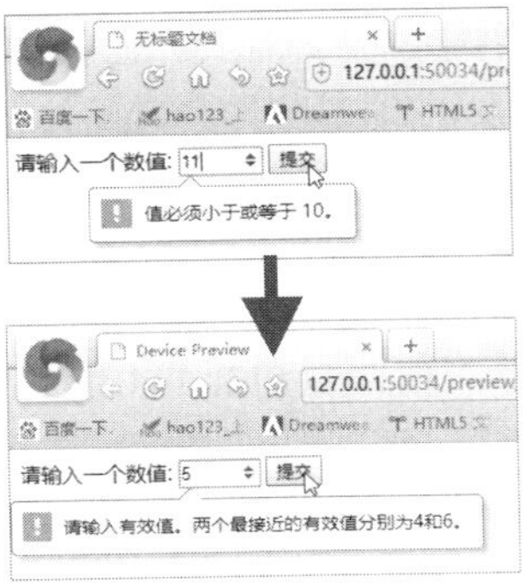

11.4.7 pattern 属性

pattern 属性用于验证 input 类型输入框中用户输入的内容是否与自定义的正则表达式相匹配，该属性适用于 text、search、url、tel、email、password 等<input>标签。

pattern 属性允许用户自定义一个正则表达式，而用户的输入必须符合正则表达式所指定的规则。pattern 属性中的正则表达式语法与 JavaScript 中的正则表达式语法相匹配。

【例 11-26】为电话输入框应用 pattern 属性。
视频+素材 (素材文件\第 11 章\例 11-26)

step 1 在设计视图内选中页面中的电话输入控件，在【属性】面板的 Pattern 文本框中输入“[0-9]{8}”，为<input>标签添加 pattern 属性，在 Title 文本框中输入“请输入 8 位电话号码”，为错误提示设置文字提示。

```
<input name="tel" type="tel" id="tel"
pattern="[0-9]{8}" title="请输入 8 位电话号码
">
```

step 2 按下 F12 键预览网页，如果在页面的电话输入框中输入的数字不是 8 位，将弹出下图所示的错误输入提示框。

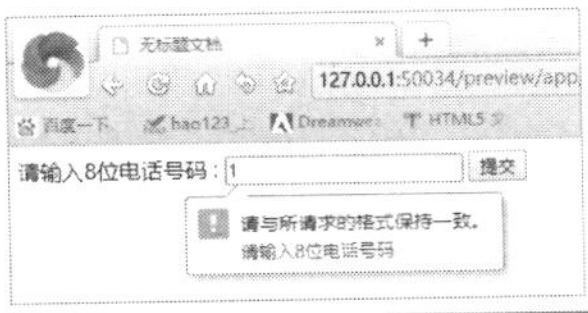

知识点滴

以上代码中的“pattern="[0-9]{8}"”规定了电话输入框中输入的数值必须是 0~9 的阿拉伯数字，并且必须为 8 位数。有关正则表达式的相关知识用户可以参考相关图书或资料。

11.4.8 placeholder 属性

placeholder 属性用于为 input 类型的输入框提供一个提示(hint)，此类提示可以描述输入框期待用户输入的内容。在输入框为空时将显示，而当输入框获得焦点时将消失。placeholder 属性适用于 text、search、url、tel、email、password 等类型的<input>标签。

【例 11-27】为文本框应用 placeholder 属性。
视频+素材 (素材文件\第 11 章\例 11-27)

step 1 在设计视图内选中页面中的文本框控件，在【属性】面板的 Place Holder 文本框中输入“请输入邮政编码”，如下图所示。为文本框代码添加一个提示：

```
<input name="textfield" type="text"
id="textfield" placeholder="请输入邮政编码">
```

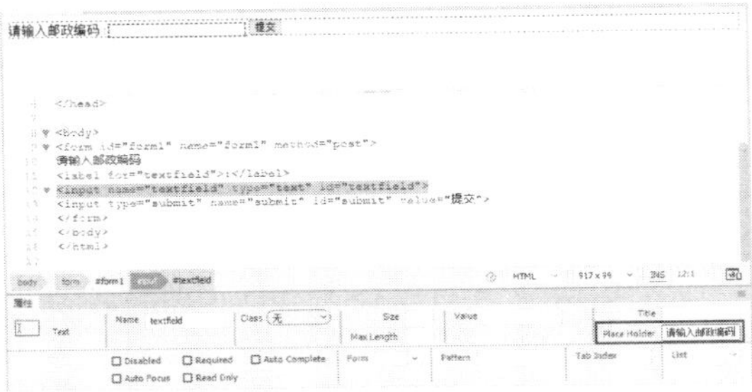

step 2 按下 F12 键预览网页，页面中文本框的效果如下图所示。当文本框获得焦点并输入字符时，提示文字将消失。

11.4.9　required 属性

required 属性规定必须在提交之前填写输入域(不能为空)。该属性适用于以下类型的 <input>标签：text、search、url、email、password、date、number、checkbox 和 radio 等。

> 【例 11-28】使用 Dreamweaver 在表单中应用 required 属性。
> 视频+素材 (素材文件\第 11 章\例 11-28)

step 1　打开【例11-10】中创建的网页，在设计视图中选中【姓名】文本框，在【属性】面板中选中 Required 复选框，如下图所示。此时，将在代码视图中为文本框设置 required 属性。

```
<input name="textfield" type="text"
required="required" id="textfield">
```

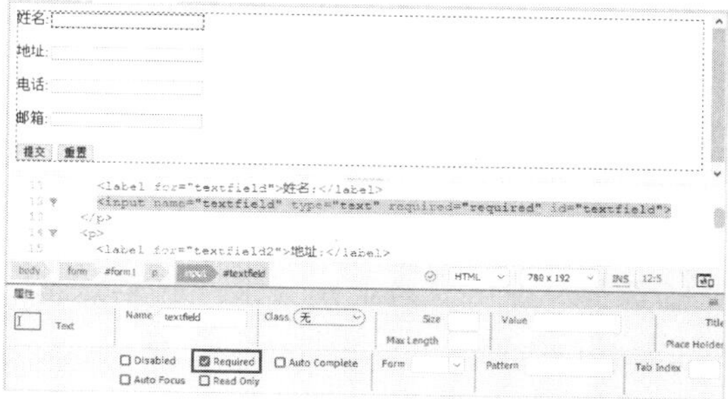

step 2　按下 F12 键在浏览器中预览网页，若用户没有在页面中的【姓名】文本框中输入内容就单击【提交】按钮，将弹出右上图所示的提示信息。

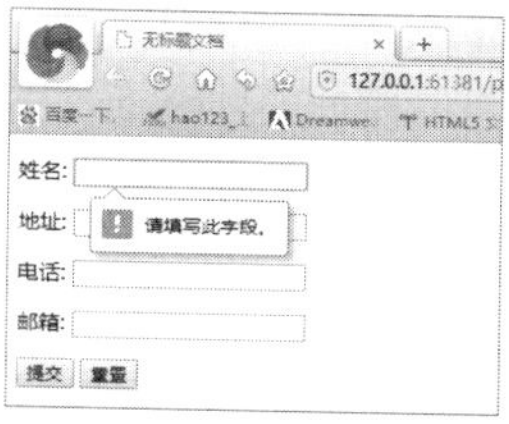

11.4.10　disabled 属性

disabled 属性用于禁用 input 元素。被禁用的 input 元素既不可用，也不可被单击。

> 【例 11-29】使用 Dreamweaver 在表单中应用 disabled 属性。
> 视频+素材 (素材文件\第 11 章\例 11-29)

step 1　打开【例11-10】中创建的网页，在设计视图中选中【地址】文本框，在【属性】面板中选中 Disabled 复选框，如下图所示。此时，将在代码视图中为文本框设置 disabled 属性。

```
<input name="textfield2" type="text"
disabled="disabled" id="textfield2">
```

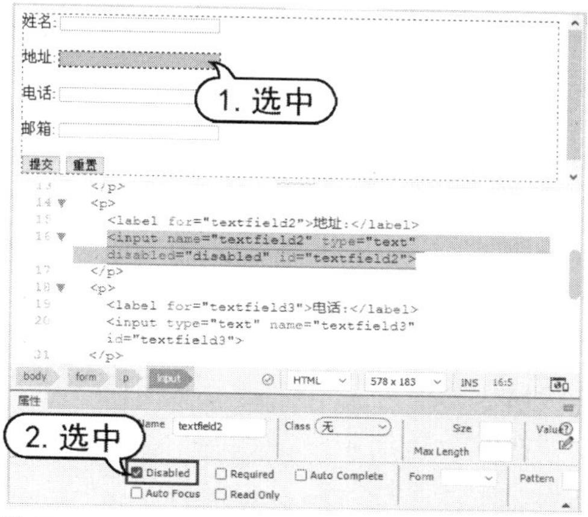

step 2　按下 F12 键在浏览器中预览网页，可以发现，【地址】文本框已被禁用。

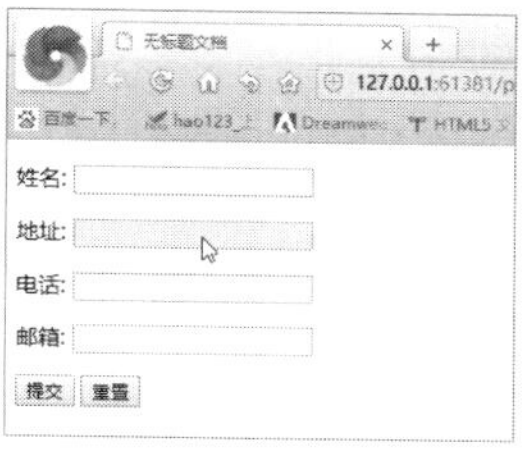

11.4.11 readonly 属性

readonly 属性规定输入字段为只读。只读字段虽然不能被修改，但用户却可以使用 tab 键切换到该字段，还可以选中或复制其中的内容。

【例11-30】使用 Dreamweaver 在表单中应用 readonly 属性。
视频+素材 (素材文件\第 11 章\例 11-30)

step 1 打开【例11-10】中创建的网页，在设计视图中选中【姓名】文本框，在【属性】面板的 Value 文本框中输入“王女士”，为该文本框设置默认值。

step 2 选中【属性】面板中的 Read Only 复选框，此时，将在代码视图中为文本框设置 readonly 属性：

```
<input name="textfield" type="text"
id="textfield" value="王女士"
readonly="readonly">
```

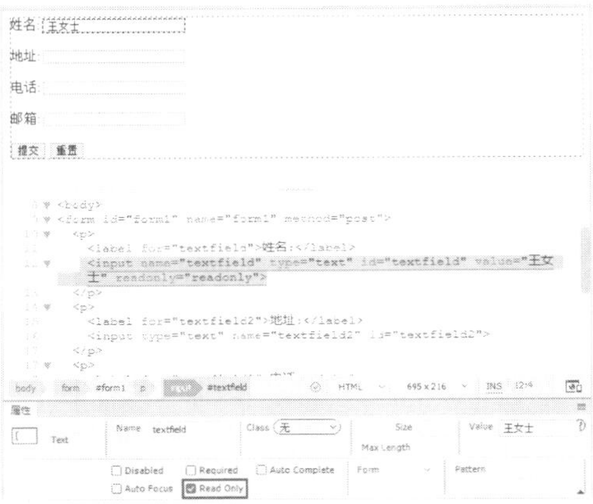

step 3 按下 F12 键预览网页，可以发现，页面中【姓名】文本框中的内容已不可修改。

11.5 HTML5 的新增控件

HTML5 新增了多个表单控件，分别是 datalist、keygen 和 output。

11.5.1 datalist 元素

datalist 元素用于为输入框提供一个可选的列表，用户可以直接选择列表中的某一预设的项，从而免去了输入的麻烦。该列表由 datalist 中的 option 元素创建。如果用户不希望从列表中选择某项，也可以自行输入其他内容。

在实际应用中，如果要把 datalist 提供的列表绑定到某输入框，则需要使用输入框的 list 属性来引用 datalist 元素的 id，其应用方法用户可以参考本章中的【例11-24】，此处不再重复阐述。

知识点滴

对于每一个 option 元素，都必须设置 value 属性。

11.5.2 keygen 元素

keygen 元素是密钥对生成器，能够使用户验证更为可靠。用户提交表单时会生成两个密钥：一个私钥，一个公钥。其中私钥会被存储在客户端，而公钥则会被发送到服务器(公钥可以用于之后验证用户的客户端证书)。

【例 11-31】在表单中使用 keygen 元素。
视频+素材 (素材文件\第 11 章\例 11-31)

step 1 在代码视图中的文本框代码后输入 <keygen>标签：

```
<keygen name="security">
```

step 2 单击状态栏右侧的【预览】按钮，从弹出的列表中选择 Firefox 选项，使用 Firefox 浏览器预览网页，效果如下图所示。

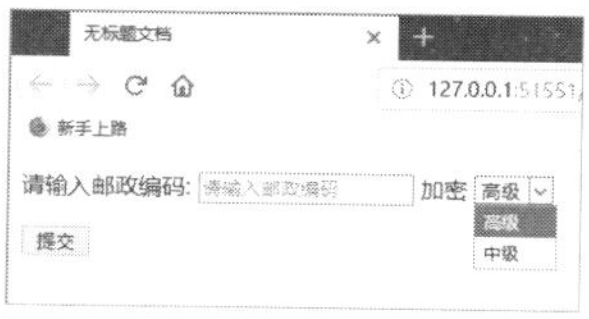

11.5.3　output 元素

output 元素用于在浏览器中显示计算结果或脚本输出，包含完整的开始标签和结束标签，其语法如下：

```
<output name="">Text</output>
```

【例 11-32】在表单中使用 output 元素，计算数值加 50 后的结果。

视频+素材 (素材文件\第 11 章\例 11-32)

step 1 打开网页后，在 Dreamweaver 代码视图中输入以下代码：

```
<!doctype html>
<html>
<head>
<meta charset="utf-8">
<title>output 元素应用实例</title>
</head>
<body>
<form oninput="x.value=parseInt(a.value)+parseInt(b.value)">
  0
  <input type="range" id="a" value="50">
  100
  +
  <input type="number" id="b" value="50">
  =
  <output name="x" for="a b"></output>
</form>
</body>
</html>
```

step 2 按下 F12 键预览网页，效果如右图所示。

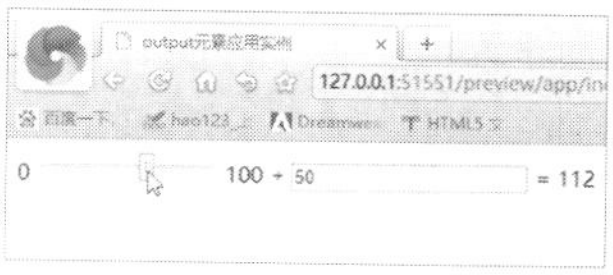

11.6　HTML5 表单属性

HTML5 中新增了两个 form 属性，分别是 autocomplete 和 novalidate 属性。

11.6.1　autocomplete 属性

form 元素的 autocomplete 属性用于规定表单中所有元素都拥有自动完成功能。该属性在介绍 input 属性时已经介绍过，其用法与之相同。

但是当 autocomplete 属性用于整个 form 时，所有从属于该 form 的元素便都具备自动完成功能。如果要使表单中的个别元素关闭自动完成功能，则应单独为该元素指定

“autocomplete="off"”（具体内容可以参见本章中的【例 11-19】）。

11.6.2 novalidate 属性

form 元素的 novalidate 属性用于在提交表单时取消整个表单的验证，即关闭对表单内所有元素的有效性检查。如果仅需取消表单中较少部分内容的验证而不妨碍提交大部分内容，则可以将 novalidate 属性单独用于表单中的这些元素。

例如，下面的网页代码是一个 novalidate 属性的应用示例，该示例中取消了对整个表单的验证：

```
<!doctype html>
<html>
<head>
<meta charset="utf-8">
</head>
<body>
<form action="testform.asp" method="get" novalidate>
  请输入电子邮件地址:
  <input type="email" name="user_email"/>
  <input type="submit" value="提交"/>
</form>
</body>
</html>
```

11.7 案例演练

本章的案例演练部分将指导用户使用 Dreamweaver 制作表单页面。

【例 11-33】制作一个用户登录页面。
视频+素材（素材文件\第 11 章\例 11-33）

step 1 按下 Ctrl+Shift+N 组合键，创建一个空白网页，按下 Ctrl+F3 组合键，显示【属性】面板并单击其中的【页面属性】按钮。

step 2 打开【页面属性】对话框，在【分类】列表中选择【外观(CSS)】选项，单击【背景图像】文本框后的【浏览】按钮。

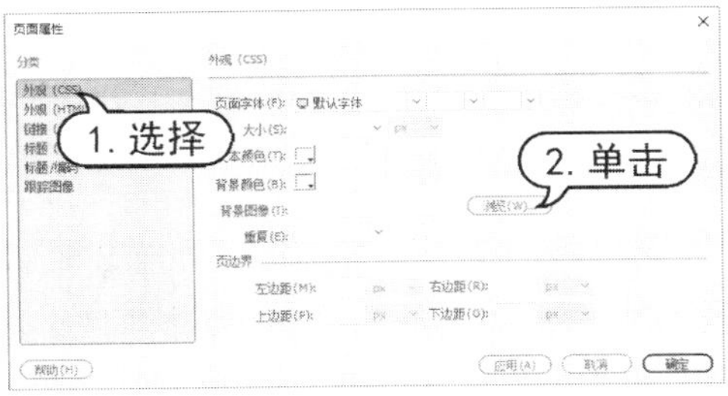

step 3 打开【选择图像源文件】对话框，选中一个图像素材文件，单击【确定】按钮。

step 4 返回【页面属性】对话框，在【上边距】文本框中输入 0，然后依次单击【应用】和【确定】按钮，为新建的网页设置一个背景图像。

step 5 将鼠标指针插入页面中，按下 Ctrl+Alt+T 组合键，打开 Table 对话框。设置在页面中插入一个 1 行 1 列，宽度为 800 像素，边框粗细为 10 像素的表格。

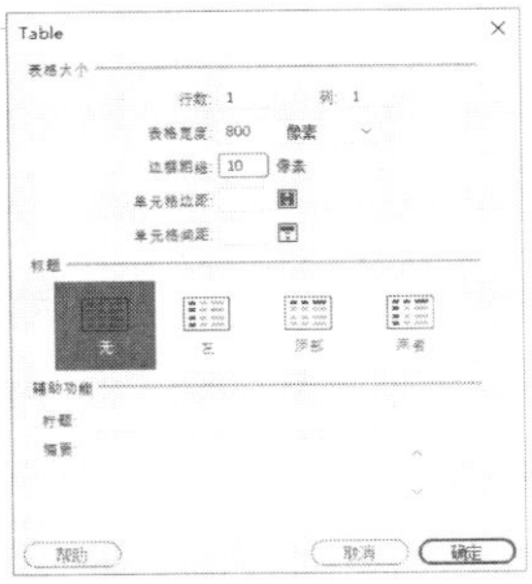

step 6 在 Table 对话框中单击【确定】按钮，在页面中插入表格。在表格的【属性】面板中单击 Align 按钮，在弹出的列表中选择【居中对齐】选项。

step 7 将鼠标指针插入表格中，在单元格的【属性】面板中将【水平】设置为【居中对齐】，将【垂直】设置为【顶端】。

step 8 单击【背景颜色】按钮，在打开的颜色选择器中将单元格的背景颜色设置为白色。

step 9 再次按下 Ctrl+Alt+T 组合键，打开 Table 对话框，在表格中插入一个 2 行 5 列，宽度为 800 像素，边框粗细为 0 像素的嵌套表格，如下图所示。

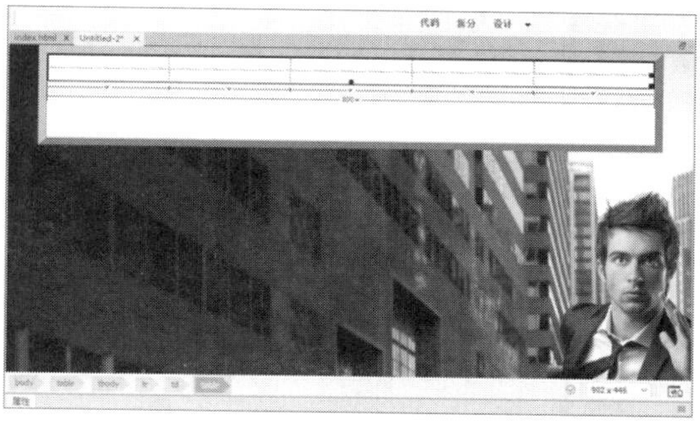

step 10 选中嵌套表格的第 1 列，在【属性】面板中将【水平】设置为【左对齐】，【垂直】设置为【居中】，【宽】设置为 200。

step 11 单击【属性】面板中的【合并所选单元格，使用跨度】按钮，将嵌套表格的第 1 列合并。单击【拆分单元格为行或列】按钮，打开【拆分单元格】对话框。

step 12 在【拆分单元格】对话框中选中【列】单选按钮，在【列数】文本框中输入 2，然后单击【确定】按钮。

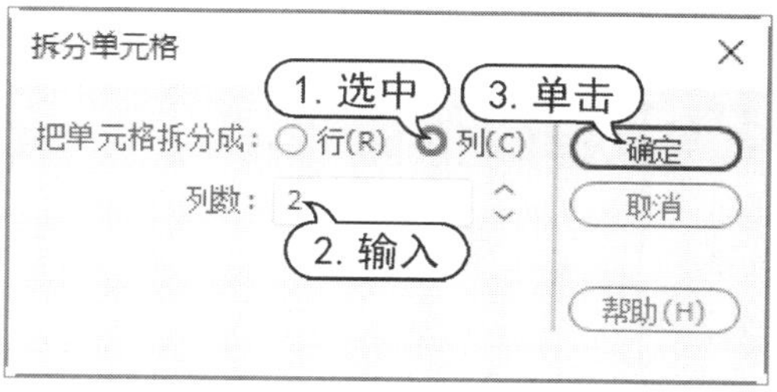

step 13 选中拆分后单元格的第 1 列，在【属性】面板中将【宽】设置为 20。

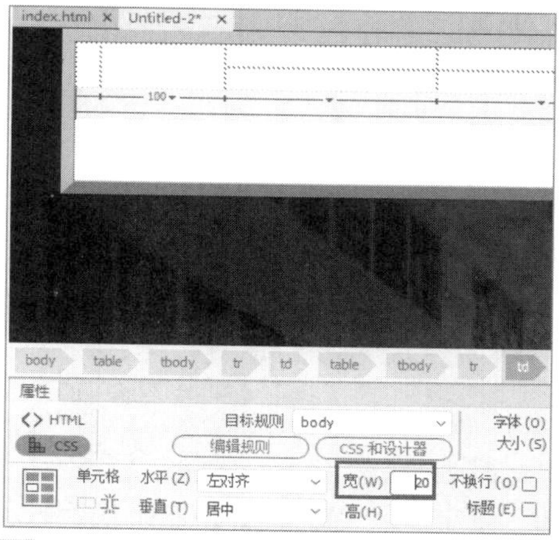

step 14 将鼠标指针插入嵌套表格的其他单元格中，输入文本，并按下 Ctrl+Alt+I 组合键插入图像，制作如下图所示的表格效果。

step 15 将鼠标指针插入嵌套表格的下方，按下回车键，选择【插入】| HTML |【水平线】命令，插入一条水平线，并在水平线下输入文本“用户登录”。

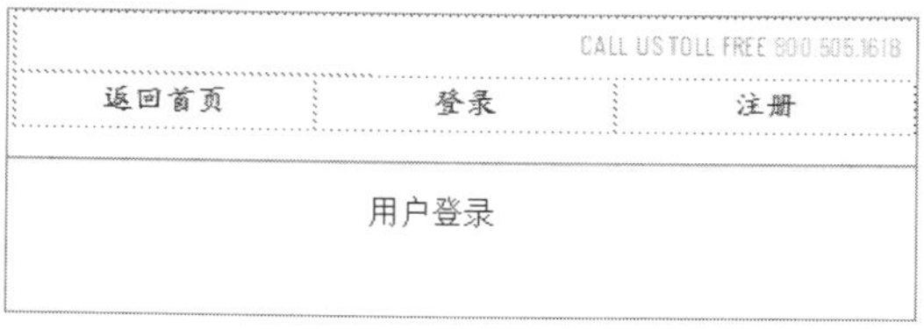

step 16 在【属性】面板中单击【字体】按钮，在弹出的列表中选择【管理字体】选项。

step 17 打开【管理字体】对话框，在【可用字体】列表框中双击【方正粗靓简体】字体，将其添加至【选择的字体】列表框中，然后单击

【完成】按钮。

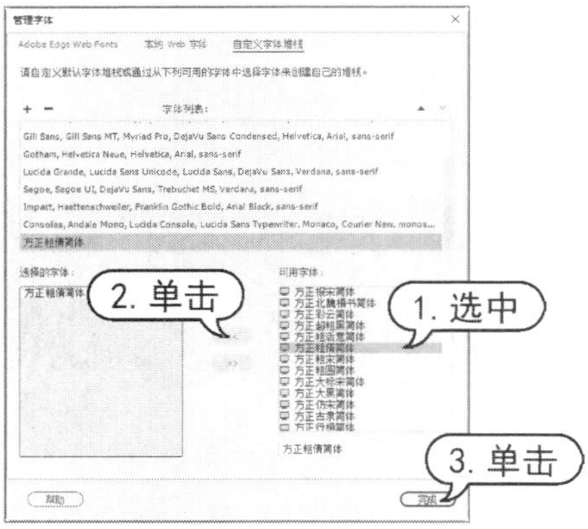

step 18 选中步骤⑮中输入的文本，单击【字体】按钮，在弹出的列表中选择【方正粗靓简体】选项。

step 19 保持文本为选中状态，在【属性】面板的【大小】文本框中输入 30。

step 20 将鼠标指针放置在“用户登录”文本之后，按下回车键添加一个空行。

step 21 按下 Ctrl+F2 组合键，打开【插入】面板。单击该面板中的﹀按钮，在弹出的下拉列表中选中【表单】选项。然后单击【表单】按钮，插入一个表单。

step 22 选中页面中的表单，按下 Shift+F11 组合键，打开【CSS 设计器】面板。单击【源】窗格中的【+】按钮，在弹出的列表中选择【在页面中定义】选项。

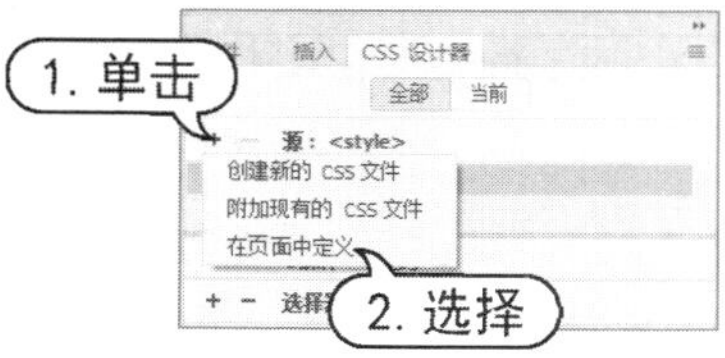

step 23 在【选择器】窗格中单击【+】按钮，然后在添加的选择器名称栏中输入.form。

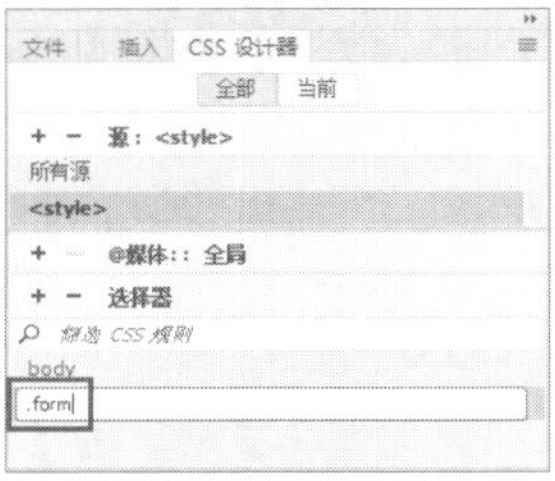

step 24 在表单的【属性】面板中单击 Class 按钮，在弹出的列表中选择 form 选项。

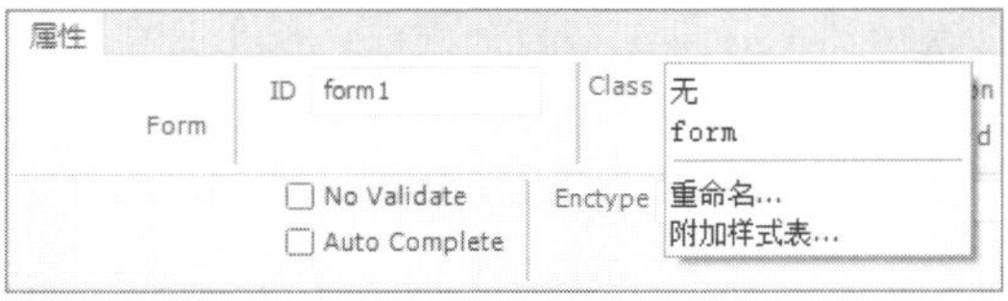

step 25 在【CSS 设计器】面板的【属性】窗格中单击【布局】按钮，在展开的属性设置区域中将 width 设置为 500px，将 margin 的左、右边距都设置为 150px。

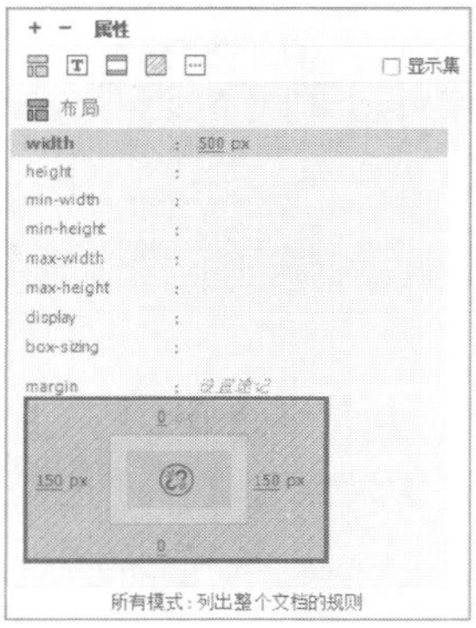

step 26 此时，页面中表单的效果如下图所示。

step 27 将鼠标指针插入表单中，在【插入】面板中单击【文本】按钮，在页面中插入一个如下图所示的文本域。

step 28 将鼠标指针放置在文本域的后面，按下回车键插入一个空行。在【插入】面板中单击【密码】按钮，在表单中插入如下图所示的密码域。

step 29 重复以上操作，在密码域的下方再插入一个文本域。

step 30 将鼠标指针插入文本域的后面，单击【插入】面板中的【“提交”按钮】选项，在表单中插入一个【提交】按钮。

step 31 在【CSS 设计器】面板的【设计器】窗格中单击【+】按钮，创建一个名为.con1 的选择器。

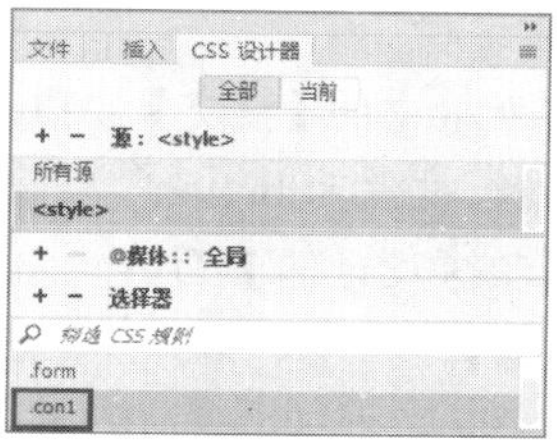

step 32 在【CSS 设计器】面板的【属性】窗格中单击【边框】按钮，在【属性】窗格中单击【顶部】按钮，在显示的选项区域中将 width 设置为 0px。

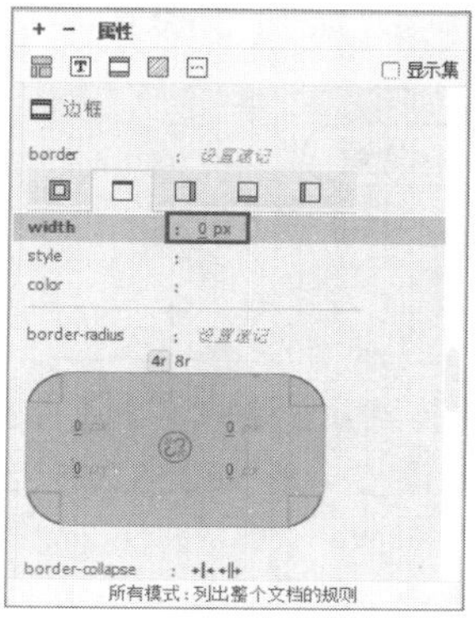

step 33 单击【右侧】按钮和【左侧】按钮，在显示的选项区域中将 width 设置为 0px。

step 34 单击【底部】按钮，在显示的选项区域中将 color 颜色参数的值设置为 rgba(119,119,119,1.00)。

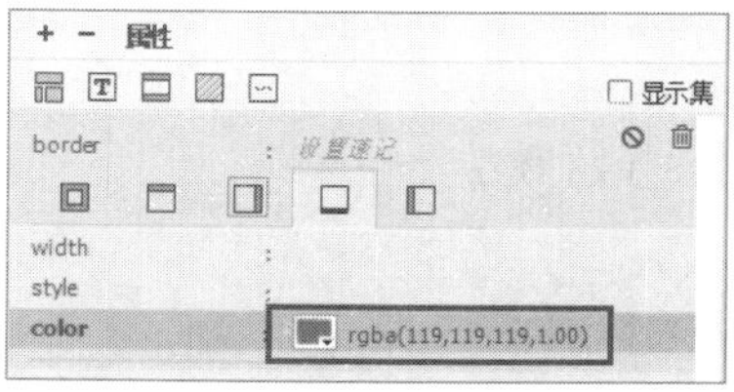

step 35 单击【属性】窗格中的【布局】按钮，在展开的属性设置区域中将 width 设置为 300 像素。

step 36 分别选中页面中的文本域和密码域，在【属性】面板中将 Class 设置为 con1。

step 37 修改文本域和密码域前的文本，并在【属性】面板中设置文本的字体格式。

step 38 在【CSS 设计器】面板的【选择器】窗格中单击【+】按钮，创建一个名为.button 的选择器。

step 39 选中表单中的【提交】按钮，在【属性】面板中将 Class 设置为 button。

step 40 在【CSS 设计器】面板的【属性】窗格中单击【布局】按钮，在展开的属性设置区域中将 width 设置为 380px，将 height 设置为 30px，将 margin 的顶端边距设置为 30px。

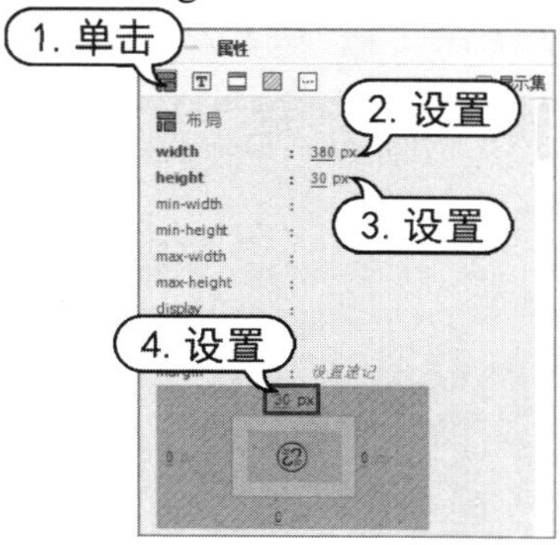

step 41 在【属性】窗格中单击【文本】按钮，将 color 的值设置为 rgba(255,255,255,1.00)。

step 42 在【属性】窗格中单击【背景】按钮，将 background-color 参数的值设置为：rgba(42,35,35,1.00)。

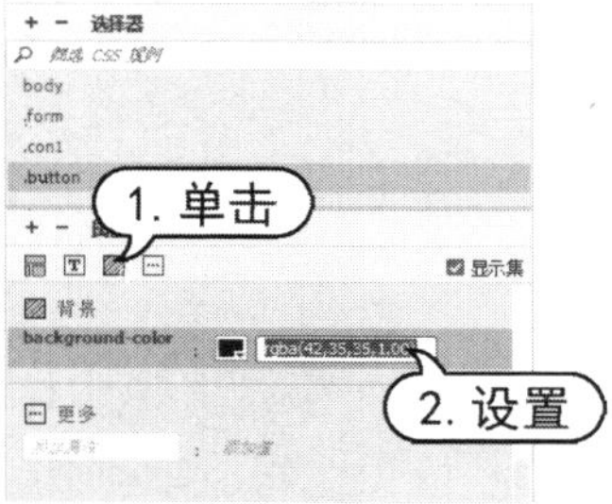

step 43 将鼠标指针插入【验证信息】文本域的后面，按下回车键新增一行，输入文本“点击这里获取验证”。至此，就完成了【用户登录】表单的制作。

【例 11-34】制作一个会员资格注册表。

视频+素材 (素材文件\第 11 章\例 11-34)

step 1 先启动 Dreamweaver 创建一个空白网页，然后在代码视图中输入以下代码：

```
<!doctype html>
<html>
<head>
<meta charset="utf-8">
<title>2022 年南京古钱币交流会注册表</title>
<style type="text/css">
body{text-align: center;}
h1{font-size: 25px;text-align: center;}
.zhuce{font-size:14;text-align: center;width: 840px;margin: 0 auto;background: #f7f7f7;}
.zhuce td{border: 1px solid #3300cc;padding: 2px 3px;}
.zhuce .ibg{text-align: left}
```

```
.zhuce .bbg{padding: 10px 0;font-size: 13px;}
#bt{width: 100px;height: 35px;background: #99ffcc;}
</style>
</head>
<body>
    <h1>2022 年南京古钱币交流会注册表</h1>
<form>
    <table class="zhuce">
 <tr>
      <td width="100px">参会者姓名</td>
   <td colspan="4" class="ibg">
        <input name="txtName" type="text">
   </td>
   <td>身份</td>
   <td colspan="4" class="ibg">
        <input name="txtShenfen" type="text">
   </td></tr>
        <tr>
   <td>电话</td>
   <td colspan="2" class="ibg">
        <input name="txtTel" type="text">
   </td>
   <td>传真</td>
   <td class="ibg">
        <input name="txtEax" type="text">
   </td>
   <td colspan="3">手机</td>
   <td class="ibg">
        <input name="txtMobil" type="text">
   </td></tr>
   <tr>
   <td>通讯地址</td>
   <td colspan="6" class="ibg">
    <input name="txtaddress" type="text" style="width: 400px;">
   </td>
   <td>邮编</td>
   <td class="ibg">
        <input name="txtPostCode" type="text">
   </td></tr>
      <tr>
```

```
  <td>E-mail</td>
  <td colspan="6" class="ibg">
      <input name="txtEmail" type="text" style="width: 180px;"></td>
  <td>国家</td>
  <td class="ibg">
    <select name="ddlCountry" id="ddlCountry" style="width: 180px;">
        <option value="中国" selected >中国</option>
        <option value="欧洲-英国">欧洲-英国</option>
        <option value="南美洲-巴西">南美洲-巴西</option>
        <option value="非洲-南非">非洲-南非</option>
   </select></td></tr>
     <td>省份</td>
  <td colspan="6" class="ibg">
    <select name="ddlProvince" style="width: 180px;">
         <option value="请选择">请选择</option>
        <option value="北京市">北京市</option>
        <option value="天津市">天津市</option>
        <option value="上海市">上海市</option>
        <option value="深圳市">深圳市</option>
   </select>
  </td>
  <td>城市</td>
  <td class="ibg">
      <input name="txtCity" type="text" style="width: 180px;">
  </td></tr>
<tr>
  <td colspan="9"><p>会议费标准(人民币)</p></td>
</tr>
     <td colspan="2">中钱协会会员</td>
     <td colspan="4">
          <input type="radio" name="rbMem" value="rbMem1">1500 元
  </td>
     <td colspan="3">
          <input type="radio" name="rbMem" value="rbMem2">2000 元
     </td>
</tr>
    <tr>
        <td colspan="2">非会员</td>
  <td colspan="4">
      <input type="radio" name="rbMem" value="rbNoMem1">2000 元
```

```
    </td>
    <td colspan="3">
        <input type="radio" name="rbMem" value="rbNomem2">2500 元
    </td></tr> <tr>
        <td colspan="9" class="bbg">
        <input id="bt" type="submit" name="btnOk" value="提交">
      <input id="bt" type="reset"><br><br>
  <a href="邀请函和注册表 2022.doc">第 xx 届中国国际广告节注册表下载</a>
    </td></tr>
</table></form>
</body></html>
```

step 2 完成以上代码的输入后，切换至设计视图，网页效果如下图所示。

step 3 按下 Ctrl+S 组合键，打开【另存为】对话框，将所创建的网页文件保存。

step 4 按下 F12 键，在浏览器中预览网页，效果如右图所示。

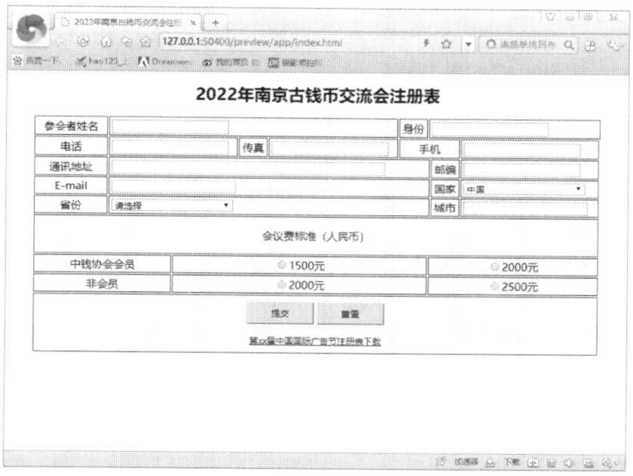

【例 11-35】制作一个注册凭证上传页面。
视频+素材（素材文件\第 11 章\例 11-35）

step 1 先启动 Dreamweaver 创建一个空白网页，然后在代码视图中输入以下代码：

```
<!doctype html>
<html>
<head>
<meta http-equiv="Content-Type" content="text/html"; charset="gb2312">
<title>注册凭证上传</title>
<style type="text/css">
<!--
body{
  font-family: 宋体;
  font-size: 12px;
}
form{
  margin: 20px 10px;
```

```
  padding: 15px 25px 25px 20px;
  border: 1px solid #EEE9E1;
}
.inputtext{
  width:150px;
  height: 15px;
}
-->
</style>
</head><body>
<h3 align="center">注册凭证上传</h3>
       <form name="form1" enctype="multipart/form-data" action="program.asp" method="post">
           <br>    姓名:  <input name="xm" type="text"
class="inputtext" />
           <br>  汇出行:  <input name="hch" type="text" class="inputtext" />
           <br>  汇出日期:<input name="hcrq" type="text" class="inputtext" />
           <br>  图片文件:<input name="tp" type="file" class="inputtext" />
           <br>    说明:  <textarea name="sm"
rows="10"></textarea><br>
     <center><input name="submit" type="submit" value="提交" />
         
     <input name="reset" type="reset" value="重置">
     </center>
  </form>
</body>
</html>
```

step 2 保存所创建的网页，按下 F12 键预览网页，效果如下图所示。

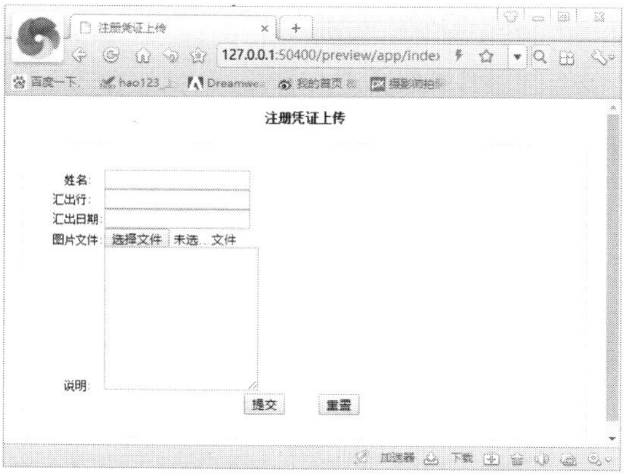

第 12 章

使用 HTML5 绘制图形

HTML5 呈现了很多新特性，其中一个最值得提及的特性就是 HTML canvas。canvas 是一个矩形区域，使用 JavaScript 可以控制其每一个像素。本章将以 Dreamweaver CC 2019 软件为网页编辑器，介绍使用 HTML5 绘制图形的方法。

本章对应视频

例 12-1 绘制矩形
例 12-2 绘制圆形
例 12-3 绘制有规律的弧形
例 12-4 绘制直线
例 12-5 绘制蓝色填充的三角形
例 12-6 绘制空心三角形
例 12-7 绘制圆角弧线
本章其他视频参见视频二维码列表

12.1 canvas 简介

canvas 是一个新的 HTML 元素，该元素可以被 Script 语言(JavaScript)用来绘制图形。例如，可以用它来画图、合成图像或制作简单的动画。

HTML5 的<canvas>标签是一个矩形区域，它包含两个属性：width 和 height，分别表示矩形区域的宽度和高度。这两个属性都是可选的，并且都可以通过 CSS 来定义，其默认值是 300px 和 150px。canvas 在网页中的常用形式如下：

```
<canvas id="myCanvas" width="300" height="300" style="border: 1px solid #E9E909;">
Your browser does not support the canvas element.
</canvas>
```

上面所示的代码中，id 表示画布对象的名称，width 和 height 分别表示宽度和高度。最初的画布是不可见的，此处为了观察这个矩形区域，使用了 CSS 样式，即 style 标签，style 表示画布的样式。如果浏览器不支持画布标签，会显示提示信息。

canvas 本身不具有绘制图形的功能，只是一个容器。如果读者对 Java 语言非常了解，就会发现 HTML5 的画布和 Java 中的 Panel 面板非常相似，都可以在容器中绘制图形。如果 canvas 元素放置就绪，就可以使用脚本语言 JavaScript 在网页中绘制图形。

结合使用 canvas 和 JavaScript 绘制图形，一般情况下需要执行以下几个步骤。

step 1 JavaScript 使用 id 来寻找 canvas 元素，即获取当前画布对象。

```
var c=document.getElementById("myCanvas");
```

step 2 创建 context 对象，代码如下：

```
var cxt=c.getContext("2d");
```

getContext()方法返回一个指定 contextId 的上下文对象，如果指定的 id 不被支持，则返回 null，当前唯一被强制必须支持的是“2d”，需要注意的是：指定的 id 是区分大小写的。对象 cxt 建立之后，就可以拥有多种绘制路径、矩形、圆形、字符及添加图像的方法。

step 3 绘制图形的代码如下：

```
cxt.fillStyle="#FF0000";
cxt.fillRect(0,0,150,75);
```

fillStyle 属性将图形填充为红色，fillRect()方法规定了形状、位置和尺寸。这两行代码的作用是绘制一个红色区域。

12.2 绘制基本图形

canvas 元素与 JavaScript 配合使用不但可以在网页中绘制简单的矩形，还可以绘制一些其他的常见图形，例如圆、直线等。

12.2.1 绘制矩形

单独一个<canvas>标签只是在页面中定义一个块矩形区域，并没有特别之处，网页开发人员只有配合 JavaScript 脚本，才能完成各种图形、线条及复杂图形的绘制操作。与基于 SVG 来实现同样的绘图效果相比，canvas 绘图是一种像素级别的位图绘图技术，而 SVG 则是一种矢量绘图技术。

使用 canvas 和 JavaScript 绘制一个矩形，可能会涉及一个或多个方法，如下表所示。

使用 canvas 绘制矩形的方法

方　法	功　能
fillRect()	绘制一个矩形，这个矩形区域没有边框，只有填充颜色。该方法有 4 个参数，前两个表示左上角的坐标位置，第 3 个参数表示长度，第 4 个参数表示高度
strokeRect()	绘制一个带边框的矩形，该方法的 4 个参数及其功能同上
clearRect()	清除一个矩形区域，被清除的区域将没有任何线条。该方法的 4 个参数及其功能同上

【例 12-1】在 Dreamweaver 中使用 canvas 绘制一个 100×100 的蓝色矩形。

视频+素材 (素材文件\第 12 章\例 12-1)

step 1 将鼠标指针插入设计视图中，选择【插入】| HTML | Canvas 命令，在网页中插入一个如下图所示的画布对象。

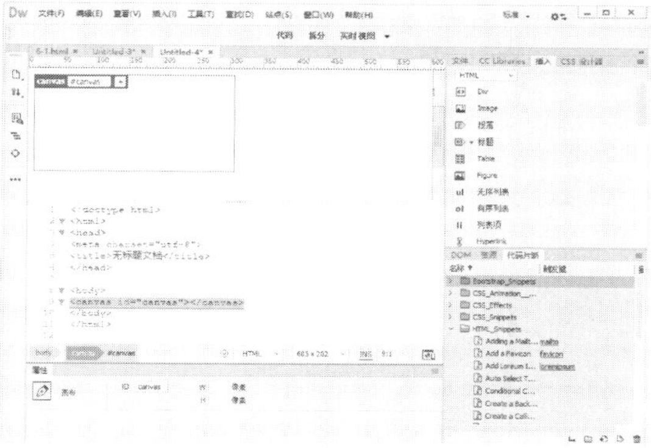

step 2 在【属性】面板的 ID 文本框中输入 myCanvas，在 W 文本框中输入 300，在 H 文本框中输入 200，设置画布对象的 id、高度和宽度。

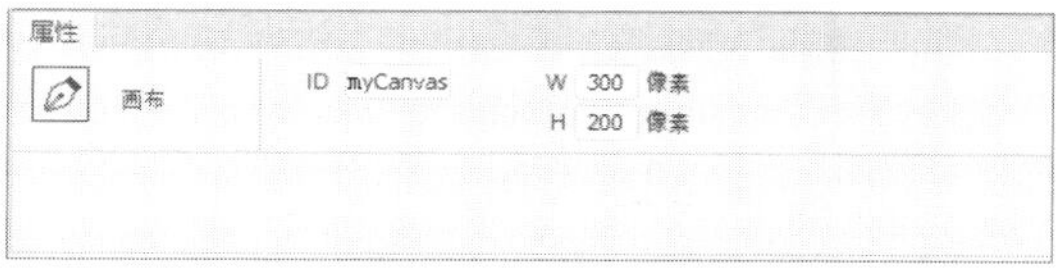

step 3 此时，代码视图中将自动生成以下代码：

```
<canvas id="myCanvas" width="300"
height="200"></canvas>
```

将其修改为(定义画布边框的显示样式)：

```
<canvas id="myCanvas" width="300"
height="200" style="border:1px solid
blue"></canvas>
```

step 4 在代码视图的<canvas></canvas>标签之间输入当浏览器不支持 canvas 标签时的提示文本：

```
Your browser does not support the canvas
element
```

step 5 在代码视图中的</canvas>标签之后输入以下代码：

```
<script type="text/javascript">
var c=document.getElementById("myCanvas");
var cxt=c.getContext("2d");
    cxt.fillStyle="rgb(0,0,200)";
    cxt.fillRect(10,20,100,100);
</script>
```

在上面的 JavaScript 代码中，首先获取画布对象，然后使用 getContext()方法获取当前 2d 的上下文对象，并使用 fillRect()方法绘制一个矩形。其中涉及一个 fillStyle 属性，fillStyle 用于设定填充的颜色、透明度等。如果设置为 “rgb(200,0,0)”，则表示一个颜色，不透明；如果设为 “rgba(0,0,200,0.5)” 则表示一个颜色，透明度为 50%。

step 6 此时，将在设计视图中生成如下图所示的矩形。

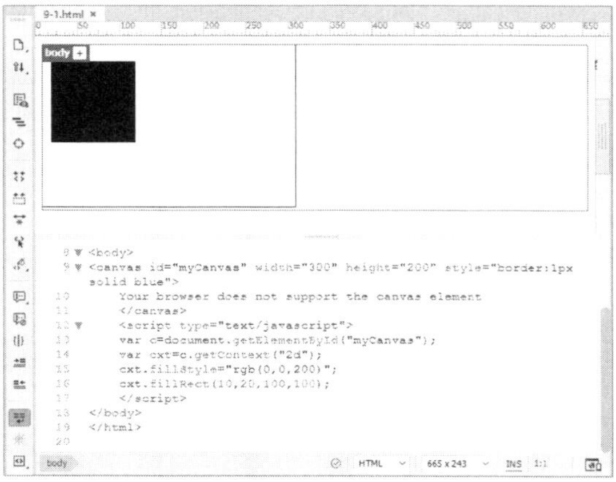

12.2.2 绘制圆形

基于 canvas 元素的图形并不是直接在<canvas>标签所创建的绘图画面上进行各种绘图操作，而是要依赖画面所提供的渲染上下文(Rendering Context)，所有的绘图命令和属性都定义在渲染上下文中。通过 canvas id 获取相应的 DOM 对象之后首先要做的事情就是获取渲染上下文对象。渲染上下文与 canvas 相互对应，无论对同一 canvas 对象调用几次 getContext()方法，都将返回同一个上下文对象。

在画布中绘制圆形，可能要涉及下表所示的几个方法。

使用 canvas 绘制矩形的方法

方　法	功　能
beginPath()	开始绘制路径
arc(x,y,radius,startAngle,endAngle,anticlockwise)	x 和 y 定义圆的原点；radius 表示圆的半径；startAngle 和 endAngle 表示弧度，不是度数；anticlockwise 用来定义画圆的方向，值是 true 或 false
closePath()	结束路径的绘制
fill()	进行填充
stroke()	设置边框

【例 12-2】在 Dreamweaver 中使用 canvas 绘制一个圆形。

视频+素材 (素材文件\第 12 章\例 12-2)

step 1 将鼠标指针置于设计视图中，选择【插入】| HTML | Canvas 命令，在网页中插入一个画布对象。在【属性】面板的 ID 文本框中输入 myCanvas，在 W 文本框中输入 200，在 H 文本框中输入 200。在代码视图中为 canvas 标签添加 style 属性(定义画布边框的显示样式)，并在<canvas></canvas>标签之间输入提示文本：

```
<canvas id="myCanvas" width="200"
height="200" style="border:1px solid red">
  Your browser does not support the canvas
element
</canvas>
```

step 2 在代码视图中的</canvas>标签之后输入以下代码：

```
<script>
var c=document.getElementById("myCanvas");
var cxt=c.getContext("2d");
    cxt.fillStyle="blue";
    cxt.beginPath();
    cxt.arc(100,75,15,0,Math.PI*2,true);
    cxt.closePath();
    cxt.fill();
</script>
```

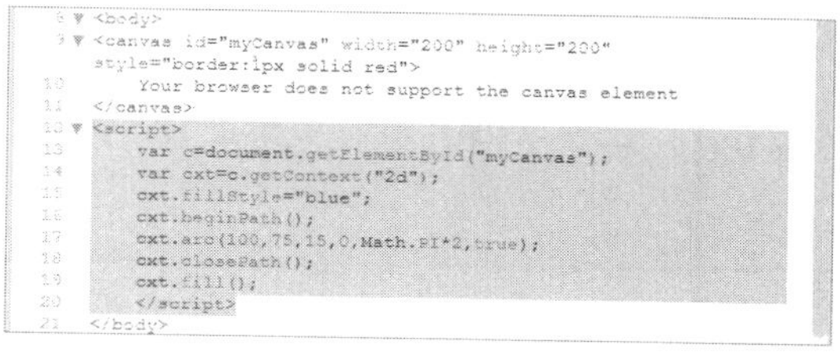

step 3 按下 F12 键预览网页，效果如下图所示。

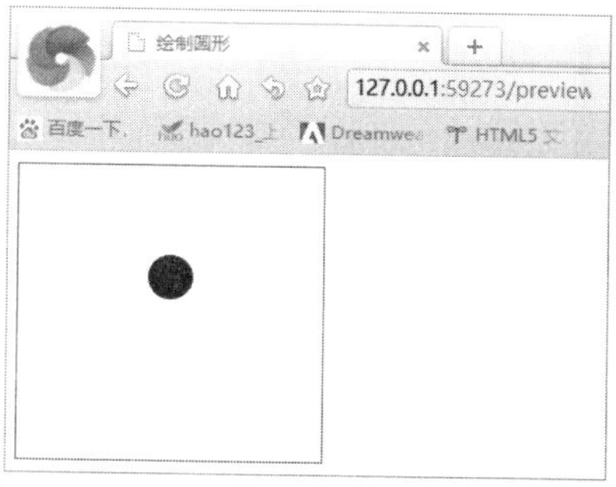

在上面的 JavaScript 代码中，使用 beginPath()方法开始绘制一个路径，然后绘制一个圆形，之后关闭这个路径并设置了填充。

【例 12-3】借助 JavaScript 的 for 循环语句绘制多条有规律的弧形。
视频+素材 (素材文件\第 12 章\例 12-3)

step 1 将鼠标指针置于设计视图中，选择【插入】| HTML | Canvas 命令，在网页中插入一个画布对象。在【属性】面板的 ID 文本框中输入 myCanvas，在 W 文本框中输入 200，在 H 文本框中输入 200。在代码视图中为<canvas>标签添加 style 属性(定义画布边框的显示样式)：

```
<canvas id="myCanvas" width="300"
height="150" style="border: 2px solid
red"></canvas>
```

step 2 在代码视图中的</canvas>标签之后输入以下代码。按下 F12 键预览网页，效果如右上图所示。

```
<script>
var c=document.getElementById("myCanvas");
var context=c.getContext("2d");
for(var i=0;i<15;i++)
{
context.strokeStyle="green";
context.beginPath();
context.arc(0,150,i*10,0,Math.PI*3/2,true);
context.stroke();
}
</script>
```

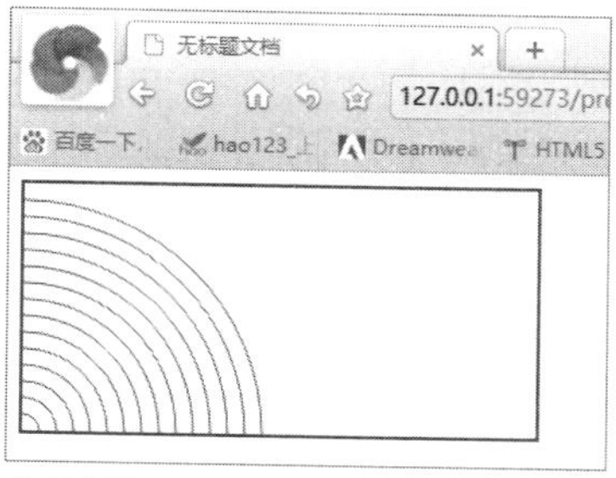

在上面的 JavaScript 代码中，没有使用 closePath()方法。如果在“context.stroke();”语句前添加“context.closePath();”语句，则会得到下图所示的效果。

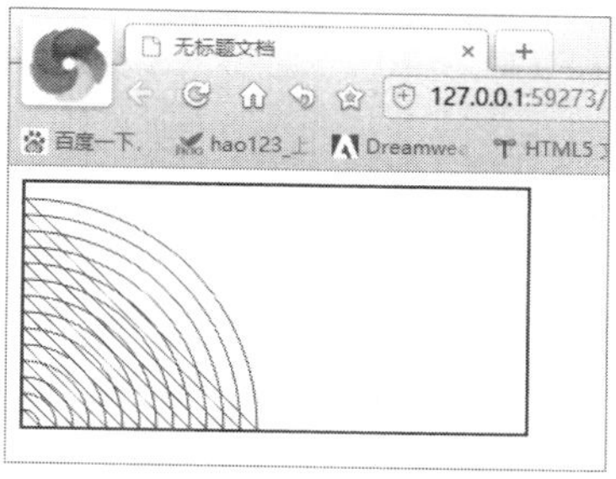

12.2.3 绘制直线

在每个canvas实例对象中都拥有一个path对象，创建自定义图形的过程就是不断对path对象进行操作的过程。每当开始一次新的图形绘制时，都需要先使用beginPath()方法将path对象重置为初始状态，进而通过对一系列moveTo/lineTo等画线方法的调用，来绘制需要的路径，其中moveTo(x,y)方法设置绘图的起始坐标，而line(x,y)等画线方法可以从当前起点绘制直线、圆弧及曲线到目标位置。最后一步是可选的步骤，这一步是调用closePath()方法将自定义图形进行闭合，该方法将自动创建一条从当前坐标到起始坐标的直线。

绘制直线常用的方法是 moveTo() 和 lineTo()，其含义说明如下表所示。

使用 canvas 绘制直线的方法

方　法	功　能
moveTo(x,y)	不绘制图形，只将当前位置移到新目标坐标(x,y)，并作为线条起始点
lineTo(x,y)	添加一个新点，然后创建从该点到画布中最后指定点的线条(该方法并不会创建线条，因为还没有调用 stroke()和 fill()函数，当前只是在定义路径的位置，以便后面绘制时使用)
strokeStyle()	指定线条的颜色
lineWidth()	指定线条的粗细

【例 12-4】在 Dreamweaver 中使用 canvas 绘制一条直线。

视频+素材 (素材文件\第 12 章\例 12-4)

step 1 将鼠标指针置于设计视图中，选择【插入】| HTML | Canvas 命令，在网页中插入一个画布对象。在【属性】面板的 ID 文本框中输入 myCanvas，在 W 文本框中输入 300，在 H 文本框中输入 200。在代码视图中为 canvas 标签添加 style 属性(定义画布边框的显示样式)，并在<canvas></canvas>标签之间输入提示文本：

```
<canvas id="myCanvas" width="300"
height="200" style="border:2px solid red">
Your browser does not support the canvas
element
</canvas>
```

step 2 在代码视图中的</canvas>标签之后输入以下代码：

```
<script>
 var c=document.getElementById("myCanvas");
 var cxt=c.getContext("2d");
   cxt.beginPath();
   cxt.strokeStyle="green)";
   cxt.moveTo(10,15);

  cxt.lineTo(250,50);
    cxt.lineTo(10,150);
    cxt.lineWidth=15;
      cxt.stroke();
      cxt.closePath;
  </script>
```

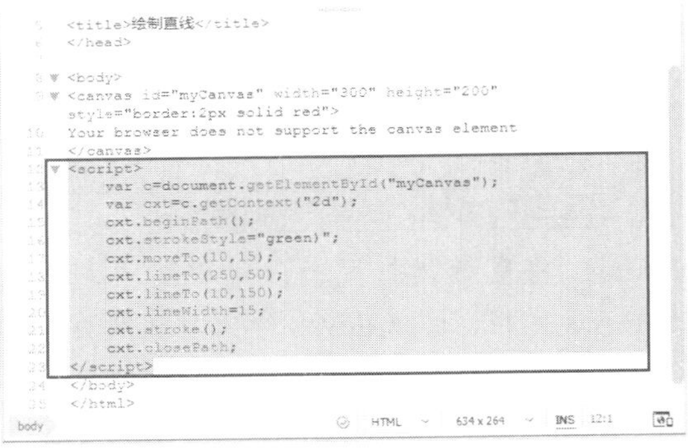

step 3 按下 F12 键预览网页，效果如下图所示。

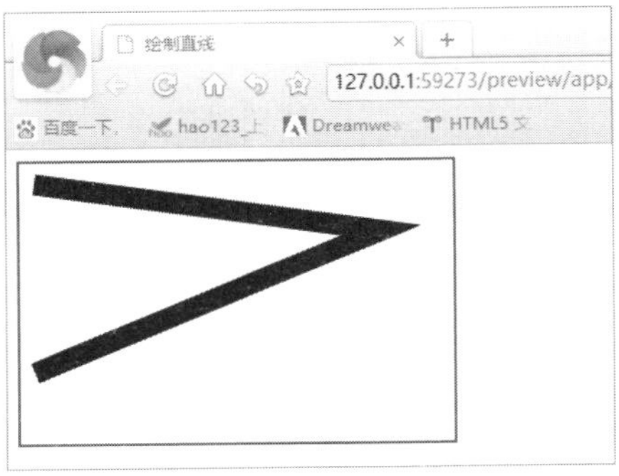

在以上代码中，使用 moveTo()方法定义

了一个坐标位置(10,15)，下面的代码以此坐标为起点绘制了两条不同的直线，并使用 lineWidth()方法设置直线的宽度，使用 strokeStyle()方法设置了直线的颜色，使用 lineTo()方法设置了两条不同直线的结束位置。

12.2.4　绘制多边形

多边形的绘制实际上就是绘制直线方法的重复应用。下面通过两个示例介绍具体的绘制方法。

【例 12-5】绘制一个蓝色填充的三角形。
视频+素材 (素材文件\第 12 章\例 12-5)

step 1　将鼠标指针置于设计视图中，选择【插入】| HTML | Canvas 命令，在网页中插入一个画布对象。在【属性】面板的 ID 文本框中输入 myCanvas，在 W 和 H 文本框中都输入 200。在代码视图中为 canvas 标签添加 style 属性(定义画布边框的显示样式)：

```
<canvas id="myCanvas" width="200"
height="200" style="border: 2px solid
red"></canvas>
```

step 2　在代码视图中的</canvas>标签之后输入以下 JavaScript 代码。按下 F12 键预览网页，效果如右上图所示。

```
<script>
    var c=document.getElementById
("myCanvas");
    var context=c.getContext("2d");
  context.fillStyle="blue";
  context.moveTo(25,25);
  context.lineTo(150,25);
  context.lineTo(25,150);
  context.fill();
</script>
```

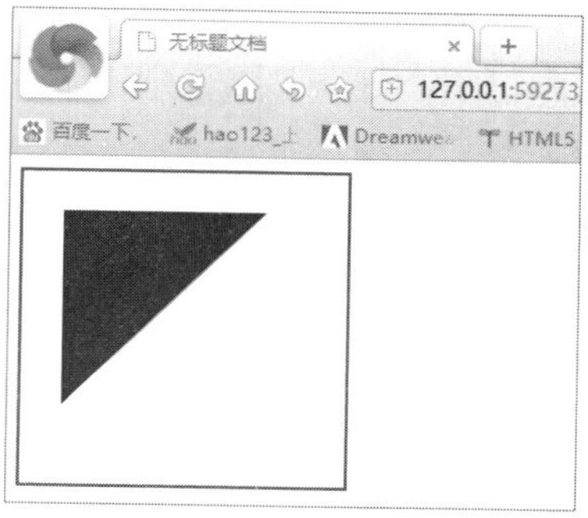

【例 12-6】绘制一个空心三角形。
视频+素材 (素材文件\第 12 章\例 12-6)

step 1　重复【例 12-5】步骤①中的操作创建一个边框为红色的画布对象后，在代码视图中的</canvas>标签之后输入以下代码：

```
<script>
    var c=document.getElementById
("myCanvas");
    var context=c.getContext("2d");
  context.fillStyle="blue";
  context.moveTo(25,25);
  context.lineTo(150,25);
  context.lineTo(25,150);
  context.closePath();
  context.stroke();
</script>
```

step 2　按下 F12 键预览网页，网页效果如下图所示。

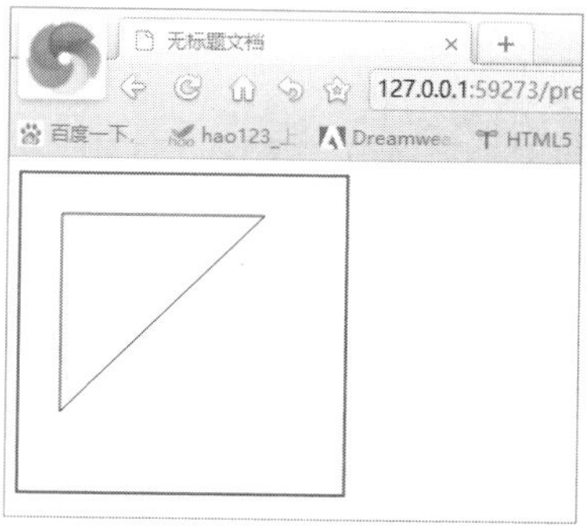

12.2.5　绘制曲线

使用 arcTo()方法可以绘制曲线，该方法能够创建两条切线之间的弧或曲线。

arcTo()方法的具体格式为：

```
context.arcTo(x1,y1,x2,y2,r);
```

其参数及其说明如下表所示。

arcTo()的参数及其说明

参　数	说　明
x1	弧起点的 x 坐标
y1	弧起点的 y 坐标
x2	弧终点的 x 坐标
y2	弧终点的 y 坐标
r	弧的半径

最后，使用 stroke()方法在画布上绘制确切的弧。

【例 12-7】分别使用 lineTo()和 arcTo()方法绘制直线和曲线，连成一个圆角弧线。

视频+素材 (素材文件\第 12 章\例 12-7)

step 1 将鼠标指针置于设计视图中，选择【插入】| HTML | Canvas 命令，在网页中插入一个画布对象。在【属性】面板的 ID 文本框中输入 myCanvas，在 W 文本框中输入 300，在 H 文本框中输入 200。在代码视图中为<canvas>标签添加 style 属性(定义画布边框的显示样式)：

```
<canvas id="myCanvas" width="300"
height="200" style="border:2px solid
blue"></canvas>
```

step 2 在代码视图中的</canvas>标签之后输入下图所示的代码。

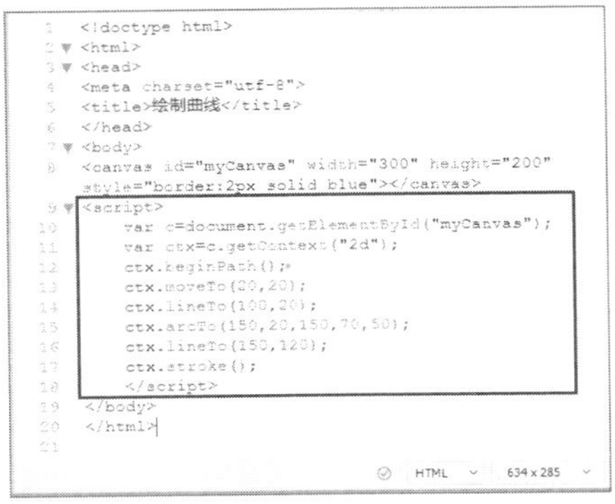

```
<!doctype html>
<html>
<head>
<meta charset="utf-8">
<title>绘制曲线</title>
</head>
<body>
<canvas id="myCanvas" width="300" height="200"
style="border:2px solid blue"></canvas>
<script>
    var c=document.getElementById("myCanvas");
    var ctx=c.getContext("2d");
    ctx.beginPath();
    ctx.moveTo(20,20);
    ctx.lineTo(100,20);
    ctx.arcTo(150,20,150,70,50);
    ctx.lineTo(150,120);
    ctx.stroke();
    </script>
</body>
</html>
```

step 3 按下 F12 键在浏览器中预览网页，效果如下图所示。

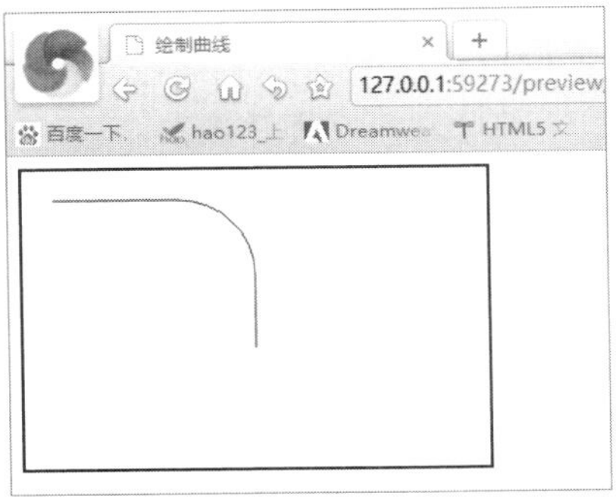

12.2.6　绘制贝塞尔曲线

在数学的数值分析领域中，贝塞尔曲线是计算机图形学中相当重要的参数曲线。更高维度的广泛化贝塞尔曲线称为贝塞尔曲面，其中贝塞尔三角是一个特殊的实例。

使用 bezierCurveTo()方法可以为一个画布的当前子路径添加一条三次贝塞尔曲线。这条曲线的开始点是画布的当前点，结束点是(x,y)。两条贝塞尔曲线控制点(cpX1，cpY1)和 (cpX2，cpY2)定义了曲线的形状。当这个方法返回时，当前的位置为(x,y)。

bezierCurveTo()方法的具体格式如下：

```
bezierCurveTo(cpX1, cpY1, cpX2, cpY2, x,y)
```

其参数的说明如下表所示。

bezierCurveTo()的参数及其说明

参　　数	说　　明
cpX1, cpY1	和曲线开始点(当前位置)相关联的控制点的坐标
cpX2, cpY2	和曲线的结束点相关联的控制点的坐标
x,y	曲线的结束点的坐标

【例 12-8】使用 bezierCurveTo()方法绘制贝塞尔曲线。
视频+素材 (素材文件\第 12 章\例 12-8)

step 1 在<body>标签中添加 onLoad 事件：

```
<body onLoad="draw('canvas');">
```

step 2 在设计视图中输入标题文本“绘制贝塞尔曲线”，然后选择【插入】| HTML | Canvas 命令，在网页中插入一个画布对象。在【属性】面板的 W 文本框中输入 400，在 H 文本框中输入 300。

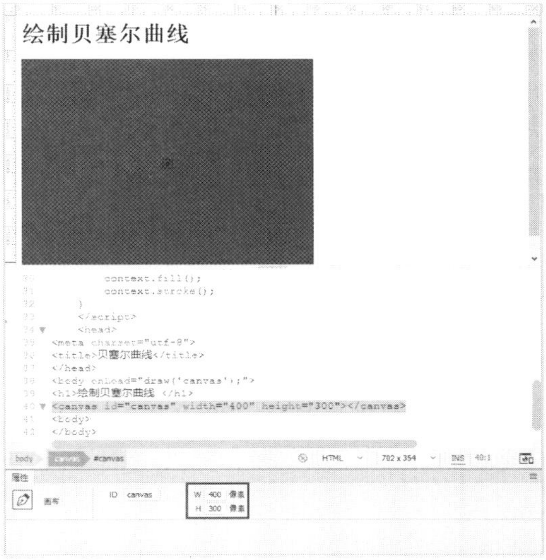

step 3 在</head>标签之前输入以下代码：

```
<script>
 function draw(id)
 {
   var canvas=document.getElementById(id);
   if(canvas==null)
   return false;
      var context=canvas.getContext('2d');
      context.fillStyle="#eeeeff";
      context.fillRect(0,0,400,300);
      var n=0;
      var dx=150;
      var dy=150;
      var s=100;
      context.beginPath();
      context.globalCompositeOperation='and';
      context.fillStyle='rgb(100,255,100)';
      context.strokeStyle='rgb(0,0,100)';
      var x=Math.sin(0);
      var y=Math.cos(0);
      var dig=Math.PI/15*11;
   for(var i=0;i<30;i++)
      {
         var x=Math.sin(i*dig);
         var y=Math.cos(i*dig);
         context.bezierCurveTo(dx+x*s,
         dy+y*s-100,
         dx+x*s+100,dy+y*s,dx+x*s,dy+y*s);
      }
    context.closePath();
    context.fill();
    context.stroke();
 }
</script>
```

step 4 单击 Dreamweaver 状态栏右侧的【预览】按钮，从弹出的列表中选择 Internet Explorer 选项，在浏览器中预览网页。

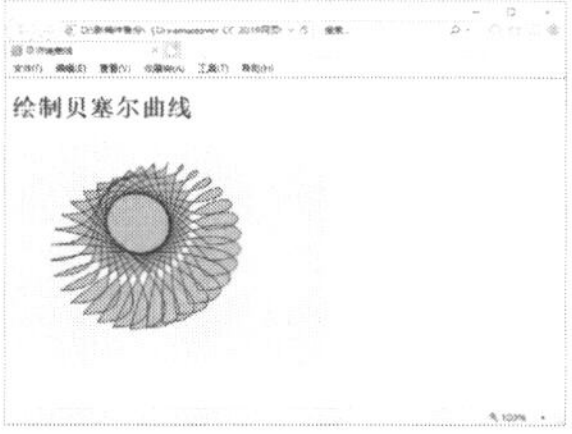

在上面的代码中，首先是语句fillRect((0,0,400,300)绘制了一个矩形，其大小和画布相同，并设置了填充色。之后定义了几个变量，用于设定曲线的坐标位置，在 for 循环中使用 bezierCurveTo()方法绘制贝塞尔曲线。

12.3 绘制渐变图形

渐变是两种或更多颜色的平滑过渡效果，是在颜色集上使用逐步抽样的算法，将结果应用于描边样式和填充样式中。canvas 的绘图上下文支持两种类型的渐变：线性渐变和放射性渐变，其中放射性渐变也称为径向渐变。

12.3.1 绘制线性渐变

在canvas中可以绘制线性渐变或径向渐变。如果要绘制线性渐变，需要使用createLinearGradient()方法创建canvasGradient对象，然后使用addColorStop()方法进行上色，具体步骤如下。

step 1 创建渐变对象，代码如下：

```
var gradient=cxt.createLinearGradient(0,0,0,canvas.height);
```

step 2 为渐变对象设置颜色，指明过渡方式，代码如下：

```
gradient.addColorStop(0,'#fff');
gradient.addColorStop(1,'#000');
```

step 3 在 context 上为填充样式或者描边样式设置渐变，代码如下：

```
cxt.fillStyle=gradient;
```

要设置显示颜色，在渐变对象上使用addColorStop()方法即可。除了可以变换成其他颜色外，还可以为颜色设置 alpha 值(例如，透明)，并且 alpha 值也是可以变化的。为了达到这样的效果，需要使用颜色值的另一种表示方法，如内置 alpha 组件的 CSSrgba()方法。

绘制线性渐变时用到的方法如下表所示。

绘制线性渐变的方法

方　法	功　能
addColorStop()	该方法允许指定两个参数：颜色和偏移量。颜色参数是指开发人员希望在偏移位置描边或填充时所使用的颜色。偏移量是一个 0.0~1.0 的数值
createLinearGradient(x0,y0,x1,y1)	沿着直线从(x0,y0)至(x1,y1)绘制渐变

【例 12-9】绘制线性渐变图形。
视频+素材 (素材文件\第 12 章\例 12-9)

step 1 将鼠标指针置于设计视图中，选择【插入】| HTML | Canvas 命令，在网页中插入一个画布对象。在【属性】面板的 ID 文本框中输入 myCanvas，在 W 文本框中输入 400，在 H 文本框中输入 300。在代码视图中为<canvas>标签添加 style 属性(定义画布边框的显示样式)：

```
<canvas id="myCanvas" width="400" height="300" style="border: 1px solid green"></canvas>
```

step 2 在代码视图中的</canvas>标签之后输入下图所示的代码。

```
<!doctype html>
<html>
<head>
<meta charset="utf-8">
<title>线性渐变</title>
</head>

<body>
<h1>绘制线性渐变</h1>
  <canvas id="myCanvas" width="400" height="300"
  style="border: 1px solid green"></canvas>
    <script>
    var c=document.getElementById("myCanvas");
    var cxt=c.getContext("2d");
    var
    gradient=cxt.createLinearGradient(0,0,0,myCanvas.height);
    gradient.addColorStop(0,'#fff');
    gradient.addColorStop(1,'#000');
    cxt.fillStyle=gradient;
    cxt.fillRect(0,0,400,400);
    </script>
</body>
</html>
```

step 3　按下F12键预览网页，效果如下图所示。

以上代码先使用 2D 环境对象生成了一个线性渐变对象，渐变的起始点是(0,0)，渐变的结束点是(0,canvas.height)，之后使用 addColorStop()方法设置渐变颜色，最后将渐变填充到上下文环境的样式中。

12.3.2　绘制径向渐变

所谓径向渐变，就是颜色会介于两个指定圆间的锥形区域平滑变化。径向渐变和线性渐变使用的颜色终止点是一样的。如果要实现径向渐变，需要使用 createRadialGradient()方法，其具体格式如下：

```
context.createRadialGradient(x0,y0,r0,x1,y1,r1)
```

其参数的说明如下表所示。

createRadialGradient()的参数及其说明

参　数	说　明
x0	渐变开始圆的 x 坐标
y0	渐变开始圆的 y 坐标
r0	开始圆的半径
x1	渐变结束圆的 x 坐标
y1	渐变结束圆的 y 坐标
r1	结束圆的半径

【例 12-10】绘制径向(放射性)渐变图形。
视频+素材 (素材文件\第 12 章\例 12-10)

step 1　将鼠标指针置于设计视图中，选择【插入】| HTML | Canvas 命令，在网页中插入一个画布对象。在【属性】面板的 ID 文本框中输入 myCanvas，在 W 文本框中输入 400，在 H 文本框中输入 300。在代码视图中为<canvas>标签添加 style 属性(定义画布边框的显示样式)：

```
<canvas id="myCanvas" width="400" height="300" style="border: 2px solid red"></canvas>
```

step 2　在代码视图中的</canvas>标签之后输入以下代码：

```
<script>
var c=document.getElementById("myCanvas");

var cxt=c.getContext("2d");
var gradient=cxt.createRadialGradient
(myCanvas.width/2,myCanvas.height/2,0,myCan
vas.width/2,myCanvas.height/2,150);
  gradient.addColorStop(0,'#fff');

  gradient.addColorStop(1,'#000');
    cxt.fillStyle=gradient;
```

```
        cxt.fillRect(0,0,400,400);
    </script>
```

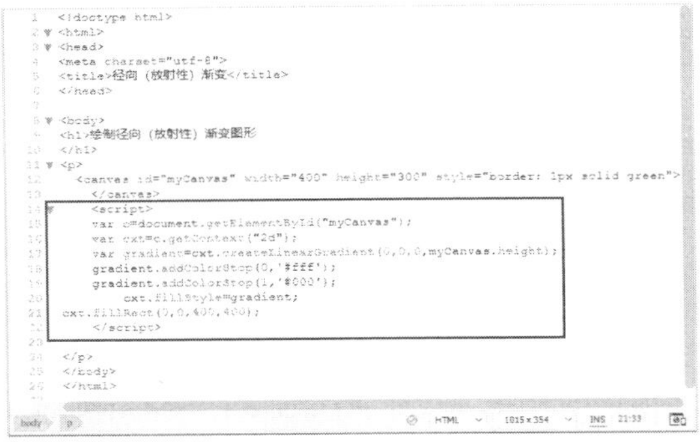

step 3 按下 F12 键预览网页，效果如右上图所示。

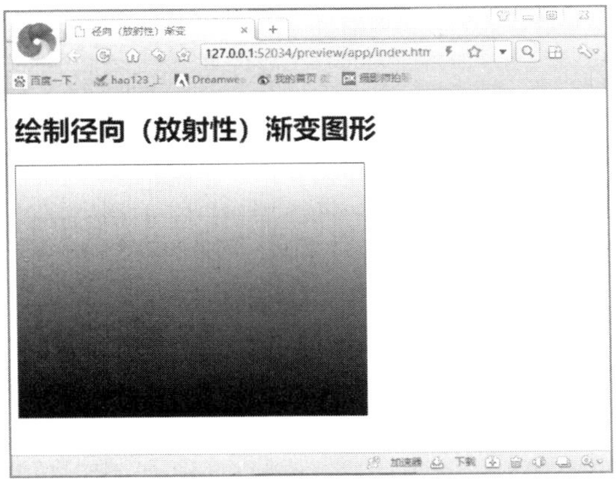

在上面的代码中，首先创建了一个渐变对象 gradient，使用 createRadialGradient()方法创建了一个径向渐变，之后使用 addColorStop()方法添加颜色，最后将渐变填充到上下文环境中。

12.4 设置图形样式

canvas 支持多种颜色和样式选项，用户可以为图形设置不同的线型、渐变、图案、不透明度和阴影。

12.4.1 设置线型

使用以下 4 个属性，可以为线条应用不同的线型。

- lineWidth：设置或返回当前的线条宽度。
- lineCap：设置或返回线段的端点样式。
- lineJoin：设置或返回两条线相交时，所创建的拐角类型。
- miterLimit：设置或返回最大斜接长度。

下面通过示例详细介绍这些属性的应用方法。

1. 设置线条的粗细

使用 lineWidth 属性可以设置线条的粗细(即线宽)，即路径中心到两边的距离。该属性的值必须为正数，默认值为 1.0。

【例 12-11】借助 JavaScript 的 for 循环语句在画布上绘制不同线宽的直线。
视频+素材 (素材文件\第 12 章\例 12-11)

step 1 将鼠标指针置于设计视图中，选择【插入】| HTML | Canvas 命令，在网页中插入一个画布对象。在【属性】面板的 ID 文本框中输入 myCanvas，在 W 文本框中输入 300，在 H 文本框中输入 200。在代码视图中添加以下<canvas>标签：

```
<canvas id="myCanvas" width="300"
height="200"></canvas>
```

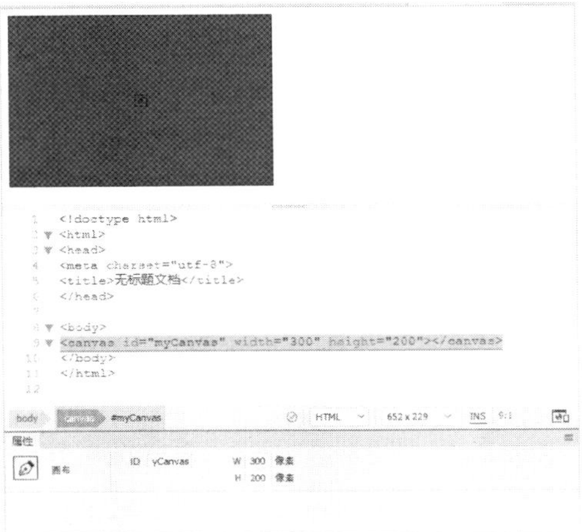

step 2 在代码视图中的</canvas>标签之后输入以下代码。

```
<script>
var ctx=document.getElementById('myCanvas').
getContext("2d");
for (var i=0;i<12;i++){
    ctx.strokeStyle="red";
    ctx.lineWidth=1+i;
    ctx.beginPath();
    ctx.moveTo(5,5+i*14);
    ctx.lineTo(140,5+i*14);
    ctx.stroke();
}
</script>
```

step 3 按下F12键预览网页，效果如下图所示。

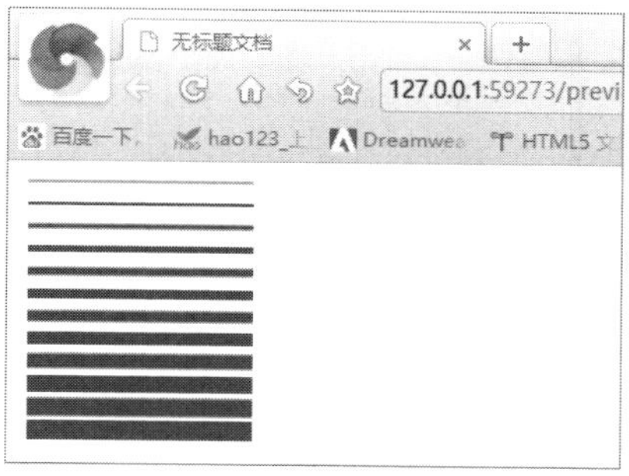

2. 设置线段的端点样式

使用 lineCap 属性可以为线段设置端点样式，包括 butt、round 和 square 这 3 种样式。

【例 12-12】设置网页中从上到下 3 条线段的端点样式。
视频+素材 (素材文件\第 12 章\例 12-12)

step 1 将鼠标指针置于设计视图中，选择【插入】| HTML | Canvas 命令，在网页中插入一个画布对象。在【属性】面板的 ID 文本框中输入 myCanvas，在 W 文本框中输入 300，在 H 文本框中输入 200。在代码视图中添加以下<canvas>标签：

```
<canvas id="myCanvas" width="300"
height="200"></canvas>
```

step 2 在代码视图中的</canvas>标签之后输入以下代码：

```
<script>
    var c=document.getElementById
("myCanvas");
    var ctx=c.getContext("2d");
    //第一条直线段
    ctx.beginPath();
    ctx.lineWidth=10;
    ctx.lineCap="butt";
    ctx.moveTo(20,20);
    ctx.lineTo(200,20);
    ctx.stroke();
    //第二条直线段
    ctx.beginPath();
    ctx.lineCap="round";
    ctx.moveTo(20,40);
    ctx.lineTo(200,40);
    ctx.stroke();
    //第三条直线段
    ctx.beginPath();
    ctx.lineCap="square";
    ctx.moveTo(20,60);
    ctx.lineTo(200,60);
    ctx.stroke();
</script>
```

step 3 按下F12键预览网页，效果如下图所示。

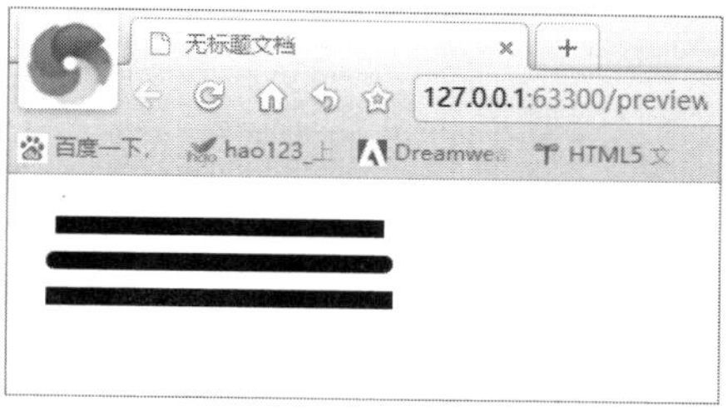

3. 设置线条连接处的样式

使用 lineJoin 属性可以设置两条线段连接处的样式，包括 round、bevel 和 minter 这 3 种样式。

【例 12-13】为两条直线的连接处设置圆角样式。
视频+素材 (素材文件\第 12 章\例 12-13)

step 1 将鼠标指针置于设计视图中，选择【插入】| HTML | Canvas 命令，在网页中插入一个画布对象。在【属性】面板的 ID 文本框中输入 myCanvas，在 W 文本框中输入 300，在 H 文本框中输入 150。然后在代码视图中为<canvas>标签添加 style 属性：

```
<canvas id="myCanvas" width="300" height="150" style="border:1px solid blue"> </canvas>
```

step 2 在代码视图中的</canvas>标签之后输入以下代码：

```
<script>
var c=document.getElementById("myCanvas");
var ctx=c.getContext("2d");
    ctx.beginPath();
    ctx.lineWidth=10;
    ctx.lineJoin="round";
    ctx.moveTo(20,20);
    ctx.lineTo(100,50);
    ctx.lineTo(20,100);
    ctx.stroke();
</script>
```

step 3 按下F12键预览网页，效果如下图所示。

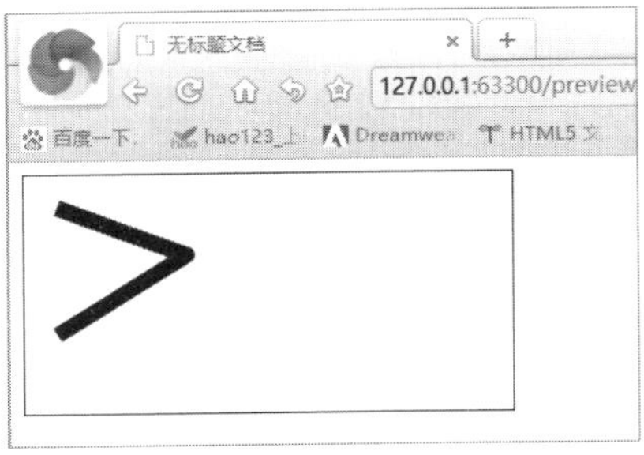

4. 设置绘制交点的方式

使用 miterLimit 属性可以设置两条线段连接处交点的绘制方式，其作用是为斜面的长度设置一个上限，默认值为 10，即规定斜面的长度不能超过线条宽度的 10 倍。当斜面的长度达到线条宽度的 10 倍时，就会变为斜角。这里需要注意的是，如果 lineJoin 属性的值为 round 或 bevel，则 miterLimit 属性无效。

【例 12-14】通过设置 miterLimit 属性的值来绘制两条线段连接处的交点。
视频+素材 (素材文件\第 12 章\例 12-14)

step 1 将鼠标指针置于设计视图中，选择【插入】| HTML | Canvas 命令，在网页中插入一个画布对象。在【属性】面板的 ID 文本框中输入 myCanvas，在 W 文本框中输入 300，在 H 文本框中输入 300。然后在代码视图中为<canvas>标签添加 style 属性：

```
<canvas id="myCanvas" width="300"
height="300" style="border:1px solid
#d3d3d3;">
</canvas>
```

step 2 在代码视图中的</canvas>标签之后输入以下代码：

```
<script type="text/javascript">
    var c=document.getElementById
("myCanvas");
    var ctx = document.getElementById
('myCanvas').getContext("2d");
    for (var i=1;i<10;i++){
    ctx.strokeStyle = 'blue';
        ctx.lineWidth = 10;
        ctx.lineJoin = 'miter';
    ctx.miterLimit = i*10;
        ctx.beginPath();
        ctx.moveTo(10,i*30);
        ctx.lineTo(100,i*30);
        ctx.lineTo(10,33*i);
        ctx.stroke();
    }
</script>
```

step 3 按下F12键预览网页，效果如下图所示。

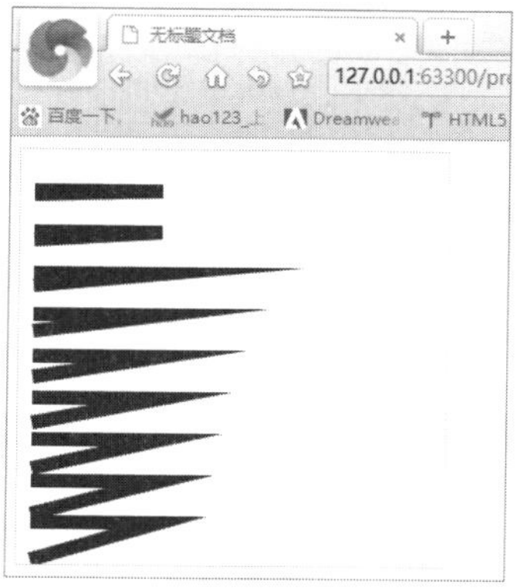

12.4.2　设置不透明度

使用 globalAlpha 全局属性可以设置绘制图形的不透明度。另外，也可以通过色彩的不透明度参数来为图形设置不透明度，这种方法相对于使用 globalAlpha 属性，更加灵活。

使用rgba()方法可以设置具有不透明度的颜色，其用法如下：

```
rgba(R,G,B,A)
```

其中 R、G、B、A 将颜色的红色、绿色和蓝色成分指定为 0~255 的十进制整数，A 把 alpha(不透明)成分指定为 0.0 到 1.0 之间的一个浮点数值，0.0 为完全透明，1.0 为完全不透明。例如，可以用：

```
rgba(255,0,0,0.5)
```

表示半透明的红色。

【例 12-15】使用 for 语句创建多个圆形，用 rgba() 方法为圆设置不同的不透明度。

视频+素材 (素材文件\第 12 章\例 12-15)

step 1 将鼠标指针置于设计视图中，选择【插入】| HTML | Canvas 命令，在网页中插入一个画布对象。在【属性】面板的 ID 文本框中输入 myCanvas，在 W 文本框中输入 500，在 H 文本框中输入 300。然后在代码视图中的</canvas>标签之后输入以下代码：

```
<canvas id="myCanvas" width="500"
height="300"></canvas>
<script>
  var ctx = document.getElementById
('myCanvas').getContext("2d");
      ctx.translate(200,20);
  for (var i=1;i<50;i++){
      ctx.save();
      ctx.transform(0.95,0,0,0.95,30,30);
      ctx.rotate(Math.PI/12);
      ctx.beginPath();
      ctx.fillStyle='rgba(255,0,0,'+
(1-(i+10)/40)+')';
      ctx.arc(0,0,50,0,Math.PI*2,true);
      ctx.closePath();
      ctx.fill();
  }
</script>
```

step 2 按下F12键预览网页，效果如下图所示。

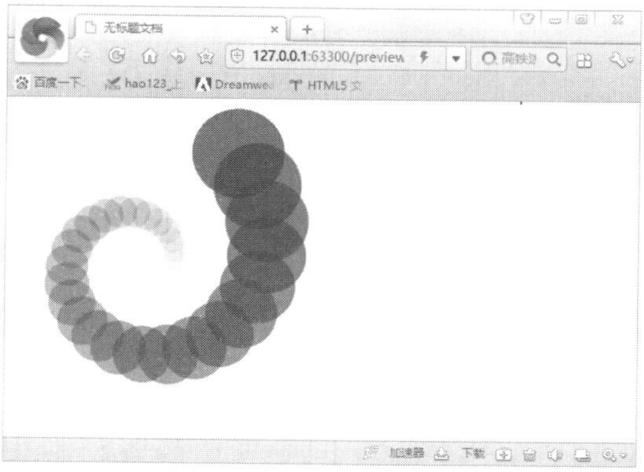

12.4.3　设置阴影

要在 canvas 中创建阴影效果，需要用到 shadowOffsetX、shadowOffsetY、shadowBlur 和 shadowColor 这 4 个属性。

- shadowOffsetX：设置或返回阴影距离形状的水平距离。
- shadowOffsetY：设置或返回阴影距离形状的垂直距离。
- shadowBlur：设置或返回用于阴影的模糊级别。

➤ shadowColor：设置或返回用于阴影的颜色。

【例 12-16】为网页中的文本和图形设置阴影效果。
视频+素材 (素材文件\第 12 章\例 12-16)

step 1 将鼠标指针置于设计视图中，选择【插入】| HTML | Canvas 命令，在网页中插入一个画布对象。在【属性】面板的 ID 文本框中输入 myCanvas，在 W 文本框中输入 400，在 H 文本框中输入 200。然后在代码视图中的</canvas>标签之后输入以下代码：

```
<canvas id="myCanvas" width="400"
height="200"></canvas>
<script type="text/javascript">
var ctx = document.getElementById
('myCanvas').getContext('2d');
// 设置阴影
    ctx.shadowOffsetX = 3;
    ctx.shadowOffsetY = 3;
    ctx.shadowBlur = 2;
ctx.shadowColor = "rgba(0,0,0,0.5)";
// 绘制矩形
    ctx.fillStyle = "#33ccff";
    ctx.fillRect(20,20,300,100);
    ctx.fill();
// 绘制文本
    ctx.font = "45px  黑体";
    ctx.fillStyle = "white";
    ctx.fillText("Dreamweaver",30,64);
</script>
```

step 2 按下F12键预览网页，效果如下图所示。

12.5 操作图形

在画布中适当地运用图形变换操作，可以创建复杂、多变的图形。

12.5.1 清除绘图

在 canvas 中绘制了图形后，有时候可能需要清除这些绘制的图形。这时，使用 clearRect()方法可以清除指定矩形区域内的所有图形，从而显示画布的背景。该方法的用法如下：

```
context.clearRect(x,y,width,height);
```

以上参数的说明如下表所示。

clearRect()方法的参数及其说明

参　数	说　明
x	要清除的矩形左上角的 x 坐标
y	要清除的矩形左上角的 y 坐标
width	要清除的矩形的宽度，以像素为单位
height	要清除的矩形的高度，以像素为单位

【例 12-17】使用 clearRect()方法清空一个给定的矩形区域。
视频+素材 (素材文件\第 12 章\例 12-17)

step 1 将鼠标指针置于设计视图中，选择【插入】| HTML | Canvas 命令，在网页中插入一个画布对象。在【属性】面板的 ID 文

本框中输入 myCanvas，在 W 文本框中输入 300，在 H 文本框中输入 150。在代码视图中为<canvas>标签添加 style 属性(定义画布边框的显示样式)：

```
<canvas id="myCanvas" width="300" height="150" style="border:1px solid #d3d3d3;">
</canvas>
```

step 2 在代码视图中的</canvas>标签之后输入以下代码：

```
<script>
var c=document.getElementById("myCanvas");
var ctx=c.getContext("2d");
        ctx.fillStyle="red";
        ctx.fillRect(0,0,300,150);
        ctx.clearRect(20,20,100,50);
</script>
```

step 3 按下F12键预览网页，效果如下图所示。

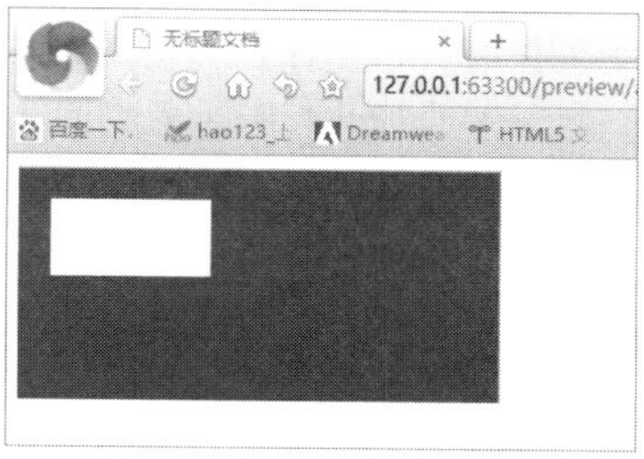

12.5.2　移动坐标

在默认状态下，画布以左上角(0,0)为原点作为绘图参考，用户可以使用 translate()方法移动坐标原点(见右上代码)，这样新绘制的图形就会以新的坐标原点为参考进行绘制。

```
context.translate(dx, dy);
```

其中参数 dx 和 dy 分别为坐标原点沿水平和垂直两个方向的偏移量，如下图所示。

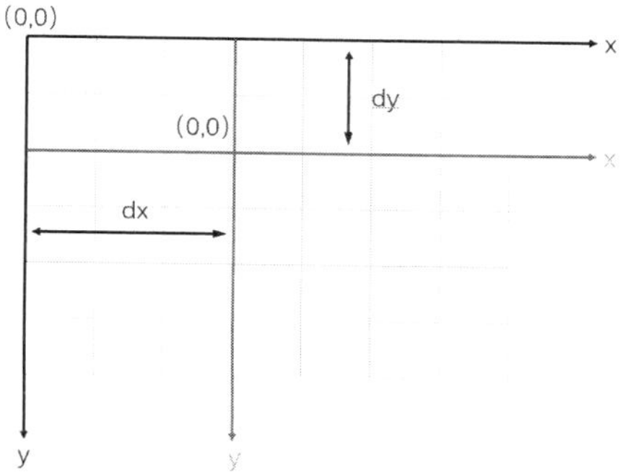

【例 12-18】使用 translate()方法重新映射画布上的(0,0)位置。

视频+素材 (素材文件\第 12 章\例 12-18)

step 1 本例将在画布位置(10,10)处绘制一个矩形，将新的(0,0)位置设置为(70,70)，然后再次绘制新的矩形。将鼠标指针置于设计视图中，选择【插入】| HTML | Canvas 命令，在网页中插入一个画布对象。在【属性】面板的 ID 文本框中输入 myCanvas，在 W 文本框中输入 300，在 H 文本框中输入 150。在代码视图中为<canvas>标签添加 style 属性(定义画布边框的显示样式)：

```
<canvas id="myCanvas" width="300" height="150" style="border:1px solid #d3d3d3;"> </canvas>
```

step 2 在代码视图中的</canvas>标签之后输入以下代码：

```
<script>
var c=document.getElementById("myCanvas");
var ctx=c.getContext("2d");
   ctx.fillRect(10,10,100,50);
   ctx.translate(70,70);
   ctx.fillRect(10,10,100,50);
</script>
```

step 3 按下F12键预览网页，效果如下图所示。

12.5.3 旋转坐标

使用 rotate()方法可以旋转当前的绘图，其实质是以原点为中心旋转 canvas 上下文对象的坐标控件。该方法的具体用法如下：

```
context.rotate(angle);
```

rotate()方法只有一个参数，即旋转角度 angle，旋转角度以顺时针方向为正方向，以弧度为单位，旋转中心为 canvas 的原点，如右上图所示。

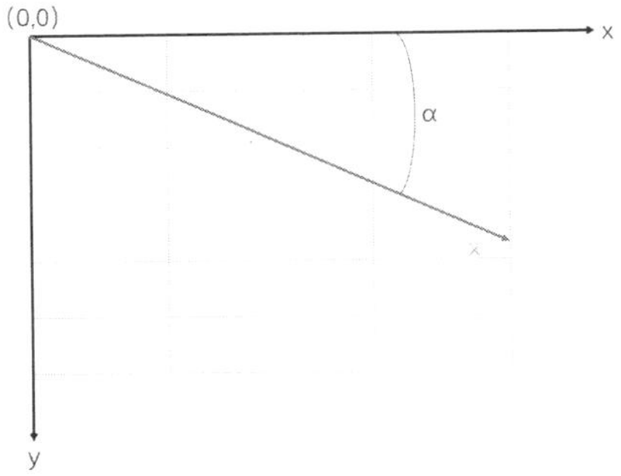

若需要将角度转换为弧度，则可以使用 degrees*Math.PI/180 公式进行计算。例如，要旋转 5°，可套用公式：

```
5*Math.PI/180
```

【例 12-19】使用 rotate()方法将矩形旋转 30°。
视频+素材 (素材文件\第 12 章\例 12-19)

step 1 将鼠标指针置于设计视图中，选择【插入】| HTML | Canvas 命令，在网页中插入一个画布对象。在【属性】面板的 ID 文本框中输入 myCanvas，在 W 文本框中输入 300，在 H 文本框中输入 150。在代码视图中为<canvas>标签添加 style 属性(定义画布边框的显示样式)：

```
<canvas id="myCanvas" width="300" height="150" style="border:1px solid #d3d3d3;"> </canvas>
```

step 2 在代码视图中的</canvas>标签之后输入以下代码：

```
<script>
var c=document.getElementById("myCanvas");
var ctx=c.getContext("2d");
    ctx.rotate(30*Math.PI/180);
    ctx.fillRect(50,20,100,50);
</script>
</body>
</html>
```

step 3 按下 F12 键预览网页，效果如下图所示。

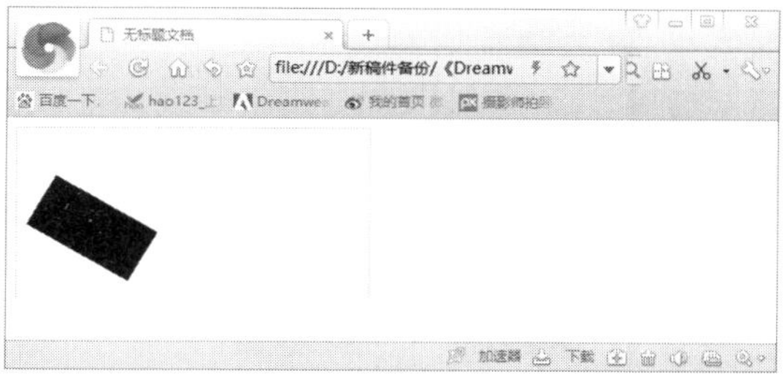

12.5.4　缩放图形

使用 scale()方法可以缩放当前所绘制的图形，使图形更大或更小，其实质就是增减 canvas 上下文对象的像素数目，从而实现图形或位图的放大或缩小。该方法的具体用法如下：

```
context.scale(x,y);
```

其中x，y为必须接受的参数，x为横轴的缩放因子，y为纵轴的缩放因子，它们的值必须是正值。如果需要放大图形，则将参数值设置为大于 1 的数值；如果需要缩小图形，则将参数值设置为小于 1 的数值；当参数值等于 1 时没有任何缩放效果。

【例 12-20】使用scale()方法将绘制的矩形放大500%。
视频+素材 (素材文件\第 12 章\例 12-20)

step 1　将鼠标指针置于设计视图中，选择【插入】| HTML | Canvas 命令，在网页中插入一个画布对象。在【属性】面板的 ID 文本框中输入 myCanvas，在 W 文本框中输入 300，在 H 文本框中输入 150。在代码视图中为<canvas>标签添加 style 属性(定义画布边框的显示样式)：

```
<canvas id="myCanvas" width="300" height="150" style="border:1px solid #d3d3d3;"></canvas>
```

step 2　在代码视图中的</canvas>标签之后输入以下代码：

```
<script>
var c=document.getElementById("myCanvas");
var ctx=c.getContext("2d");
      ctx.strokeRect(5,5,25,15);
      ctx.scale(5,5);
      ctx.strokeRect(5,5,25,15);
</script>
</body>
</html>
```

step 3　按下F12键预览网页，效果如下图所示。

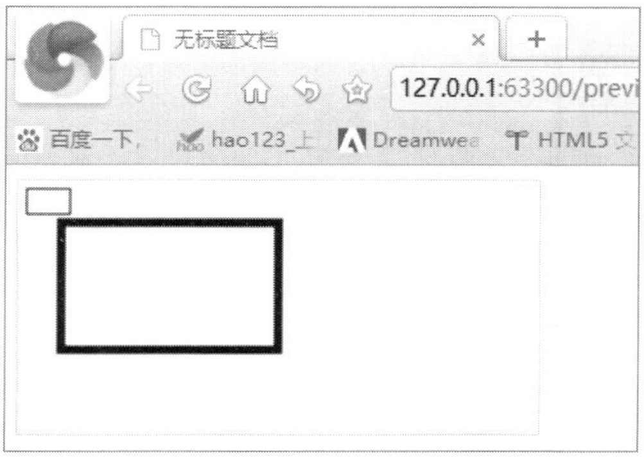

12.5.5　组合图形

当两个或两个以上的图形存在重叠区域时，默认情况是下一个图形画在前一个图形之上。通过指定图形 globalCompositeOperation 属性的值可以改变图形的绘制顺序或绘制方式。

【例 12-21】使用 globalCompositeOperation 绘制矩形。
视频+素材 (素材文件\第 12 章\例 12-21)

step 1　将鼠标指针置于设计视图中，选择

【插入】| HTML | Canvas 命令，在网页中插入一个画布对象。在【属性】面板的 ID 文本框中输入 myCanvas，在 W 文本框中输入 300，在 H 文本框中输入 150。

step 2 在代码视图中的</canvas>标签之后输入以下代码：

```
<body>
<canvas id="myCanvas" width="300"
height="150"></canvas>
<script>
var c=document.getElementById("myCanvas");
var ctx=c.getContext("2d");
   ctx.fillStyle="red";
   ctx.fillRect(20,20,75,50);
   ctx.fillStyle="blue";
   ctx.globalCompositeOperation="source-over";
   ctx.fillRect(50,50,75,50);
   ctx.fillStyle="red";
   ctx.fillRect(150,20,75,50);
   ctx.fillStyle="blue";
   ctx.globalCompositeOperation=
"destination-over";
   ctx.fillRect(180,50,75,50);
</script>
</body>
```

step 3 按下F12键预览网页，效果如右上图所示。

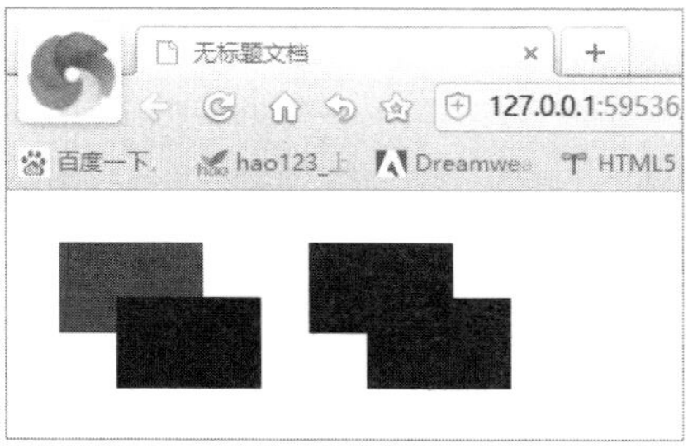

如果将 globalAlpha 的值改为 0.5(ctx.globalAlpha=0.5;)，则组合的图形将变为半透明，如下图所示。

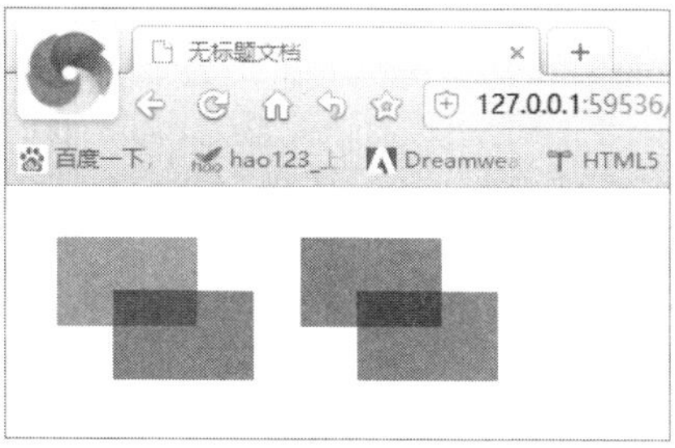

下表所示给出了 globalCompositeOperation 属性所有可用的值。表中的图例矩形表示为 B，为先绘制的图形(原有内容为 destination)，圆形表示为 A，为后绘制的图形(新图形为 source)。在应用时注意 globalCompositeOperation 语句的位置，应处于原有内容与新图形之间。

globalCompositeOperation 属性所有可用的值及说明

参数值	效果	说明
source-over(默认值)		A over B，这是默认设置，即新图形覆盖在原有内容之上
destination-over		B over A，即原有内容覆盖在新图形之上
source-atop		只绘制原有内容和新图形与原有内容重叠的部分，且新图形位于原有内容之上

(续表)

参 数 值	说 明	说 明
destination-atop		只绘制新图形和新图形与原有内容重叠的部分，且原有内容位于重叠部分之下
source-in		新图形只出现在与原有内容重叠的部分，其余区域变为透明
destination-in		原有内容只出现在与新图形重叠的部分，其余区域变为透明
source-out		新图形中与原有内容不重叠的部分被保留
destination-out		原有内容中与新图形不重叠的部分被保留
lighter	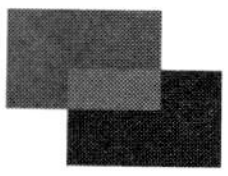	两图形重叠的部分做减色处理
copy		只保留新图形
xor		将重叠部分变为透明
darker		在两图形重叠的部分，颜色由两个颜色值相减后决定

12.5.6 裁切路径

使用clip()方法能够从原始画布中剪切任意形状和尺寸的区域。其原理与绘制普通canvas图形类似，只不过clip()的作用是形成一个蒙版，没有被蒙版的区域会被隐藏。

这里需要注意的是：一旦剪切了某个区域，则所有之后的绘图都会被限制在被剪切的区域内，不能访问画布上的其他区域。

【例 12-22】先从画布中剪切 200 像素×120 像素的矩形区域，然后绘制绿色矩形。

视频+素材 (素材文件\第 12 章\例 12-22)

step 1 将鼠标指针置于设计视图中，选择【插入】| HTML | Canvas 命令，在网页中插入一个画布对象。在【属性】面板的 ID 文本框中输入 myCanvas，在 W 文本框中输入 300，在 H 文本框中输入 150。

step 2 在代码视图中的</canvas>标签之后输入以下代码：

```
<canvas id="myCanvas" width="300"
height="150">
</canvas>
<script>
//不使用 clip()方法
var c=document.getElementById("myCanvas");
var ctx=c.getContext("2d");
// 绘制一个矩形
```

```
        ctx.rect(50,20,200,120);
        ctx.stroke();
// 绘制绿色的矩形
        ctx.fillStyle="green";
        ctx.fillRect(0,0,150,100);
</script>
```

step 3 按下F12键预览网页，效果如下图所示。

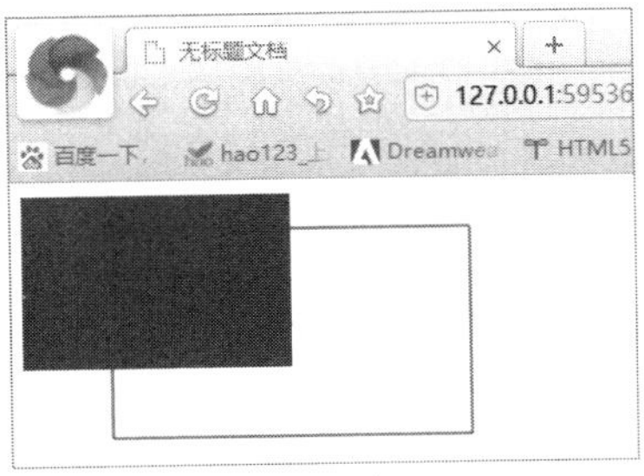

step 4 将以上代码改为：

```
  <canvas id="myCanvas" width="300"
height="150">
  </canvas>
  <script>
```

```
  //使用 clip()方法
  var c=document.getElementById("myCanvas");
  var ctx=c.getContext("2d");
  // 剪切一个矩形区域
        ctx.rect(50,20,200,120);
        ctx.stroke();
        ctx.clip();
  // 绘制绿色的矩形
        ctx.fillStyle="green";
        ctx.fillRect(0,0,150,100);
  </script>
```

step 5 按下F12键预览网页，效果如下图所示。

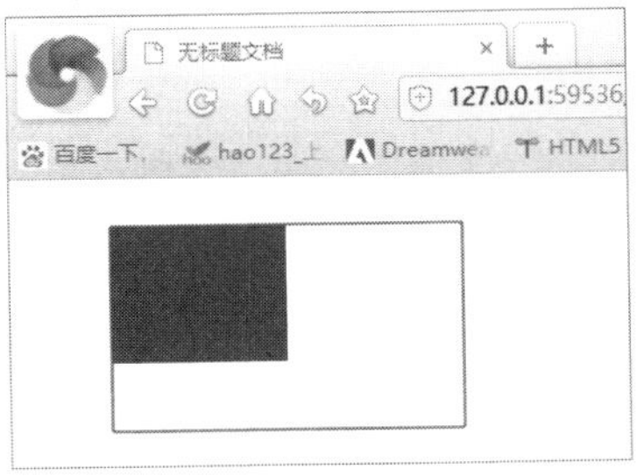

12.6 绘制文字

使用 fillText()和 strokeText()方法，可以分别以填充方式和轮廓方式来绘制文字。

12.6.1 绘制填充文字

fillText()方法能够在画布上绘制被填充的文本，其用法如下：

```
context.fillText(text,x,y,maxWidth);
```

以上参数的说明如下表所示。

fillText()方法的参数及其说明

参　数	说　明
text	规定在画布上输出的文本
x	开始绘制文本的 x 坐标位置(相对于画布)
y	开始绘制文本的 y 坐标位置(相对于画布)
maxWidth	允许的最大文本宽度(单位为像素)

使用fillText()方法在画布上绘制有填充色的文本，文本的默认颜色是黑色。用户可以使用font属性定义字体和字号，使用fillStyle属性定义字体颜色，且会以渐变来渲染文本。

【例 12-23】使用 fillText()方法在画布上绘制文本。

视频+素材 (素材文件\第 12 章\例 12-23)

step 1 将鼠标指针置于设计视图中，选择【插入】| HTML | Canvas 命令，在网页中插

入一个画布对象。在【属性】面板的 ID 文本框中输入 myCanvas，在 W 文本框中输入 300，在 H 文本框中输入 150。

step 2　在代码视图中的</canvas>标签之后输入以下代码：

```
<canvas id="myCanvas" width="300"
height="150"></canvas>
<script>
var c=document.getElementById("myCanvas");
var ctx=c.getContext("2d");
        ctx.font="20px Georgia";
        ctx.fillText("Dreamweaver CC 2019",
10,50);
        ctx.font="30px Verdana";
// 创建渐变
var gradient=ctx.createLinearGradient
(0,0,c.width,0);
gradient.addColorStop("0","magenta");
gradient.addColorStop("0.5","blue");
gradient.addColorStop("1.0","red");
// 用渐变进行填充
        ctx.fillStyle=gradient;
        ctx.fillText("网页制作实例教程",
10,90);
</script>
```

step 3　按下F12键预览网页，效果如下图所示。

12.6.2　绘制轮廓文字

使用 strokeText()方法可以在画布上绘制无填充色的文本，文本的默认颜色是黑色。可以使用 font 属性定义字体和字号，使用 strokeStyle 属性以另一种颜色或渐变渲染文本。该方法的具体用法如下：

```
context.strokeText(text,x,y,maxWidth);
```

以上参数的说明与前面一个表中所示的类似，这里就不再重复阐述。

【例 12-24】使用 strokeText()方法在画布上绘制文本。
视频+素材 (素材文件\第 12 章\例 12-24)

step 1　将鼠标指针置于设计视图中，选择【插入】| HTML | Canvas 命令，在网页中插入一个画布对象。在【属性】面板的 ID 文本框中输入 myCanvas，在 W 文本框中输入 300，在 H 文本框中输入 150。

step 2　在代码视图中的</canvas>标签之后输入以下代码：

```
<canvas id="myCanvas" width="300"
height="150"></canvas>
<script>
var c=document.getElementById("myCanvas");
var ctx=c.getContext("2d");
        ctx.font="20px Georgia";
        ctx.strokeText("Dreamweaver CC
2019",10,50);
        ctx.font="30px Verdana";
// 创建渐变
var gradient=ctx.createLinearGradient (0,0,
c.width,0);
gradient.addColorStop("0","magenta");
gradient.addColorStop("0.5","blue");
gradient.addColorStop("1.0","red");
// 用渐变进行填充
        ctx.strokeStyle=gradient;
        ctx.strokeText("网页制作实例教程",
10,90);
</script>
```

step 3　按下F12键预览网页，效果如下图所示。

12.6.3 设置文字属性

上面的示例中用到了一些有关文字的属性。下面介绍一下未在上面示例中出现的其他属性的用法。

1. font

font属性用于指定正在绘制的文字的样式，其语法与CSS字体样式的指定方法相同。如果要在绘制文字时改变字体样式，只需要更改这个属性的值即可。默认的字体样式为10px sans-serif。例如，可以采用以下方法来指定字体样式：

```
context.font="20pt times new roman";
```

2. textAlign

textAlign 属性用于指定正在绘制的文字的对齐方式，共有 left、right、center、start、end 这 5 种对齐方式，默认对齐方式为 start。

- left：左对齐。
- right：右对齐。
- center：居中对齐。
- start：如果文字从左到右排版，则左对齐；如果文字从右到左排版，则右对齐。
- end：如果文字从右到左排版，则左对齐；如果文字从左到右排版，则右对齐。

3. textBaseline

texBaseline 属性用于指定正在绘制的文字的基线，共有 top、hanging、middle、alphabetic、ideographic、bottom 这 6 个属性值，默认值为 alphabetic。

- top：文本基线与字元正方形空间顶部对齐。
- hanging：文本基线是悬挂的基线(当前不支持)。
- middle：文本基线位于字元正方形空间的中间位置。
- alphabetic：指定文本基线为通常的字母基线。
- ideographic：指定文本基线为表意字基线，即如果表意字符的主体突出到字母基线的下方，则表意字基线与表意字符的底部对齐。
- bottom：文本基线与字元正方形控件底部的边界框对齐。因为表意字基线不能识别下行字符，故可用此种基线来区别于表意字基线。

12.7 案例演练

本章的案例演练部分将指导用户在 canvas 中导入和裁切图片。

【例 12-25】在画布上导入图片。
视频+素材 (素材文件\第 12 章\例 12-25)

在 canvas 中导入图片的步骤如下。

1. 确定图片来源

确定图片来源有 4 种方式，具体如下。

- 页面内的图片：如果已知图片元素的 ID，则可以通过 document.images 集合、document.getElementsByTagName()或document.getElementById()等方法从页面内获取该图片元素。
- 其他 canvas 元素：可以通过 document.getElementsByTagName()或document.getElementById()等方法获取已经设计好的canvas元素。例如，可以用这种方法为一个比较大的canvas生成缩略图。
- 用脚本创建一个新的image对象：使用脚本可以从零开始创建一个新的image对象。
- 使用 data:url 方式引用图片：这种方法允许用 Base64 编码的字符串来定义一个图片，优点是图片可以即时使用，不必等待加载，而且迁移也非常容易。缺点是无法缓存图片，所以如果图片较大，则不太适合应用这种方法，因为这会导致嵌入的 url 数据相当庞大。

2. 将图片绘制到 canvas 中

无论采用以上哪一种方式获取图片，之后的工作都是使用 drawImage()方法将图片绘制到 canvas 中。drawImage()方法能够在画布上绘制图片、画布或视频。该方法也能够绘制图片的某些部分，以及增加或减少图片的尺寸。其具体用法如下：

```
//语法 1：在画布上定位图片
context.drawImage(img,x,y);
//语法 2：在画布上定位图片，并规定图片的宽度和高度
context.drawImage(img,x,y,width,height);
//语法 3：剪切图片，并在画布上定位被剪切的部分
context.drawImage(img,sx,sy,swidth,sheight,x,y,width,height);
```

以上参数说明如下表所示。

drawImage()方法的参数及其说明

参　数	说　明
img	规定要使用的图片、画布或视频
sx	开始剪切的 x 坐标位置
sy	开始剪切的 y 坐标位置
swidth	被剪切图片的宽度
sheight	被剪切图片的高度
x	在画布上放置图片的 x 坐标位置
y	在画布上放置图片的 y 坐标位置
width	要使用的图片的宽度，可以实现缩放图片
height	要使用的图片的高度，可以实现缩放图片

step 1 将鼠标指针置于设计视图中，选择【插入】| Image 命令，打开【选择图像源文件】对话框，选择一个图片文件后，单击【确定】按钮，在网页中插入一个图片，在【属性】面板的 ID 文本框中输入 tulip。

step 2 将鼠标指针置于网页中插入的图片之后，按下回车键另起一行。选择【插入】| HTML | Canvas 命令，在网页中插入一个画布对象。在【属性】面板的 ID 文本框中输入 myCanvas，在 W 文本框中输入 500，在 H 文本框中输入 300。代码视图中为 canvas 标签添加 style 属性(定义画布边框的显示样式)，并在</canvas>标签之后输入以下代码：

```
<canvas id="myCanvas" width="500" height="300" style="border:1px solid
#d3d3d3;background:#ffffff;"></canvas>
<script>
var c=document.getElementById("myCanvas");
var ctx=c.getContext("2d");
var img=document.getElementById("tulip");
```

```
ctx.drawImage(img,10,10);
</script>
```

step 3 按下 F12 键使用 IE 浏览器预览网页，效果如下图所示。

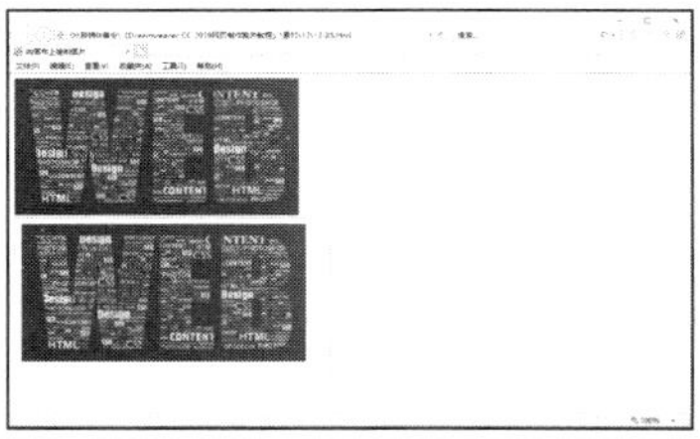

【例 12-26】在 Dreamweaver 中设计网页，运用 Canvas 裁剪图片。

视频+素材 (素材文件\第 12 章\例 12-26)

step 1 按下 Ctrl+N 组合键创建一个空白网页，按下 Ctrl+S 组合键打开【另存为】对话框，将所创建的网页文档以文件名 edu_9.html 保存至本地站点根目录中，然后在代码视图中输入以下代码:

```
<!doctype html>
<html>
<head>
<meta charset="utf-8">
<title>创建图像切片</title>
</head>
<body>
<canvas id="myCanvas" width="600" height="380"></canvas>
 <script language="javascript">
 var ctx = document.getElementById('myCanvas').getContext('2d');
 var img = new Image();
   img.onload = function() {
     ctx.drawImage(img,0,0);
     ctx.drawImage(img,30,40,140,180,0,240,140,180);
   }
   img.src = 'PPT-3.JPG'
   </script>
</body>
</html>
```

step 2 保存网页后按下 F12 键，在浏览器中预览网页，效果如下图所示。

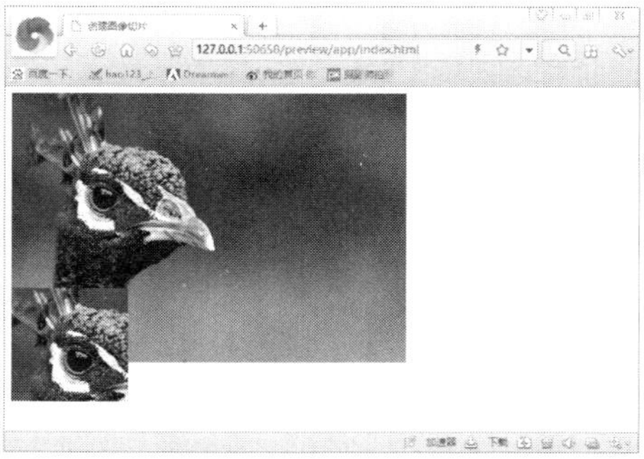

第 13 章

使用行为

在网页中使用行为可以创建各种特殊的网页效果，如弹出信息、交换图像、跳转菜单等。行为是一系列使用 JavaScript 程序预定义的页面特效工具，是 JavaScript 在 Dreamweaver 中内置的程序库。

本章对应视频

例 13–1 使用【交换图像】行为
例 13–2 使用【拖动 AP 元素】行为
例 13–3 使用【设置状态栏文本】行为
例 13–4 使用【检查插件】行为
例 13–5 使用【显示–隐藏元素】行为
例 13–6 使用【检查表单】行为

13.1 行为简介

Dreamweaver 网页行为是 Adobe 公司借助 JavaScript 开发的一组交互特效代码库。在 Dreamweaver 中，用户可以通过简单的可视化操作对交互特效代码进行编辑，从而创建出丰富的网页应用。

13.1.1 行为的基础知识

行为是指在网页中进行的一系列动作，通过这些动作，可以实现用户同网页的交互，也可以通过动作执行某个任务。在 Dreamweaver 中，行为由事件和动作两个基本元素组成。这一切都是在【行为】面板中进行管理的，选择【窗口】|【行为】命令，可以打开【行为】面板。

- 事件：事件的名称是事先设定好的，单击网页中的某个部分时，使用的是 onClick 事件；光标移到某个位置时使用的是 onMouseOver 事件。根据使用的动作和应用事件的对象的不同，需要使用不同的事件。
- 动作：动作指的是 JavaScript 源代码中运行函数的部分。在【行为】面板中单击【+】按钮，就会显示行为列表，软件会根据用户当前选中的应用部分，显示不同的可使用的行为。

在 Dreamweaver 中事件和动作组合起来称为“行为”(Behavior)。若要在网页中应用行为，首先要选择应用对象，在【行为】面板中单击【+】按钮，选择所需的动作，然后选择执行该动作的事件。动作是由预先编写的 JavaScript 代码组成的，这些代码可执行特定的任务，如打开浏览器窗口、显示隐藏元素、显示文本等。Dreamweaver 中提供的动作(共有 20 多个)是由软件设计者精心编写的，可以提供最大的跨浏览器兼容性。如果用户需要在 Dreamweaver 中添加更多的行为，可以通过 Adobe Exchange 官方网站进行下载，网址如下：

http://www.adobe.com/cn/exchange

13.1.2 JavaScript 代码简介

JavaScript 是为网页文件中插入的图像或文本等多种元素赋予各种动作的脚本语言，其需要在 HTML 文件中才可以发挥作用。

网页浏览器中，从<script>开始到</script>的部分即为 JavaScript 源代码。JavaScript 源代码大致分为两个部分，一部分定义函数，另一部分运行函数。例如，在下图所示的代码运行后，单击页面中的【打开新窗口】链接，可以在打开的新窗口中同时显示网页 www.baidu.com。

```
<!doctype html>
<html>
<head>
<meta charset="utf-8">
<title>无标题文档</title>
<script>
function new_win() { //v2.0
  window.open('http://www.baidu.com');
}
</script>
</head>
<body>
<a href="#" onClick="new_win()">
打开新窗口
</a>
</body>
</html>
```

从上图所示的代码中可以看出，<script>与</script>标签之间的代码为 JavaScript 源代码。下面简单介绍一下 JavaScript 源代码。

1. 定义函数的部分

JavaScript 源代码中用于定义函数的部分如下图所示。

```
function new_win() { //v2.0
  window.open('http://www.baidu.com');
}
```

2. 运行函数的部分

以下代码运行上面定义的函数 new_win()，

表示只要单击(onClick)“打开新窗口”链接，就会运行 new_win()函数。

```
<a href="#" onClick="new_win()"></a>
```

以上语句可以简单理解为：若执行了某个动作(onClick)，就进行什么操作(new_win)。在这里某个动作即为单击动作本身，在 JavaScript 中，通常称为事件(Event)。然后下面的代码提示需要进行什么操作(new_win())，即 onClick(事件处理，Event Handle)。在事件处理中始终显示需要运行的函数名称。

综上所述，JavaScript 先定义函数，再以事件处理="运行函数"的形式来运行上面定义的函数。在这里不要试图完全理解 JavaScript 源代码的具体内容，只要掌握事件、事件处理以及函数的关系即可。

13.2　调节窗口

在网页中最常使用的 JavaScript 源代码是调节浏览器窗口的源代码，它可以按照设计者的要求打开新窗口或更换新窗口的形状。

13.2.1　打开浏览器窗口

创建链接时，若目标属性设置为_blank，则可以使链接文档显示在新窗口中，但是不可以设置新窗口的脚本。此时，利用【打开浏览器窗口】行为，不仅可以调节新窗口的大小，还可以设置是否显示工具箱或滚动条。具体方法如下。

step 1 选中网页中的文本，按下 Shift+F4 组合键打开【行为】面板。

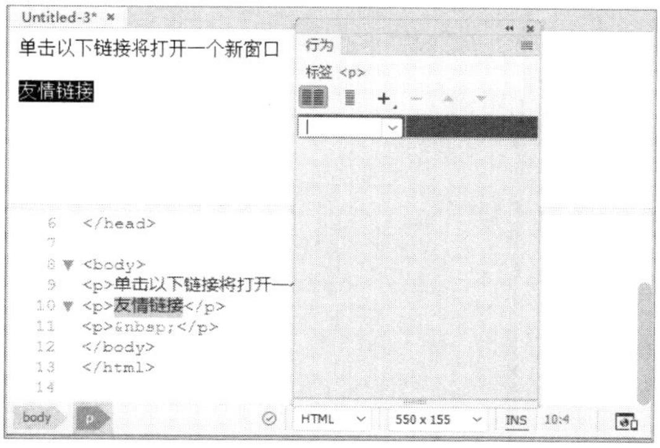

step 2 单击【行为】面板中的【+】按钮，在弹出的列表中选择【打开浏览器窗口】选项。

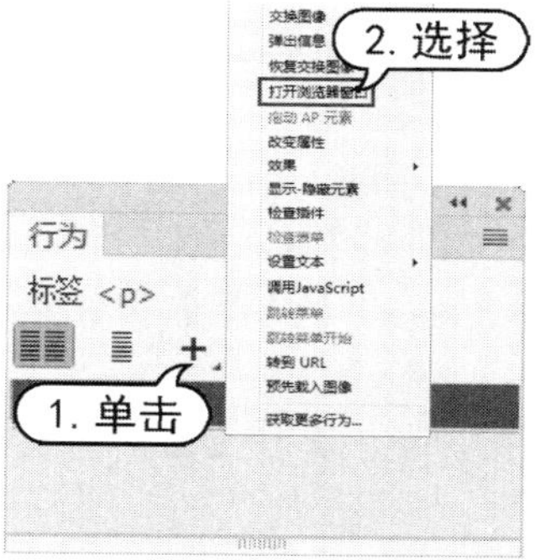

step 3 打开【打开浏览器窗口】对话框，单击【浏览】按钮。

step 4 打开【选择文件】对话框，选择一个网页后，单击【确定】按钮。

step 5 返回【打开浏览器窗口】对话框，在【窗口高度】和【窗口宽度】文本框中都输入参数 500，单击【确定】按钮。

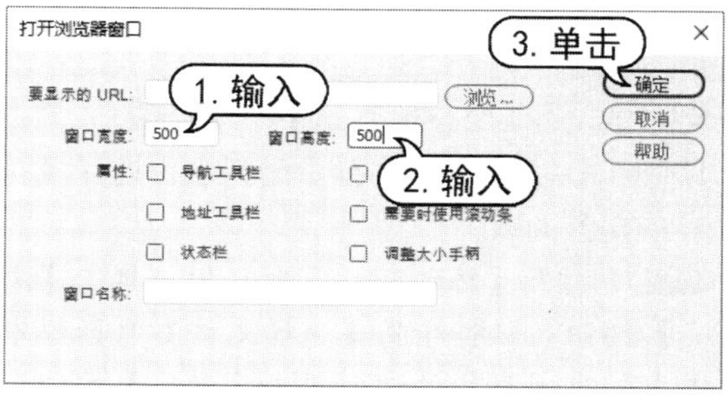

step 6 在【行为】面板中单击事件栏后的☑按钮，在弹出的列表中选择 onClick 选项。

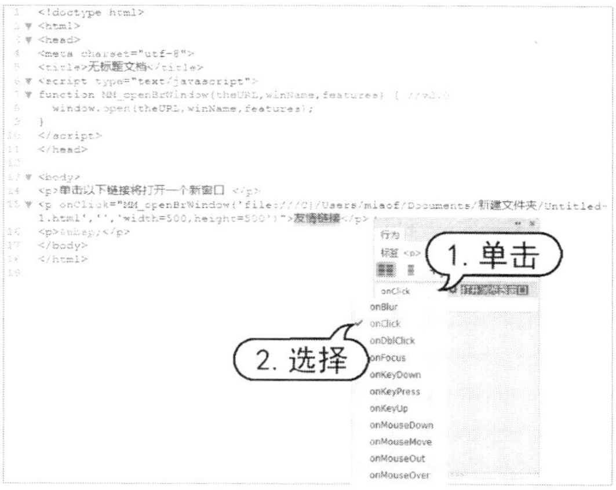

step 7 按下 F12 键预览网页，单击其中的链接 Welcome，即可打开一个新的窗口(宽度和高度都为 500)，显示本例所设置的网页文档。

【打开浏览器窗口】对话框中各选项的功能说明如下。

➤【要显示的 URL】文本框：用于输入链接的文件名或网络地址。链接文件时，单击该文本框后的【浏览】按钮后进行选择即可。

➤【窗口宽度】和【窗口高度】文本框：用于设置窗口的宽度和高度，其单位为像素。

➤【属性】选项区域：用于设置需要显示的结构元素。

➤【窗口名称】文本框：指定新窗口的名称。输入同样的窗口名称时，并不是继续打开新的窗口，而是只打开一次新窗口，然后在同一个窗口中显示新的内容。

在 Dreamweaver 的代码视图中，用户可以查看网页源代码。可以看到，使用【打开浏览器窗口】行为后，<head>中添加的代码声明了 MM_openBrWindow()函数，并使用 window 窗口对象的 open 方法传递参数，定义弹出浏览器的函数，如上图所示。

<body>标签中会使用相关事件来调用 MM_openBrWindow()函数。以下代码表示当页面载入后，调用 MM_openBrWindow()函数显示 Untitled-1.html 页面，窗口的宽度和高度都为 500 像素。

```
<p onClick="MM_openBrWindow('file:///C|/Users/miaof/Documents/新建文件夹
/Untitled-1.html','','width=500,height=500')">
```

13.2.2 转到 URL

在网页中使用下面介绍的方法设置【转到 URL】行为，可以在当前窗口或指定的框架中打开一个新页面(该操作尤其适用于通过一次单击更改两个或多个框架的内容)。

step 1 选中网页中的某个元素(文字或图片)，按下 Shift+F4 组合键打开【行为】面板，单击其中的【+】按钮，在弹出的列表中选择【转到 URL】选项。

step 2 打开【转到 URL】对话框，单击【浏览】按钮，在打开的【选择文件】对话框中选中一个网页文件后，单击【确定】按钮。

step 3 返回【转到 URL】对话框后，单击【确定】按钮即可为选中的元素添加【转到 URL】行为。

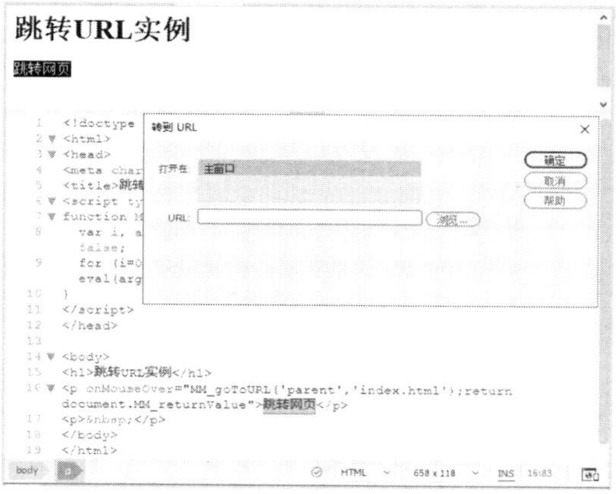

step 4 按下 F12 键预览网页，单击步骤①中选中的网页元素，浏览器将自动转到相应的网页。

上图所示的【转到 URL】对话框中各选项的具体功能如下。

- 【打开在】列表框：从该列表框中可以选择 URL 的目标。列表框中会自动列出当前框架集中所有框架的名称和主窗口。如果网页中没有任何框架，则主窗口是唯一的选项。
- URL 文本框：单击其后的【浏览】按钮，可以在打开的对话框中选择要打开的网页文档，或者直接在文本框中输入该文档的路径和文件名。

从上图所示的代码视图中可以看到，在使用【转到 URL】行为后，<head>中添加的代码声明了 MM_goToURL()函数。

```
<head>
<meta charset="utf-8">
<title>跳转 URL</title>
<script type="text/javascript">
function MM_goToURL() { //v3.0
  var i, args=MM_goToURL.arguments;
  document.MM_returnValue = false;
  for (i=0; i<(args.length-1); i+=2)
  eval(args[i]+".location='"+args[i+1]+"'");
}
</script>
</head>
```

<body>标签中会使用相关事件来调用 MM_goToURL()函数，例如下面的代码，当鼠标指向文字上方时，会调用 MM_goToURL()函数。

```
<body>
<h1>跳转 URL 实例</h1>
<p
onMouseOver="MM_goToURL('parent',
'index.html');return document.MM_
returnValue">跳转网页</p>
<p> </p>
</body>
```

13.2.3　调用 JavaScript

【调用 JavaScript】行为允许用户使用【行为】面板指定当发生某个事件时应该执行的自定义函数或 JavaScript 代码行。

使用 Dreamweaver 在网页中设置【调用 JavaScript】行为的具体方法如下。

step 1　选中网页中的某个元素后，选择【窗口】|【行为】命令，打开【行为】面板。单击【+】按钮，在弹出的列表框中选中【调用 JavaScript】行为，打开【调用 JavaScript】对话框。

step 2　在【调用 JavaScript】对话框中的 JavaScript 文本框中输入以下代码：

```
window.close()
```

step 3　单击【确定】按钮关闭【调用 JavaScript】对话框。按下 F12 键预览网页，单击网页中的图片，在打开的对话框中单击【是】按钮，可以关闭当前网页。

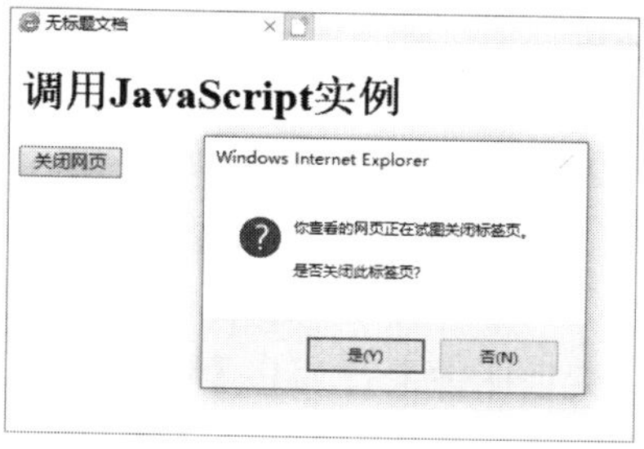

为网页中的对象添加【调用 JavaScript】行为后，在【文档】工具栏中单击【代码】按钮查看网页源代码，可以看到，在使用【调用 JavaScript】行为后，<head>中添加的代码声明了 MM_callJS()函数，并返回函数值。

```
<head>
<meta charset="utf-8">
<title>调用 JavaScript</title>
```

```
<script type="text/javascript">
function MM_callJS(jsStr) { //v2.0
  return eval(jsStr)
}
</script>
</head>
```

在代码视图中，<body>标签中会使用相关事件来调用 MM_callJS()函数，例如，下面的代码表示当鼠标单击【关闭网页】按钮时，调用 MM_callJS()函数。

```
<input name="button" type="button"
id= "button"
onClick="MM_callJS('window.close()')"
value="关闭网页">
```

事件是浏览器响应用户操作的一种机制，JavaScript 的事件处理功能可以改变浏览器的标准方式，这样就可以开发出更具交互性、响应性和更易使用的 Web 页面。为了理解 JavaScript 的事件处理模型，可以设想一下网页可能会遇到的访问者，如引起页面之间跳转的事件(链接)；浏览器自身引起的事件(网页加载、表单提交)；表单内部同界面对象的交互，包括界面对象的选定、改变等。

13.3 应用图像

图像是网页设计中必不可少的元素。在 Dreamweaver 中，用户可以使用行为，以各种各样的方式在网页中应用图像元素，从而制作出富有动感的网页效果。

13.3.1 交换图像与恢复交换图像

在 Dreamweaver 中，应用【交换图像】行为和【恢复交换图像】行为，设置拖动鼠标经过图像时的效果或使用导航条菜单，可以轻易制作出光标移到图像上方时图像更换为其他图像，而光标离开时再返回到原来图像的效果。

【交换图像】行为和【恢复交换图像】行为并不是仅在 onMouseOver 事件中可以使用。如果单击菜单时需要替换其他图像，可以使用 onClicks 事件。同样，也可以使用其他多种事件。

1. 交换图像

在 Dreamweaver 文档窗口中选中一个图像后，按下 Shift+F4 组合键，打开【行为】面板。单击【+】按钮，在弹出的列表中选择【交换图像】选项，即可打开如下图所示的【交换图像】对话框。

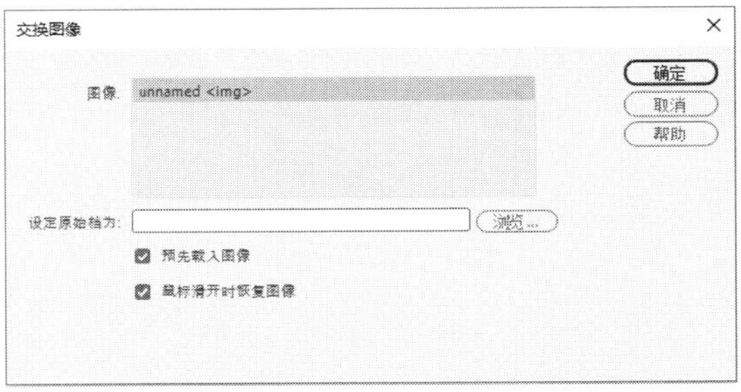

在【交换图像】对话框中，通过设置可以将指定图像替换为其他图像。该对话框中各个选项的功能如下。

- 【图像】列表框：列出了插入当前文档中的图像名称。“unnamed<img>”表示没有另外赋予名称的图像，赋予了名称后才可以在多个图像中选择应用【交换图像】行为替换图像。
- 【设定原始档为】文本框：用于指定替换图像的文件名。
- 【预先载入图像】复选框：在网页服务器中读取网页文件时，选中该复选框，可以预先读取要替换的图像。如果用户不选中该复选框，则需要重新到网页服务器上读取图像。

下面通过一个简单的示例来介绍【交换图像】行为的具体设置方法。

【例 13-1】在网页中设置【交换图像】行为。
视频+素材（素材文件\第 13 章\例 13-1）

step 1 按下 Ctrl+Shift+N 组合键创建一个空白网页，按下 Ctrl+Alt+I 组合键在网页中插入一个图像，并在【属性】面板的 ID 文本框中将图像的名称命名为 Image1。

step 2 选中页面中的图像，按下 Shift+F4 组合键打开【行为】面板，单击【+】按钮，在弹出的列表中选择【交换图像】选项。

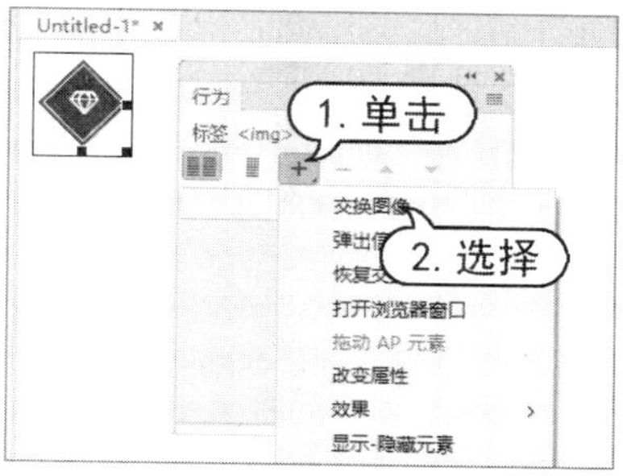

step 3 打开【交换图像】对话框，单击【设定原始档为】文本框后的【浏览】按钮，在打开的【选择图像源文件】对话框中选中一个图像文件，并单击【确定】按钮。

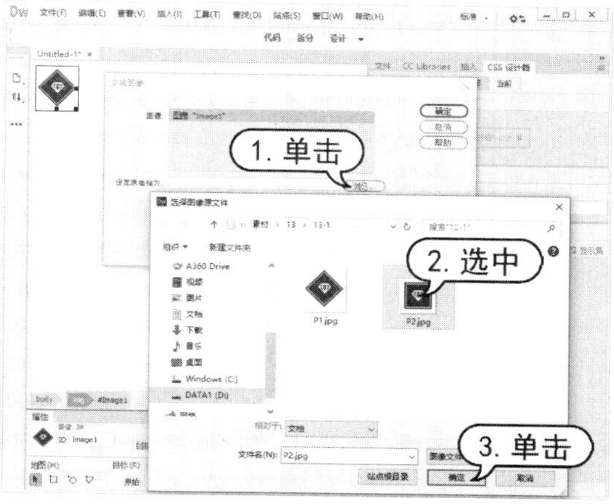

step 4 返回【交换图像】对话框后，单击该对话框中的【确定】按钮，即可在【行为】面板中为 Image1 图像添加【交换图像】行为。

2. 恢复交换图像

在创建【交换图像】行为的同时将自动创建【恢复交换图像】行为。利用【恢复交换图像】行为，可以将所有被替换显示的图像恢复为原始图像。在【行为】面板中双击【恢复交换图像】行为，将打开下图所示的对话框，其中会提示【恢复交换图像】行为的作用。

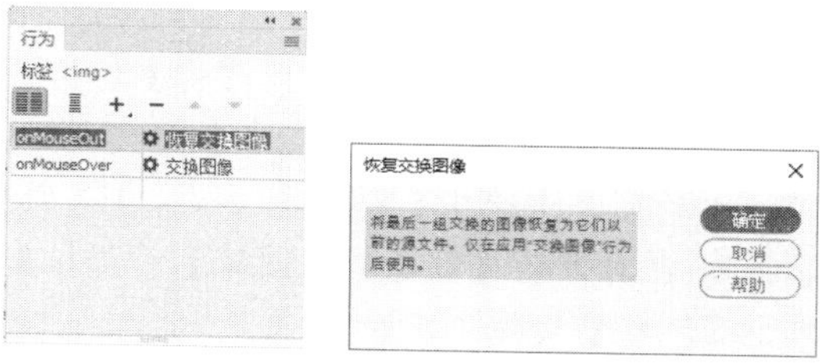

3. 预先载入图像

在【行为】面板中单击【+】按钮，在弹出的列表中选择【预先载入图像】选项，可以打开如下图所示的对话框，在网页中创建【预先载入图像】行为。

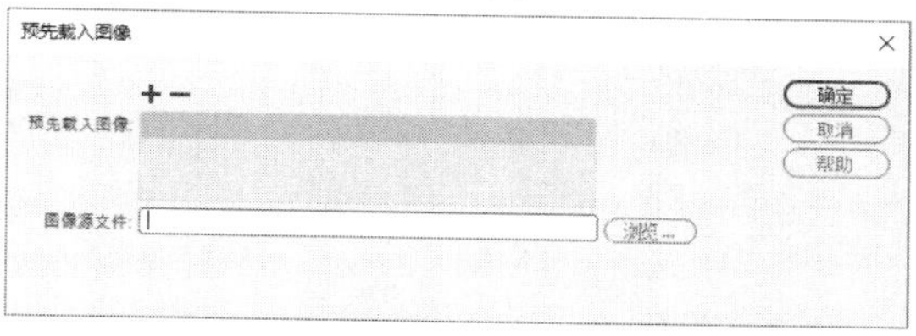

【预先载入图像】对话框中各个选项的具体功能如下。

- 【预先载入图像】列表框：该列表框中列出了所有需要预先载入的图像。
- 【图像源文件】文本框：用于设置要预先载入的图像文件。

使用【预先载入图像】行为可以更快地将页面中的图像显示在浏览者的电脑中。例如，为了使光标移到 a.gif 图片上方时将其变成 b.gif，假设使用了【交换图像】行为而没有使用【预先载入图像】行为，当光标移至 a.gif 图像上时，浏览器需要到网页服务器中去读取 b.gif 图像；而如果利用【预先载入图像】行为预先载入了 b.gif 图像，则可以在光标移到 a.gif 图像上方时立即更换图像。

在创建【交换图像】行为时，如果用户在【交换图像】对话框中选中了【预先载入图像】复选框，就不需要在【行为】面板中应用【预先载入图像】行为了。但如果用户没有在【交换图像】对话框中选中【预先载入图像】复选框，则可以参考下面介绍的方法，通过【行为】面板，设置【预先载入图像】行为。

step 1 选中页面中添加【交换图像】行为的图像，在【行为】面板中单击【+】按钮，在弹出的列表中选中【预先载入图像】选项。

step 2 在打开的【预先载入图像】对话框中单击【浏览】按钮。

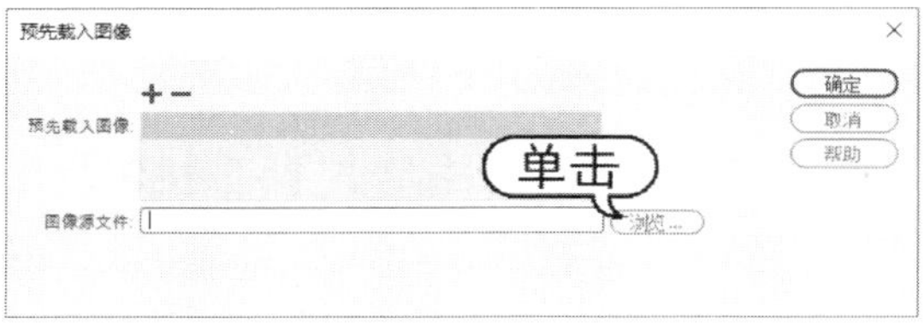

step 3 在【选择图像源文件】对话框中选中需要预先载入的图像后，单击【确定】按钮。

step 4 返回【预先载入图像】对话框后，在该对话框中单击【确定】按钮即可。

在对网页中的图像设置了【交换图像】行为后，在代码视图中，Dreamweaver 将在<head>标签中自动生成代码，分别定义 MM_preloadImages()、MM_swapImgRestore()和 MM_swapImage()这 3 个函数。

- 声明 MM_preloadImages()函数的代码如下：

```
<script type="text/javascript">
function MM_preloadImages() { //v3.0
  var d=document; if(d.images){ if(!d.MM_p) d.MM_p=new Array();
    var i,j=d.MM_p.length,a=MM_preloadImages.arguments; for(i=0; i<a.length; i++)
    if (a[i].indexOf("#")!=0){ d.MM_p[j]=new Image; d.MM_p[j++].src=a[i];}}
}
```

- 声明 MM_swapImgRestore()函数的代码如下：

```
function MM_swapImgRestore() { //v3.0
  var i,x,a=document.MM_sr; for(i=0;a&&i<a.length&&(x=a[i])&&x.oSrc;i++) x.src=x.oSrc;
}
```

- 声明 MM_swapImage()函数的代码如下：

```
function MM_swapImage() { //v3.0
  var i,j=0,x,a=MM_swapImage.arguments; document.MM_sr=new Array; for(i=0;i<(a.length-2);i+=3)
   if ((x=MM_findObj(a[i]))!=null){document.MM_sr[j++]=x; if(!x.oSrc) x.oSrc=x.src; x.src=a[i+2];}
}
```

在<body>标签中会使用相关的事件来调用上述 3 个函数，当网页被载入时，调用 MM_preloadImages()函数，载入 P2.jpg 图像。

```
<body onLoad="MM_preloadImages('images/P2.jpg')">
```

13.3.2 拖动 AP 元素

在网页中使用【拖动 AP 元素】行为，可以在浏览器页面中通过拖动将设置的 AP 元素移到所需的位置上。

【例 13-2】使用 Dreamweaver 在网页中设置一个【拖动 AP 元素】行为。
视频+素材 (素材文件\第 13 章\例 13-2)

step 1 选择【插入】| Div 命令，打开【插入 Div】对话框。在 ID 文本框中输入 AP 后，单击【新建 CSS 规则】按钮。

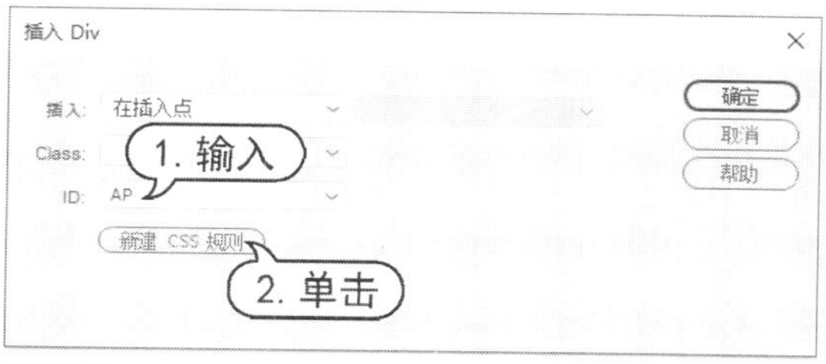

step 2 打开【新建 CSS 规则】对话框，保持默认设置，单击【确定】按钮。

step 3 打开【CSS 规则定义】对话框，在【分类】列表中选择【定位】选项，在对话框右侧的选项区域中单击 Position 文本框右侧的下拉按钮，在弹出的下拉列表中选择 absolute 选项，将 Width 和 Height 参数的值都设置为 200px。

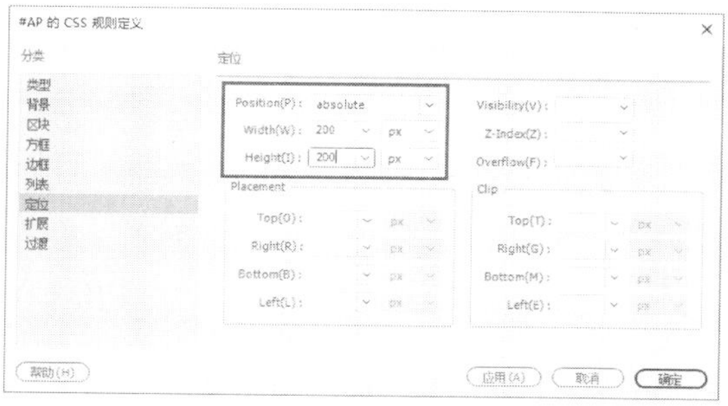

step 4 返回【插入 Div】对话框中并单击【确定】按钮，在网页中插入一个 ID 为 AP 的 Div 标签。

step 5 将鼠标指针插入 Div 标签中，按下 Ctrl+Alt+I 组合键，在其中插入一个如右上图所示的二维码图像。

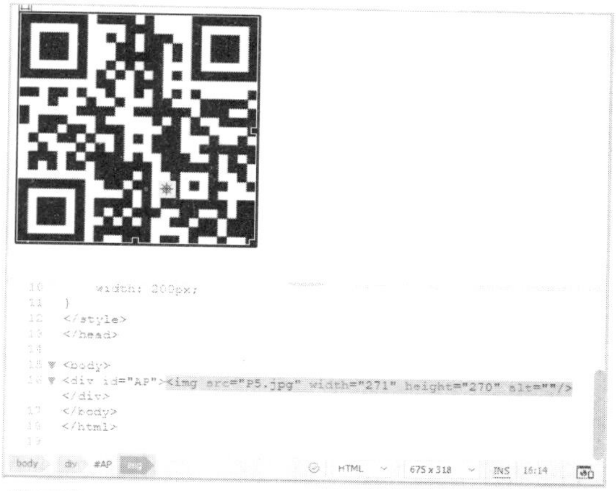

step 6 在代码视图中将鼠标指针置于<body>标签之后，按下 Shift+F4 组合键，打开【行为】面板，单击其中的【+】按钮，在弹出的列表中选择【拖动 AP 元素】选项，如下图所示。

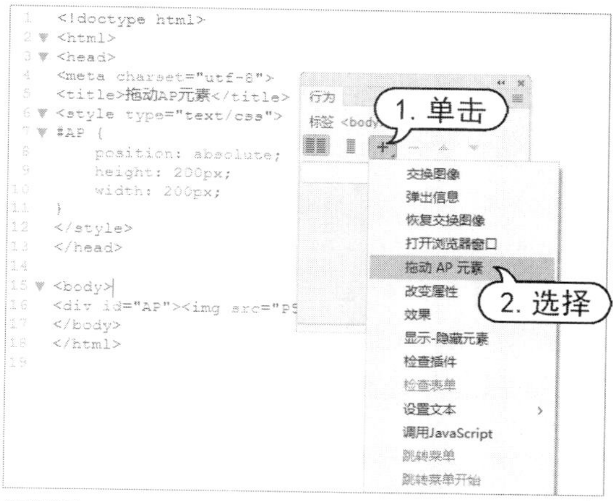

step 7 打开【拖动 AP 元素】对话框，在【基本】选项卡中单击【AP 元素】文本框右侧的下拉按钮，在弹出的下拉列表中选择【Div"AP"】选项，如下图所示，然后单击【确定】按钮，即可创建【拖动 AP 元素】行为。

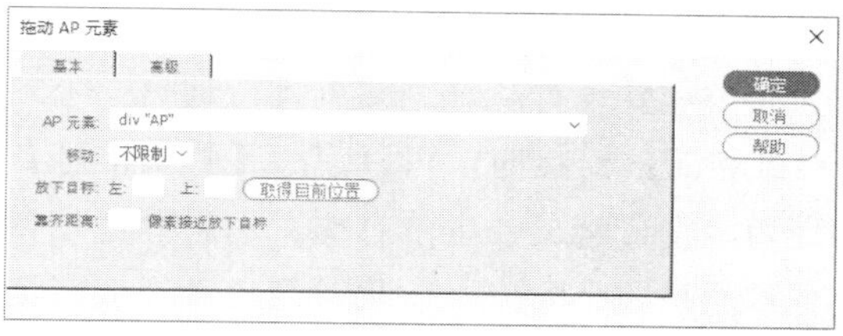

【拖动 AP 元素】对话框中包含【基本】和【高级】两个选项卡，上图所示为【基本】选项卡，其中各选项的功能说明如下。

- 【AP 元素】文本框：用于设置移动的 AP 元素。
- 【移动】下拉列表：用于设置 AP 元素的移动方式，包括【不限制】和【限制】两个选项，其中，【不限制】是自由移动层的设置，而【限制】是只在限定范围内移动层的设置。
- 【放下目标】选项区域：用于指定 AP 元素对象正确进入的最终坐标值。
- 【靠齐距离】文本框：用于设定当拖动的层与目标位置的距离在此范围内时，自动将层对齐到目标位置上。

在【拖动 AP 元素】对话框中选择【高级】选项卡后，将显示如下图所示的设置界面，其中各选项的功能说明如下。

- 【拖动控制点】下拉列表：用于选择鼠标对 AP 元素进行拖动时的位置。选择其中的【整个元素】选项时，单击 AP 元素的任何位置后即可进行拖动，而选择【元素内的区域】选项时，只有光标在指定范围内时，才可以拖动 AP 元素。
- 【拖动时】选项区域：选中【将元素置于顶层】复选框后，拖动 AP 元素的过程中经过其他 AP 元素上时，可以选择显示在其他 AP 元素上方还是下方。如果拖动期间有需要运行的 JavaScript 函数，则将其输入在【呼叫 JavaScript】文本框中即可。
- 【放下时】选项区域：如果在正确位置上放置了 AP 元素后，需要发出效果音或消息，可以在【呼叫 JavaScript】文本框中输入运行的 JavaScript 函数。如果只有在 AP 元素到达拖动目标时才执行该 JavaScript 函数，则需要选中【只有在靠齐时】复选框。

在<body>标签后设置了【拖动 AP 元素】行为之后，切换至【代码】视图可以看到 Dreamweaver 软件自动声明了 MM_scanStyles()、MM_getPorop()、MM_dragLayer()等函数(这里不具体阐述其作用)。

<body>中会使用相关事件来调用 MM_dragLayer()函数，以下代码表示当页面被载入时，调用 MM_dragLayer()函数。

```
<body
onmousedown="MM_dragLayer('AP','',0,0,0,0,
true,false,-1,-1,-1,-1,0,0,0,'',false,'')">
```

13.4 显示文本

文本作为网页文件中最基本的元素，比图像或其他多媒体元素具有更快的传输速度，因此网页文件中的大部分信息都是用文本来表示的。本节将通过示例来介绍在网页中利用行为显示特殊位置上文本的方法。

13.4.1 弹出信息

当需要设置从一个网页跳转到另一个网页或特定的链接时，可以使用【弹出信息】行为，设置网页弹出消息框。消息框是具有文本消息的小窗口，在登录信息错误或即将关闭网页等情况下，使用消息框能够快速、醒目地实现信息提示。

在 Dreamweaver 中，对网页中的元素设置【弹出信息】行为的具体方法如下。

step 1 选中网页中需要设置【弹出信息】行为的对象，按下 Shift+F4 组合键，打开【行为】面板。单击【+】按钮，在弹出的列表中选择【弹出信息】选项。

step 2 打开【弹出信息】对话框，在【消息】文本区域中输入弹出信息文本，然后单击【确定】按钮。

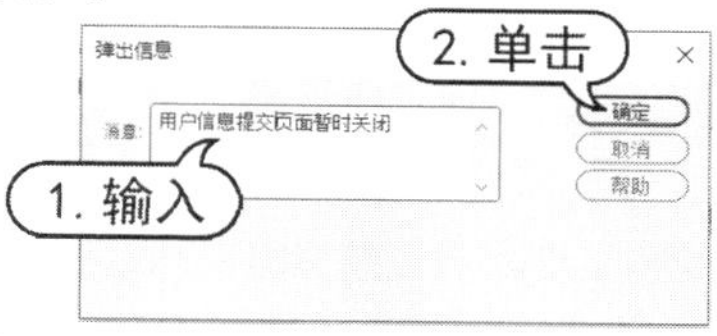

step 3 此时，即可在【行为】面板中添加【弹出信息】行为。

step 4 按下 Ctrl+S 组合键保存网页，再按下 F12 键预览网页。单击页面中设置【弹出信息】行为的网页对象，将弹出下图所示的提示对话框，显示弹出信息内容。

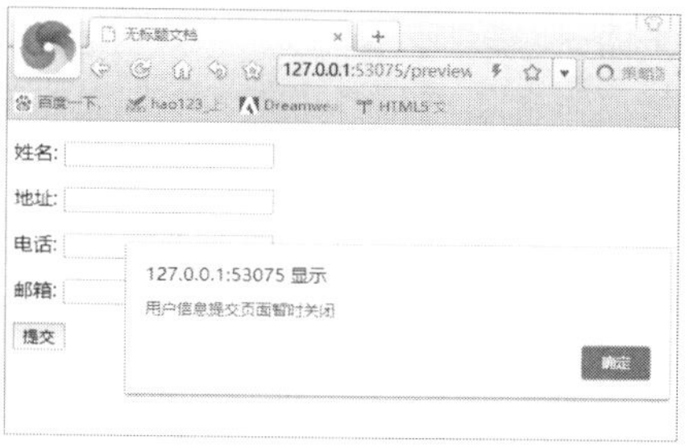

在代码视图中查看网页源代码，可以看到，<head>标签中添加的代码声明了 MM_popupMsg()函数，并使用 alert()函数定义了弹出信息的功能。

```
<head>
<meta charset="utf-8">
<title>弹出信息</title>
<script type="text/javascript">
function MM_popupMsg(msg) { //v1.0
  alert(msg);
}
</script>
</head>
```

同时，<input>标签中会使用相关事件来调用 MM_popupMsg()函数，以下代码表示当网页被载入时，调用 MM_popupMsg()函数。

```
<input name="submit" type="submit" id="submit" onClick="MM_popupMsg('用户信息提交页面暂时关闭')" value="提交">
```

13.4.2 设置状态栏文本

浏览器的状态栏可以作为传达文档状态的空间，用户可以直接指定画面中的状态栏是否需要显示。要在浏览器中显示状态栏(以 IE 浏览器为例)，在浏览器窗口中选择【查看】|【工具】|【状态栏】命令即可。

【例 13-3】通过设置【设置状态栏文本】行为，在浏览器状态栏中显示网页信息。
视频+素材 (素材文件\第 13 章\例 13-3)

step 1 打开网页文档后，在状态栏中的标签选择器中选中<body>标签。按下 Shift+F4 组合键打开【行为】面板。

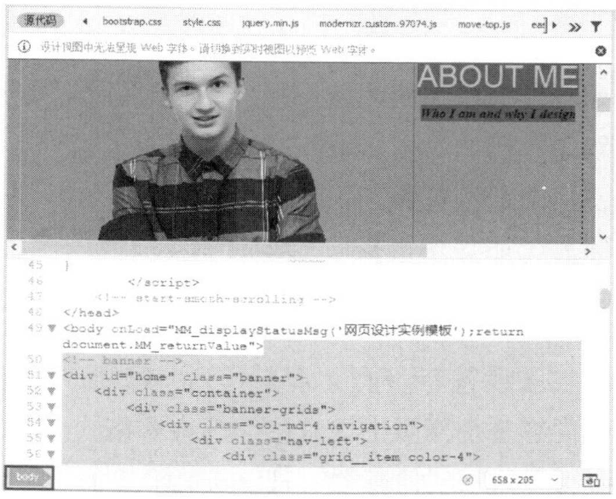

step 2 单击【行为】面板中的【+】按钮，在弹出的列表中选择【设置文本】|【设置状态栏文本】选项。在打开的对话框的【消息】文本框中输入需要显示在浏览器状态栏中的文本。

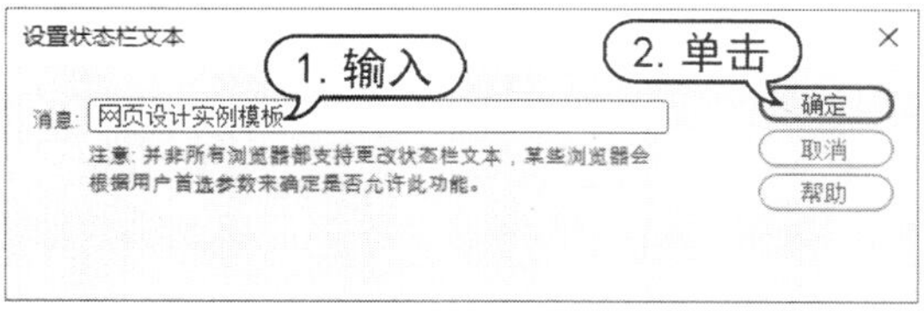

step 3 单击【确定】按钮，即可在【行为】面板中添加【浏览器状态栏文本】行为。单击该行为前的事件下拉按钮，从弹出的下拉列表中选择 onLoad 选项，如下图所示。

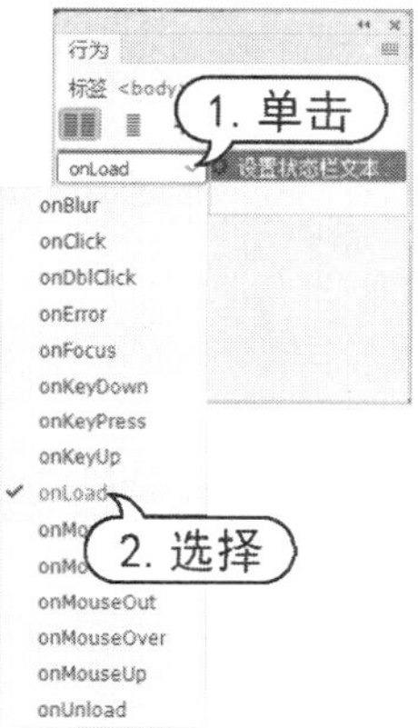

step 4 按下F12键预览网页，效果如右上图所示。

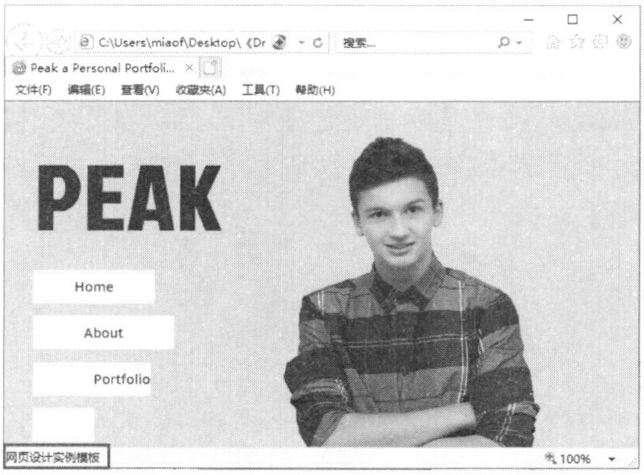

在代码视图中查看网页源代码，可以看到<head>中添加的代码定义了MM_displayStatusMsg()函数，表示将在文档的状态栏中显示信息。

```
<script type="text/javascript">

function MM_displayStatusMsg(msgStr)
{ //v1.0
  window.status=msgStr;
  document.MM_returnValue = true;
}
</script>
```

同样，<body>标签中会使用相关事件来调用 MM_displayStatusMsg()函数，以下代码为载入网页后，调用 MM_displayStatusMsg()函数。

```
<body onLoad="MM_displayStatusMsg('网页设计实例模板');return document.MM_returnValue">
```

在制作网页时，用户可以使用不同的鼠标事件制作不同的状态栏下触发不同动作的效果。例如，可以设置状态栏文本的动作，使页面在浏览器左下方的状态栏上显示一些信息，如提示链接内容、显示欢迎信息等。

13.4.3 设置容器的文本

【设置容器的文本】行为将以用户指定的内容替换网页上现有层的内容和格式(该内容可以包括任何有效的 HTML 源代码)。

在 Dreamweaver 中设置【设置容器的文本】行为的具体操作方法如下。

step 1 选中页面中的 Div 标签内的图像，按下 Shift+F4 组合键打开【行为】面板。

step 2 单击【行为】面板中的【+】按钮，在弹出的列表中选择【设置文本】|【设置容器的文本】选项。

step 3 打开【设置容器的文本】对话框，在【新建 HTML】文本框中输入需要替换层显示的文本内容，单击【确定】按钮。

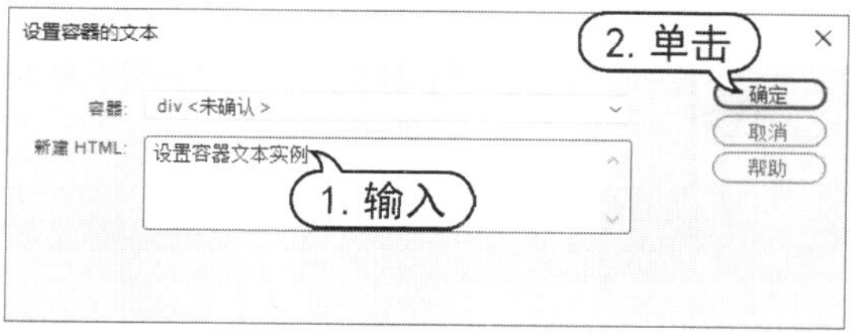

step 4 此时，即可在【行为】面板中添加【设置容器的文本】行为。

【设置容器的文本】对话框中的两个选项的功能说明如下。

- 【容器】下拉列表：用于从网页的所有容器对象中选择要进行操作的对象。
- 【新建 HTML】文本区域：用于输入要替换内容的 HTML 代码。

在网页中设定了【设置容器的文本】行为后，在 Dreamweaver 的代码视图中的<head>标签内将定义 MM_setTextOfLayer()函数。

```
<head>
<meta charset="utf-8">
<title>设置容器的文本</title>
<script type="text/javascript">
function MM_setTextOfLayer(objId,x,newText) { //v9.0
  with (document) if (getElementById && ((obj=getElementById(objId))!=null))
    with (obj) innerHTML = unescape(newText);
}
</script>
</head>
```

同时，<body>标签中会使用相关事件来调用 MM_setTextOfLayer()函数。例如，下面的代码表示当光标经过图像后调用该函数。

```
<body>
<div id="Div1" onfocus="MM_setTextOfLayer('Div1','','设置容器文本实例')"><img
src="images/Pic01.jpg" width="749" height="69" alt=""/></div>
</body>
```

13.4.4 设置文本域文本

在 Dreamweaver 中，使用【设置文本域文字】行为能够让用户在页面中动态地更新任何文本或文本区域。在 Dreamweaver 中设定【设置文本域文本】行为的具体操作方法如下。

step 1 打开网页后，选中页面表单中的一个文本域，在【行为】面板中单击【+】按钮，在弹出的列表中选择【设置文本】|【设置文本域文本】选项。

step 2 打开【设置文本域文字】对话框，如下图所示，在【新建文本】文本区域中输入要显示在文本域上的文字后，单击【确定】按钮。

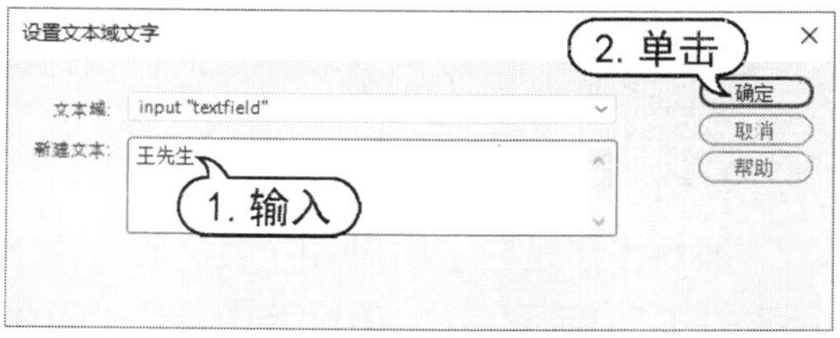

step 3 此时，即可在【行为】面板中添加一个【设置文本域文本】行为。单击【设置文本域文本】行为前的列表框按钮，在弹出的列表框中选中 onMouseMove 选项。

step 4 保存并按下 F12 键预览网页，将鼠标指针移至页面中的文本域上，即可在其中显示相应的文本信息。

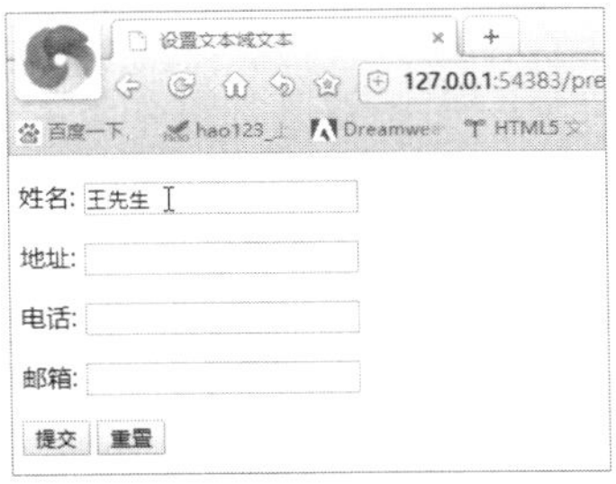

【设置文本域文字】对话框中的两个主要选项的功能说明如下。

- 【文本域】下拉按钮：用于选择要改变显示内容的文本域名称。
- 【新建文本】文本区域：用于输入将显示在文本域中的文字。

在网页中设定了【设置文本域文本】行为后，在Dreamweaver的代码视图中的<head>标签内将定义MM_setTextOfTextfield()函数。

```
<head>
<meta charset="utf-8">
<title>设置文本域文本</title>
<script type="text/javascript">
function MM_setTextOfTextfield(objId,x,newText) { //v9.0
  with (document){ if (getElementById){
    var obj = getElementById(objId);} if (obj) obj.value = newText;
  }
}
</script>
</head>
```

同时，<body>标签中会使用相关事件来调用 MM_setTextOfTextfield()函数。例如，以下代码表示当鼠标光标放置在文本框上时，调用 MM_setTextOfTextfield()函数。

```
<input name="textfield" type="text" id="textfield" onMouseOver="MM_setTextOfTextfield('textfield','','王先生')">
```

13.5 加载多媒体

在 Dreamweaver 中，用户可以利用行为来控制网页中的多媒体，包括确认多媒体插件程序是否已安装、显示隐藏元素、改变属性等。

13.5.1 检查插件

插件程序是为了实现 IE 浏览器自身不能支持的功能而与 IE 浏览器连接在一起使用的程序，通常简称为插件。具有代表性的插件程序是 Flash 播放器，IE 浏览器没有播放 Flash 动画的功能，初次进入含有 Flash 动画的网页时，会出现需要安装 Flash 播放器的警告信息。访问者可以检查自己是否已经安装了播放 Flash 动画的插件，如果安装了该插件，就可以显示带有 Flash 动画对象的网页；如果没有安装该插件，则显示一幅仅包含图像替代的网页。

安装好 Flash 播放器后，每当遇到 Flash 动画时 IE 浏览器就会运行它。IE 浏览器的插件除了 Flash 播放器以外，还有 Shockwave 播放软件、QuickTime 播放软件等。在网络中遇到 IE 浏览器不能显示的多媒体时，用户可以使用适当的插件来进行播放。

在 Dreamweaver 中可以确认的插件程序包括 Shockwave、Flash、Windows Media Player、LiveAudio、QuickTime 等。若想确认是否安装了插件程序，则可以应用【检查插件】行为。

【例 13-4】在网页中添加一个【检查插件】行为。
视频+素材 (素材文件\第 13 章\例 13-4)

step 1 打开网页后，按下 Shift+F4 组合键打开【行为】面板，单击【+】按钮，在弹出的列表中选择【检查插件】选项。

step 2 打开【检查插件】对话框，选中【选择】单选按钮，单击其后的下拉按钮，在弹出的下拉列表中选中 Flash 选项。

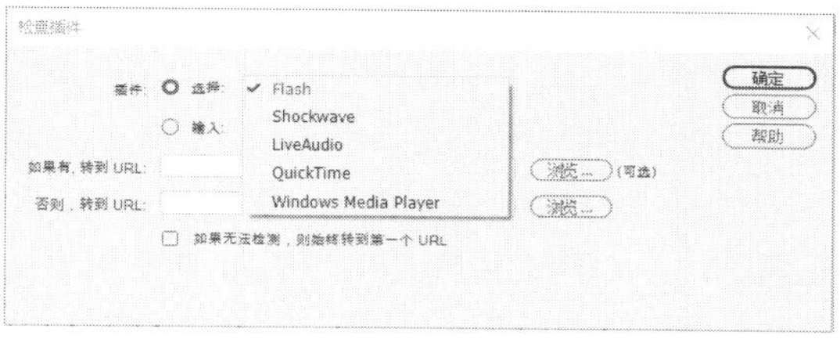

step 3 在【如果有，转到 URL】文本框中输入在浏览器中已安装 Flash 插件的情况下，要链接的网页；在【否则，转到 URL】文本框中输入如果浏览器中未安装 Flash 插件的情况下，要链接的网页；选中【如果无法检测，则始终转到第一个 URL】复选框。

step 4 在【检查插件】对话框中单击【确定】按钮，即可在【行为】面板中设置一个【检查插件】行为。

在【检查插件】对话框中，比较重要的选项的功能说明如下。

- 【插件】选项区域：该选项区域中包括【选择】单选按钮和【插入】单选按钮。选中【选择】单选按钮后，可以在其后的下拉列表中选择插件的类型；选中【插入】单选按钮后，可以直接在文本框中输入要检查的插件类型。
- 【如果有，转到 URL】文本框：用于设置在选择的插件已经被安装的情况下，要链接的网页文件或网址。
- 【否则，转到 URL】文本框：用于设置在选择的插件尚未被安装的情况下，要链接的网页文件或网址。可以输入所要下载的相关插件的网址，也可以链接其他网页文件。
- 【如果无法检测，则始终转到第一个 URL】复选框：选中该复选框后，如果浏览器不支持对该插件的检查特性，则直接跳转到上面设置的第一个 URL 地址中。

在网页中添加【检查插件】行为后，在代码视图中查看网页源代码，可以发现，<head>中添加了 MM_checkPlugin()函数(该函数的语法较为复杂，这里不详细解释)。同时，<body>标签中会用相关事件来调用 MM_checkPlugin()函数。

13.5.2 显示-隐藏元素

【显示-隐藏元素】行为可以显示、隐藏或恢复一个或多个 Div 元素的默认可见性。该行为用于在访问者与网页进行交互时显示信息。例如，当网页访问者将光标滑过栏目图像时，可以显示一个 Div 元素，提示有关当前栏目的相关信息。

【例 13-5】在网页中添加一个【显示-隐藏元素】行为。
视频+素材 (素材文件\第 13 章\例 13-5)

step 1 打开网页文档后，按下 Shift+F4 组合键打开【行为】面板。单击【+】按钮，在弹出的列表中选择【显示-隐藏元素】选项。

step 2 打开【显示-隐藏元素】对话框，在【元素】列表框中选中一个网页元素，如【div"AP"】，单击【隐藏】按钮。

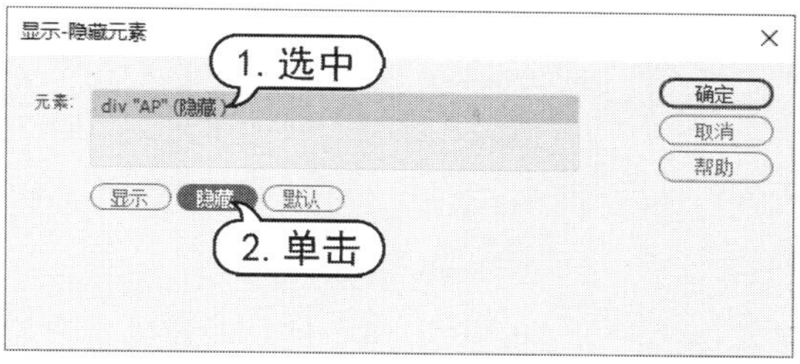

step 3 单击【确定】按钮，在【行为】面板中单击【显示-隐藏元素】行为前的列表框按钮⌄，在弹出的列表框中选中 onClick 选项。

step 4 按下 F12 键预览网页，在浏览器中单击 Div 标签对象即可将其隐藏。

查看网页源代码，可以发现，<head>中添加的代码定义了 MM_showHideLayers()函数。

```
<script type="text/javascript">
function MM_showHideLayers() { //v9.0
  var i,p,v,obj,args=MM_showHideLayers.arguments;
  for (i=0; i<(args.length-2); i+=3)
  with (document) if (getElementById && ((obj=getElementById(args[i]))!=null)) { v=args[i+2];
    if (obj.style) { obj=obj.style; v=(v=='show')?'visible':(v=='hide')?'hidden':v; }
    obj.visibility=v; }
}
</script>
```

同时，<body>标签中会使用相关事件来调用 MM_showHideLayers()函数。

```
<body onclick="MM_showHideLayers('AP','','hide')">
```

13.5.3 改变属性

使用【改变属性】行为，可以动态改变对象的属性值，如改变层的背景色或图像的大小等。这些改变实际上是改变对象的相应属性值(是否允许改变属性值，取决于浏览器的类型)。

在 Dreamweaver 中添加【改变属性】行为的具体操作方法如下。

step 1 在网页中插入一个名为 Div18 的层，并在其中输入文本内容。

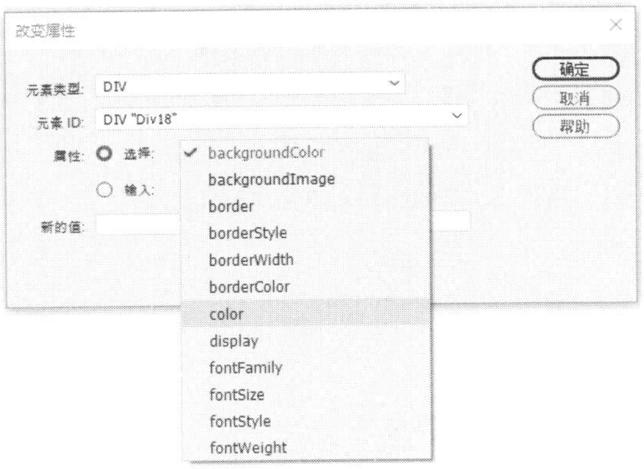

step 2 按下 Shift+F4 组合键，打开【行为】面板。在【行为】面板中单击【+】按钮，在弹出的列表中选择【改变属性】选项。

step 3 在打开的【改变属性】对话框中单击【元素类型】下拉列表按钮，在弹出的下拉列表中选择 DIV 选项。

step 4 单击【元素 ID】下拉按钮，在弹出的下拉列表中选择【DIV"Div18"】选项，选中【选择】单选按钮，然后单击其后的下拉列表按钮，在弹出的下拉列表中选择 color 选项，如前面的图所示，并在【新的值】文本框中输入#FF000。

step 5 在【改变属性】对话框中单击【确定】按钮，在【行为】面板中单击【改变属性】行为前的列表框按钮⌄，在弹出的列表框中选择 onClick 选项。

step 6 完成以上操作后，保存网页并按下 F12 键预览网页，当用户单击页面中 Div18 层中的文字时，其颜色将发生变化。

在【改变属性】对话框中，比较重要的选项的功能如下。

- 【元素类型】下拉列表：用于设置要更改的属性对象的类型。
- 【元素 ID】下拉列表：用于设置要改变的对象的名称。
- 【属性】选项区域：该选项区域包括【选择】单选按钮和【输入】单选按钮。选择【选择】单选按钮，可以使用其后的下拉列表选择一个属性；选择【输入】单选按钮，可以在其后的文本框中输入具体的属性类型名称。
- 【新的值】文本框：用于设定属性的新值。

查看网页源代码，可以发现，<head>标签中添加的代码定义了 MM_changeProp()函数。

```
<script type="text/javascript">
function MM_changeProp(objId,x,theProp,theValue) { //v9.0
  var obj = null; with (document){ if (getElementById)
  obj = getElementById(objId); }
  if (obj){
    if (theValue == true || theValue == false)
      eval("obj.style."+theProp+"="+theValue);
    else eval("obj.style."+theProp+"='"+theValue+"'");
  }
}
</script>
```

<body>标签中会使用相关事件来调用 MM_changeProp()函数。例如，以下代码表示光标移到<div>标签上后单击，调用 MM_changeProp()函数，将 Div18 标签中的文字颜色改变为红色。

```
<div id="Div18">
  <h1 onClick="MM_changeProp('Div18','','color','#FF0000','DIV')">改变属性实例</h1>
</div>
```

13.6　控制表单

使用行为可以控制表单元素，如跳转菜单、检查表单等。用户在 Dreamweaver 中制作表单后，在提交前首先应确认是否在必填域上按照要求的格式输入了信息。

13.6.1　跳转菜单、跳转菜单开始

在网页中应用【跳转菜单】行为，可以编辑表单中的菜单对象。具体操作如下。

step 1 打开一个网页文档，选中页面中表单内的【选择】对象。

step 2 按下 Shift+F4 组合键，打开【行为】面板，并单击该面板中的【+】按钮，在弹出的列表框中选择【跳转菜单】选项。

step 3 打开【跳转菜单】对话框，在【菜单项】列表中选中【上海(city2)】选项，然后在【选择时，转到 URL】文本框中输入一个网址，如下图所示。

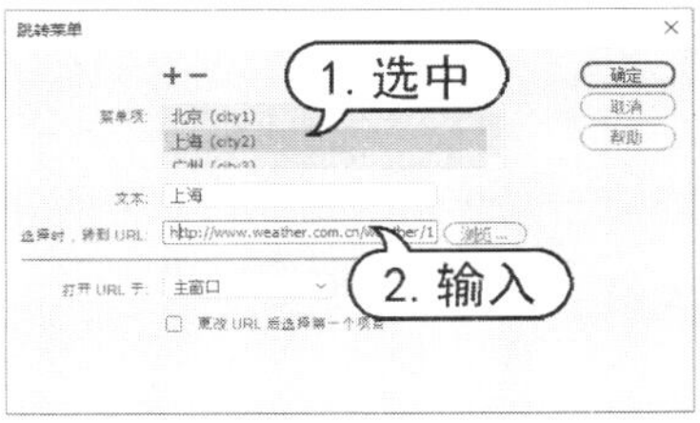

step 4 在【跳转菜单】对话框中单击【确定】按钮，即可为表单中的选择设置一个【跳转菜单】行为。按下 F12 键预览网页，单击网页中的下拉按钮，从弹出的下拉列表中选择【上海】选项，将跳转至指定的网页。

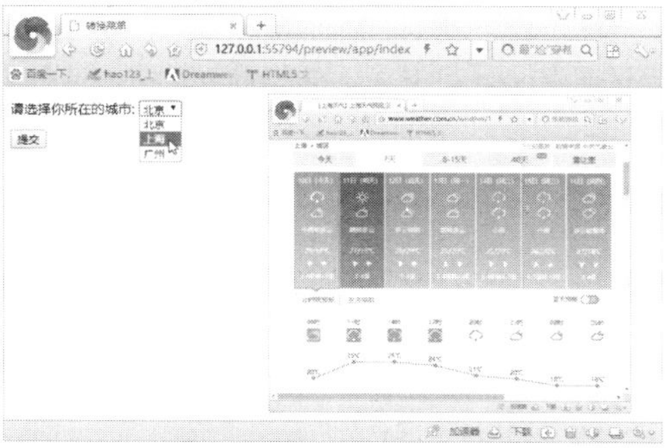

在【跳转菜单】对话框中，比较重要的选项的功能如下。

- 【菜单项】列表框：根据【文本】栏和【选择时，转到 URL】栏的输入内容，显示菜单项。
- 【文本】文本框：输入显示在跳转菜单中的菜单名称，可以使用中文或空格。
- 【选择时，转到 URL】文本框：输入链接到菜单项的文件路径(输入本地站点的文件或网址即可)。
- 【打开 URL 于】下拉列表：若当前网页文档由框架组成，选择显示连接文件的框架名称即可；若网页文档没有使用框架，则只能使用【主窗口】选项。
- 【更改 URL 后选择第一个项目】复选框：即使在跳转菜单中单击菜单，跳转到链接的网页中，跳转菜单中也依然会显示指定为基本项目的菜单。

在代码视图中查看网页源代码，可以发现，<head>标签中添加的代码定义了 MM_jumpMenu()函数。

```
<head>
<meta charset="utf-8">
<title>跳转菜单</title>
<script type="text/javascript">
function MM_jumpMenu(targ,selObj,restore){ //v3.0
  eval(targ+".location='"+selObj.options[selObj.selectedIndex].value+"'");
  if (restore) selObj.selectedIndex=0;
}
</script>
</head>
```

<body>标签中会使用相关事件调用MM_jumpMenu()函数。例如，以下代码表示在下拉列表菜单中调用MM_jumpMenu()函数，用于实现跳转。

```
<body>
<form id="form1" name="form1" method="post">
  <p>
    <label for="select">请选择你所在的城市:</label>
    <select name="select" id="select" onChange="MM_jumpMenu('parent',this,0)">
      <option value="city1" selected="SELECTED">北京</option>
      <option value="http://www.weather.com.cn/weather/101020100.shtml">上海</option>
      <option value="city3">广州</option>
```

```
        </select>
    </p>
    <p>
        <input type="submit" name="submit" id="submit" value="提交">
    </p>
</form>
</body>
```

【跳转菜单开始】行为与【跳转菜单】行为密切关联,【跳转菜单开始】行为允许网页浏览者将一个按钮和一个跳转菜单关联起来，当单击按钮时则打开在该跳转菜单中选择的链接。通常情况下，跳转菜单不需要这样一个执行的按钮，从跳转菜单中选择一个选项一般会触发 URL 的载入，不需要任何进一步的操作。但如果访问者选择了跳转菜单中已被选择的同一项，则不会发生跳转。

此时，如果需要设置【跳转菜单开始】行为，可以参考以下方法。

step 1 选中表单中的【选择】控件，在【属性】检查器的 Name 文本框中输入 select。

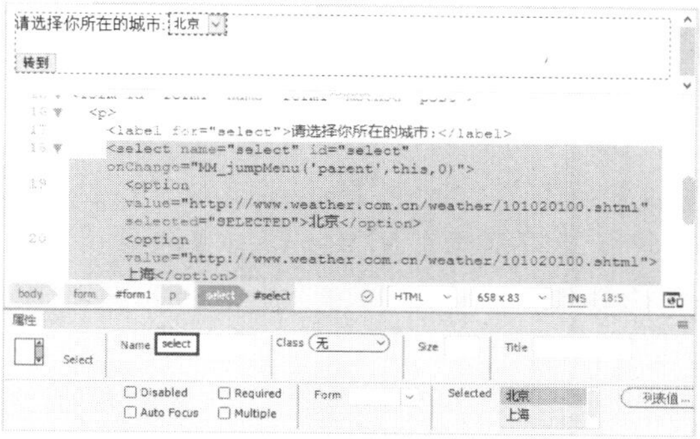

step 2 选中表单中的【转到】按钮，按下 Shift+F4 组合键显示【行为】面板，单击其中的【+】，在弹出的列表框中选择【跳转菜单开始】命令。

step 3 在打开的【跳转菜单开始】对话框中单击【选择跳转菜单】下拉列表按钮，在弹出的下拉列表中选中 select 选项，然后单击【确定】按钮。

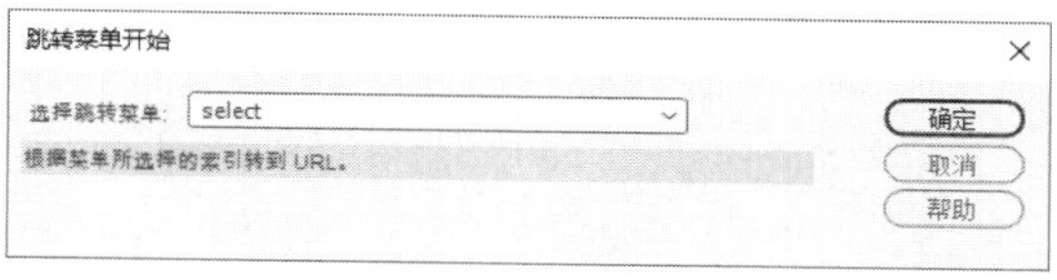

step 4 此时，将在【行为】面板中添加一个【跳转菜单开始】行为。

step 5 按下 F12 键预览网页，在页面中的下拉列表中选择一个选项后，单击【转到】按钮将跳转至所设置的跳转页面。

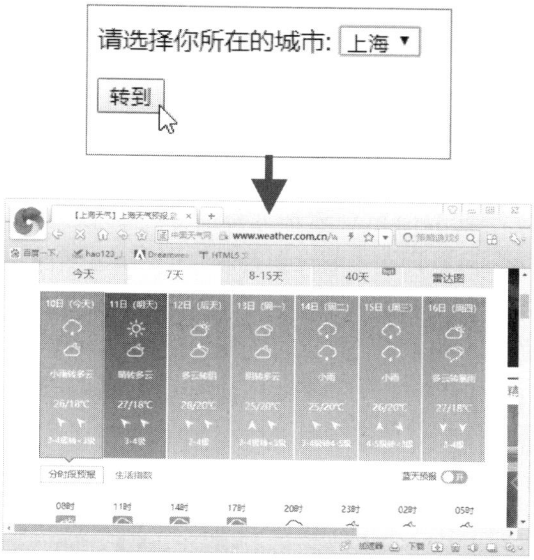

在代码视图中查看网页源代码，可以发现，<head>标签中添加的代码调用了 MM_jumpMenuGo 函数，用于定义菜单的跳转功能：

```
<head>
<meta charset="utf-8">
<title>跳转菜单开始</title>
<script type="text/javascript">
function MM_jumpMenu(targ,selObj,restore){ //v3.0
  eval(targ+".location='"+selObj.options[selObj.selectedIndex].value+"'");
  if (restore) selObj.selectedIndex=0;
}
function MM_jumpMenuGo(objId,targ,restore){ //v9.0
  var selObj = null;  with (document) {
  if (getElementById) selObj = getElementById(objId);
  if (selObj) eval(targ+".location='"+selObj.options[selObj.selectedIndex].value+"'");
  if (restore) selObj.selectedIndex=0; }
}
</script>
</head>
```

<body>标签中也会使用相关事件来调用 MM_jumpMenuGo ()函数。例如，下面的代码表示单击【转到】按钮调用 MM_jumpMenuGo ()函数，用于实现跳转：

```
<input name="button" type="button" id="button" onClick="MM_jumpMenuGo('select','parent',0)" value="转到">
```

13.6.2 检查表单

在 Dreamweaver 中使用【检查表单】行为，可以为文本域设置有效性规则，检查文本域中的内容是否有效，以确保输入数据的正确性。一般来说，可以将该行为附加到表单对象上，并将触发事件设置为 onSubmit。当单击【提交】按钮提交数据时会自动检查表单域中所有的文本域内容是否有效。

step 1 打开一个包含表单的网页后，在状态栏的标签选择器中选中<form>标签。

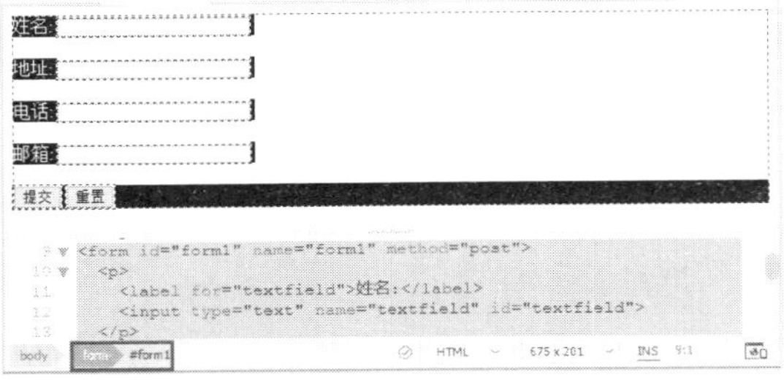

step 2 按下 Shift+F4 组合键显示【行为】面板，单击【+】按钮，在弹出的列表框中选择【检查表单】命令。

step 3 在打开的【检查表单】对话框中的【域】列表框内选中【input"name"(R)】选项后，选中【必需的】复选框和【任何东西】单选按钮。

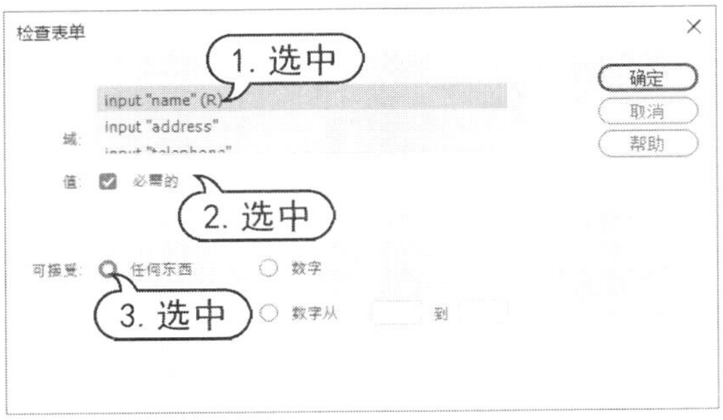

step 4 在【检查表单】对话框的【域】列表框内选中【textarea"telephone"】选项，选中【必需的】复选框和【数字】单选按钮。

step 5 在【检查表单】对话框的【域】列表框内选中【textarea"email"】选项，选中【必需的】复选框和【电子邮件地址】单选按钮。

step 6 在【检查表单】对话框中单击【确定】按钮。保存网页后，按下 F12 键预览页面。如果用户在页面中的【用户名称】和【用户密码】文本框中未输入任何内容就单击【提交】按钮，浏览器将提示错误。

在【检查表单】对话框中，比较重要的选项其功能说明如下。

- 【域】列表框：用于选择要检查数据有效性的表单对象。
- 【值】复选框：用于设置该文本域中是否使用必填文本域。
- 【可接受】选项区域：用于设置文本域中可填数据的类型，可以选择 4 种类型。选择【任何东西】选项表明文本域中可以输入任意类型的数据；选择【数字】选项表明文本域中只能输入数字数据；选择【电子邮件地址】选项表明文本域中只能输入电子邮件地址；选择【数字从】选项可以设置可输入数值的范围，这时可在右边的文本框中从左至右分别输入最小数值和最大数值。

在代码视图中查看网页源代码，可以发现，<head>标签中添加的代码定义了 MM_validateForm()函数。

13.7　案例演练

本章介绍了使用 Dreamweaver 在网页中创建行为的方法，下面的案例演练将指导用户在网页中使用行为控制表单，制作用户注册确认效果。

【例 13-6】为用户注册页面设置【检查表单】行为。
视频+素材 (素材文件\第 13 章\例 13-6)

step 1 打开用户注册的网页后，选中页面中的表单。

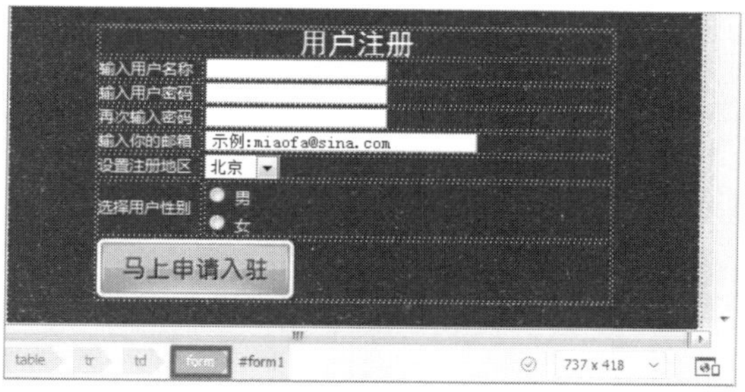

step 2 按下 Ctrl+F3 组合键显示【属性】面板。在【属性】面板的 ID 文本框中输入 form1，设置表单的名称。

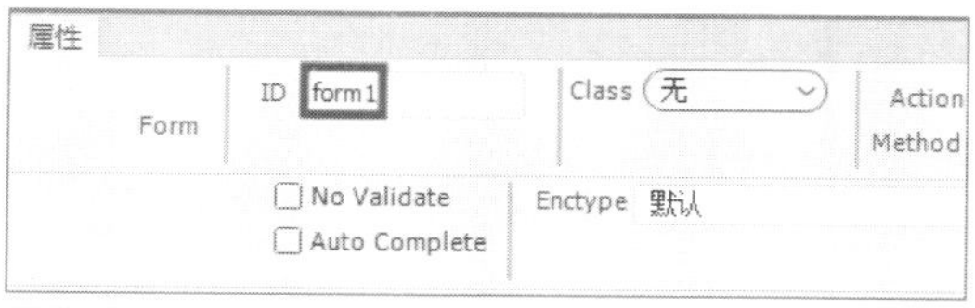

step 3 选中表单中的【输入用户名称】文本域，在【属性】面板中的 Name 文本框中输入 name，为文本域命名。

step 4 使用同样的方法，分别将【输入用户密码】和【再次输入用户密码】文本域命名为 password1 和 password2。

step 5 选中页面中的【马上申请入驻】按钮，按下 Shift+F4 组合键，显示【行为】面板，单击其中的【+】按钮，在弹出的列表中选择【检查表单】命令。

step 6 打开【检查表单】对话框，在【域】列表框中选中【input"name"(R)】选项，选中【必需的】复选框和【任何东西】单选按钮。

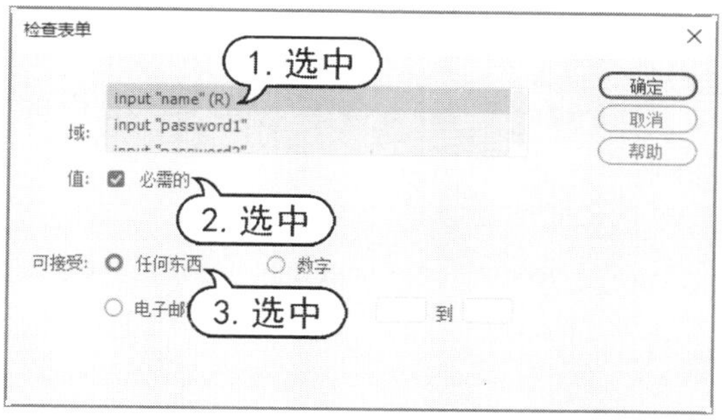

step 7 使用同样的方法设置【域】列表框中的【input"password1"】和【input"password2"】选项。

step 8 单击【确定】按钮，在【行为】面板中添加一个【检查表单】行为。

step 9 按下 F12 键预览网页。如果用户没有在表单中填写用户名并输入两次密码，单击【马上申请入驻】按钮后，网页将弹出右图所示的提示。

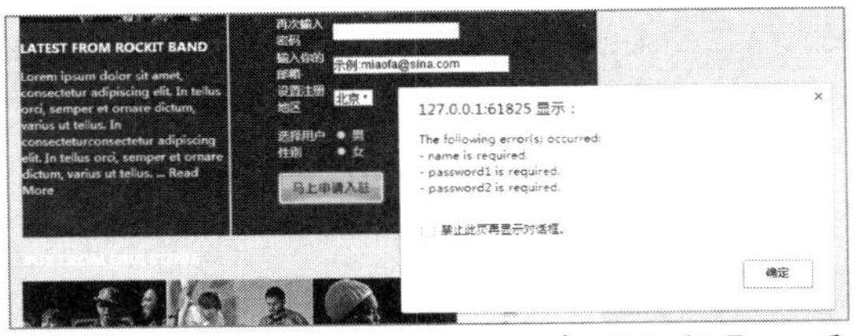

step 10 返回 Dreamweaver，在【文档】工具栏中单击【代码】按钮，切换至【代码】视图，找到以下代码：

```
<script type="text/javascript">
function MM_validateForm() { //v4.0
if (document.getElementById){
    var i,p,q,nm,test,num,min,max,errors='',args=MM_validateForm.arguments;
for (i=0; i<(args.length-2); i+=3) { test=args[i+2]; val=document.getElementById(args[i]);
if (val) { nm=val.name; if ((val=val.value)!="") {
if (test.indexOf('isEmail')!=-1) { p=val.indexOf('@');
if (p<1 || p==(val.length-1)) errors+='- '+nm+' must contain an e-mail address.\n';
} else if (test!='R') { num = parseFloat(val);
if (isNaN(val)) errors+='- '+nm+' must contain a number.\n';
if (test.indexOf('inRange') != -1) { p=test.indexOf(':'); min=test.substring(8,p); max=test.substring(p+1);
if (num<min || max<num) errors+='- '+nm+' must contain a number between '+min+' and '+max+'.\n';
        } } } else if (test.charAt(0) == 'R') errors += '- '+nm+' is required.\n'; }
    } if (errors) alert('The following error(s) occurred:\n'+errors);
    document.MM_returnValue = (errors == '');
} }
```

修改其中的一些内容，将：

```
errors += '- '+nm+' is required.\n';
```

改为：

```
errors += '- '+nm+' 请输入用户名和密码.\n';
```

将：

```
if (errors) alert('The following error(s) occurred:\n'+errors);
```

改为：

```
if (errors) alert('没有输入用户名或密码:\n'+errors);
```

step 11 按下Ctrl+S组合键保存网页，按下F12键预览网页。单击【马上申请入驻】按钮后，网页将打开提示对话框，在错误提示内容中会显示中文提示。